Ana Maria Lima de Farias
Jessica Quintanilha Kubrusly
Mariana Albi de Oliveira Souza

Probabilidade e Variáveis Aleatórias

Teoria e Prática

Editora Ciência Moderna

Probabilidade e Variáveis Aleatórias - Teoria e Prática

Editor: Paulo André P. Marques
Produção Editorial: Dilene Sandes Pessanha
Capa: Daniel Jara
Diagramação: Daniel Jara
Copidesque: Equipe Ciência Moderna

FICHA CATALOGRÁFICA

FARIAS, Ana Maria Lima de; KUBRUSLY, Jessica Quintanilha; SOUZA, Mariana Albi de Oliveira.

Probabilidade e Variáveis Aleatórias - Teoria e Prática

Rio de Janeiro: Editora Ciência Moderna Ltda., 2025.

1.Probabilidades. Estimativas
I — Título

ISBN: 978-65-5842-417-8
CDD 519.2

Editora Ciência Moderna Ltda.
R. Alice Figueiredo, 46 – Riachuelo
Rio de Janeiro, RJ – Brasil CEP: 20.950-150
Tel: (21) 2201-6662/ Fax: (21) 2201-6896
E-MAIL: LCM@LCM.COM.BR
WWW.LCM.COM.BR

01/25

Sumário

Capítulo 1

Probabilidade

No nosso cotidiano, lidamos sempre com situações em que está presente a incerteza do resultado, embora, muitas vezes, os resultados possíveis sejam conhecidos. Por exemplo, se estamos interessados na face voltada para cima ao jogarmos um dado, os resultados possíveis são 1, 2, 3, 4, 5 e 6, mas só saberemos o resultado quando o experimento se completar, ou seja, quando o dado atingir a superfície sobre a qual foi lançado. Se nosso interesse é o tempo de duração, em minutos, de determinado tipo de lâmpada, sabemos que o resultado pode ser qualquer número positivo, que só será conhecido quando a lâmpada se queimar. É conveniente, então, dispormos de uma medida que quantifique a incerteza presente em cada um destes acontecimentos. Tal medida é a *probabilidade*.

1.1 Experimento aleatório, espaço amostral e evento

Um experimento que pode gerar diferentes resultados se realizado mais de uma vez, sob as mesmas condições, é chamado de ***experimento aleatório***. Como exemplos de experimentos aleatórios temos: o lançamento de um dado e a observação da face superior; a observação do tempo de duração de um dispositivo eletrônico; lançamentos consecutivos de uma moeda até que saia a face cara.

O conjunto formado por todos os possíveis resultados de um experimento aleatório é chamado de ***espaço amostral*** e será representado pela letra grega maiúscula Ω. Em geral, usamos a letra grega minúscula ω para representar um resultado específico de um experimento aleatório. Nesse caso, podemos escrever $\omega \in \Omega$.

Se Ω é o espaço amostral de algum experimento aleatório, qualquer subconjunto $A \subseteq \Omega$ será chamado de ***evento***. Em particular, cada $\omega \in \Omega$ é chamado de ***evento elementar***.

Assim como os conjuntos, eventos, em geral, são denotados por letras maiúsculas.

Exemplo 1.1
Para os experimentos aleatórios listados a seguir, defina o espaço amostral e apresente alguns eventos.

(a) Lançamento de um dado e observação da face superior.

(b) Lançamento de duas moedas e observação das duas faces superiores.

(c) Lançamentos consecutivos de uma moeda até que saia a face cara.

(d) Observação do tempo de duração de um dispositivo eletrônico.

Solução:

(a) $\Omega = \{1, 2, 3, 4, 5, 6\}$.
Eventos:
$E_1 =$ "sair uma face par" $= \{2, 4, 6\}$;
$E_2 =$ "sair um número maior que 1" $= \{2, 3, 4, 5, 6\}$;
$E_3 =$ "sair o número 3" $= \{3\}$;
$E_4 = \varnothing$, o evento vazio.

(b) $\Omega = \{KK, KC, CK, CC\}$, em que K representa face superior cara e C, coroa.
Eventos:
$E_1 =$ "sair faces iguais" $= \{KK, CC\}$;
$E_2 =$ "sair pelo menos uma cara" $= \{CK, KC, KK\}$;
$E_3 =$ "sair uma cara" $= \{CK, KC\}$.

(c) $\Omega = \{K, CK, CCK, CCCK, CCCCK, \ldots\}$, em que, novamente, K representa face superior cara e C, coroa.
Eventos:
$E_1 =$ "sair 2 coroas" $= \{CCK\}$;
$E_2 =$ "ocorrer mais de 2 lançamentos da moeda" $= \{CCK, CCCK, \ldots\}$;
$E_3 =$ "ocorrer menos de 5 lançamentos" $= \{K, CK, CCK, CCCK\}$;
$E_4 =$ "ocorrer pelo menos um lançamento" $= \Omega$, o próprio espaço amostral.

(d) $\Omega = \{t \in \mathbb{R} \mid t \geq 0\}$, onde t é o tempo de duração em minutos.
Eventos:
$E_1 =$ "o dispositivo durar entre 10 e 30 minutos" $= [10, 30]$;
$E_2 =$ "o dispositivo durar menos de 15 minutos" $= [0, 15)$;
$E_3 =$ "o dispositivo durar exatos 5 minutos e 30 segundos" $= \{5, 5\}$;
$E_4 =$ "o dispositivo durar pelo menos 1 hora" $= [60, \infty)$.

♦♦

Exemplo 1.2 ***Extração de bolas em uma urna***

Uma urna contém 4 bolas, das quais duas são brancas (numeradas de 1 a 2) e duas são pretas (numeradas de 3 a 4). Duas bolas são retiradas dessa urna, sem reposição. Defina um espaço amostral apropriado para esse experimento e os seguintes eventos:

$A =$ "a primeira bola retirada é branca";
$B =$ "a segunda bola retirada é branca";
$C =$ "ambas as bolas retiradas são brancas".

Solução:

Considerando a numeração das bolas, o espaço amostral pode ser definido como:

$$\begin{aligned}\Omega &= \{(i,j) \mid i = 1,2,3,4; j = 1,2,3,4; i \neq j\}\\ &= \{(1,2),(1,3),(1,4),(2,1),(2,3),(2,4),(3,1),(3,2),(3,4),(4,1),(4,2),(4,3)\}.\end{aligned}$$

Os eventos são:

$$\begin{aligned}A &= \{(i,j) \mid i = 1,2; j = 1,2,3,4; i \neq j\} = \{(1,2),(1,3),(1,4),(2,1),(2,3),(2,4)\};\\ B &= \{(i,j) \mid i = 1,2,3,4; j = 1,2; i \neq j\} = \{(2,1),(3,1),(4,1),(1,2),(3,2),(4,2)\};\\ C &= \{(i,j) \mid i = 1,2; j = 1,2; i \neq j\} = \{(1,2),(2,1)\}.\end{aligned}$$

♦♦

Exemplo 1.3 ***Extração de cartas de um baralho especial***

Três cartas são retiradas, sem reposição, de um baralho que tem três cartas de cada uma das seguintes cores: azul, vermelha, marrom e branca. Dê um espaço amostral para esse experimento e liste os eventos:

$E_1 =$ "todas as cartas selecionadas são vermelhas";
$E_2 =$ "uma carta vermelha, uma carta azul e uma carta marrom são selecionadas";
$E_3 =$ "as três cartas selecionadas têm cores diferentes";
$E_4 =$ "cartas de todas as quatro cores são selecionadas.

Solução:

Vamos denotar por A, V, M e B o sorteio de uma carta da cor azul, vermelha, marrom ou branca, respectivamente. Então

$$\Omega = \{(x_1, x_2, x_3) : x_i = A, V, M, B; i = 1,2,3\}.$$

Os eventos são:

$$E_1 = \{(V,V,V)\};$$

$$E_2 = \{(V,A,M),(V,M,A),(A,V,M),(A,M,V),(M,V,A),(M,A,V)\};$$

$$\begin{aligned}E_3 = \{&(V,A,M),(V,M,A),(A,V,M),(A,M,V),(M,V,A),(M,A,V),\\ &(V,A,B),(V,B,A),(A,V,B),(A,B,V),(B,V,A),(B,A,V),\\ &(V,B,M),(V,M,B),(B,V,M),(B,M,V),(M,V,B),(M,B,V),\\ &(B,A,M),(B,M,A),(A,B,M),(A,M,B),(M,B,A),(M,A,B)\}.\end{aligned}$$

Como temos quatro cores diferentes e apenas três extrações, não é possível obter todas as cores; logo, $E_4 = \varnothing$.

♦♦

Sendo os eventos subconjuntos do espaço amostral, outros eventos podem ser obtidos através de operações elementares de conjuntos (veja a Figura 1.1).

- A ***interseção*** de dois eventos A e B é o evento $A \cap B = \{\omega : \omega \in A \text{ e } \omega \in B\}$, que corresponde à ocorrência simultânea de A e B.

- Se $A \cap B = \varnothing$, os eventos A e B são ***disjuntos*** ou ***mutuamente exclusivos***, o que significa que não podem ocorrer simultaneamente.

- A ***união*** de dois eventos A e B é o evento $A \cup B = \{\omega : \omega \in A \text{ ou } \omega \in B\}$, que corresponde à ocorrência de pelo menos um dos eventos A e B.

- O ***complementar*** de A é o evento $A^c = \{\omega : \omega \notin A\}$, que corresponde à não ocorrência de A.

- A ***diferença*** $A - B$ é o evento $A - B = \{\omega : \omega \in A \text{ e } \omega \notin B\}$, que corresponde à ocorrência de A, mas não de B. A diferença $B - A$ é o evento $B - A = \{\omega : \omega \in B \text{ e } \omega \notin A\}$, que corresponde à ocorrência de B, mas não de A. Assim como com números, a diferença não é comutativa. Note que podemos escrever $A - B = A \cap B^c$ e $B - A = B \cap A^c$. (Veja as Figuras 1.1e e 1.1f)

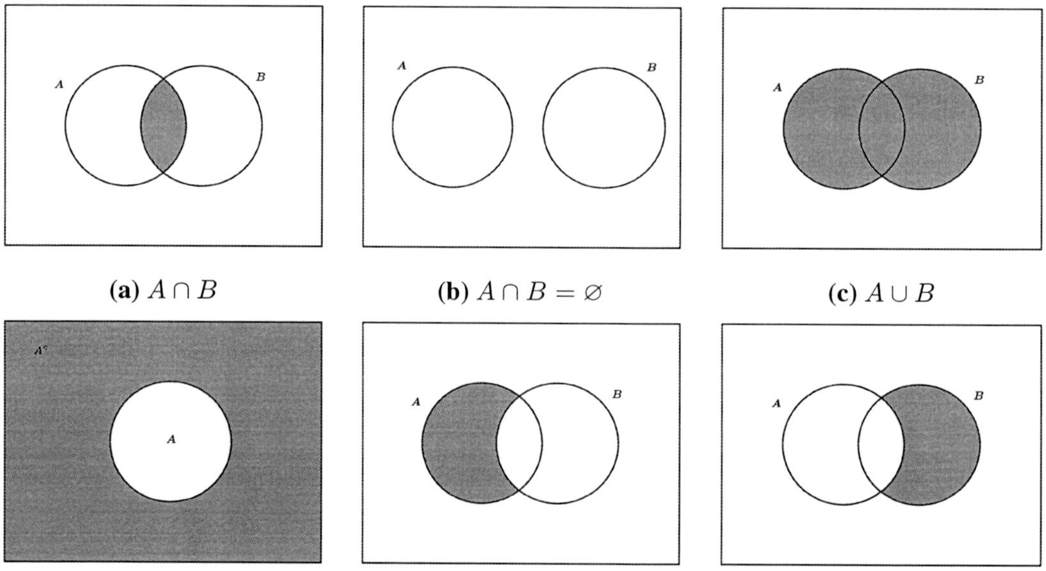

(a) $A \cap B$ **(b)** $A \cap B = \varnothing$ **(c)** $A \cup B$

(d) A^c **(e)** $A - B$ **(f)** $B - A$

Figura 1.1 – Operações com eventos

Nas operações de união e interseção definidas acima, consideramos apenas dois eventos, mas é possível considerar uniões e interseções de coleções infinitas de eventos. Assim, $\bigcup_{i=1}^{\infty} A_i$ é o evento formado pelos elementos que pertencem a *pelo menos um* dos eventos A_i, $i = 1, 2, \ldots$, e $\bigcap_{i=1}^{\infty} A_i$ é o evento formado pelos elementos que pertencem a *todos* os eventos A_i, $i = 1, 2, \ldots$.

A seguir apresentamos as principais propriedades das operações com eventos.

1. Identidade

$$A \cap \varnothing = \varnothing$$
$$A \cup \Omega = \Omega \tag{1.1}$$

$$A \cup \varnothing = A$$
$$A \cap \Omega = A \tag{1.2}$$

2. Complementar

$$\Omega^c = \varnothing$$
$$\varnothing^c = \Omega \tag{1.3}$$

$$A \cap A^c = \varnothing$$
$$A \cup A^c = \Omega \tag{1.4}$$

3. Involução

$$(A^c)^c = A \tag{1.5}$$

4. Idempotência

$$A \cap A = A$$
$$A \cup A = A \tag{1.6}$$

5. Comutatividade

$$A \cap B = B \cap A$$
$$A \cup B = B \cup A \tag{1.7}$$

6. Associatividade

$$(A \cap B) \cap C = A \cap (B \cap C)$$
$$(A \cup B) \cup C = A \cup (B \cup C) \tag{1.8}$$

7. Distributividade

$$A \cap (B \cup C) = (A \cap B) \cup (A \cap C)$$
$$A \cup (B \cap C) = (A \cup B) \cap (A \cup C) \tag{1.9}$$

8. Absorção

$$\begin{aligned} A \cap (A \cup B) &= A \\ A \cup (A \cap B) &= A \end{aligned} \tag{1.10}$$

9. Leis de De Morgan

$$\begin{aligned} (A \cap B)^c &= A^c \cup B^c \\ (A \cup B)^c &= A^c \cap B^c \end{aligned} \tag{1.11}$$

Considerando coleções infinitas de eventos, podemos generalizar algumas propriedades citadas como descrito a seguir.

10. Distributividade Generalizada

$$\begin{aligned} A \cap \left(\bigcup_{i=1}^{\infty} B_i \right) &= \bigcup_{i=1}^{\infty} (A \cap B_i) \\ A \cup \left(\bigcap_{i=1}^{\infty} B_i \right) &= \bigcap_{i=1}^{\infty} (A \cup B_i) \end{aligned} \tag{1.12}$$

11. Leis de De Morgan Generalizadas

$$\begin{aligned} \left(\bigcap_{i=1}^{\infty} A_i \right)^c &= \bigcup_{i=1}^{\infty} A_i^c \\ \left(\bigcup_{i=1}^{\infty} A_i \right)^c &= \bigcap_{i=1}^{\infty} A_i^c \end{aligned} \tag{1.13}$$

Exemplo 1.4 ***Lançamento de duas moedas***

Consideremos o experimento do lançamento de duas moedas e observação das faces superiores. Sejam os eventos A = "sair exatamente 1 cara", B = "saírem duas faces iguais" e C = "sair pelo menos 1 cara". Determine $A \cap B$, $A \cup B$, $A - B$, $B - A$, $A \cap C$, $A \cup C$, $A - C$, $C - A$, $B \cap C$, $B \cup C$, $B - C$, $C - B$, A^c, B^c, C^c, $A \cup (B \cap C)$ e $A \cup B \cup C$.

Solução:

Como antes, vamos representar por K face superior cara e por C, coroa.

Espaço amostral: $\Omega = \{KK, KC, CK, CC\}$

Eventos:

$A = \{KC, CK\}$; $\quad B = \{CC, KK\}$; $\quad C = \{KC, CK, KK\}$.

Logo,

$$
\begin{array}{llll}
A \cap B = \varnothing; & A \cup B = \Omega; & A - B = A; & B - A = B \text{ (note que } A \text{ e } B \text{ são disjuntos);} \\
A \cap C = A; & A \cup C = C; & A - C = \varnothing; & C - A = \{KK\} \text{ (note que } A \subset C); \\
B \cap C = \{KK\}; & B \cup C = \Omega; & B - C = \{CC\}; & C - B = \{KC, CK\}; \\
A^c = B; & B^c = A; & C^c = \{CC\}; &
\end{array}
$$

$$A \cup (B \cap C) = (A \cup B) \cap (A \cup C) = \Omega \cap C = C; \qquad A \cup B \cup C = \Omega.$$

♦♦

Exemplo 1.5

Considere o experimento aleatório que consiste em lançar uma moeda até que apareça cara pela primeira vez. No Exemplo 1.1, vimos que $\Omega = \{K, CK, CCK, CCCK, CCCCK, \ldots\}$, em que K representa face superior cara e C, coroa. Vamos definir as seguintes sequências de eventos na σ-álgebra 2^Ω:

$A_n =$ "a primeira cara ocorre, ou no $n-$ésimo lançamento, ou depois do $n-$ésimo lançamento";

$B_n =$ "a primeira cara ocorre, ou no $n-$ésimo lançamento, ou antes do $n-$ésimo lançamento".

Vamos analisar $\bigcup_{i=1}^{\infty} A_i$, $\bigcap_{i=1}^{\infty} A_i$, $\bigcup_{i=1}^{\infty} B_i$, $\bigcap_{i=1}^{\infty} B_i$.

Solução:

$$
\begin{aligned}
A_1 &= \{K,\ CK,\ CCK,\ CCCK,\ CCCCK,\ \ldots\} = \Omega; \\
A_2 &= \{CK,\ CCK,\ CCCK,\ CCCCK,\ \ldots\}; \\
A_3 &= \{CCK,\ CCCK,\ CCCCK,\ \ldots\}; \\
&\vdots
\end{aligned}
$$

Como $A_1 \supset A_2 \supset A_3 \supset A_4 \supset \cdots$, resulta que

$$\bigcup_{i=1}^{\infty} A_i = \Omega \qquad \text{e} \qquad \bigcap_{i=1}^{\infty} A_i = \varnothing.$$

Por outro lado,

$$
\begin{aligned}
B_1 &= \{K\}; \\
B_2 &= \{K,\ CK\}; \\
B_3 &= \{K,\ CK,\ CCK\}; \\
B_4 &= \{K,\ CK,\ CCK,\ CCCK\}; \\
&\vdots
\end{aligned}
$$

Como $B_1 \subset B_2 \subset B_3 \subset B_4 \subset \cdots$, resulta que

$$\bigcup_{i=1}^{\infty} B_i = \Omega \qquad \text{e} \qquad \bigcap_{i=1}^{\infty} B_i = B_1.$$

♦♦

Nos exemplos acima, vimos que há vários eventos associados a um mesmo espaço amostral. Vamos apresentar, agora, uma classe de subconjuntos (eventos) que será fundamental no estudo da teoria de Probabilidade.

Definição 1.1 ***σ-álgebra***

*Seja Ω um espaço amostral de algum experimento aleatório. Uma classe $\mathcal{F}$ de subconjuntos de Ω é denominada uma **σ-álgebra** (lê-se sigma-álgebra) se satisfaz as seguintes propriedades:*

(S_1) $\Omega \in \mathcal{F}$;

(S_2) *se* $A \in \mathcal{F}$, *então* $A^c \in \mathcal{F}$;

(S_3) *se* $A_i \in \mathcal{F}, i = 1, 2, \ldots$, *então* $\bigcup_{i=1}^{\infty} A_i \in \mathcal{F}$.

Vale destacar que a união finita é caso particular da Propriedade (S_3) , isto é, se $A_i \in \mathcal{F}, i = 1, 2, \ldots, n$, então $\bigcup_{i=1}^{n} A_i \in \mathcal{F}$. Se é válida apenas a união finita, a classe $\mathcal{F}$ é denominada uma **álgebra**.

Proposição 1.1

Se $\mathcal{F}$ é uma σ-álgebra de subconjuntos de Ω, então

(a) $\varnothing \in \mathcal{F}$;

(b) se $A_i \in \mathcal{F}, i = 1, 2, \ldots$, *então* $\bigcap_{i=1}^{\infty} A_i \in \mathcal{F}$.

Demonstração:

(a) Pela Propriedade (S_1), sabemos que $\Omega \in \mathcal{F}$. Logo, pela Propriedade (S_2), temos que $\Omega^c \in \mathcal{F}$. Mas $\Omega^c = \varnothing \quad \therefore \quad \varnothing \in \mathcal{F}$.

(b) $A_i \in \mathcal{F} \underbrace{\Longrightarrow}_{S_2} A_i^c \in \mathcal{F} \underbrace{\Longrightarrow}_{S_3} \bigcup_{i=1}^{\infty} A_i^c \in \mathcal{F} \underbrace{\Longrightarrow}_{\text{Morgan}} \left(\bigcap_{i=1}^{\infty} A_i\right)^c \in \mathcal{F} \underbrace{\Longrightarrow}_{S_2} \bigcap_{i=1}^{\infty} A_i \in \mathcal{F}$.

□

Exemplo 1.6

Seja $\Omega = \{1, 2, 3\}$ e considere as seguintes coleções de subconjuntos de Ω:

$$\mathcal{F}_1 = \{\varnothing, \Omega, \{3\}, \{1, 2\}\} \text{ e}$$
$$\mathcal{F}_2 = \{\varnothing, \Omega, \{2\}, \{3\}, \{1, 2\}, \{1, 3\}\}.$$

Verifique se $\mathcal{F}_1$ e $\mathcal{F}_2$ são σ-álgebras.

Solução:

- $\mathcal{F}_1$

  ⋆ $\Omega \in \mathcal{F}_1$; portanto, S_1 é satisfeita.

  ⋆ $\varnothing^c = \Omega \in \mathcal{F}_1$, $\Omega^c = \varnothing \in \mathcal{F}_1$, $\{3\}^c = \{1,2\} \in \mathcal{F}_1$, $\{1,2\}^c = \{3\} \in \mathcal{F}_1$; S_2 é satisfeita.

  ⋆ $\varnothing \cup \Omega = \Omega \in \mathcal{F}_1$, $\varnothing \cup \{3\} = \{3\} \in \mathcal{F}_1$,$\varnothing \cup \{1,2\} = \{1,2\} \in \mathcal{F}_1$,
  $\Omega \cup \{3\} = \Omega \cup \{1,2\} = \Omega \in \mathcal{F}_1$, $\{1,2\} \cup \{3\} = \Omega \in \mathcal{F}_1$

  É fácil ver que as uniões de 3 ou 4 subconjuntos resultam em elementos de $\mathcal{F}_1$. Além disso, como $\mathcal{F}_1$ é uma classe finita, pelas propriedades de idempotência (Equações 1.6), qualquer união de 5 ou mais subconjuntos também resulta em um elemento de $\mathcal{F}_1$. Logo, a propriedade S_3 é satisfeita.

  $\mathcal{F}_1$ é σ-álgebra.

- $\mathcal{F}_2$

  Podemos ver que $\{2\} \cup \{3\} = \{2,3\} \notin \mathcal{F}_2$. Logo, $\mathcal{F}_2$ não é σ-álgebra.

♦♦

Exemplo 1.7 ***A menor σ-álgebra contendo A***
Sejam Ω um espaço amostral e $A \subset \Omega$ um subconjunto qualquer. Mostre que

$$\mathcal{F} = \{\varnothing, \Omega, A, A^c\}$$

é uma σ-álgebra.

Solução:

⋆ $\Omega \in \mathcal{F}$; portanto, S_1 satisfeita.

⋆ $\varnothing^c = \Omega \in \mathcal{F}$, $\Omega^c = \varnothing \in \mathcal{F}$, $A^c \in \mathcal{F}$, $(A^c)^c = A \in \mathcal{F}$; portanto, S_2 satisfeita

⋆ $\varnothing \cup \Omega = \Omega \in \mathcal{F}$, $\varnothing \cup A = A \in \mathcal{F}$,$\varnothing \cup A^c = A^c \in \mathcal{F}$,
$\Omega \cup A = \Omega \cup A^c = \Omega \in \mathcal{F}_1$, $A \cup A^c = \Omega \in \mathcal{F}$

As uniões de 3 ou 4 subconjuntos resultarão trivialmente em elementos de $\mathcal{F}$, assim como uniões com 5 ou mais subconjuntos (pela propriedade de idempotência). Logo, a propriedade S_3 é satisfeita.

$\mathcal{F}$ é σ-álgebra, que é chamada *menor* σ-álgebra que contém A, no sentido de que qualquer outra σ-álgebra que contiver A terá os mesmos elementos de $\mathcal{F}$ e, possivelmente, mais alguns.

♦♦

Exemplo 1.8 ***σ-álgebras canônicas***

Se Ω é um espaço amostral, então temos duas σ-álgebras canônicas:

$$\mathcal{F}_1 = \{\varnothing, \Omega\} \text{ e}$$
$$\mathcal{F}_2 = 2^{\Omega},$$

em que 2^{Ω} representa o conjunto de todos os subconjuntos de Ω, chamado de ***conjunto das partes*** de Ω. $\mathcal{F}_1$ e $\mathcal{F}_2$ são chamadas, respectivamente, de menor e maior σ-álgebra de Ω. Em todos os exemplos e situações abordadas nesse curso iremos considerar a σ-álgebra $\mathcal{F}_2 = 2^{\Omega}$.

Solução:

Não apresentaremos aqui a demonstração de que $\mathcal{F}_2$ é uma σ-álgebra. A verificação para $\mathcal{F}_1$ é imediata. ♦♦

Muitos experimentos aleatórios têm intervalos da reta ou o próprio conjunto $\mathbb{R}$ como espaço amostral e aí também consideraremos o conjunto das partes como a σ-álgebra subjacente. Mas, a título de curiosidade, existem outras possibilidades, e uma delas é a σ-álgebra de Borel em $\mathbb{R}$, que é a menor σ-álgebra que contém todos os intervalos da reta e é representada por $\mathcal{B}$. Ou seja, $\mathcal{B}$ é a σ-álgebra formada por todos os intervalos da reta, seus complementares, uniões e interseções finitas e infinitas desses conjuntos. Por exemplo, veja que $\forall\, x, y \in \mathbb{R}$ temos $(-\infty, x), (-\infty, x], (x, y) \in \mathcal{B}$, já que todos são intervalos. Também é verdade que o conjunto unitário $\{x\} \in \mathcal{B}$ qualquer que seja $x \in \mathbb{R}$, uma vez que $\displaystyle\bigcap_{i=1}^{\infty} \left(x - \frac{1}{i}, x\right] = \{x\}$. No entanto, a σ-álgebra de Borel não é o conjunto das partes, ou seja, existem subconjuntos de $\mathbb{R}$ que não podem ser obtidos através de uniões ou interseções, finitas ou infinitas, de intervalos. A demonstração de tal fato, no entanto, está muito além do escopo deste livro.

Lista de exercícios da Seção 1.1

1. Lançam-se três moedas. Enumere o espaço amostral e os eventos A = "sorteio de faces iguais"; B = "sorteio de cara na primeira moeda"; C = "sorteio de coroa na segunda e terceira moedas".

2. Nas Figuras 1.2a a 1.2d, assinale a área correspondente ao evento indicado na legenda.

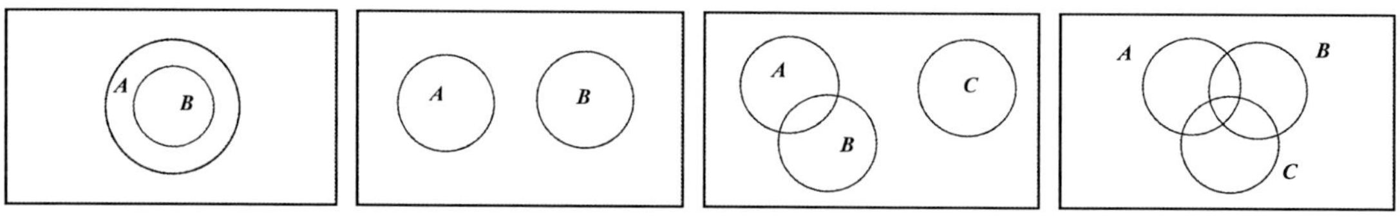

(a) $A^c \cap B^c$ (b) $A - B$ (c) $(A \cup C) \cap B$ (d) $(A \cup B) \cap C$

Figura 1.2 – Conjuntos

3. Defina um espaço amostral para cada um dos seguintes experimentos aleatórios:

   (a) Um dado é lançado 5 vezes consecutivas e observa-se a sequência de valores sorteados.

   (b) Cinco dados idênticos são lançados simultaneamente e observam-se as faces voltadas para cima.

(c) Cinco dados idênticos são lançados simultaneamente e observa-se o valor da maior face voltada para cima.

(d) Em uma pesquisa de mercado, conta-se o número de clientes do sexo masculino que entram em um supermercado no horário das 8 às 12 horas.

(e) Em um estudo de viabilidade de abertura de uma creche própria de uma grande empresa, fez-se um levantamento, por funcionário, do sexo dos filhos com menos de 5 anos de idade. O número máximo de filhos por funcionário é 4, e a informação relevante é o sexo dos filhos de cada funcionário.

(f) Em um teste de controle de qualidade da produção, mede-se a duração de lâmpadas, deixando-as acesas até que queimem.

(g) Um fichário com 10 nomes contém 3 nomes de mulheres. Seleciona-se ficha após ficha até o último nome de mulher ser selecionado e anota-se o número de fichas selecionadas.

(h) Lança-se uma moeda até aparecer cara pela primeira vez e anota-se o número de lançamentos.

(i) Em uma urna, há 5 bolas identificadas pelas letras A, B, C, D, E. Sorteiam-se duas bolas, uma após a outra, com reposição, e anota-se a configuração formada.

(j) Mesmo enunciado anterior, mas as duas bolas são selecionadas simultaneamente.

4. Seja $\Omega = \{0, 1, 2, 3, 4, 5, 6, 7, 8, 9\}$. Considere os eventos $A = \{1, 3, 5, 7, 9\}$, $B = \{0, 2, 4, 6, 8, 9\}$ e $D = \{9\}$. Determine os elementos dos seguintes eventos:

(a) $A \cup (B \cap D)$;	(b) $B \cup (A \cap D)$;	(c) $A^c \cup B^c$;	(d) $A^c \cap B^c$;
(e) $A - B$;	(f) $B - A$;	(g) $(A \cap B)^c$;	(h) $(A \cup B)^c$.

5. Sejam três cartas de cores diferentes: uma vermelha, uma branca e a outra azul. Considere o experimento de selecionar uma carta, observar a sua cor, juntá-la com as demais cartas e então retirar novamente uma carta e observar a cor. Descreva o espaço amostral desse experimento. Repita agora supondo que a segunda carta seja selecionada sem que a primeira seja juntada às demais cartas.

1.2 Probabilidade: axiomas e propriedades

Considere, mais uma vez, o experimento aleatório que consiste no lançamento de um dado equilibrado e consequente observação da face superior. Como já visto, o espaço amostral desse experimento é $\Omega = \{1, 2, 3, 4, 5, 6\}$, e alguns eventos de interesse são $A =$"sair face 2", $B =$"sair face par" etc. A questão que se coloca, agora, é como atribuir *probabilidade* a esses eventos. Ou seja, queremos determinar um número que expresse o quão provável é a ocorrência de cada um desses eventos.

Um raciocínio intuitivo nos leva à resposta $\frac{1}{2}$ para a probabilidade de se obter uma face par. Afinal, metade das faces consiste em números pares e, assim denotamos

$$\mathrm{P}(B) = \frac{1}{2} = \frac{3}{6}.$$

O contexto subjacente a esse exemplo é um espaço amostral Ω finito em que todos os seus eventos elementares $\{1\}, \{2\}, \{3\}, \{4\}, \{5\}, \{6\}$ são igualmente prováveis e tal contexto leva à ***definição clássica de probabilidade***:

$$\mathrm{P}(A) = \frac{\#A}{\#\Omega}$$

em que $\#A$ representa o número de elementos em A. Essa foi a primeira definição formal de probabilidade, explicitada por Girolamo Cardano (1501-1576).

Embora intuitiva, essa definição não se aplica a outros contextos, o que leva à necessidade de uma definição mais geral, que foi dada por Kolmogorov, por volta de 1930, na forma de uma definição axiomática. Os axiomas[1] estabelecem propriedades mínimas que se espera sejam satisfeitas pela probabilidade de qualquer evento.

Definição 1.2 ***Probabilidade***

Seja Ω um espaço amostral de um experimento aleatório e $\mathcal{F}$ uma σ-álgebra de subconjuntos de Ω. Uma função real P *definida em $\mathcal{F}$ é uma* **probabilidade** *se satisfaz os seguintes axiomas, denominados Axiomas de Kolmogorov:*

(Ax_1) $\mathrm{P}(\Omega) = 1$;

(Ax_2) *para todo evento $A \in \mathcal{F}$, $\mathrm{P}(A) \geq 0$;*

(Ax_3) *para toda sequência de eventos $A_1, A_2, \ldots \in \mathcal{F}$ mutuamente exclusivos, isto é, tais que $A_i \cap A_j = \varnothing \; \forall \, i \neq j$,*

$$\mathrm{P}\left(\bigcup_{i=1}^{\infty} A_i\right) = \sum_{i=1}^{\infty} \mathrm{P}(A_i).$$

Vale destacar o seguinte caso particular do Axioma (Ax_3): a probabilidade da união finita de eventos mutuamente exclusivos é a soma das probabilidades desses eventos. Isto é, para quaisquer n eventos $A_1, A_2, \ldots A_n \in \mathcal{F}$ mutuamente exclusivos, $\mathrm{P}\left(\bigcup_{i=1}^{n} A_i\right) = \sum_{i=1}^{n} \mathrm{P}(A_i)$.

A trinca $(\Omega, \mathcal{F}, \mathrm{P})$ é denominada ***espaço de probabilidade***.

Em alguns livros, por exemplo James (2004), os autores fazem distinção entre evento e evento aleatório, definindo evento como qualquer subconjunto do espaço amostral e *evento aleatório* como qualquer evento ao qual é atribuída uma probabilidade, ou seja, os eventos da σ-álgebra. Neste texto, por se tratar de um primeiro curso de probabilidade, não faremos essa distinção. Sempre que qualquer um dos dois termos for mencionado, ele indicará um evento ao qual é atribuída uma probabilidade.

Vamos, agora, apresentar propriedades da probabilidade que resultam dos Axiomas de Kolmogorov.

Proposição 1.2 ***Propriedades da probabilidade***

Seja $(\Omega, \mathcal{F}, \mathrm{P})$ um espaço de probabilidade. Sejam também A, B e A_i, $i = 1, 2, 3, \ldots$, eventos nesse espaço de probabilidade. Então valem as seguintes propriedades:

(Pr_1) $\mathrm{P}(A^c) = 1 - \mathrm{P}(A)$;

[1]***Axioma***: (1) Premissa imediatamente evidente que se admite como universalmente verdadeira sem exigência de demonstração. (2) Proposição que se admite como verdadeira porque dela se podem deduzir as proposições de uma teoria ou de um sistema lógico ou matemático. (dicionário *Aurélio*)

(Pr$_2$) $\mathrm{P}(\varnothing) = 0$;

(Pr$_3$) $\mathrm{P}(B \cap A^c) = \mathrm{P}(B) - \mathrm{P}(B \cap A)$;

(Pr$_4$) $\mathrm{P}(A \cup B) = \mathrm{P}(A) + \mathrm{P}(B) - \mathrm{P}(A \cap B)$;

(Pr$_5$) *Se* $A \subset B \Rightarrow \mathrm{P}(A) \leq \mathrm{P}(B)$;

(Pr$_6$) $\mathrm{P}(A) \leq 1$;

(Pr$_7$) $\mathrm{P}\left(\bigcup_{i=1}^{\infty} A_i\right) \leq \sum_{i=1}^{\infty} \mathrm{P}(A_i)$.

Vale destacar o seguinte caso particular: $\mathrm{P}\left(\bigcup_{i=1}^{n} A_i\right) \leq \sum_{i=1}^{n} \mathrm{P}(A_i), \ \forall\, n \in \mathbb{N}$.

Demonstração:

(Pr$_1$) $\Omega = A \cup A^c \underbrace{\Longrightarrow}_{(\mathrm{Ax}_3)} \mathrm{P}(\Omega) = \mathrm{P}(A) + \mathrm{P}(A^c) \underbrace{\Longrightarrow}_{(\mathrm{Ax}_2)} 1 = \mathrm{P}(A) + \mathrm{P}(A^c) \Longrightarrow \mathrm{P}(A^c) = 1 - \mathrm{P}(A)$.

(Pr$_2$) $\Omega = \Omega \cup \varnothing \underbrace{\Longrightarrow}_{(\mathrm{Ax}_3)} \mathrm{P}(\Omega) = \mathrm{P}(\Omega) + \mathrm{P}(\varnothing) \Longrightarrow \mathrm{P}(\varnothing) = 0$.

(Pr$_3$) Temos que (veja Figura 1.3a)

$$B = (B \cap A) \cup (B \cap A^c) \underbrace{\Longrightarrow}_{(\mathrm{Ax}_3)} \mathrm{P}(B) = \mathrm{P}(B \cap A) + \mathrm{P}(B \cap A^c) \Rightarrow \mathrm{P}(B \cap A^c) = \mathrm{P}(B) - \mathrm{P}(B \cap A).$$

(Pr$_4$) Temos que (veja Figura 1.3c)

$$A \cup B = A \cup (B \cap A^c) \underbrace{\Longrightarrow}_{(\mathrm{Ax}_3)} \mathrm{P}(A \cup B) = \mathrm{P}(A) + \mathrm{P}(B \cap A^c) \underbrace{=}_{(\mathrm{Pr}_3)} \mathrm{P}(A) + \mathrm{P}(B) - \mathrm{P}(A \cap B).$$

(Pr$_5$) Como antes, temos que (veja Figuras 1.3a e 1.3b)

$$B = (B \cap A) \cup (B \cap A^c) \underbrace{=}_{A \subset B} A \cup (B \cap A^c) \underbrace{\Longrightarrow}_{(\mathrm{Ax}_3)} \mathrm{P}(B) = \mathrm{P}(A) + \underbrace{\mathrm{P}(B \cap A^c)}_{\geq 0;(\mathrm{Ax}_2)} \Longrightarrow \mathrm{P}(B) \geq \mathrm{P}(A).$$

(Pr$_6$) $A \subset \Omega \underbrace{\Longrightarrow}_{(\mathrm{Pr}_5)} \mathrm{P}(A) \leq \mathrm{P}(\Omega) \underbrace{\Longrightarrow}_{(\mathrm{Ax}_1)} \mathrm{P}(A) \leq 1$.

(Pr$_7$) Vamos escrever $\bigcup_{i=1}^{\infty} A_i$ como união de uma sequência de eventos mutuamente exclusivos.

$$\bigcup_{i=1}^{\infty} A_i = A_1 \cup (A_1^c \cap A_2) \cup (A_1^c \cap A_2^c \cap A_3) \cup (A_1^c \cap A_2^c \cap A_3^c \cap A_4) \cup \ldots$$

Aplicando o Axioma (Ax_3) podemos escrever:

$$\mathrm{P}\left(\bigcup_{i=1}^{\infty} A_i\right) = \mathrm{P}(A_1) + \mathrm{P}\left(A_1^c \cap A_2\right) + \mathrm{P}\left(A_1^c \cap A_2^c \cap A_3\right) + \mathrm{P}\left(A_1^c \cap A_2^c \cap A_3^c \cap A_4\right) + \ldots$$

Como para qualquer k, $\left(A_1^c \cap \ldots \cap A_{k-1}^c \cap A_k\right) \subset A_k$, temos $\mathrm{P}\left(A_1^c \cap \ldots \cap A_{k-1}^c \cap A_k\right) \leq \mathrm{P}(A_k)$ e, portanto,

$$\mathrm{P}\left(\bigcup_{i=1}^{\infty} A_i\right) \leq \mathrm{P}(A_1) + \mathrm{P}(A_2) + \mathrm{P}(A_3) + \mathrm{P}(A_4) + \ldots$$

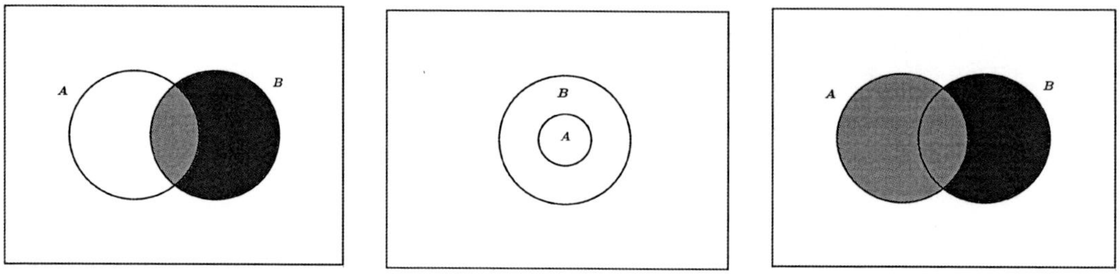

(a) Decomposição de B (b) $A \subset B$ (c) Decomposição de $A \cup B$

Figura 1.3 – Demonstração da Proposição 1.2

□

Exemplo 1.9 ***Ou exclusivo***

Prove que, para A e B eventos num mesmo espaço de probabilidade,

$$\mathrm{P}\left((A \cap B^c) \cup (A^c \cap B)\right) = \mathrm{P}(A) + \mathrm{P}(B) - 2\,\mathrm{P}(A \cap B).$$

Solução:

Essa afirmação trata da probabilidade da ocorrência de *exatamente um* dos eventos A ou B.

$$\mathrm{P}\left((A \cap B^c) \cup (A^c \cap B)\right) \underbrace{=}_{(\mathrm{Ax}_3)} \mathrm{P}(A \cap B^c) + \mathrm{P}(A^c \cap B) \underbrace{=}_{(\mathrm{Pr}_3)} \mathrm{P}(A) - \mathrm{P}(A \cap B) + \mathrm{P}(B) - \mathrm{P}(A \cap B) = \mathrm{P}(A) + \mathrm{P}(B) - 2\,\mathrm{P}($$

♦♦

Exemplo 1.10 ***Atribuição de probabilidade***

Dado que $\Omega = \{-1, 0, 1\}$, verifique se é possível definir uma probabilidade P em $(\Omega, \mathcal{F}, \mathrm{P})$ tal que

$$\begin{aligned} \mathrm{P}\left(\{-1, 1\}\right) &= 0,6; \\ \mathrm{P}\left(\{0, 1\}\right) &= 0,9; \\ \mathrm{P}\left(\{-1, 0\}\right) &= 0,5. \end{aligned}$$

Justifique sua resposta.

Solução:

Note que o evento $\{-1, 1\} = \{-1\} \cup \{1\}$. Logo, as probabilidades dadas se transformam no seguinte sistema de 3 equações com 3 incógnitas:

$$\begin{aligned}
\mathrm{P}(\{-1\}) + \mathrm{P}(\{1\}) &= 0,6 \\
\mathrm{P}(\{0\}) + \mathrm{P}(\{1\}) &= 0,9 \\
\mathrm{P}(\{-1\}) + \mathrm{P}(\{0\}) &= 0,5
\end{aligned}$$

Da primeira equação, obtemos $\mathrm{P}(\{1\}) = 0,6 - P(\{-1\})$. Substituindo na segunda, obtemos o seguinte sistema de 2 equações e 2 incógnitas:

$$\begin{aligned}
\mathrm{P}(\{0\}) + 0,6 - P(\{-1\}) &= 0,9 \\
\mathrm{P}(\{-1\}) + \mathrm{P}(\{0\}) &= 0,5
\end{aligned}$$

ou

$$\begin{aligned}
\mathrm{P}(\{0\}) - P(\{-1\}) &= 0,3 \\
\mathrm{P}(\{-1\}) + \mathrm{P}(\{0\}) &= 0,5
\end{aligned}$$

Somando termo a termo, resulta

$$2 \times \mathrm{P}(\{0\}) = 0,8 \Rightarrow \mathrm{P}(\{0\}) = 0,4$$

Substituindo, obtemos

$$\mathrm{P}(\{-1\}) = 0,5 - \mathrm{P}(\{0\}) = 0,5 - 0,4 \Rightarrow \mathrm{P}(\{-1\}) = 0,1$$

Substituindo novamente, obtemos

$$\mathrm{P}(\{1\}) = 0,6 - \mathrm{P}(\{-1\}) = 0,6 - 0,1 = 0,5$$

Como todos os valores obtidos estão no intervalo $[0, 1]$ e $\mathrm{P}(\Omega) = \mathrm{P}(\{-1\}) + \mathrm{P}(\{0\}) + \mathrm{P}(\{1\}) = 1$, a atribuição dada é válida.

♦♦

Exemplo 1.11

Sejam A e B eventos num mesmo espaço de probabilidade. Se $\mathrm{P}(A) = 1/3$ e $\mathrm{P}(B^c) = 1/4$, A e B podem ser mutuamente exclusivos?

Solução:

$\mathrm{P}(B) = 1 - \mathrm{P}(B^c) = \frac{3}{4}$.

Se A e B fossem mutuamente exclusivos, teríamos que ter

$$\mathrm{P}(A \cup B) = \mathrm{P}(A) + \mathrm{P}(B) = \tfrac{1}{3} + \tfrac{3}{4} = \tfrac{13}{12} > 1.$$

Logo, A e B têm que ter interseção, ou seja, A e B não podem ser mutuamente exclusivos.

♦♦

Exemplo 1.12

Sejam A e B em $(\Omega, \mathcal{F}, \mathrm{P})$ eventos mutuamente exclusivos tais que $\mathrm{P}(A) = 0,5$ e $\mathrm{P}(B) = 0,4$.

(a) Calcule $\mathrm{P}(A \cup B)$.

(b) Calcule $\mathrm{P}(B \cap A^c)$.

Solução:

Do enunciado, concluímos que $A \cap B = \varnothing$. Logo,

(a) $\mathrm{P}(A \cup B) = \mathrm{P}(A) + \mathrm{P}(B) = 0,5 + 0,4 = 0,9$;

(b) $\mathrm{P}(B \cap A^c) = \mathrm{P}(B) - \mathrm{P}(A \cap B) = 0,4 - 0 = 0,4$.

♦♦

Exemplo 1.13

Sejam A, B e C eventos de um mesmo espaço de probabilidade $(\Omega, \mathcal{F}, P)$. Obtenha uma expressão para $\mathrm{P}(A \cup B \cup C)$.

Solução:

$$\begin{aligned}
\mathrm{P}(A \cup B \cup C) &= \mathrm{P}\left((A \cup B) \cup C\right) = \mathrm{P}(A \cup B) + \mathrm{P}(C) - \mathrm{P}\left((A \cup B) \cap C\right) \\
&= \mathrm{P}(A) + \mathrm{P}(B) - \mathrm{P}(A \cap B) + \mathrm{P}(C) - \mathrm{P}\left((A \cap C) \cup (B \cap C)\right) \\
&= \mathrm{P}(A) + \mathrm{P}(B) - \mathrm{P}(A \cap B) + \mathrm{P}(C) - \mathrm{P}(A \cap C) - \mathrm{P}(B \cap C) + \mathrm{P}\left((A \cap C) \cap (B \cap C)\right) \\
&= \mathrm{P}(A) + \mathrm{P}(B) + \mathrm{P}(C) - \mathrm{P}(A \cap B) - \mathrm{P}(A \cap C) - \mathrm{P}(B \cap C) + \mathrm{P}(A \cap B \cap C).
\end{aligned}$$

♦♦

Exemplo 1.14

Se A, B e C são três eventos de um mesmo espaço de probabilidade, defina $M = A \cap B^c \cap C^c$ e $N = A \cap (B \cup C)$. Calcule as probabilidades de M e N sabendo que $\mathrm{P}(A) = 0,7$, $\mathrm{P}(B) = 0,6$, $\mathrm{P}(C) = 0,5$, $\mathrm{P}(A \cap B) = 0,45$, $\mathrm{P}(A \cap C) = 0,35$, $\mathrm{P}(B \cap C) = 0,25$ e $\mathrm{P}(A \cap B \cap C) = 0,15$.

Solução:

$$\mathrm{P}(M) = \mathrm{P}(A \cap B^c \cap C^c) = \mathrm{P}\left(A \cap (B^c \cap C^c)\right) = \mathrm{P}\left(A \cap (B \cup C)^c\right).$$

Pela Propriedade (Pr_3), resulta que

$$\mathrm{P}(M) = P(A) - \mathrm{P}\left(A \cap (B \cup C)\right) = \mathrm{P}(A) - \mathrm{P}(N) = 0,7 - \mathrm{P}(N).$$

Por outro lado,

$$\begin{aligned}
\mathrm{P}(N) &= \mathrm{P}\left(A \cap (B \cup C)\right) = \mathrm{P}\left((A \cap B) \cup (A \cap C)\right) \\
&= \mathrm{P}(A \cap B) + \mathrm{P}(A \cap C) - \mathrm{P}\left((A \cap B) \cap (A \cap C)\right) \\
&= \mathrm{P}(A \cap B) + \mathrm{P}(A \cap C) - \mathrm{P}\left(A \cap B \cap C\right) \\
&= 0,45 + 0,35 - 0,15 = 0,65.
\end{aligned}$$

Logo, $\mathrm{P}(M) = 0,7 - 0,65 = 0,05.$ ♦♦

Lista de exercícios da Seção 1.2

1. Sejam A e B eventos no mesmo espaço de probabilidade tais que $\mathrm{P}(A) = 0,6$, $\mathrm{P}(B) = 0,4$ e $\mathrm{P}(A^c \cap B^c) = 0,3$. Qual a probabilidade de ocorrer o evento A e não ocorrer o evento B?

2. Sejam A e B eventos no mesmo espaço de probabilidade tais que $\mathrm{P}(A) = \mathrm{P}(B) = 0,5$ e $\mathrm{P}(A \cap B) = 0,25$.

   (a) Calcule $\mathrm{P}(A \cup B)$.

   (b) Calcule $\mathrm{P}(A^c \cap B^c)$.

1.3 Espaços amostrais finitos e igualmente prováveis

Nesta seção, vamos considerar o caso especial de espaços amostrais com um número finito de elementos. Seja, então, $\Omega = \{\omega_1, \omega_2, \ldots, \omega_N\}$ e associada a este Ω, a σ-álgebra $\mathcal{F} = 2^\Omega$ (o conjunto das partes de Ω). Para qualquer evento $A \in \mathcal{F}$, temos que

$$\mathrm{P}(A) = \sum_{\omega_j \in A} \mathrm{P}(\omega_j).$$

Há situações em que, além de Ω ser finito, é também razoável supor que todos os elementos de Ω sejam igualmente prováveis, isto é,

$$\mathrm{P}(\omega_j) = \frac{1}{N}$$

e, nesse caso, para qualquer evento $A \in \mathcal{F}$

$$\mathrm{P}(A) = \sum_{\omega_j \in A} \mathrm{P}(\omega_j) = \frac{\#A}{\#\Omega} \tag{1.14}$$

em que $\#A$ representa o número de elementos de A. Como já visto, essa é a definição clássica de probabilidade.

Note que são válidos os axiomas de Kolmogorov para tal definição:

- $\mathrm{P}(\Omega) = \dfrac{\#\Omega}{\#\Omega} = 1.$

- Qualquer que seja A, $\#A \geq 0$. Como $\#\Omega > 0$, resulta que $\mathrm{P}(A) = \dfrac{\#A}{\#\Omega} \geq 0$.
- Como Ω é finito, existe apenas um número finito de eventos (subconjuntos) distintos em Ω e pelo principio aditivo da contagem, se $A_1, A_2, \ldots, A_n$ são dois a dois disjuntos,

$$\#(A_1 \cup A_2 \cup \ldots A_n) = \sum_{i=1}^{n} \#A_i \Rightarrow \mathrm{P}\left(\bigcup_{i=1}^{n} A_i\right) = \sum_{i=1}^{n} \mathrm{P}(A_i).$$

Exemplo 1.15

As propriedades vistas na Proposição 1.2 são também válidas e levam a resultados interessantes sobre o número de elementos de alguns eventos de um espaço amostral Ω finito e igualmente provável, que são propriedades já vistas no estudo da teoria de conjuntos.

Solução:

- $\#A^c = \#\Omega - \#A$
- $\#(A \cap B^c) = \#A - \#(A \cap B)$
- $\#(A \cup B) = \#A + \#B - \#(A \cap B)$
- $A \subset B \Rightarrow \#A \leq \#B$

♦♦

Muitos problemas podem ser resolvidos usando-se essa abordagem, bastando que se "conte" o número de elementos de Ω e do evento A de interesse. Tal contagem, em geral, é feita com auxílio de técnicas de análise combinatória.

Exemplo 1.16 ***Extração de uma carta de um baralho***

Considere um baralho usual composto de 52 cartas divididas em 4 naipes: ouros, copas, paus e espadas, cada naipe com 13 cartas. As cartas dos 2 primeiros naipes são *vermelhas* e as dos dois últimos, *pretas*. Em cada naipe, as cartas podem ser ás, 2, 3, 4, 5, 6, 7, 8, 9, 10, Valete, Dama ou Rei. Essas três últimas são *figuras* que representam a realeza. Retira-se, ao acaso, uma carta desse baralho. Qual é a probabilidade de que seja

(a) uma figura?

(b) uma carta vermelha?

(c) uma figura ou uma carta vermelha?

Solução:

O espaço amostral é formado pelas 52 cartas do baralho. Temos, assim, um espaço amostral finito em que os eventos elementares – cada uma das cartas – são igualmente prováveis, pois estamos retirando a carta aleatoriamente. Como há 52 cartas ao todo, $\#\Omega = 52$.

Vamos denotar por F o evento "carta retirada é uma figura" e por V o evento "carta retirada é vermelha".

(a) Em cada um dos 4 naipes há três figuras. Logo, o número total de figuras é 4×3, ou seja, $\#F = 12$. Logo,

$$\mathrm{P}(F) = \frac{12}{52} = \frac{3}{13}.$$

(b) Metade das cartas é de cor vermelha. Logo,

$$\mathrm{P}(V) = \frac{26}{52} = \frac{1}{2}.$$

(c)

$$\mathrm{P}(F \cup V) = \mathrm{P}(F) + \mathrm{P}(V) - \mathrm{P}(F \cap V) = \frac{12}{52} + \frac{26}{52} - \frac{6}{52} = \frac{32}{52} = \frac{8}{13}.$$

♦♦

Exemplo 1.17 ***Escolha de um número***

Um número é escolhido aleatoriamente entre os 20 primeiros inteiros, de 1 a 20. Qual é a probabilidade de que o número escolhido seja

(a) par?

(b) primo?

(c) quadrado perfeito?

Solução:

Temos um espaço amostral finito com eventos elementares equiprováveis, pois estamos escolhendo o número aleatoriamente.

(a) Vamos denotar por A o evento "o número escolhido é par". Logo,

$$A = \{2, 4, 6, 8, 10, 12, 14, 16, 18, 20\} \Rightarrow \mathrm{P}(A) = \frac{10}{20} = \frac{1}{2}.$$

(b) Seja R o evento "o número escolhido é primo". Então

$$R = \{1, 3, 5, 7, 11, 13, 17, 19\} \Rightarrow \mathrm{P}(R) = \frac{8}{20} = \frac{2}{5}.$$

(c) Se Q é o evento "o número escolhido é um quadrado perfeito", então,

$$Q = \{1, 4, 9, 16\} \Rightarrow \mathrm{P}(Q) = \frac{4}{20} = \frac{1}{5}.$$

♦♦

Exemplo 1.18 ***Extração de uma bola em uma urna***

Uma urna contém 6 bolas amarelas, 2 bolas brancas e 8 bolas verdes. Dessa urna, escolhe-se uma bola ao acaso. Qual é a probabilidade de que essa bola

(a) não seja verde?

(b) seja branca?

(c) não seja nem branca nem verde?

Solução:

Temos um total de $6 + 2 + 8 = 16$ bolas. Logo, $\#\Omega = 16$ e todas as bolas são igualmente prováveis, pois o sorteio é aleatório. Vamos denotar por A, B e V os eventos "sortear uma bola amarela", "sortear uma bola branca" e "sortear uma bola verde", respectivamente.

(a) $\mathrm{P}(V^c) = 1 - \mathrm{P}(V) = 1 - \dfrac{8}{16} = \dfrac{8}{16} = \dfrac{1}{2}$.

(b) $\mathrm{P}(B) = \dfrac{2}{16} = \dfrac{1}{8}$.

(c) $\mathrm{P}(B^c \cap V^c) = \mathrm{P}\left((B \cup V)^c\right) = 1 - \mathrm{P}(B \cup V) = 1 - [\mathrm{P}(B) + \mathrm{P}(V)] = 1 - \dfrac{2}{16} - \dfrac{8}{16} = \dfrac{6}{16} = \mathrm{P}(A)$.

De fato, se a bola não é branca nem verde, ela tem que ser amarela!

♦♦

Exemplo 1.19 ***Lançamento de dois dados***

Considere o lançamento de dois dados. Calcule a probabilidade dos eventos A = "soma das faces superiores é um número par", B = "soma das faces superiores é um número maior que 9", C = "soma das faces superiores é um número ímpar menor que 9".

Solução:

O espaço amostral desse experimento é

$$\Omega = \{(i, j) \mid i = 1, \ldots, 6 \text{ e } j = 1, \ldots, 6\}$$

e cada um dos 36 pares é igualmente provável.

Uma visualização do espaço amostral desse experimento é dada na tabela a seguir, onde, para cada par possível de resultados, apresenta-se também a soma das faces:

	Dado 2					
Dado 1	1	2	3	4	5	6
1	$(1,1) \to 2$	$(1,2) \to 3$	$(1,3) \to 4$	$(1,4) \to 5$	$(1,5) \to 6$	$(1,6) \to 7$
2	$(2,1) \to 3$	$(2,2) \to 4$	$(2,3) \to 5$	$(2,4) \to 6$	$(2,5) \to 7$	$(2,6) \to 8$
3	$(3,1) \to 4$	$(3,2) \to 5$	$(3,3) \to 6$	$(3,4) \to 7$	$(3,5) \to 8$	$(3,6) \to 9$
4	$(4,1) \to 5$	$(4,2) \to 6$	$(4,3) \to 7$	$(4,4) \to 8$	$(4,5) \to 9$	$(4,6) \to 10$
5	$(5,1) \to 6$	$(5,2) \to 7$	$(5,3) \to 8$	$(5,4) \to 9$	$(5,5) \to 10$	$(5,6) \to 11$
6	$(6,1) \to 7$	$(6,2) \to 8$	$(6,3) \to 9$	$(6,4) \to 10$	$(6,5) \to 11$	$(6,6) \to 12$

Podemos ver que :

$$\Omega = \left\{ \begin{array}{l} (1,1)\,,(1,2)\,,(1,3)\,,(1,4)\,,(1,5)\,,(1,6)\,, \\ (2,1)\,,(2,2)\,,(2,3)\,,(2,4)\,,(2,5)\,,(2,6)\,, \\ (3,1)\,,(3,2)\,,(3,3)\,,(3,4)\,,(3,5)\,,(3,6)\,, \\ (4,1)\,,(4,2)\,,(4,3)\,,(4,4)\,,(4,5)\,,(4,6)\,, \\ (5,1)\,,(5,2)\,,(5,3)\,,(5,4)\,,(5,5)\,,(5,6)\,, \\ (6,1)\,,(6,2)\,,(6,3)\,,(6,4)\,,(6,5)\,,(6,6) \end{array} \right\} \Rightarrow \#\Omega = 36;$$

$$A = \left\{ \begin{array}{l} (1,1)\,,(1,3)\,,(1,5)\,,(2,2)\,,(2,4)\,,(2,6)\,, \\ (3,1)\,,(3,3)\,,(3,5)\,,(4,2)\,,(4,4)\,,(4,6)\,, \\ (5,1)\,,(5,3)\,,(5,5)\,,(6,2)\,,(6,4)\,,(6,6) \end{array} \right\} \Rightarrow \#A = 18;$$

$$B = \{(4,6)\,,(5,5)\,,(5,6)\,,(6,4)\,,(6,5)\,,(6,6)\} \Rightarrow \#B = 6;$$

$$C = \left\{ \begin{array}{l} (1,2)\,,(1,4)\,,(1,6)\,,(2,1)\,,(2,3)\,,(2,5)\,, \\ (3,2)\,,(3,4)\,,(4,1)\,,(4,3)\,,(5,2)\,,(6,1)\,, \end{array} \right\} \Rightarrow \#C = 12.$$

Logo,

$$\mathrm{P}(A) = \frac{18}{36} = \frac{1}{2}; \qquad \mathrm{P}(B) = \frac{6}{36} = \frac{1}{6}; \qquad \mathrm{P}(C) = \frac{12}{36} = \frac{1}{3}.$$

♦♦

Exemplo 1.20 ***Extrações sequenciais de duas bolas de uma urna***

Em uma urna, há 4 bolas brancas e 3 verdes. Duas bolas são retiradas dessa urna, sequencialmente e sem reposição. Qual é a probabilidade de retirarmos

(a) 2 bolas brancas?

(b) 2 bolas verdes?

(c) 2 bolas de cores diferentes?

Solução:

Vamos indicar por B_1, B_2, B_3 e B_4 as quatro bolas brancas e por V_1, V_2 e V_3 as três bolas verdes. O espaço amostral para este experimento é

$$\Omega = \{(C_1, C_2); \quad C_1, C_2 = B_1, B_2, B_3, B_4, V_1, V_2, V_3; \quad C_1 \neq C_2\}$$

A primeira bola pode ser qualquer uma, logo, há 7 bolas possíveis. Como a extração é sem reposição, para a segunda bola, só há 6 possibilidades. Assim, o número total de pares é $7 \times 6 = 42$, ou seja, $\#\Omega = 42$.

(a) Para os pares do evento A = "retirar 2 bolas brancas", a primeira bola pode ser qualquer uma das brancas, e a segunda, qualquer uma das brancas restantes. Logo,

$$\#A = 4 \times 3 \Rightarrow \mathrm{P}(A) = \frac{12}{42} = \frac{2}{7}.$$

(b) Analogamente, se $B =$ "retirar 2 bolas verdes",

$$\#B = 3 \times 2 \Rightarrow \mathrm{P}(B) = \frac{6}{42} = \frac{1}{7}.$$

(c) O evento $C =$ "retirar 2 bolas de cores diferentes" é o complementar do evento $D =$ "retirar 2 bolas de cores iguais". Por sua vez, $D = A \cup B$, e assim, como A e B são mutuamente exclusivos, temos

$$\mathrm{P}(D) = \mathrm{P}(A) + \mathrm{P}(B) = \frac{2}{7} + \frac{1}{7} = \frac{3}{7} \Rightarrow \mathrm{P}(C) = 1 - \mathrm{P}(D) = 1 - \frac{3}{7} = \frac{4}{7}.$$

♦♦

Exemplo 1.21 ***Extrações simultâneas de duas bolas de uma urna***

Resolva o exemplo anterior, com a seguinte alteração: em vez de extrações sequenciais, as 2 bolas são retiradas simultaneamente.

Solução:

Em ambos os casos, as extrações são sem reposição, ou seja, a mesma bola não pode sair duas vezes. O que muda, então?

Nas extrações simultâneas, não podemos diferenciar a ordem das bolas: por exemplo, os pares V_1V_2 e V_2V_1 são os mesmos. Dessa forma, a cardinalidade do espaço amostral fica reduzida por 2, que é 2!, número de maneiras de organizar as 2 bolas. Se fossem 3 bolas, ficaria reduzido por $3! = 6$. Para ajudar na compreensão dessa diferença, vamos listar os eventos cuja união fornece o espaço amostral.

Evento	Extrações sequenciais	Evento	Extrações simultâneas
2 bolas brancas	$B_1B_2, B_1B_3, B_1B_4,$ $B_2B_1, B_2B_3, B_2B_4,$ $B_3B_1, B_3B_2, B_3B_4,$ $B_4B_1, B_4B_2, B_4B_3,$	2 bolas brancas	$B_1B_2, B_1B_3, B_1B_4,$ $B_2B_3, B_2B_4,$ $B_3B_4,$
2 bolas verdes	$V_1V_2, V_1V_3,$ $V_2V_1, V_2V_3,$ $V_3V_1, V_3V_2,$	2 bolas verdes	$V_1V_2, V_1V_3,$ $V_2V_3,$
Branca e verde	$B_1V_1, B_1V_2, B_1V_3,$ $B_2V_1, B_2V_2, B_2V_3,$ $B_3V_1, B_3V_2, B_3V_3,$ $B_4V_1, B_4V_2, B_4V_3,$	Uma branca e uma verde	$B_1V_1, B_1V_2, B_1V_3,$ $B_2V_1, B_2V_2, B_2V_3,$ $B_3V_1, B_3V_2, B_3V_3,$ B_4V_1, B_4V_2, B_4V_3
Verde e branca	$V_1B_1, V_1B_2, V_1B_3, V_1B_4,$ $V_2B_1, V_2B_2, V_2B_3, V_2B_4,$ $V_3B_1, V_3B_2, V_3B_3, V_3B_4$		

Note que as probabilidades são as mesmas em ambos os casos:

	P(2 verdes)	P(2 brancas)	P(cores diferentes)
Extrações sequenciais	$\frac{6}{42} = \frac{1}{7}$	$\frac{12}{42} = \frac{2}{7}$	$\frac{24}{42} = \frac{4}{7}$
Extrações simultâneas	$\frac{3}{21} = \frac{1}{7}$	$\frac{6}{21} = \frac{2}{7}$	$\frac{12}{21} = \frac{4}{7}$

♦♦

Exemplo 1.22 ***Questões certas em uma prova***

Em uma prova, havia dois problemas. Sabe-se que 132 alunos acertaram o primeiro, 86 erraram o segundo, 120 acertaram os dois e 54 acertaram apenas um. Sorteando-se, ao acaso, um desses alunos, qual é a probabilidade de que ele

(a) não tenha acertado qualquer um dos dois problemas?

(b) tenha acertado apenas o segundo problema?

Solução:

Vamos denotar por A_1 e A_2 os eventos "aluno acerta problema 1" e "aluno acerta problema 2", respectivamente. Os dados do problema nos dão que (veja Figura 1.4):

$$\begin{aligned}
\#(A_1 \cap A_2) &= 120 = a && \text{(acertar os 2)} \\
\#A_1 &= 132 = a + b && \text{(acertar o primeiro)} \\
\#A_2^c &= 86 = b + d && \text{(errar o segundo)} \\
\#\left[(A_1 \cap A_2^c) \cup (A_1^c \cap A_2)\right] &= 54 = b + c && \text{(acertar apenas um)}
\end{aligned}$$

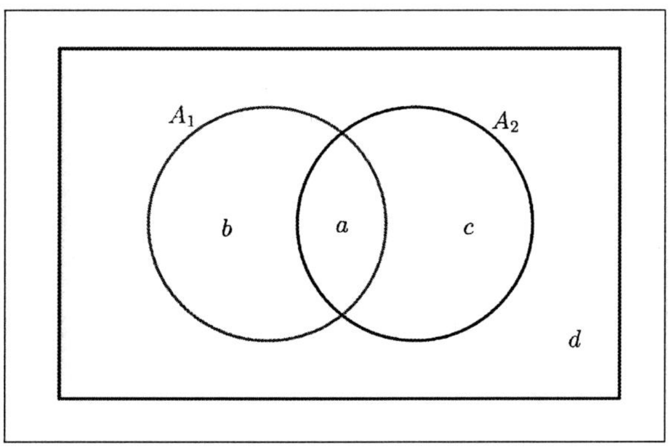

Figura 1.4 – Solução do Exemplo 1.22

$$\left.\begin{aligned} a &= 120 \\ a + b &= 132 \end{aligned}\right\} \Rightarrow b = \#(A_1 \cap A_2^c) = 12$$

$$b + d = 86 \Rightarrow d = 86 - b = 86 - 12 \Rightarrow d = \#(A_1 \cup A_2)^c = 74$$
$$b + c = 54 \Rightarrow c = 54 - b = 54 - 12 \Rightarrow c = \#(A_2 \cap A_1^c) = 42$$

Logo, o número total de alunos é

$$\#\Omega = a + b + c + d = 248.$$

Além disso, do Exemplo 1.15, temos que

$$\begin{aligned}
\#(A_1 \cap A_2^c) = \#A_1 - \#(A_1 \cap A_2) &\Longrightarrow \#A_1 = \#(A_1 \cap A_2^c) + \#(A_1 \cap A_2) = 12 + 120 = 132;\\
\#A_2 &= \#\Omega - \#A_2^c = 248 - 86 = 162;\\
\#(A_1 \cup A_2) &= \#A_1 + \#A_2 - \#(A_1 \cap A_2) = 132 + 162 - 120 = 174;\\
&= \#\Omega - \#(A_1 \cup A_2)^c = 248 - 74 = 174.
\end{aligned}$$

(a) $\mathrm{P}(A_1^c \cap A_2^c) \underbrace{=}_{\text{Morgan}} \mathrm{P}[(A_1 \cup A_2)^c] = \dfrac{74}{248} = \dfrac{37}{124}.$

(b) $\mathrm{P}(A_2 \cap A_1^c) = \dfrac{42}{248} = \dfrac{21}{124}.$

♦♦

Exemplo 1.23 ***Sorteio de bolsas de estudo***

Quatro bolsas de estudo serão sorteadas entre 30 estudantes, dos quais 12 são do sexo masculino e 18 são do sexo feminino. Qual é a probabilidade de que haja entre os sorteados:

(a) uma pessoa do sexo masculino?

(b) no máximo uma pessoa do sexo feminino?

(c) pelo menos uma pessoa de cada sexo?

Solução:

O espaço amostral consiste em todas as quádruplas de alunos; sendo assim,

$$\#\Omega = \binom{30}{4} = 27405.$$

(a) Um homem sorteado significa também que 3 mulheres foram sorteadas. O número de maneiras de escolher 1 homem é $\binom{12}{1}$ e o número de maneiras de escolher 3 mulheres é $\binom{18}{3}$. Pelo princípio fundamental da multiplicação, o número de maneiras de escolher 1 homem e 3 mulheres é $\binom{12}{1}\binom{18}{3}$. Seja U o evento "um homem é sorteado". Então

$$\mathrm{P}(U) = \frac{\binom{12}{1}\binom{18}{3}}{27405} = \frac{12 \times 816}{27405} = \frac{9792}{27405} = \frac{1088}{3045}.$$

(b) No máximo uma pessoa do sexo feminino significa nenhuma ou uma pessoa do sexo feminino e, portanto, 4 e 3 pessoas do sexo masculino, respectivamente. Seja X o evento "no máximo uma pessoa do sexo feminino é sorteada". Então

$$\mathrm{P}(X) = \frac{\binom{12}{4} + \binom{12}{3}\binom{18}{1}}{27405} = \frac{495 + 18 \times 220}{27405} = \frac{4455}{27405} = \frac{33}{203}.$$

(c) Sortear pelo menos uma pessoa de cada sexo significa que não podemos ter todas as pessoas do mesmo sexo. Seja $C =$"pelo menos uma pessoa de cada sexo é sorteada". Então

$$\mathrm{P}(C) = 1 - \frac{\binom{12}{4} + \binom{18}{4}}{27405} = 1 - \frac{495 + 3060}{27405} = 1 - \frac{79}{609} = \frac{530}{609}.$$

♦♦

Exemplo 1.24 ***Problema dos Aniversários***

Em um grupo com r pessoas, qual é a probabilidade de pelo menos duas fazerem aniversário no mesmo dia? Qual é o menor número de pessoas tal que a probabilidade de pelo menos duas fazerem aniversário no mesmo dia seja maior que 0,99?

Solução:

Para darmos uma ideia intuitiva da solução, vamos considerar inicialmente um grupo de 5 pessoas, isto é, $r = 5$. Nesse caso, o experimento pode ser definido como o sorteio de 5 datas de aniversário, entre as 365 possíveis, se ignorarmos os anos bissextos e a possibilidade da existência de gêmeos no grupo. Então, o espaço amostral para esse experimento pode ser representado por:

$$\Omega = \{(1,1,1,1,1), (1,1,1,1,2), \ldots, (1,1,1,2,1), \ldots, (2,4,123,201,250), \ldots, (365,365,365,365,365)\}.$$

O elemento $(1,1,1,1,1)$ representa o resultado em que todas as datas de aniversário sorteadas foram 01/jan, o elemento $(365,365,365,365,365)$ representa o resultado em que todas as datas sorteadas foram 31/dez e o elemento $((2,4,123,201,250)$ representa o resultado em que uma data de aniversário foi o segundo dia do ano (02/jan), a segunda data foi o quarto dia do ano (04/jan), e assim por diante.

Note que $\#\Omega = 365^5$.

O evento para o qual queremos encontrar a probabilidade é

$$E = \text{"pelo menos duas pessoas no grupo de 5 fazem aniversário no mesmo dia"}.$$

Veja que $(1,2,3,4,5) \notin E$, mas $(1,1,1,1,1) \in E$ e $(1,10,20,53,10) \in E$. Supondo que todos os dias do ano sejam equiprováveis, a probabilidade associada a cada elemento de Ω será $1/365^5$, pois nesse caso o espaço amostral será equiprovável. Então, para saber $\mathrm{P}(E)$ basta saber quantos elementos há em E.

Mais fácil do que contar o número de elementos de E será contar o número de elementos de E^c e usar a Propriedade (Pr_1) para encontrar $\mathrm{P}(E)$. Note que

$$E^c = \text{"nenhum par de pessoas faz aniversário no mesmo dia"}$$

ou, dito de outra forma

$$E^c = \text{“as 5 pessoas fazem aniversário em dias diferentes”}.$$

Note que $\#E^c = 365 \times 364 \times 363 \times 362 \times 361$ e, portanto,

$$\mathrm{P}(E^c) = \frac{365 \times 364 \times 363 \times 362 \times 361}{365^5} = 0,9729 \Rightarrow \mathrm{P}(E) = 0,0271.$$

Para $2 \leq r \leq 365$ qualquer, temos que

$$\mathrm{P}(E) = 1 - \frac{365 \times 364 \times \cdots \times (365 - r + 1)}{365^r} = 1 - \frac{365!}{(365 - r)!365^r}.$$

Para $r > 365$, $\mathrm{P}(E) = 1$, pois seria impossível que todos tivessem datas de aniversário diferentes.

Na tabela a seguir e na Figura 1.5 apresentamos alguns valores dessa probabilidade. Note que, com 23 ou mais pessoas, a probabilidade de que pelo menos 2 façam aniversário no mesmo dia já é maior que 0,5 e com 32 ou mais pessoas, essa probabilidade é maior que 0,75. Para $r = 57$, essa probabilidade vale 0,9901, sendo este o menor número de pessoas tal que a probabilidade de pelo menos duas fazerem aniversário no mesmo dia seja maior que 0,99.

r	5	10	15	20	25	30	35	40	45	50	55	60
P(E)	0,0271	0,1169	0,2529	0,4114	0,5687	0,7063	0,8144	0,8912	0,9410	0,9704	0,9863	0,9941

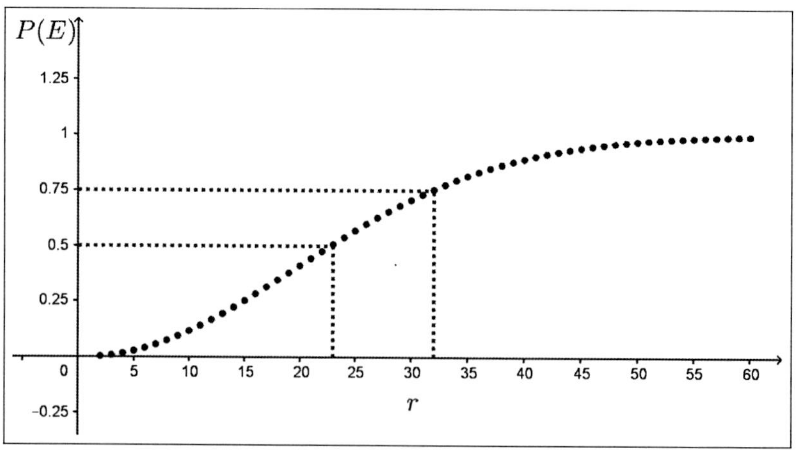

Figura 1.5 – Problema do aniversário: $P(E)$ em função de r

♦♦

Lista de exercícios da Seção 1.3

1. Um prestador de serviços autorizado realiza duas atividades diferentes: manutenção de equipamentos e venda de peças. Analisando os chamados do último mês, constatou-se que, em 58% deles, foi realizada manutenção de equipamentos, em 45%, venda de peças e, em 36% dos chamados, tanto manutenção

do equipamento quanto venda de peças. Vale ressaltar que existem chamados que não resultaram em atividade alguma. Qual a porcentagem dos chamados resultou em apenas manutenção de equipamento?

2. Um curso de gastronomia tem 100 alunos matriculados e oferece três diferentes disciplinas: segurança dos alimentos, culinária e produção vinícola. A turma de segurança dos alimentos tem 47 alunos, a turma de culinária tem 40 alunos e 52 cursam produção vinícola. Existem 20 alunos que fazem tanto a disciplina de segurança dos alimentos quanto de culinária, 15 estão nas turmas de segurança dos alimentos e produção vinícola e 12 alunos estão matriculados nas turmas de culinária e produção vinícola. Ainda existem 8 alunos matriculados nas três turmas.

   (a) Se um aluno for escolhido ao acaso, qual a probabilidade de ele estar matriculado apenas em segurança dos alimentos?

   (b) Se um aluno for escolhido ao acaso, qual a probabilidade de ele estar matriculado em exatamente uma das três turmas disponíveis?

3. Em uma pesquisa, feita com 1.000 pessoas, perguntou-se o gênero (mulher ou homem), o estado civil (casado ou não) e a ocupação (empregado ou não). No resultado obtiveram-se 390 mulheres, 485 casados, 620 empregados, 125 mulheres casadas, 172 mulheres empregadas, 111 pessoas casadas e empregadas, e 41 mulheres casadas e empregadas. Mostre que esses números da pesquisa têm que estar errados.

4. Em uma conferência estão 42 estatísticos e 33 atuários. Cinco dessas 75 pessoas são selecionadas ao acaso para participarem de uma discussão. Qual a probabilidade de pelo menos um atuário ser selecionado?

5. Em uma urna há 15 bolas numeradas de 1 a 15. Três bolas são retiradas da urna sem reposição. Qual é a probabilidade de que:

   (a) o menor número seja 7?

   (b) o maior número seja 7?

6. Considere dois dados idênticos com faces coloridas da seguinte maneira: cada um deles tem três faces pretas, duas faces azuis e uma face vermelha. Quando esses dois dados são lançados, qual é a probabilidade de as duas faces superiores terem cores diferentes?

1.4 Conjuntos limite e continuidade da probabilidade

Vimos que as definições de σ-álgebra e de probabilidade envolvem, ambas, sequências infinitas de eventos. Então, da mesma forma que no estudo de sequências numéricas, iremos analisar, nesta seção, a convergência de tais sequências e também de suas probabilidades. Começamos apresentando as definições de limite superior e limite inferior de uma sequência de eventos, que são análogas às definições de limites superior e inferior de sequências numéricas.

Vale lembrar que, se $\{a_n\}_{n\in\mathbb{N}}$ é uma sequência de números reais, os limites superior e inferior de tal sequência são definidos por

$$\limsup_{n\to\infty} a_n = \inf_{N\in\mathbb{N}} \sup_{n\geq N} a_n \text{ e}$$

$$\liminf_{n\to\infty} a_n = \sup_{N\in\mathbb{N}} \inf_{n\geq N} a_n.$$

Note que as sequências $c_n = \{\sup a_n\}_{n\geq N}$ e $d_n = \{\inf a_n\}_{n\geq N}$ são, respectivamente, não-crescente e não-decrescente, pois envolvem famílias cada vez menores de números reais.

Definição 1.3 ***Conjuntos limite***

Seja $A_1, A_2, \cdots$ uma sequência de eventos em um espaço de probabilidade $(\Omega, \mathcal{F}, \mathrm{P})$.

- *Definimos o **limite superior** da sequência $\{A_n\}$ como*

$$\limsup_{n\to\infty} A_n = \bigcap_{n=1}^{\infty} \bigcup_{k=n}^{\infty} A_k.$$

- *Definimos o **limite inferior** da sequência $\{A_n\}$ como*

$$\liminf_{n\to\infty} A_n = \bigcup_{n=1}^{\infty} \bigcap_{k=n}^{\infty} A_k.$$

Note os seguintes fatos sobre tais definições:

- Como cada A_n pertence à σ-álgebra $\mathcal{F}$, sabemos que cada $B_n = \bigcup_{k=n}^{\infty} A_k$ e cada $C_n = \bigcap_{k=n}^{\infty} A_k$ também pertencem a $\mathcal{F}$; consequentemente, $\bigcap_{n=1}^{\infty} B_n$ e $\bigcup_{n=1}^{\infty} C_n$ também pertencem a $\mathcal{F}$, ou seja, $\limsup_{n\to\infty} A_n$ e $\liminf_{n\to\infty} A_n$ são eventos em $\mathcal{F}$.

- Consideremos, inicialmente, o limite superior de $\{A_n\}$. Temos que

$$\limsup_{n\to\infty} A_n = (A_1 \cup A_2 \cup A_3 \cup \cdots) \cap (A_2 \cup A_3 \cup A_4 \cup \cdots) \cap (A_3 \cup A_4 \cup A_5 \cup \cdots) \cap \cdots$$

  Seja $\omega \in \limsup_{n\to\infty} A_n$. Então

  ⋆ $\omega \in (A_1 \cup A_2 \cup A_3 \cup \cdots) \Rightarrow \exists k \geq 1$ tal que $\omega \in A_k$

  ⋆ $\omega \in (A_2 \cup A_3 \cup A_4 \cup \cdots) \Rightarrow \exists k \geq 2$ tal que $\omega \in A_k$

  ⋆ $\omega \in (A_3 \cup A_4 \cup A_5 \cup \cdots) \Rightarrow \exists k \geq 3$ tal que $\omega \in A_k$

  e assim sucessivamente. Então, $\forall n \geq 1$, existe $k \geq n$ tal que $\omega \in A_k$. Concluímos, então, que

$$\omega \in \limsup_{n\to\infty} A_n \iff \omega \text{ pertence a um número infinito dos } A_n$$

Dito de outra forma, $\limsup_{n\to\infty} A_n$ é o evento "A_n ocorre para uma infinidade de n's".

- Consideremos, agora, o limite inferior de $\{A_n\}$.

$$\liminf_{n\to\infty} A_n = (A_1 \cap A_2 \cap A_3 \cap \cdots) \cup (A_2 \cap A_3 \cap A_4 \cap \cdots) \cup (A_3 \cap A_4 \cap A_5 \cap \cdots) \cup \cdots$$

Então,

$$\omega \in \liminf_{n\to\infty} A_n \iff \exists n \text{ tal que } \omega \in (A_n \cap A_{n+1} \cap A_{n+2} \cap \cdots) \iff \exists n \text{ tal que } \omega \in A_k \quad \forall k \geq n$$

ou seja,

$$\omega \in \liminf_{n\to\infty} A_n \iff \omega \in A_n \text{ para todo } n \text{ suficientemente grande}$$

Dito de outra forma, $\liminf_{n\to\infty} A_n$ é o evento "A_n ocorre para todo n suficientemente grande".

- Das duas últimas observações acima, podemos concluir que

$$\liminf_{n\to\infty} A_n \subset \limsup_{n\to\infty} A_n \tag{1.15}$$

pois, se $\omega \in A_n$ para todo n suficientemente grande, ω pertence a um número infinito de A_n's.

Sabemos, da teoria de conjuntos, que se $A \subset B$ e $B \subset A$, então $A = B$. Então, se $\limsup_{n\to\infty} A_n \subset \liminf_{n\to\infty} A_n$, teremos $\liminf_{n\to\infty} A_n = \limsup_{n\to\infty} A_n$ e isso nos leva à seguinte definição.

> **Definição 1.4** ***Limite de uma sequência de eventos***
> *Seja $A_1, A_2, \ldots$ uma sequência de eventos em um espaço de probabilidade $(\Omega, \mathcal{F}, \mathrm{P})$. Se $\limsup_{n\to\infty} A_n \subset \liminf_{n\to\infty} A_n$, dizemos que $\lim_{n\to\infty} A_n$ existe e*
>
> $$\lim_{n\to\infty} A_n = \liminf_{n\to\infty} A_n = \limsup_{n\to\infty} A_n$$

Exemplo 1.25

Vamos analisar a convergência das sequências $\{A_n\}$ e $\{B_n\}$ definidas no Exemplo 1.5:

A_n = "a primeira cara ocorre, ou no $n^{\underline{o}}$ lançamento, ou depois do $n^{\underline{o}}$ lançamento";

B_n = "a primeira cara ocorre, ou no $n^{\underline{o}}$ lançamento, ou antes do $n^{\underline{o}}$ lançamento".

Solução:

Vimos que $A_1 \supset A_2 \supset A_3 \supset A_4 \supset \cdots$; logo,

$$\bigcup_{k=n}^{\infty} A_k = A_n$$

e, portanto,

$$\limsup_{n\to\infty} A_n = \bigcap_{n=1}^{\infty}\bigcup_{k=n}^{\infty} A_k = \bigcap_{n=1}^{\infty} A_n = \varnothing$$

como visto no Exemplo 1.5.

Temos também que

$$\bigcap_{k=n}^{\infty} A_k = \varnothing$$

e, portanto,

$$\liminf_{n\to\infty} A_n = \bigcup_{n=1}^{\infty}\bigcap_{k=n}^{\infty} A_k = \varnothing.$$

Concluímos, então, que $\lim_{n\to\infty} A_n = \varnothing$.

Como $B_1 \subset B_2 \subset B_3 \subset B_4 \subset \cdots$, resulta que

$$\bigcap_{k=n}^{\infty} B_k = B_n$$

e, portanto,

$$\liminf_{n\to\infty} B_n = \bigcup_{n=1}^{\infty}\bigcap_{k=n}^{\infty} B_k = \bigcup_{n=1}^{\infty} B_n = \Omega$$

como visto no Exemplo 1.5.

Temos também que

$$\bigcup_{k=n}^{\infty} B_k = \Omega$$

e, portanto,

$$\limsup_{n\to\infty} B_n = \bigcap_{n=1}^{\infty}\bigcup_{k=n}^{\infty} B_k = \Omega$$

Concluímos, então, que $\lim_{n\to\infty} B_n = \Omega$.

♦♦

Vamos estudar, agora, uma classe especial de sequências, as sequências monótonas.

Definição 1.5 ***Sequências monótonas de eventos***

Seja $A_1, A_2, \ldots$ uma sequência de eventos em um espaço de probabilidade $(\Omega, \mathcal{F}, \mathrm{P})$.

- *Dizemos que $\{A_n\}$ é uma* ***sequência monótona não-decrescente*** *se $A_n \subset A_{n+1}$ para todo $n \geq 1$. Notação: $A_n \uparrow$.*
- *Dizemos que$\{A_n\}$ é uma* ***sequência monótona não-crescente*** *se $A_n \supset A_{n+1}$ para todo $n \geq 1$. Notação: $A_n \downarrow$.*

As sequências $\{A_n\}$ e $\{B_n\}$ definidas no Exemplo 1.5 são não-crescente e não-decrescente, respectivamente.

Analisemos, agora, a convergência de tais sequências.

Proposição 1.3 ***Limites de sequências monótonas***

(i) Se $\{A_n\}$ é uma sequência monótona não-decrescente, então $\lim_{n\to\infty} A_n$ existe e

$$\lim_{n\to\infty} A_n = A = \bigcup_{n=1}^{\infty} A_n \qquad \textit{(Notação: } A_n \uparrow A\textit{)}$$

(ii) Se $\{A_n\}$ é uma sequência monótona não-crescente, então $\lim_{n\to\infty} A_n$ existe e

$$\lim_{n\to\infty} A_n = A = \bigcap_{n=1}^{\infty} A_n \qquad \textit{(Notação: } A_n \downarrow A\textit{)}$$

Demonstração:

(i) Por hipótese, temos que $A_1 \subset A_2 \subset \cdots$. Logo (veja Figura 1.6a),

$$\bigcap_{k=n}^{\infty} A_k = A_n \Rightarrow \liminf_{n\to\infty} A_n = \bigcup_{n=1}^{\infty}\bigcap_{k=n}^{\infty} A_k = \bigcup_{n=1}^{\infty} A_n.$$

Mas, lembre-se que $(A \cap B) \subset A$; logo,

$$\limsup_{n\to\infty} A_n = \bigcap_{n=1}^{\infty}\bigcup_{k=n}^{\infty} A_k \subset \bigcup_{k=1}^{\infty} A_k = \liminf_{n\to\infty} A_n.$$

Resulta que

$$\limsup_{n\to\infty} A_n \subset \liminf_{n\to\infty} A_n \Rightarrow \limsup_{n\to\infty} A_n = \liminf_{n\to\infty} A_n = \lim_{n\to\infty} A_n = \bigcup_{n=1}^{\infty} A_n.$$

(ii) Por hipótese, temos que $A_1 \supset A_2 \supset \cdots$. Logo (veja Figura 1.6b),

$$\bigcup_{k=n}^{\infty} A_k = A_n \Rightarrow \limsup_{n\to\infty} A_n = \bigcap_{n=1}^{\infty}\bigcup_{k=n}^{\infty} A_k = \bigcap_{n=1}^{\infty} A_n.$$

Mas, lembre-se que $(A \cup B) \supset A$; logo,

$$\liminf_{n\to\infty} A_n = \bigcup_{n=1}^{\infty}\bigcap_{k=n}^{\infty} A_k \supset \bigcap_{k=1}^{\infty} A_k = \limsup_{n\to\infty} A_n.$$

Resulta que

$$\limsup_{n\to\infty} A_n \subset \liminf_{n\to\infty} A_n \Rightarrow \limsup_{n\to\infty} A_n = \liminf_{n\to\infty} A_n = \lim_{n\to\infty} A_n = \bigcap_{n=1}^{\infty} A_n.$$

□

Sendo $\{A_n\}$ uma sequência convergente de eventos, é natural que se pergunte: o que acontece com a

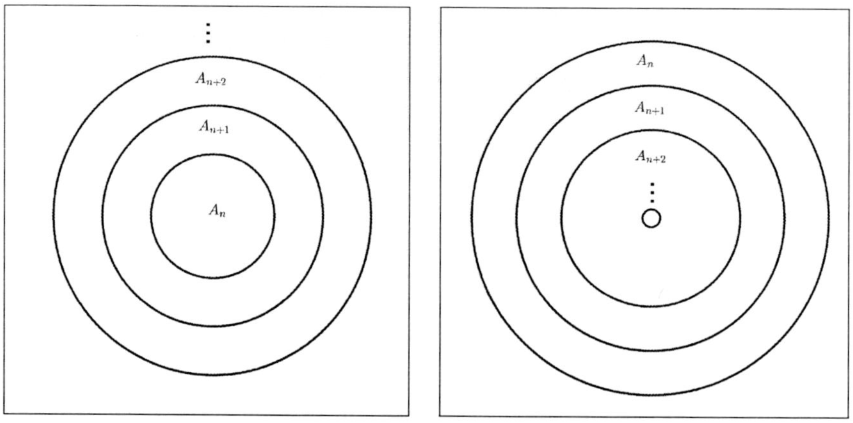

(a) $A_1 \subset A_2 \subset \cdots$ **(b)** $A_1 \supset A_2 \supset \cdots$

Figura 1.6 – Sequências monótonas de eventos

sequência das probabilidades? Esse é o assunto abordado na próxima proposição.

Proposição 1.4 ***Continuidade por baixo e por cima da probabilidade***

(i) Se $\{A_n\}$ *é uma sequência tal que* $A_n \uparrow A$*, então* $\mathrm{P}(A_n) \uparrow \mathrm{P}(A)$ *(continuidade por baixo), isto é,*

$$\mathrm{P}(A_n) \leq \mathrm{P}(A_{n+1}) \quad \forall n \in \mathbb{N} \text{ e}$$
$$\lim_{n\to\infty} \mathrm{P}(A_n) = \mathrm{P}(A).$$

(ii) Se $\{A_n\}$ *é uma sequência tal que* $A_n \downarrow A$*, então* $\mathrm{P}(A_n) \downarrow \mathrm{P}(A)$ *(continuidade por cima), isto é,*

$$\mathrm{P}(A_n) \geq \mathrm{P}(A_{n+1)} \quad \forall n \in \mathbb{N} \text{ e}$$
$$\lim_{n\to\infty} \mathrm{P}(A_n) = \mathrm{P}(A).$$

Demonstração:

(i) Se $A_n \uparrow A$, então $A_n \subset A_{n+1}$ $\forall n \in \mathbb{N}$ e pela Proposição1.3, $\lim\limits_{n\to\infty} A_n = A = \bigcup\limits_{n=1}^{\infty} A_n$. Pela Propriedade (Pr$_5$)), resulta que $\mathrm{P}(A_1) \leq \mathrm{P}(A_2) \leq \cdots$, ou seja, $\{\mathrm{P}(A_n)\}_{n=1}^{\infty}$ é uma sequência real monótona e limitada ($0 \leq \mathrm{P}(A_i) \leq 1$). Logo, $\exists \lim\limits_{n\to\infty} \mathrm{P}(A_n)$.

Podemos escrever $A = \bigcup\limits_{n=1}^{\infty} A_n$ como união de eventos mutuamente exclusivos da seguinte forma:

$$A = \bigcup_{n=1}^{\infty} A_n = A_1 \cup (A_2 \cap A_1^c) \cup (A_3 \cap A_2^c \cap A_1^c) \cup \cdots \cup (A_k \cap A_{k-1}^c \cap \cdots \cap A_1^c) \cup \cdots \Rightarrow$$
$$\mathrm{P}(A) = \mathrm{P}(A_1) + \mathrm{P}(A_2 \cap A_1^c) + \mathrm{P}(A_3 \cap A_2^c \cap A_1^c) + \cdots + \mathrm{P}(A_k \cap A_{k-1}^c \cap \cdots \cap A_1^c) + \cdots$$

Mas

$$A_k \cap A_{k-1}^c \cap \cdots \cap A_1^c = A_k \cap (A_{k-1}^c \cap \cdots \cap A_1^c) \underbrace{=}_{\text{Morgan}} A_k \cap (A_1 \cup \cdots \cup A_{k-1})^c \underbrace{=}_{A_n \uparrow} A_k \cap A_{k-1}^c.$$

Logo,

$$\mathrm{P}(A) = \mathrm{P}(A_1) + \mathrm{P}(A_2 \cap A_1^c) + \mathrm{P}(A_3 \cap A_2^c) + \cdots + \mathrm{P}(A_k \cap A_{k-1}^c) + \cdots$$

ou seja, $\mathrm{P}(A)$ é a soma de uma série que é, então, convergente, já que $0 \leq \mathrm{P}(A) \leq 1$.[2] A $n-$ésima soma parcial da série que define $\mathrm{P}(A)$ é

$$\begin{aligned}
S_n &= \mathrm{P}(A_1) + \mathrm{P}(A_2 \cap A_1^c) + \mathrm{P}(A_3 \cap A_2^c) + \cdots + \mathrm{P}(A_{n-1} \cap A_{n-2}^c) + \mathrm{P}(A_n \cap A_{n-1}^c) \\
&= \mathrm{P}(A_1) + [\mathrm{P}(A_2) - \mathrm{P}(A_1 \cap A_2)] + [\mathrm{P}(A_3) - \mathrm{P}(A_2 \cap A_3)] + \cdots + \\
&\quad [\mathrm{P}(A_{n-1}) - \mathrm{P}(A_{n-2} \cap A_{n-1})] + [\mathrm{P}(A_n) - \mathrm{P}(A_{n-1} \cap A_n)] \\
&\underbrace{=}_{A_n \uparrow} \mathrm{P}(A_1) + [\mathrm{P}(A_2) - \mathrm{P}(A_1)] + [\mathrm{P}(A_3) - \mathrm{P}(A_2)] + \cdots + [\mathrm{P}(A_{n-1}) - \mathrm{P}(A_{n-2})] + [\mathrm{P}(A_n) - \mathrm{P}(A_{n-1})] \\
&= \mathrm{P}(A_n).
\end{aligned}$$

Por definição de convergência de uma série, resulta que

$$\mathrm{P}(A) = \lim_{n \to \infty} S_n = \lim_{n \to \infty} \mathrm{P}(A_n)$$

o que completa a prova.

(ii) Se $A_n \downarrow A$, então $A_n \supset A_{n+1}$ $\forall n \in \mathbb{N}$ e pela Proposição 1.3, $\lim\limits_{n \to \infty} A_n = A = \bigcap\limits_{n=1}^{\infty} A_n$.

Mas $A_n \supset A_{n+1} \Rightarrow A_n^c \subset A_{n+1}^c$ e novamente pela Proposição 1.3

$$\lim_{n \to \infty} A_n^c = \bigcup_{n=1}^{\infty} A_n^c \underbrace{=}_{\text{Morgan}} \left(\bigcap_{n=1}^{\infty} A_n \right)^c = A^c.$$

Pelo item anterior, temos que

$$\lim_{n \to \infty} \mathrm{P}(A_n^c) = \mathrm{P}(A^c) \quad \Rightarrow \quad \lim_{n \to \infty} [1 - \mathrm{P}(A_n)] = 1 - \mathrm{P}(A) \quad \Rightarrow \quad \lim_{n \to \infty} \mathrm{P}(A_n) = \mathrm{P}(A)$$

o que completa prova.

□

[2]Uma série $\sum\limits_{n=1}^{\infty} a_n$ é convergente se $\sum\limits_{n=1}^{\infty} a_n = S < \infty$ e, nesse caso, $S = \lim\limits_{n \to \infty} S_n$, em que $S_n = a_1 + a_2 + \cdots + a_n$ é a $n-$ésima soma parcial de tal série.

Lista de exercícios da Seção 1.4

1. Considere o experimento de lançar um dado até sair a face 6. Sejam $\{A_n\}$ e $\{B_n\}$ sequências de eventos definidas por: $A_n =$ ocorreu pelo menos n vezes a face 1; $B_n =$ ocorreu menos de n vezes a face 1.

   (a) Verifique se as sequências $\{A_n\}$ e $\{B_n\}$ são monótonas não-crescentes ou não-decrescentes.

   (b) Verifique se as sequências $\{A_n\}$ e $\{B_n\}$ são convergentes. Se sim, apresente o limite.

Exercícios do Capítulo 1

1. Sejam A, B, C três eventos de um mesmo espaço de probabilidade. Exprima os eventos a seguir usando as operações de união, interseção e complementação:

   (a) somente A ocorre;

   (b) exatamente um ocorre;

   (c) A, B e C ocorrem;

   (d) nenhum ocorre;

   (e) pelo menos um ocorre;

   (f) exatamente dois ocorrem.

   (g) pelo menos dois ocorrem;

   (h) no máximo dois ocorrem.

2. Considere o lançamento de dois dados e defina os seguintes eventos:

   $A =$ "soma das faces superiores dos dois dados é um número par";
   $B =$ "soma das faces superiores dos dois dados é um número maior ou igual a 9";
   $C =$ "o máximo das duas faces superiores é 6".

   Determine os elementos dos seguintes eventos: $A \cap B$, $A \cup B$, $A - B$, $B - A$, $B \cap C$, $B - C$.

3. Um sistema de refrigeração possui 4 componentes e cada um deles pode assumir um entre os dois estados: funcionando ou em falha. Considere o experimento de observar o estado de cada componente, de forma que a saída desse experimento seja um vetor (x_1, x_2, x_3, x_4), onde x_i vale 1 se o componente i estiver funcionando e vale zero caso ele esteja em falha.

   (a) Quantos elementos existem no espaço amostral desse experimento?

   (b) Suponha que o sistema funciona corretamente se pelo menos 2 componentes estejam funcionando corretamente. Seja A o evento que representa o sistema funcionando corretamente. Determine todos os elementos em A.

   (c) Seja B o evento que indica os componentes 3 e 4 em falha. Quantos elementos tem em B?

   (d) Escreva todos os elementos em $A \cap B$.

4. Um certo banco classifica seus clientes em duas categorias: aqueles sem previdência complementar (C_0) e aqueles com previdência complementar (C_1). Além disso, os clientes também são classificados de acordo com seus investimentos no banco: cliente sem investimento (I_0), clientes com até R$ 10.000 em investimentos (I_1) e clientes com mais de R $ 10.000 em investimentos (I_2). Considere o experimento de selecionar ao acaso um cliente desse banco e classificá-lo de acordo com a descrição acima.

   (a) Determine o espaço amostral desse experimento. Quantos elementos têm esse espaço amostral?

   (b) Seja A o evento que indica que o cliente selecionado tem mais de R$ 10.000 em investimentos. Especifique os elementos em A.

   (c) Seja B o evento que indica que o cliente selecionado não tem previdência complementar. Especifique os elementos em B.

   (d) Determine todos os elementos em $B^c \cup A$.

5. Sejam A_1, A_2 e A_3 eventos de um mesmo espaço de probabilidade $(\Omega, \mathcal{F}, P)$ tais que $A_1 \cup A_2 \cup A_3 = \Omega$, $A_1 \cap A_2 = A_1 \cap A_3 = A_2 \cap A_3$. Sabendo que $\mathrm{P}(A_1) = \frac{1}{4}$ e $\mathrm{P}(A_2) = \frac{1}{2}$, calcule $\mathrm{P}(A_3)$.

6. Sejam E e F eventos num mesmo espaço de probabilidade.

   (a) Se $\mathrm{P}(E) = 0,7$ e $\mathrm{P}(F) = 0,6$, mostre que $\mathrm{P}(E \cap F) \geq 0,3$.

   (b) De forma geral, mostre que $\mathrm{P}(E \cap F) \geq \mathrm{P}(E) + \mathrm{P}(F) - 1$.

7. Em uma cidade há três clubes A, B, C. Em um grupo de 1000 famílias, constatou-se que: 470 são sócias do clube A; 420 são sócias do clube B; 315 são sócias do clube C; 110 são sócias dos clubes A e B; 220 são sócias dos clubes A e C; 140 são sócias dos clubes B e C e 75 são sócias dos 3 clubes. Escolhendo-se ao acaso uma família, qual é a probabilidade de que ela

   (a) não seja sócia de qualquer um dos clubes?

   (b) seja sócia de apenas um clube?

   (c) seja sócia de pelo menos dois clubes?

8. Em um levantamento em um bairro de 1.000 moradores, verifica-se que: 220 têm curso superior; 160 são casados; 100 estão desempregados; 50 têm curso superior, são casados e estão empregados; 60 têm curso superior e estão desempregados; 20 têm curso superior, são casados e estão desempregados. Escolhe-se ao acaso um morador desse bairro. Qual é a probabilidade de que ele

   (a) tenha curso superior e seja casado?

   (b) ou tenha curso superior e seja casado ou esteja empregado?

   (c) ou tenha curso superior ou esteja desempregado?

9. Um lote é formado por 10 artigos bons, 4 com defeitos menores e 2 com defeitos graves. Um artigo é escolhido ao acaso. Ache a probabilidade de que ele

   (a) não tenha defeitos.

(b) não tenha defeitos graves.

(c) seja perfeito ou tenha defeitos graves.

10. Uma caixa contém 40 peças boas e 10 defeituosas. Seleciona-se uma amostra de 5 peças, sem reposição. Calcule a probabilidade de que

    (a) nenhuma peça na amostra seja defeituosa.

    (b) no máximo duas peças na amostra sejam defeituosas.

    (c) pelo menos uma peça na amostra seja boa.

11. Dez livros diferentes devem ser dispostos aleatoriamente em uma prateleira. Cinco deles são de Matemática, 2 são de Química e 3 são de Física. Calcule a probabilidade de que

    (a) os livros de cada assunto fiquem juntos.

    (b) os livros de Matemática não fiquem todos juntos.

    (c) os livros de Física fiquem todos separados.

12. Uma sala possui três soquetes para lâmpadas. De uma caixa com 10 lâmpadas, sendo seis delas queimadas, retiram-se três lâmpadas ao acaso, e colocam-se as mesmas nos três bocais. Calcule a probabilidade de que

    (a) pelo menos uma lâmpada acenda.

    (b) todas as lâmpadas acendam.

13. Uma urna contém 15 bolas, sendo 4 verdes, 5 amarelas e 6 brancas. Se três bolas são selecionadas ao acaso, sem reposição, determine a probabilidade de

    (a) ser selecionada pelo menos uma bola branca.

    (b) as três bolas selecionadas serem da mesma cor.

    (c) as três bolas selecionadas serem de cores diferentes, isto é, uma de cada cor.

14. Repita o exercício anterior, supondo, agora, que as bolas são retiradas com reposição, isto é, a primeira bola é retirada e devolvida à urna antes da retirada da segunda.

Capítulo 2

Probabilidade Condicional

2.1 Probabilidade condicional

Consideremos o lançamento de um dado equilibrado e o evento $A =$ "sair face 2". Já vimos que o espaço amostral desse experimento é $\Omega = \{1, 2, 3, 4, 5, 6\}$ e, se não tivermos qualquer informação além do fato de o dado ser equilibrado, $\mathrm{P}(A) = \frac{1}{6}$.

Suponhamos, agora, que o dado tenha sido lançado e a seguinte informação fornecida: "saiu uma face par". Dada esta nova informação, qual é a probabilidade de ter saído a face 2?

Note a diferença: agora nós temos uma informação parcial sobre o experimento e devemos usá-la para reavaliar a probabilidade. Mais precisamente, sabemos que ocorreu o evento $B =$ "saiu face par". Com essa informação, podemos nos concentrar no evento $B = \{2, 4, 6\}$, uma vez que as faces 1, 3, 5 ficam descartadas em função da informação dada. Dentre essas três possibilidades, a probabilidade do evento A passa a ser $\frac{1}{3}$.

Calculamos, assim, a probabilidade do evento A, sabendo que ocorreu o evento B. Essa probabilidade será denotada por $\mathrm{P}(A \mid B)$ (lê-se probabilidade de A dado B).

Na Figura 2.1 ilustra-se essa situação: se sabemos que aconteceu o evento B, esse evento passa a ser o "novo espaço amostral" e, nesse novo espaço amostral, a única parte de A presente é $A \cap B$ (a parte sombreada mais clara).

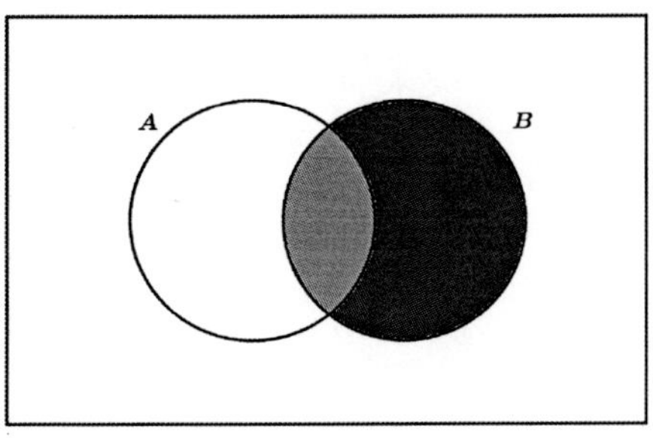

Figura 2.1 – Probabilidade condicional $\mathrm{P}(A|B)$.

Definição 2.1 ***Probabilidade condicional***

Sejam A e B eventos no espaço de probabilidade $(\Omega, \mathcal{F}, P)$. Se $\mathrm{P}(B) > 0$, define-se a probabilidade condicional do evento A, dada a ocorrência do evento B, por

$$\mathrm{P}(A|B) = \frac{\mathrm{P}(A \cap B)}{\mathrm{P}(B)}.$$

Se $\mathrm{P}(B) = 0$, então $\mathrm{P}(A|B) = \mathrm{P}(A)$ por definição.

Observação: Alguns autores definem a probabilidade condicional $\mathrm{P}(A|B)$ apenas quando $\mathrm{P}(B) > 0$.

É importante notar que a função $\mathrm{P}(\cdot|B)$ satisfaz os axiomas de Kolmogorov, conforme demonstrado na proposição a seguir.

Proposição 2.1 ***Probabilidade condicional como uma probabilidade***

Se B é um evento no espaço de probabilidade $(\Omega, \mathcal{F}, P)$, então $P(\cdot|B)$ satisfaz os axiomas de Kolmogorov, isto é,

(AxC$_1$) $\mathrm{P}(\Omega|B) = 1$;

(AxC$_2$) *para todo evento $A \in \mathcal{F}$, $\mathrm{P}(A|B) \geq 0$;*

(AxC$_3$) *para toda sequência de eventos $A_1, A_2, \ldots \in \mathcal{F}$ mutuamente exclusivos, isto é, tais que $A_i \cap A_j = \varnothing \; \forall \, i \neq j$,*

$$\mathrm{P}\left(\bigcup_{i=1}^{\infty} A_i \,\middle|\, B\right) = \sum_{i=1}^{\infty} \mathrm{P}(A_i|B).$$

Demonstração:

(AxC$_1$)

- Se $\mathrm{P}(B) > 0$, então $\mathrm{P}(\Omega|B) = \dfrac{\mathrm{P}(\Omega \cap B)}{\mathrm{P}(B)} = \dfrac{\mathrm{P}(B)}{\mathrm{P}(B)} = 1$.
- Se $\mathrm{P}(B) = 0$, então $\mathrm{P}(\Omega|B) = \mathrm{P}(\Omega) = 1$.

(AxC$_2$)

- Se $\mathrm{P}(B) > 0$, $\mathrm{P}(A|B) \geq 0$, pois é a razão de um número não negativo e outro positivo.
- Se $\mathrm{P}(B) = 0$, então $\mathrm{P}(A|B) = \mathrm{P}(A) \geq 0$.

(AxC$_3$)

- Se $\mathrm{P}(B) > 0$,

$$\mathrm{P}\left(\bigcup_{i=1}^{\infty} A_i \,\middle|\, B\right) = \frac{\mathrm{P}\left(\left(\bigcup_{i=1}^{\infty} A_i\right) \cap B\right)}{\mathrm{P}(B)} = \frac{\mathrm{P}\left(\bigcup_{i=1}^{\infty} (A_i \cap B)\right)}{\mathrm{P}(B)} = \frac{\sum_{i=1}^{\infty} \mathrm{P}(A_i \cap B)}{\mathrm{P}(B)} = \sum_{i=1}^{\infty} \mathrm{P}(A_i|B).$$

- Se $\mathrm{P}(B) = 0$, então

$$\mathrm{P}\left(\bigcup_{i=1}^{\infty} A_i \,\middle|\, B\right) = \mathrm{P}\left(\bigcup_{i=1}^{\infty} A_i\right) = \sum_{i=1}^{\infty} \mathrm{P}(A_i) = \sum_{i=1}^{\infty} \mathrm{P}(A_i|B).$$

□

Observe que a definição de probabilidade condicional está vinculada ao evento condicionante B. Se condicionarmos a outro evento C, estaremos definindo uma outra probabilidade – a probabilidade condicional em C.

Sendo a probabilidade condicional uma probabilidade, todas as propriedades vistas anteriormente na Proposição 1.2, que eram consequências dos axiomas, valem também para a probabilidade condicional, conforme demonstraremos a seguir. Para facilitar a utilização da Proposição 1.2, vamos chamar de C o evento condicionante.

Proposição 2.2 ***Propriedades da probabilidade condicional***

Seja $(\Omega, \mathcal{F}, \mathrm{P})$ um espaço de probabilidade. Sejam também A, B, C e A_i, $i = 1, 2, \ldots$, eventos nesse espaço de probabilidade. Então valem as seguintes propriedades:

(PrC$_1$) $\mathrm{P}(A^c|C) = 1 - \mathrm{P}(A|C)$;

(PrC$_2$) $\mathrm{P}(\varnothing|C) = 0$;

(PrC$_3$) $\mathrm{P}(B \cap A^c|C) = \mathrm{P}(B|C) - \mathrm{P}(B \cap A|C)$;

(PrC$_4$) $\mathrm{P}(A \cup B|C) = \mathrm{P}(A|C) + \mathrm{P}(B|C) - \mathrm{P}(A \cap B|C)$;

(PrC$_5$) $A \subset B \Rightarrow \mathrm{P}(A|C) \leq \mathrm{P}(B|C)$;

(PrC$_6$) $\mathrm{P}(A|C) \leq 1$;

(PrC$_7$) $\mathrm{P}\left(\bigcup_{i=1}^{\infty} A_i \middle| C\right) \leq \sum_{i=1}^{\infty} \mathrm{P}(A_i|C)$.

Demonstração:

Vamos supor que $\mathrm{P}(C) > 0$; a demonstração quando $\mathrm{P}(C) = 0$ é imediata, pois segue diretamente da Propriedade 1.2.

(PrC$_1$) $\mathrm{P}(A^c|C) = \dfrac{\mathrm{P}(A^c \cap C)}{\mathrm{P}(C)} = \dfrac{\mathrm{P}(C) - \mathrm{P}(A \cap C)}{\mathrm{P}(C)} = 1 - \dfrac{\mathrm{P}(A \cap C)}{\mathrm{P}(C)} = 1 - \mathrm{P}(A|C)$.

(PrC$_2$) $\mathrm{P}(\varnothing|C) = \dfrac{\mathrm{P}(\varnothing \cap C)}{\mathrm{P}(C)} = \dfrac{\mathrm{P}(\varnothing)}{\mathrm{P}(C)} = \dfrac{0}{\mathrm{P}(C)} = 0$.

(PrC$_3$) Como $B = (B \cap A) \cup (B \cap A^c)$, temos que

$$\mathrm{P}(B|C) = \mathrm{P}\left((B \cap A) \cup (B \cap A^c)|C\right) \underbrace{=}_{\text{(AxC}_3)} \mathrm{P}(B \cap A|C) + \mathrm{P}(B \cap A^c|B) \Longrightarrow$$

$$\mathrm{P}(B \cap A^c|C) = \mathrm{P}(B|C) - \mathrm{P}(B \cap A|C).$$

(PrC_4) Da propriedade distributiva resulta que

$$\begin{aligned} P(A\cup B|C) &= \frac{P((A\cup B)\cap C)}{P(C)} = \frac{P((A\cap C)\cup(B\cap C))}{P(C)} \\ &= \frac{P(A\cap C)+P(B\cap C)-P(A\cap B\cap C)}{P(C)} = \frac{P(A\cap C)}{P(C)} + \frac{P(B\cap C)}{P(C)} - \frac{P((A\cap B)\cap C)}{P(C)} \\ &= P(A|C)+P(B|C)-P(A\cap B|C). \end{aligned}$$

(PrC_5) Como $B = (B\cap A)\cup(B\cap A^c) \underbrace{=}_{A\subset B} A\cup(B\cap A^c)$, resulta

$$P(B|C) = P(A\cup(B\cap A^c)|C) \underbrace{=}_{(AxC_3)} P(A|C) + \underbrace{P(B\cap A^c|C)}_{\geq 0;(AxC_2)} \quad \therefore \quad P(B|C)\geq P(A|C).$$

(PrC_6) $A\subset\Omega \underbrace{\Rightarrow}_{(PrC_5)} P(A|C)\leq P(\Omega|C) \underbrace{=}_{(AxC_1)} 1.$

(PrC_7)

$$P\left(\bigcup_{i=1}^{\infty} A_i \middle| C\right) = \frac{P\left(\left(\bigcup_{i=1}^{\infty} A_i\right)\cap C\right)}{P(C)} = \frac{P\left(\bigcup_{i=1}^{\infty}(A_i\cap C)\right)}{P(C)} \underbrace{\leq}_{(Pr_7)} \frac{\sum_{i=1}^{\infty} P(A_i\cap C)}{P(C)} = \sum_{i=1}^{\infty} P(A_i|C).$$

□

Exemplo 2.1 ***Lançamento de dois dados - Exemplo Revisitado***

Consideremos, novamente, o lançamento de dois dados equilibrados e os eventos A = "soma das faces superiores é um número par" e B = "soma das faces superiores é um número maior ou igual a 9". Se sabemos que ocorreu B, qual é a probabilidade de ter ocorrido A?

Solução:

Queremos calcular $P(A|B)$. Temos que

$$A = \left\{ \begin{array}{c} (1,1),(1,3),(1,5),(2,2),(2,4),(2,6),(3,1),(3,3),(3,5), \\ (4,2),(4,4),(4,6),(5,1),(5,3),(5,5),(6,2),(6,4),(6,6) \end{array} \right\};$$

$$B = \{(3,6),(4,5),(4,6),(5,4),(5,5),(5,6),(6,3),(6,4),(6,5),(6,6)\}.$$

Se ocorreu B, a única chance de ter ocorrido A é que tenha ocorrido o evento

$$A\cap B = \{(4,6),(5,5),(6,4),(6,6)\}$$

e, nesse caso, a probabilidade é de $\frac{4}{10}$, ou seja,

$$P(A|B) = \frac{P(A \cap B)}{P(B)} = \frac{\frac{4}{36}}{\frac{10}{36}} = \frac{4}{10}.$$

♦♦

Exemplo 2.2 ***Atividade de lazer***

Um grupo de 100 alunos foi classificado quanto ao sexo e à atividade de lazer preferida, obtendo-se a distribuição dada na tabela a seguir.

	Atividade de lazer			
Sexo	Cinema	Praia	Esporte	Total
Masculino	10	12	13	35
Feminino	15	41	9	65
Total	25	53	22	100

(a) Qual é a probabilidade de que uma pessoa, escolhida ao acaso nesse grupo, seja do sexo masculino?

(b) Se a pessoa escolhida prefere a praia como atividade de lazer, qual é a probabilidade de que seja do sexo masculino?

Solução:

Vamos definir os seguintes eventos: M = "pessoa sorteada é do sexo masculino"; F = "pessoa sorteada é do sexo feminino"; C = "pessoa sorteada prefere cinema"; R = "pessoa sorteada prefere praia"; E = "pessoa sorteada prefere esporte".

(a) O problema pede $P(M)$. Como há 35 homens dentre as 100 pessoas,

$$P(M) = \frac{35}{100} = 0,35.$$

(b) O problema pede $P(M|R)$. Por definição,

$$P(M|R) = \frac{P(M \cap R)}{P(R)} = \frac{\frac{12}{100}}{\frac{53}{100}} = \frac{12}{53} \approx 0,2264.$$

Note que a probabilidade do evento "pessoa sorteada é do sexo masculino" se modifica quando sabemos que a pessoa prefere ir à praia como atividade de lazer.

♦♦

Exemplo 2.3 ***Aposentadoria***

De um total de 500 empregados de uma empresa, 200 possuem plano pessoal de aposentadoria complementar, 400 contam com o plano de aposentadoria complementar oferecido pela empresa e 200 empregados possuem ambos os planos. Sorteia-se, aleatoriamente, um empregado dessa empresa.

(a) Qual é a probabilidade de que ele tenha algum plano de aposentadoria complementar?

(b) Qual é a probabilidade de que ele não possua qualquer plano de aposentadoria complementar?

(c) Se o empregado conta com o plano de aposentadoria complementar oferecido pela empresa, qual é a probabilidade de que ele tenha plano pessoal de aposentadoria complementar?

(d) Se o empregado tem plano pessoal de aposentadoria complementar, qual é a probabilidade de que ele conte com o plano de aposentadoria complementar da empresa?

Solução:

Vamos denotar por E o evento "empregado sorteado tem o plano aposentadoria complementar da empresa" e por S o evento "empregado sorteado possui plano pessoal de aposentadoria complementar". O problema nos dá

$$\mathrm{P}(S) = \frac{200}{500} = \frac{2}{5}; \qquad \mathrm{P}(E) = \frac{400}{500} = \frac{4}{5}; \qquad \mathrm{P}(S \cap E) = \frac{200}{500} = \frac{2}{5}.$$

(a) $\mathrm{P}(S \cup E) = \mathrm{P}(S) + \mathrm{P}(E) - \mathrm{P}(S \cap E) = \frac{2}{5} + \frac{4}{5} - \frac{2}{5} = \frac{4}{5}.$

(b) $\mathrm{P}(S^c \cap E^c) = \mathrm{P}((S \cup E)^c) = 1 - \mathrm{P}(S \cup E) = 1 - \frac{4}{5} = \frac{1}{5}.$

(c) $\mathrm{P}(S|E) = \dfrac{\mathrm{P}(S \cap E)}{\mathrm{P}(E)} = \dfrac{\frac{2}{5}}{\frac{4}{5}} = \frac{1}{2}.$

(d) $\mathrm{P}(E|S) = \dfrac{\mathrm{P}(S \cap E)}{\mathrm{P}(S)} = \dfrac{\frac{2}{5}}{\frac{2}{5}} = 1.$

♦♦

Exemplo 2.4 ***Campanha publicitária***

A probabilidade de que uma nova campanha publicitária fique pronta antes do prazo estipulado pela diretoria foi estimada em 0,60. A probabilidade de que a diretoria aprove essa campanha é de 0,50. A probabilidade de que ambos os objetivos sejam atingidos é de 0,30.

(a) Qual é a probabilidade de que pelo menos um dos objetivos seja atingido?

(b) Qual é a probabilidade de que nenhum objetivo seja atingido?

(c) Se a campanha ficar pronta antes do prazo estipulado, qual é a probabilidade de ela ser aprovada pela diretoria?

Solução:

Vamos definir os eventos R = "campanha pronta antes do prazo" e A = "diretoria aprova campanha". O problema fornece as seguintes informações:

$$\mathrm{P}(R) = 0,6; \qquad \mathrm{P}(A) = 0,5; \qquad \mathrm{P}(A \cap R) = 0,3.$$

(a) $\mathrm{P}(A \cup R) = \mathrm{P}(A) + \mathrm{P}(R) - \mathrm{P}(A \cap R) = 0,6 + 0,5 - 0,3 = 0,8.$

(b) $\mathrm{P}(A^c \cap R^c) = \mathrm{P}\left((A \cup R)^c\right) = 1 - \mathrm{P}(A \cup R) = 0,2.$

(c) $\mathrm{P}(A|R) = \dfrac{\mathrm{P}(A \cap R)}{\mathrm{P}(R)} = \dfrac{0,3}{0,6} = 0,5.$

♦♦

Lista de exercícios da Seção 2.1

1. Num período de um mês, 100 pacientes sofrendo de determinada doença foram internados em um hospital. Informações sobre o tipo de tratamento aplicado a cada paciente e o resultado final obtido estão resumidas no quadro a seguir.

	Tratamento		
Resultado	A	B	Total
Cura total	24	16	40
Cura parcial	24	16	40
Morte	12	8	20
Total	60	40	100

Sorteia-se aleatoriamente o registro de um desses pacientes.

(a) Qual é a probabilidade de que seja de um paciente que teve cura total?

(b) Qual é a probabilidade de que esse registro seja de um paciente que faleceu ou que recebeu o tratamento A?

(c) Sabendo-se que esse paciente recebeu o tratamento A, qual é a probabilidade de que tenha tido cura total?

2. Suponha o experimento de lançar dois dados. Calcule a probabilidade de

(a) sair o número seis em pelo menos um dado.

(b) sair o número seis em pelo menos um dado, sabendo que saíram faces diferentes nos dois dados.

(c) sair o número seis em pelo menos um dado, sabendo que saíram faces iguais nos dois dados.

(d) sair o número seis em pelo menos um dado, sabendo que a soma dos valores nos dois dados é i. Faça para $2 \leq i \leq 12$.

3. Supondo A e B eventos em um mesmo espaço de probabilidade, resolva as questões a seguir.

(a) Se $\mathrm{P}(B) = 0,5$, $\mathrm{P}(A) = 0,9$ e $\mathrm{P}(A \cap B) = 0,1$, calcule $\mathrm{P}(A|B)$.

(b) Se $\mathrm{P}(B) = 0,4$, $\mathrm{P}(A) = 0,7$ e $\mathrm{P}(A \cap B) = 0,3$, calcule $\mathrm{P}(A|B^c)$.

(c) Se $\mathrm{P}(B) = 0,8$, $\mathrm{P}(A) = 0,6$ e $\mathrm{P}(A^c \cap B) = 0,3$, calcule $\mathrm{P}(B^c|A^c)$.

(d) Se $\mathrm{P}(B^c) = 0,7$, $\mathrm{P}(A) = 0,5$ e $\mathrm{P}(A^c \cap B^c) = 0,3$, calcule $\mathrm{P}(A^c|B)$.

(e) Se $\mathrm{P}(B) = 0,2$, $\mathrm{P}(A) = 0,1$ e $\mathrm{P}(A|B) = 0,5$; calcule $\mathrm{P}(A \cap B)$ e $\mathrm{P}(B|A)$.

4. Sejam A, B e C eventos de um espaço amostral Ω. Sabendo que A e B são mutuamente exclusivos, que a probabilidade de nenhum dos três ocorrer é 0,2, que $\mathrm{P}(A) = 0,3$, $\mathrm{P}(B) = 0,25$, $\mathrm{P}(A \cap C^c) = 0,15$ e $\mathrm{P}(C|B) = 0,04$, calcule

   (a) a probabilidade de não ocorrer o evento C.

   (b) a probabilidade de ocorrer exatamente um dos três eventos.

   (c) a probabilidade de não ocorrer o evento B, dado que ocorreu o evento C.

   (d) a probabilidade de não ocorrer o evento C, dado que não ocorreu o evento A.

2.2 Regra da multiplicação

A definição de probabilidade condicional leva a um resultado importante, estabelecido na seguinte proposição.

Proposição 2.3 ***Regra da multiplicação***
Se $A_1, A_2, \ldots, A_n$ são eventos no espaço de probabilidade $(\Omega, \mathcal{F}, P)$ tais que $\mathrm{P}\left(\bigcap_{i=1}^{n} A_i\right) > 0$, então a ***regra da multiplicação*** *é dada por*

$$\mathrm{P}(A_1 \cap A_2 \cap \cdots \cap A_n) = \mathrm{P}(A_1)\,\mathrm{P}(A_2|A_1)\,\mathrm{P}(A_3|A_1 \cap A_2) \cdots \mathrm{P}(A_n|A_1 \cap A_2 \cap \cdots \cap A_{n-1}).$$

Demonstração:

Note que todos os eventos condicionantes no lado direito da equação dada na Proposição 2.3 têm probabilidade positiva, pois $\bigcap_{i=1}^{n} A_i$, que tem probabilidade positiva por hipótese, está contido em cada um deles.

Vamos demonstrar a proposição usando o método da indução.

- O resultado vale para $n = 2$. De fato: como $P(A_1) > 0$, resulta que

$$\mathrm{P}(A_2|A_1) = \frac{\mathrm{P}(A_1 \cap A_2)}{\mathrm{P}(A_1)} \Rightarrow \mathrm{P}(A_1 \cap A_2) = \mathrm{P}(A_1)\,\mathrm{P}(A_2|A_1).$$

- Suponhamos verdadeiro para $n = k$. Assim, nossa hipótese de indução é

$$\mathrm{P}(A_1 \cap A_2 \cap \cdots \cap A_k) = \mathrm{P}(A_1)\,\mathrm{P}(A_2|A_1)\,\mathrm{P}(A_3|A_1 \cap A_2) \cdots \mathrm{P}(A_k|A_1 \cap A_2 \cap \cdots \cap A_{k-1}).$$

- Vamos provar que vale para $n = k + 1$

$$
\begin{aligned}
&\mathrm{P}(A_1 \cap A_2 \cap \cdots \cap A_k \cap A_{k+1}) = \mathrm{P}\left((A_1 \cap A_2 \cap \cdots \cap A_k) \cap A_{k+1}\right) \underbrace{=}_{k'=2} \\
&\mathrm{P}(A_1 \cap A_2 \cap \cdots \cap A_k)\, \mathrm{P}(A_{k+1}|A_1 \cap A_2 \cap \cdots \cap A_k) \underbrace{=}_{\text{hip.ind.}} \\
&\mathrm{P}(A_1)\, \mathrm{P}(A_2|A_1)\, \mathrm{P}(A_3|A_1 \cap A_2) \cdots \mathrm{P}(A_k|A_1 \cap A_2 \cap \cdots \cap A_{k-1})\, \mathrm{P}(A_{k+1}|A_1 \cap A_2 \cap \cdots \cap A_k),
\end{aligned}
$$

o que conclui a demonstração.

□

Esse resultado nos permite calcular a probabilidade da interseção de vários eventos e é muito útil para modelar experimentos que têm caráter sequencial, isto é, que são executados em etapas, uma seguida da outra. Em tais situações, o uso de um *diagrama de árvore*, também conhecido como *árvore de probabilidade*, pode ser útil para ilustração dos eventos em questão.

Um diagrama de árvore é formado por nós (pontos) que representam eventos, e esses nós são unidos por segmentos de reta – os ramos – que indicam a ordem sequencial de ocorrência dos eventos. Um caminho no diagrama é uma coleção de ramos que permite ir de um evento a outro. A cada nó temos associada a probabilidade do evento, mas essa é uma probabilidade *condicionada* à ocorrência dos eventos anteriores.

Vamos ver alguns exemplos.

Exemplo 2.5 ***Extração de duas cartas de um baralho***

Considere que duas cartas de um baralho (13 cartas de cada um dos naipes copas, paus, ouros, espadas) sejam extraídas, sem reposição, uma depois da outra de maneira aleatória. Qual é a probabilidade de

(a) nenhuma das duas ser de copas?

(b) pelo menos uma carta ser de copas?

Solução:

Para solucionar esse problema, devemos notar que as cartas no baralho são igualmente prováveis, antes e depois da primeira extração. Vamos definir os seguintes eventos:

$$
\begin{aligned}
C_1 &= \text{`` sortear uma carta de copas na primeira extração''}; \\
C_2 &= \text{`` sortear uma carta de copas na segunda extração''}.
\end{aligned}
$$

Na Figura 2.2, temos o diagrama de árvore que representa esse experimento.

Note que na Figura 2.2 temos 4 caminhos: o caminho superior vai de C_1 a C_2; o segundo caminho vai de C_1 a C_2^c; o terceiro vai de C_1^c a C_2 e o quarto vai de C_1^c a C_2^c.

Na primeira extração, temos 13 cartas de copas e 39 que não são de copas. Logo,

$$
\mathrm{P}(C_1) = \frac{13}{52} \qquad \text{e} \qquad \mathrm{P}(C_1^c) = \frac{39}{52}.
$$

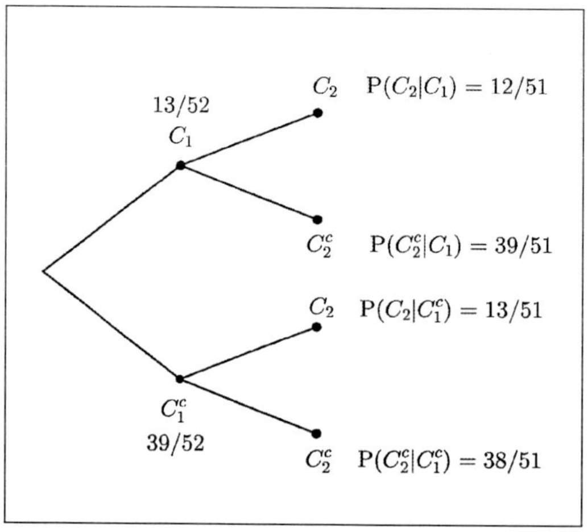

Figura 2.2 – Extração de 2 cartas de um baralho

Na segunda extração, dado que na primeira saiu copas, temos 12 cartas de copas e 39 cartas que não são de copas em um baralho com 51. A probabilidade associada ao evento C_2 no ramo superior da árvore é, então, $P(C_2|C_1) = 12/51$. Multiplicando as probabilidades nesse caminho superior obtemos, pela regra da multiplicação,

$$P(C_1 \cap C_2) = P(C_1)\,P(C_2|C_1) = \frac{13}{52} \times \frac{12}{51}$$

que é a probabilidade de saírem 2 cartas de copas.

Continuando com a parte superior, vemos que

$$P(C_1 \cap C_2^c) = P(C_1)\,P(C_2^c|C_1) = \frac{13}{52} \times \frac{39}{51}.$$

Note que, pela Propriedade ((PrC$_1$)), $P(C_2|C_1) + P(C_2^c|C_1) = 1$.

Na parte inferior, temos:

$$P(C_1^c \cap C_2) = P(C_1^c)\,P(C_2|C_1^c) = \frac{39}{52} \times \frac{13}{51};$$
$$P(C_1^c \cap C_2^c) = P(C_1^c)\,P(C_2^c|C_1^c) = \frac{39}{52} \times \frac{38}{51}.$$

Novamente, pela propriedade do complementar, $P(C_2|C_1^c) + P(C_2^c|C_1^c) = 1$.

A partir desse diagrama de árvore podemos calcular qualquer probabilidade desejada.

(a) Se N é o evento "nenhuma carta de copas é sorteada, então

$$P(N) = P(C_1^c \cap C_2^c) = \frac{39}{52} \times \frac{38}{51}.$$

(b) Se M é o evento "pelo menos uma carta de copas é sorteada", então M é o complementar de N e sua probabilidade é

$$P(M) = 1 - P(N) = 1 - \frac{39}{52} \times \frac{38}{51}.$$

♦♦

Exemplo 2.6 ***Extração de três cartas de um baralho***

Continuando o Exemplo 2.5, suponhamos, agora, a extração de três cartas sem reposição. Vamos calcular a probabilidade do evento N = "nenhuma carta de copas é sorteada".

Solução:

Como antes, vamos definir os eventos C_i = "sortear uma carta de copas na $i-$ésima extração", $i = 1, 2, 3$. Veja a Figura 2.3, em que o diagrama de árvore ilustra o espaço amostral desse experimento.

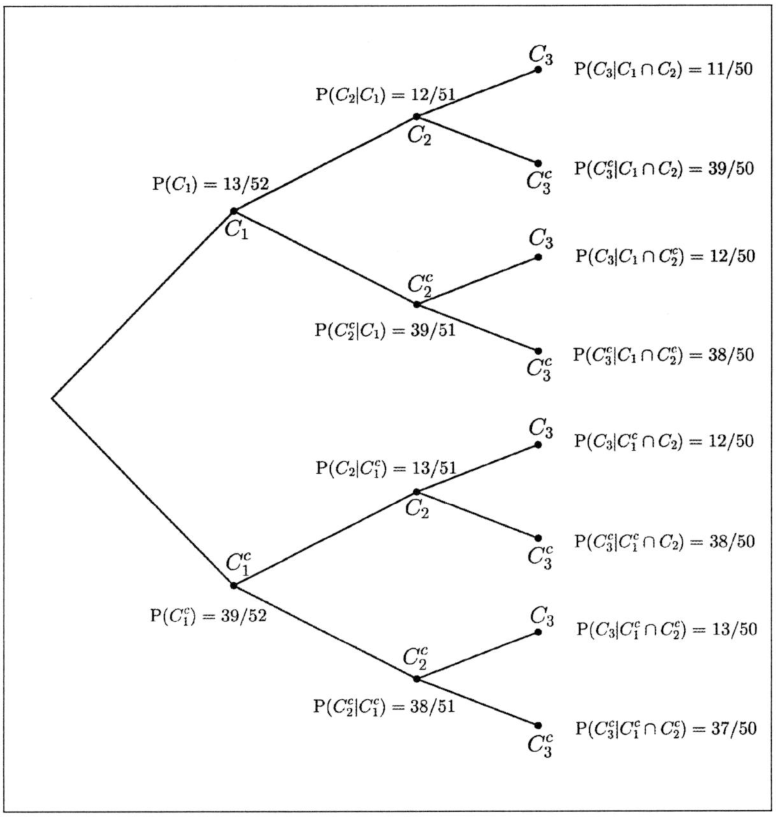

Figura 2.3 – Extração de 3 cartas de um baralho

Como antes, cada nó representa um evento e associada a cada nó temos a probabilidade do evento condicionada à ocorrência dos eventos anteriores. Vamos analisar o caminho superior, que leva C_1 a C_3. Quando chegamos no nó C_2, a probabilidade associada é $\mathrm{P}(C_2|C_1)$ e quando chegamos em C_3, a probabilidade associada é $\mathrm{P}(C_3|C_1 \cap C_2)$. Quando multiplicamos as 3 probabilidades nesse caminho, obtemos a probabilidade da interseção, pela regra da multiplicação:

$$\mathrm{P}(C_1 \cap C_2 \cap C_3) = \mathrm{P}(C_1)\,\mathrm{P}(C_2|C_1)\,\mathrm{P}(C_3|C_1 \cap C_2) = \frac{13}{52} \times \frac{12}{51} \times \frac{11}{50},$$

que é a probabilidade de saírem 3 cartas de copas.

Analogamente, a probabilidade de não sair qualquer carta de copas nas 3 extrações é obtida a partir do caminho inferior como

$$\mathrm{P}(N) = \mathrm{P}(C_1^c \cap C_2^c \cap C_3^c) = \mathrm{P}(C_1^c)\,\mathrm{P}(C_2^c|C_1^c)\,\mathrm{P}(C_3^c|C_1^c \cap C_2^c) = \frac{39}{52} \times \frac{38}{51} \times \frac{37}{50}.$$

♦♦

Exemplo 2.7 ***Transporte público e bandejão***

Em uma pesquisa realizada com um grupo de alunos da UFF, constatou-se que 10% dos estudantes não utilizam transporte público para ir às aulas e que 65% dos estudantes que utilizam o transporte público fazem refeições no bandejão do campus. Selecionando-se, aleatoriamente, um estudante desse grupo, calcule a probabilidade de que ele use transporte público e faça refeições no bandejão.

Solução:

Vamos definir os seguintes eventos: $T =$ "sorteia-se um aluno que utiliza transporte público" e $B =$ "sorteia-se um aluno que faz refeição no bandejão". O problema nos fornece

$$\mathrm{P}(T^c) = 0,10 \qquad \text{e} \qquad \mathrm{P}(B|T) = 0,65.$$

O problema pede

$$\mathrm{P}(T \cap B) = \mathrm{P}(T)\,\mathrm{P}(B|T) = [1 - \mathrm{P}(T^c)]\,\mathrm{P}(B|T) = 0,9 \times 0,65 = 0,585.$$

♦♦

Exemplo 2.8 ***Extração de três bolas de uma urna***

Uma urna contém seis bolas verdes e cinco bolas amarelas. Extraem-se, sequencialmente, três bolas dessa urna, sem reposição. Qual é a probabilidade de que as três bolas sejam da mesma cor?

Solução:

Vamos definir os eventos $V_i =$ "sorteia-se bola verde na extração i"e $A_i =$ "sorteia-se bola amarela na extração i", $i = 1, 2, 3$.

Seja $M =$ "sorteiam-se 3 bolas de mesma cor". Então, $M = \{(V_1 \cap V_2 \cap V_3) \cup (A_1 \cap A_2 \cap A_3)\}$ e

$$\begin{aligned}
\mathrm{P}(M) &= \mathrm{P}(V_1 \cap V_2 \cap V_3) + \mathrm{P}(A_1 \cap A_2 \cap A_3) \\
&= \mathrm{P}(V_1)\,\mathrm{P}(V_2|V_1)\,\mathrm{P}(V_3|V_1 \cap V_2) + \mathrm{P}(A_1)\,\mathrm{P}(A_2|A_1)\,\mathrm{P}(A_3|A_1 \cap A_2) \\
&= \frac{6}{11} \times \frac{5}{10} \times \frac{4}{9} + \frac{5}{11} \times \frac{4}{10} \times \frac{3}{9} \\
&= \frac{4}{33} + \frac{2}{33} = \frac{2}{11}.
\end{aligned}$$

♦♦

Lista de exercícios da Seção 2.2

1. Uma urna contém 4 bolas brancas e 6 bolas pretas. Se 4 bolas são retiradas sem reposição, qual a probabilidade de:

   (a) as duas primeiras serem brancas e as duas últimas serem pretas?

(b) as quatro bolas serem da mesma cor?

2. Três cartas foram selecionadas de um baralho, sem reposição. Calcule a probabilidade de:

   (a) todas as três cartas serem de espadas;

   (b) a segunda carta ser de espadas;

   (c) segunda e terceira carta serem de espadas;

   (d) a terceira carta ser de espadas;

   (e) a primeira carta ser de espadas dado que a segunda e a terceira são.

2.3 Teorema da probabilidade total e teorema de Bayes

Apresentaremos, agora, dois importantes teoremas da teoria das probabilidades e suas aplicações em diversas situações envolvendo tomada de decisão. Esses teoremas, conhecidos como Teorema da Probabilidade Total e Teorema de Bayes, resultam diretamente da definição de probabilidade condicional e das propriedades da probabilidade já vistas. Sua apresentação será feita, inicialmente, através de exemplos, para que o contexto de sua aplicação seja bem compreendido. Em seguida, será apresentada a formulação geral desses teoremas.

Exemplo 2.9 ***Produção de duas máquinas***

Em uma linha de produção de certa fábrica, determinado tipo de peça é produzido em duas máquinas. A máquina 1, mais antiga, é responsável por 35% da produção, e os 65% restantes vêm da máquina 2. A partir dos dados passados e das informações do fabricante das máquinas, estima-se em 5% a proporção de peças defeituosas produzidas pela máquina 1 e em 2,5% a proporção de peças defeituosas produzidas pela máquina 2. As peças produzidas pelas duas máquinas seguem para o departamento de armazenamento e embalagem para venda posterior, sem indicação de qual máquina a produziu.

(a) Qual é a proporção de peças defeituosas colocadas no mercado por essa fábrica?

(b) Se um cliente identificar uma peça defeituosa, qual será a probabilidade de ela ter sido produzida pela máquina 1?

Solução:

(a) Na Figura 2.4, representa-se a situação em análise. Nosso experimento aleatório é o sorteio de uma peça produzida por essa fábrica, e nosso espaço amostral, representado pelo retângulo, é o conjunto de todas as peças produzidas. Podemos ver que o espaço amostral está dividido em 2 eventos mutuamente exclusivos: M_1, peças produzidas pela máquina 1, e M_2, peças produzidas pela máquina 2, isto é, $\Omega = M_1 \cup M_2$ e $M_1 \cap M_2 = \varnothing$. Outro evento de interesse é $D =$ "peça é defeituosa". Podemos ver que esse evento tem interseção com os eventos M_1 e M_2, ou seja, há peças defeituosas produzidas na máquina 1 e na máquina 2.

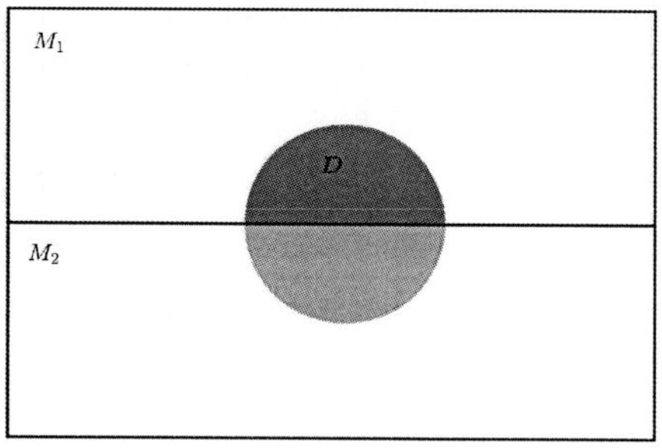

Figura 2.4 – Espaço amostral para o Exemplo 2.9

Pelos dados do problema, temos uma estimativa *a priori* – antes de qualquer observação das peças – das proporções de peças produzidas em cada máquina, ou seja, as probabilidades *a priori* dos eventos M_1 e M_2 são:

$$\mathrm{P}(M_1) = 0,35 \qquad \text{e} \qquad \mathrm{P}(M_2) = 0,65.$$

Sabemos, também, a proporção de peças defeituosas produzidas por cada máquina. Essa proporção se traduz em uma probabilidade condicional: se a peça foi produzida pela máquina 1, existe 5% de chance de ser defeituosa. Para a máquina 2, essa chance reduz-se a 2,5%. Em termos de probabilidade, temos

$$\mathrm{P}(D|M_1) = 0,05 \qquad \text{e} \qquad \mathrm{P}(D|M_2) = 0,025.$$

Sabemos que $M_1 \cup M_2 = \Omega$; então, podemos escrever

$$D = (D \cap M_1) \cup (D \cap M_2).$$

Como M_1 e M_2 são mutuamente exclusivos, $(D \cap M_1)$ (parte sombreada mais escura) e $(D \cap M_2)$ (parte sombreada mais clara) também o são. Assim, pelo Axioma (Ax_3), resulta que

$$\begin{aligned} \mathrm{P}(D) &= \mathrm{P}\left((D \cap M_1) \cup (D \cap M_2)\right) \\ &= \mathrm{P}(D \cap M_1) + \mathrm{P}(D \cap M_2). \end{aligned}$$

Usando, agora, a regra da multiplicação, obtemos

$$\begin{aligned} \mathrm{P}(D) &= \mathrm{P}(M_1)\,\mathrm{P}(D|M_1) + \mathrm{P}(M_2)\,\mathrm{P}(D|M_2) \\ &= 0,35 \times 0,05 + 0,65 \times 0,025 = 0,03375. \end{aligned}$$

Observe que a probabilidade de uma peça ser defeituosa é uma *média ponderada* das probabilidades de defeito em cada máquina. Os pesos são definidos de acordo com o nível de produção (probabilidade) de cada máquina.

(b) Na segunda parte do exemplo, temos uma informação sobre a peça: ela é defeituosa, isto é, sabemos que ocorreu o evento D. O que o problema pede é que, com essa informação, reavaliemos a probabilidade de a peça ter sido produzida pela máquina 1. Essa probabilidade é chamada de probabilidade *a posteriori*, ou seja, é a probabilidade que calculamos com base em informação parcial obtida depois de realizado o experimento de sorteio e teste da peça. Em notação matemática, temos que calcular $\mathrm{P}(M_1|D)$. Por definição, temos

$$\mathrm{P}(M_1|D) = \frac{\mathrm{P}(M_1 \cap D)}{\mathrm{P}(D)}.$$

Usando a regra da multiplicação e o resultado encontrado no item anterior, resulta

$$\begin{aligned}
\mathrm{P}(M_1|D) &= \frac{\mathrm{P}(M_1)\,\mathrm{P}(D|M_1)}{\mathrm{P}(M_1)\,\mathrm{P}(D|M_1) + \mathrm{P}(M_2)\,\mathrm{P}(D|M_2)} \\
&= \frac{0,35 \times 0,05}{0,35 \times 0,05 + 0,65 \times 0,025} \\
&= \frac{0,0175}{0,03375} = 0,5185.
\end{aligned}$$

Compare os resultados:

- Sem qualquer informação sobre o resultado do experimento, nossa estimativa para a probabilidade de ocorrência de M_1 – peça produzida pela máquina 1 – era 0,35.
- Com a informação de que a peça é defeituosa, a probabilidade de ter sido produzida pela máquina 1 aumenta para 0,5185.

♦♦

Exemplo 2.10 ***Produção de três máquinas***

Considere novamente a situação do Exemplo 2.9, mas com a seguinte modificação: as peças são produzidas em três máquinas, que são responsáveis por 30%, 35% e 35% da produção, respectivamente. As proporções de peças defeituosas produzidas por tais máquinas são 5%, 2,5% e 2%, respectivamente.

(a) Qual é a proporção de peças defeituosas produzidas na fábrica?

(b) Se um cliente identificar uma peça defeituosa, qual será a probabilidade de ela ter sido produzida na máquina 1? E na máquina 2? E na máquina 3?

Solução:

(a) O espaço amostral desse experimento está ilustrado no diagrama de árvore da Figura 2.5. Note que, nessa versão, apresentamos apenas os valores das probabilidades; isso torna o diagrama mais claro e fácil de ler. No entanto, é fundamental lembrar que a probabilidade de cada evento (nó) está condicionada à ocorrência dos eventos anteriores no mesmo caminho.

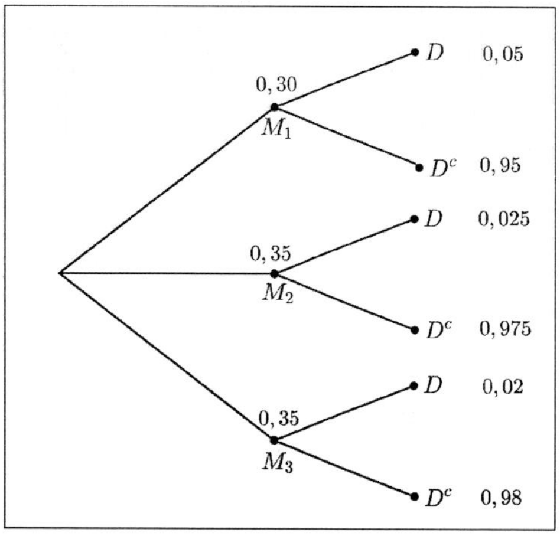

Figura 2.5 – Espaço amostral – Exemplo 2.10

O problema nos fornece os seguintes dados:

$$\mathrm{P}(M_1) = 0,30; \qquad \mathrm{P}(D|M_1) = 0,05;$$
$$\mathrm{P}(M_2) = \mathrm{P}(M_3) = 0,35; \qquad \mathrm{P}(D|M_2) = 0,025;$$
$$\mathrm{P}(D|M_3) = 0,02.$$

Como $M_1 \cup M_2 \cup M_3 = \Omega$, podemos escrever

$$D = (D \cap M_1) \cup (D \cap M_2) \cup (D \cap M_3)\,.$$

M_1, M_2 e M_3 são mutuamente exclusivos; logo, $(D \cap M_1)$, $(D \cap M_2)$ e $(D \cap M_3)$ também o são. Pelo Axioma (Ax_3) da probabilidade, resulta

$$\begin{aligned} \mathrm{P}(D) &= \mathrm{P}\left((D \cap M_1) \cup (D \cap M_2) \cup (D \cap M_3)\right) \\ &= \mathrm{P}(D \cap M_1) + \mathrm{P}(D \cap M_2) + \mathrm{P}(D \cap M_3). \end{aligned}$$

Usando a regra da multiplicação, obtemos

$$\begin{aligned} \mathrm{P}(D) &= \mathrm{P}(M_1)\,\mathrm{P}(D|M_1) + \mathrm{P}(M_2)\,\mathrm{P}(D|M_2) + \mathrm{P}(M_3)\,\mathrm{P}(D|M_3) \\ &= 0,30 \times 0,05 + 0,35 \times 0,025 + 0,35 \times 0,02 = 0,03075. \end{aligned}$$

Como antes, a probabilidade de uma peça ser defeituosa é uma média ponderada das probabilidades de defeito em cada máquina, com os pesos definidos de acordo com o nível de produção de cada máquina.

(b) Na segunda parte do exemplo, deseja-se saber $\mathrm{P}(M_1|D)$, $\mathrm{P}(M_2|D)$ e $\mathrm{P}(M_3|D)$. Por definição, temos

$$\mathrm{P}(M_1|D) = \frac{\mathrm{P}(M_1 \cap D)}{\mathrm{P}(D)}.$$

Usando a regra da multiplicação e o resultado encontrado no item anterior, temos

$$\begin{aligned} \mathrm{P}(M_1|D) &= \frac{\mathrm{P}(M_1)\,\mathrm{P}(D|M_1)}{\mathrm{P}(M_1)\,\mathrm{P}(D|M_1) + \mathrm{P}(M_2)\,\mathrm{P}(D|M_2) + \mathrm{P}(M_3)\,\mathrm{P}(D|M_3)} \\ &= \frac{0,30 \times 0,05}{0,30 \times 0,05 + 0,35 \times 0,025 + 0,35 \times 0,02} \\ &= \frac{0,015}{0,03075} = 0,487805. \end{aligned}$$

Analogamente,

$$
\begin{aligned}
\mathrm{P}(M_2|D) &= \frac{\mathrm{P}(M_2)\,\mathrm{P}(D|M_2)}{\mathrm{P}(M_1)\,\mathrm{P}(D|M_1) + \mathrm{P}(M_2)\,\mathrm{P}(D|M_2) + \mathrm{P}(M_3)\,\mathrm{P}(D|M_3)} \\
&= \frac{0,35 \times 0,025}{0,30 \times 0,05 + 0,35 \times 0,025 + 0,35 \times 0,02} \\
&= \frac{0,00875}{0,03075} = 0,284553
\end{aligned}
$$

e

$$
\begin{aligned}
\mathrm{P}(M_3|D) &= \frac{\mathrm{P}(M_3)\,\mathrm{P}(D|M_3)}{\mathrm{P}(M_1)\,\mathrm{P}(D|M_1) + \mathrm{P}(M_2)\,\mathrm{P}(D|M_2) + \mathrm{P}(M_3)\,\mathrm{P}(D|M_3)} \\
&= \frac{0,35 \times 0,02}{0,30 \times 0,05 + 0,35 \times 0,025 + 0,35 \times 0,02} \\
&= \frac{0,007}{0,03075} = 0,227642.
\end{aligned}
$$

Note que $0,487805 + 0,284553 + 0,227642 = 1,000000$: se a peça sorteada é defeituosa, ela só pode ter vindo de umas das três máquinas.

♦♦

Exemplo 2.11 ***Três moedas***

Uma caixa contém três moedas. A moeda 1 é honesta, a moeda 2 tem duas caras e a moeda 3 é viciada de tal modo que cara é duas vezes mais provável que coroa. Uma moeda é escolhida ao acaso e lançada, verificando-se a face que cai voltada para cima.

(a) Qual é a probabilidade de observarmos cara e moeda 1?

(b) Qual é a probabilidade de observarmos cara?

(c) Se o resultado foi cara, qual é a probabilidade de que a moeda lançada tenha sido a moeda 1?

Solução:

Vamos definir os seguintes eventos: (ver Figura 2.6)

$$
\begin{aligned}
M_i &= \text{“ moeda } i \text{ é sorteada''}, \quad i = 1, 2, 3; \\
K &= \text{“ face superior observada na moeda lançada é cara''}; \\
C &= \text{“ face superior observada na moeda lançada é coroa''}.
\end{aligned}
$$

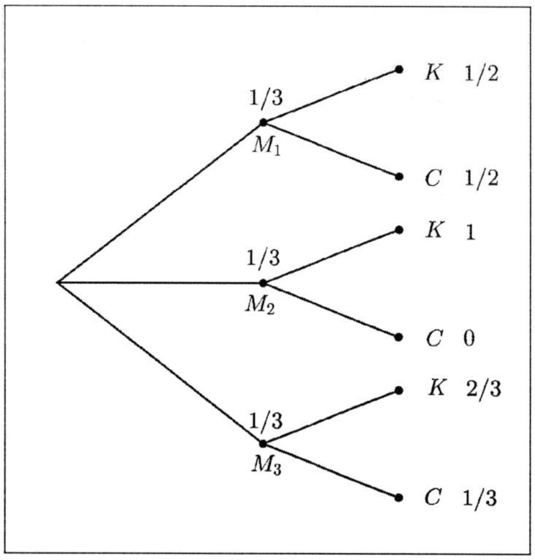

Figura 2.6 – Espaço amostral – Exemplo 2.11

Pelos dados do problema, temos:

$$P(K|M_1) = \frac{1}{2}; \qquad P(K|M_2) = 1;$$

$$P(K|M_3) = 2\,P(C|M_3) \Rightarrow P(K|M_3) = \frac{2}{3}.$$

Pela escolha aleatória da moeda:

$$P(M_1) = P(M_2) = P(M_3) = \frac{1}{3}.$$

(a) Aqui, a solução é consequência direta da regra de multiplicação:

$$P(K \cap M_1) = P(M_1)\,P(K|M_1) = \frac{1}{3} \times \frac{1}{2} = \frac{1}{6}.$$

(b) $M_1 \cup M_2 \cup M_3 = \Omega$ e os eventos M_i são disjuntos. Logo,

$$\begin{aligned} P(K) &= P(K \cap M_1) + P(K \cap M_2) + P(K \cap M_3) \\ &= P(M_1)\,P(K|M_1) + P(M_2)\,P(K|M_2) + P(M_3)\,P(K|M_3) \\ &= \frac{1}{3} \times \left(\frac{1}{2} + 1 + \frac{2}{3}\right) = \frac{1}{3} \times \frac{13}{6} = \frac{13}{18}. \end{aligned}$$

(c) O problema pede

$$P(M_1|K) = \frac{P(K \cap M_1)}{P(K)} = \frac{P(M_1)\,P(K|M_1)}{P(K)} = \frac{\frac{1}{6}}{\frac{13}{18}} = \frac{3}{13}.$$

♦♦

Exemplo 2.12 ***Decisão gerencial***

Um gerente de banco tem que decidir se concede, ou não, empréstimo aos clientes que o solicitam. Ele analisa diversos dados para estudar a possibilidade de o cliente vir a ficar inadimplente. Com base em dados passados, ele estima em 15% a taxa de inadimplência. Dentre os inadimplentes, ele toma a decisão certa em 80% das vezes, enquanto essa proporção aumenta para 90% entre os clientes adimplentes. Esse gerente acaba de recusar um empréstimo. Qual é a probabilidade de ele ter tomado a decisão correta?

Solução:

Os fatos envolvidos nesse processo decisório são: " cliente é inadimplente ou não" e " gerente concede ou não o empréstimo". Vamos definir os seguintes eventos (ver Figura 2.7):

I = "cliente é inadimplente"; $\quad I^c$ = "cliente é adimplente";

C = "gerente concede empréstimo"; $\quad C^c$ = "gerente não concede empréstimo".

Note que temos duas possibilidades de acerto e duas possibilidades de erro. Os acertos são "cliente é inadimplente e gerente não concede o empréstimo" e "cliente é adimplente e gerente concede o empréstimo". Os erros são: "cliente é inadimplente e gerente concede o empréstimo" e "cliente é adimplente e gerente não concede o empréstimo".

O espaço amostral é formado pelos clientes do banco, de modo que $\Omega = I \cup I^c$.

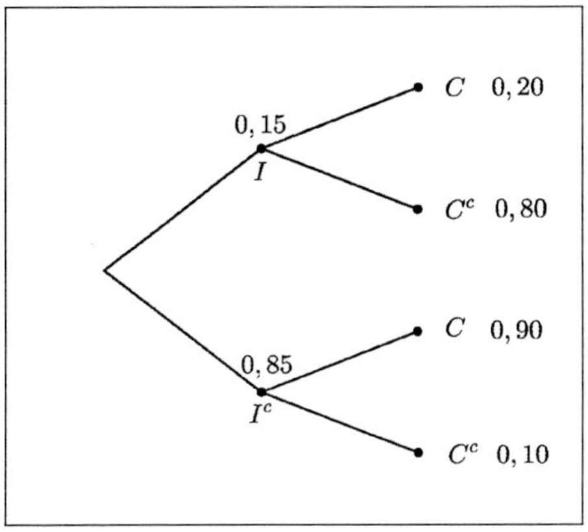

As probabilidades dadas são

$\mathrm{P}(I) = 0,15; \qquad \mathrm{P}(C^c|I) = 0,80; \qquad \mathrm{P}(C|I^c) = 0,90.$

Pelas propriedades do complementar

$\mathrm{P}(I^c) = 0,85; \qquad \mathrm{P}(C|I) = 0,20; \qquad \mathrm{P}(C^c|I^c) = 0,10.$

Figura 2.7 – Espaço amostral – Exemplo 2.12

Com relação ao que o problema pede, temos que, dado que o gerente *recusou* o empréstimo, a decisão só será correta se o cliente for *inadimplente*. Logo, temos que calcular

$$\mathrm{P}(I|C^c) = \frac{\mathrm{P}(I \cap C^c)}{\mathrm{P}(C^c)}.$$

Mas o gerente pode recusar o empréstimo sendo o cliente inadimplente ou não, ou seja,

$$\mathrm{P}(C^c) = \mathrm{P}(C^c \cap I) + \mathrm{P}(C^c \cap I^c) = \mathrm{P}(I)\,\mathrm{P}(C^c|I) + \mathrm{P}(I^c)\,\mathrm{P}(C^c|I^c) = 0,15 \times 0,80 + 0,85 \times 0,10 = 0,205$$

e

$$\mathrm{P}(I|C^c) = \frac{\mathrm{P}(I \cap C^c)}{\mathrm{P}(C^c)} = \frac{\mathrm{P}(I)\,\mathrm{P}(C^c|I)}{\mathrm{P}(I)\,\mathrm{P}(C^c|I) + \mathrm{P}(I^c)\,\mathrm{P}(C^c|I^c)} = \frac{0,15 \times 0,80}{0,205} = 0,5854.$$

♦♦

Em todos os exemplos acima, tínhamos uma coleção de eventos mutuamente exclusivos cuja união era o espaço amostral (máquinas, moedas, clientes de banco adimplentes e inadimplentes) e suas respectivas probabilidades, chamadas de probabilidades *a priori*. Isso nos leva à seguinte definição.

Definição 2.2 ***Partição do espaço amostral***

Sejam $A_1, A_2, \ldots, A_n$ eventos em um espaço de probabilidade $(\Omega, \mathcal{F}, \mathrm{P})$. Dizemos que $A_1, A_2, \ldots, A_n$ formam uma partição de Ω se

- $A_i \cap A_j = \varnothing \; \forall i \neq j$;
- $\bigcup_{i=1}^{n} A_i = \Omega.$

Em cada exemplo havia também um outro evento de interesse (peças defeituosas, face cara, concessão de empréstimo), cujas probabilidades condicionadas à ocorrência de cada evento da coleção eram conhecidas. Para cada exemplo foram calculadas basicamente duas probabilidades: (i) a probabilidade de ocorrência do evento de interesse (probabilidade de peça defeituosa, probabilidade de cara, probabilidade de concessão de empréstimo), uma probabilidade não condicional e (ii) a probabilidade de cada evento da coleção dada a ocorrência do evento de interesse, chamada probabilidade *a posteriori*. A fórmula de cálculo dessas duas probabilidades resulta de dois teoremas que serão apresentados a seguir.

Teorema 2.1 ***Teorema da probabilidade total***

Seja $A_1, A_2, \ldots, A_n$ uma partição de um espaço amostral Ω de $(\Omega, \mathcal{F}, \mathrm{P})$ tal que $\mathrm{P}(A_i) > 0 \, \forall i$. Então, para qualquer evento B nesse espaço de probabilidade

$$\mathrm{P}(B) = \sum_{i=1}^{n} \mathrm{P}(A_i)\,\mathrm{P}(B|A_i). \tag{2.1}$$

Demonstração:

Consulte a Figura 2.8, onde se ilustra o espaço amostral.

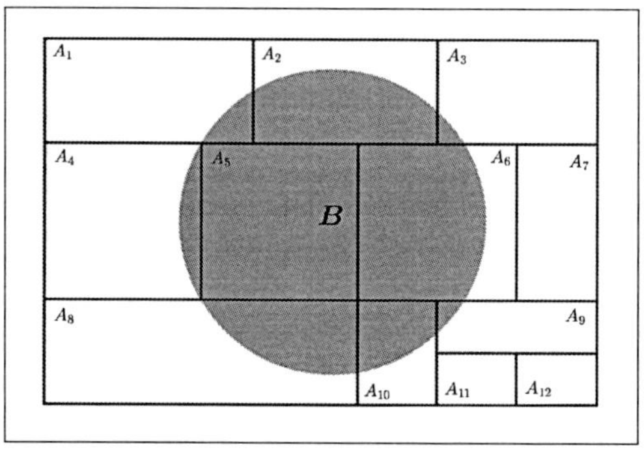

Figura 2.8 – Partição do espaço amostral

Como a união de todos os A_i's é o espaço amostral, segue que

$$B = \bigcup_{i=1}^{n} (A_i \cap B) = (A_1 \cap B) \cup (A_2 \cap B) \cup \cdots \cup (A_n \cap B)\,.$$

O fato de alguns desses termos serem o conjunto vazio (por exemplo, $B \cap A_{12} = \varnothing$) não invalida o resultado, uma vez que $A \cup \varnothing = A$. Por definição de partição, os A_i's são mutuamente exclusivos dois a dois; logo, os eventos $A_i \cap B$ também o são. Então, pelo Axioma (Ax$_3$) resulta que

$$\begin{aligned} \mathrm{P}(B) &= \mathrm{P}\left(\bigcup_{i=1}^{n}(A_i \cap B)\right) = \mathrm{P}\left((A_1 \cap B) \cup (A_2 \cap B) \cup \cdots (A_n \cap B)\right) = \\ &= \sum_{i=1}^{n} \mathrm{P}(A_i \cap B) = \mathrm{P}\left(A_1 \cap B\right) + \mathrm{P}\left(A_2 \cap B\right) + \cdots + \mathrm{P}\left(A_n \cap B\right) \end{aligned}$$

e a regra da multiplicação fornece

$$\mathrm{P}(B) = \mathrm{P}(A_1)\,\mathrm{P}(B|A_1) + \mathrm{P}(A_2)\,\mathrm{P}(B|A_2) + \cdots + \mathrm{P}(A_n)\,\mathrm{P}(B|A_n) = \sum_{i=1}^{n} \mathrm{P}(A_i)\,\mathrm{P}(B|A_i).$$

□

Como visto, a probabilidade $\mathrm{P}(A_i)$ é denominada *probabilidade a priori do evento* A_i. Continuando no contexto da Figura 2.8, suponhamos, agora, que B tenha ocorrido. A probabilidade *a posteriori* do evento A_i – $\mathrm{P}(A_i|B)$ – é dada pelo teorema a seguir.

Teorema 2.2 ***Teorema de Bayes***
Seja $A_1, A_2, \ldots, A_n$ uma partição de um espaço amostral Ω de $(\Omega, \mathcal{F}, \mathrm{P})$ tal que $\mathrm{P}(A_i) > 0\, \forall i$. Então, para qualquer evento B nesse espaço de probabilidade com $\mathrm{P}(B) > 0$,

$$\mathrm{P}(A_j|B) = \frac{\mathrm{P}(A_j)\,\mathrm{P}(B|A_j)}{\displaystyle\sum_{i=1}^{n} \mathrm{P}(A_i)\,\mathrm{P}(B|A_i)}, \; j = 1, ..., n.$$

Demonstração:
Por definição, temos, para cada $j \in \{1, ..., n\}$,

$$\mathrm{P}\left(A_j|B\right) = \frac{\mathrm{P}\left(A_j \cap B\right)}{\mathrm{P}(B)}.$$

Usando a regra da multiplicação e o teorema da probabilidade total, resulta que

$$\mathrm{P}(A_j|B) = \frac{\mathrm{P}(A_j)\,\mathrm{P}(B|A_j)}{\sum_{i=1}^{n} \mathrm{P}(A_i)\,\mathrm{P}(B|A_i)}.$$

□

É importante que, na resolução de exercícios e também na aplicação prática desses teoremas, você identifique os eventos de interesse, os que definem a partição do espaço amostral e quais são as probabilidades *a priori*. Em geral, são essas probabilidades que identificam quais eventos definem a partição de Ω. Vamos considerar mais um exemplo para ilustrar esses pontos.

Exemplo 2.13 ***Alunos e carros***
Em uma turma de Administração, 65% dos alunos são do sexo masculino. Sabe-se que 30% dos alunos têm carro, enquanto essa proporção entre as alunas se reduz para 18%. Sorteia-se ao acaso um estudante dessa

turma usando o seu número de matrícula e constata-se que ele possui um carro. Qual é a probabilidade de que o estudante sorteado seja do sexo feminino?

Solução:
Os eventos em questão envolvem o sexo do aluno e a posse, ou não, de um carro. Vamos defini-los da seguinte forma:

M = "aluno sorteado é do sexo masculino"; F = "aluno sorteado é do sexo feminino";
C = "aluno sorteado possui carro"; C^c = "aluno sorteado não possui carro".

Note que M e F definem uma partição do espaço amostral, assim como C e C^c. No entanto, as probabilidades *a priori* dadas referem-se a M e F. Assim, a partição de Ω será definida em termos desses eventos. Os dados do problema fornecem que

$$\begin{aligned} \mathrm{P}(M) = 0,65 \quad &\Rightarrow \quad \mathrm{P}(F) = 0,35; \\ \mathrm{P}(C|M) = 0,30 \quad &\Rightarrow \quad \mathrm{P}(C^c|M) = 0,70; \\ \mathrm{P}(C|F) = 0,18 \quad &\Rightarrow \quad \mathrm{P}(C^c|F) = 0,82. \end{aligned}$$

O problema pede $\mathrm{P}(F|C)$, e para calcular essa probabilidade, temos de calcular $\mathrm{P}(C)$. Pelo teorema da probabilidade total, sabemos que

$$\begin{aligned} \mathrm{P}(C) &= \mathrm{P}(C \cap F) + \mathrm{P}(C \cap M) \\ &= \mathrm{P}(F)\,\mathrm{P}(C|F) + \mathrm{P}(M)\,\mathrm{P}(C|M) \\ &= 0,35 \times 0,18 + 0,65 \times 0,30 = 0,518. \end{aligned}$$

Logo,

$$\begin{aligned} \mathrm{P}(F|C) &= \frac{\mathrm{P}(C \cap F)}{\mathrm{P}(C)} = \frac{\mathrm{P}(F)\,\mathrm{P}(C|F)}{\mathrm{P}(C)} \\ &= \frac{0,35 \times 0,18}{0,518} = 0,12162. \end{aligned}$$

♦♦

Exemplo 2.14 ***Teste diagnóstico***

Suponha que um teste clínico (exame de sangue, ultrassom, tomografia computadorizada etc.) seja utilizado para o diagnóstico de determinada doença. Vamos analisar as diferentes probabilidades envolvidas neste teste diagnóstico, apresentando alguns conceitos comuns em estudos epidemiológicos. Temos dois fatores: o paciente e o teste. O paciente pode ter a doença (D^+) ou não (D^-); o teste pode dar positivo (T^+), isto é, indicar que o paciente tem a doença, ou negativo (T^-).

Na análise da qualidade de um teste diagnóstico, há duas características desejáveis: o teste detectar a doença quando o paciente de fato tem a doença ($T^+ \mid D^+$) e o teste não detectar a doença quando o paciente não tem a doença ($T^- \mid D^-$). As probabilidades associadas recebem nomes especiais.

- **Sensibilidade**: $s = \mathrm{P}(T^+ \mid D^+)$.

- **Especificidade**: $e = \mathrm{P}(T^- \mid D^-)$.

Note que essas probabilidades dependem do conhecimento exato do diagnóstico, situação que não é comum nesse tipo de estudo, em que um dos objetivos é exatamente saber se o paciente tem, ou não, a doença.

Duas outras probabilidades refletem melhor a situação prática; elas envolvem o conhecimento do resultado do teste. Essas probabilidades envolvem diagnósticos corretos e são conhecidas como:

- **Valor preditivo positivo**: $VPP = \mathrm{P}(D^+ \mid T^+)$.
- **Valor preditivo negativo**: $VPN = \mathrm{P}(D^- \mid T^-)$.

As situações de erro são o falso positivo e o falso negativo, definidas abaixo.

- **Probabilidade de um falso positivo**: $PFP = \mathrm{P}(D^- \mid T^+) = 1 - VPP$.
- **Probabilidade de um falso negativo**: $PFN = \mathrm{P}(D^+ \mid T^-) = 1 - VPN$.

Conhecendo a **probabilidade de prevalência** da doença, isto é, $\mathrm{P}(D^+) = p$, podemos aplicar o teorema de Bayes para obter VPP e VPN a partir da sensibilidade e da especificidade do teste, conforme se mostra a seguir com auxílio da Figura 2.9.

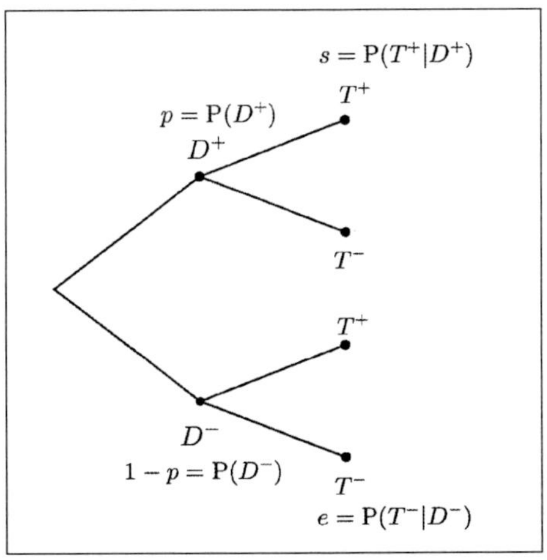

Figura 2.9 – Esquema para o teste diagnóstico

$$\begin{aligned} VPP = \mathrm{P}(D^+ \mid T^+) &= \frac{\mathrm{P}(D^+ \cap T^+)}{\mathrm{P}(T^+)} = \frac{\mathrm{P}(D^+ \cap T^+)}{\mathrm{P}(D^+ \cap T^+) + \mathrm{P}(D^- \cap T^+)} \\ &= \frac{\mathrm{P}(D^+)\,\mathrm{P}(T^+ \mid D^+)}{\mathrm{P}(D^+)\,\mathrm{P}(T^+ \mid D^+) + \mathrm{P}(D^-)\,\mathrm{P}(T^+ \mid D^-)} = \frac{ps}{ps + (1-p)(1-e)}; \end{aligned}$$

$$\begin{aligned} VPN = \mathrm{P}(D^- \mid T^-) &= \frac{\mathrm{P}(D^- \cap T^-)}{\mathrm{P}(T^-)} = \frac{\mathrm{P}(D^- \cap T^-)}{1 - \mathrm{P}(T^+)} \\ &= \frac{\mathrm{P}(D^-)\,\mathrm{P}(T^- \mid D^-)}{1 - [ps + (1-p)(1-e)]} = \frac{(1-p)e}{1 - ps - 1 + e + p - ep} = \frac{(1-p)e}{(1-s)p + (1-p)e}. \end{aligned}$$

Resulta também que

$$PFP = 1 - VPP = 1 - \frac{ps}{ps + (1-p)(1-e)} = \frac{(1-p)(1-e)}{ps + (1-p)(1-e)};$$

$$PFN = 1 - VPN = 1 - \frac{(1-p)e}{(1-s)p + (1-p)e} = \frac{(1-s)p}{(1-s)p + (1-p)e}.$$

Como aplicação, suponha que um laboratório informe que a sensibilidade de um teste para detectar determinada doença é 0,90, enquanto sua especificidade é 0,95. Um paciente é retirado aleatoriamente de uma população em que a taxa de prevalência da doença é de 1 em 1000 pessoas.

(a) Qual é a probabilidade de o teste dar o resultado correto?

(b) Calcule o valor preditivo positivo.

(c) Calcule a probabilidade de um falso negativo.

Solução:
É dado que

$$s = \mathrm{P}(T^+|D^+) = 0,90; \qquad e = \mathrm{P}(T^-|D^-) = 0,95; \qquad p = \mathrm{P}(D^+) = 0,001.$$

(a) Seja o evento C = "teste fornece resultado correto". Note que o teste pode fornecer um diagnóstico correto mesmo que o paciente tenha, ou não, a doença, ou seja:

$$C = (D^+ \cap T^+) \cup (D^- \cap T^-).$$

Logo,

$$\begin{aligned}\mathrm{P}(C) &= \mathrm{P}(D^+ \cap T^+) + \mathrm{P}(D^- \cap T^-) = \mathrm{P}(D^+)\,\mathrm{P}(T^+|D^+) + \mathrm{P}(D^-)\,\mathrm{P}(T^-|D^-) \\ &= 0,001 \times 0,90 + 0,999 \times 0,95 = 0,94995.\end{aligned}$$

(b) Conforme visto acima,

$$VPP = \frac{ps}{ps + (1-p)(1-e)} = \frac{0,001 \times 0,90}{0,001 \times 0,90 + (1-0,001) \times (1-0,95)} \approx 0,0177.$$

(c)

$$PFN = \frac{(1-s)p}{(1-s)p + (1-p)e} = \frac{(1-0,90) \times 0,001}{(1-0,90) \times 0,001 + (1-0,001) \times 0,95} = 0,000105.$$

♦♦

Exemplo 2.15 ***Radar***

Se um avião está presente em determinada área, um radar detecta sua presença com probabilidade de 0,99. No entanto, se o avião não está presente, o radar detecta erradamente sua presença com probabilidade de 0,02. Quando o radar detecta a presença de um avião, um alarme é acionado. A probabilidade de um avião estar presente nessa área é de 0,05.

(a) Qual é a probabilidade de um falso alarme?

(b) Qual é a probabilidade de um avião estar presente dado que o radar não o detecta?

Solução:

Veja Figura 2.10, onde usamos os seguintes eventos: $A =$"avião presente" e $D =$ "radar detecta presença de avião".

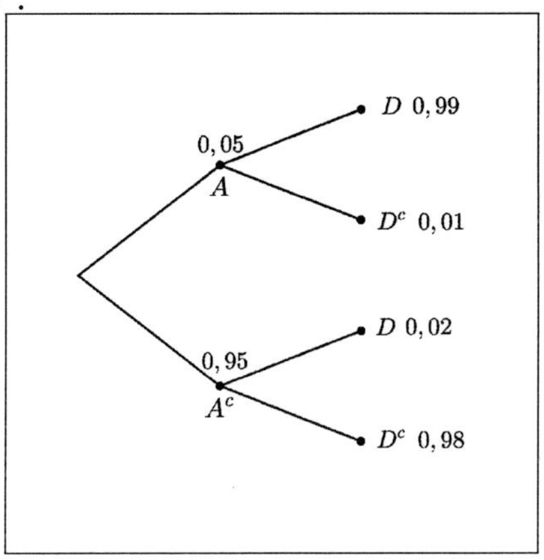

Figura 2.10 – Exemplo do radar

É dado que

$$\mathrm{P}(D|A) = 0,99; \qquad \mathrm{P}(D|A^c) = 0,02; \qquad \mathrm{P}(A) = 0,05.$$

Pela Propriedade (PrC_1), temos que

$$\mathrm{P}(D^c|A) = 0,01; \qquad \mathrm{P}(D^c|A^c) = 0,98; \qquad \mathrm{P}(A^c) = 0,95.$$

(a) O problema pede

$$\begin{aligned}\mathrm{P}(A^c|D) &= \frac{\mathrm{P}(A^c \cap D)}{\mathrm{P}(D)} = \frac{\mathrm{P}(A^c)\,\mathrm{P}(D|A^c)}{\mathrm{P}(D \cap A^c) + \mathrm{P}(D \cap A)} \\ &= \frac{\mathrm{P}(A^c)\,\mathrm{P}(D|A^c}{\mathrm{P}(A^c)\,\mathrm{P}(D|A^c) + \mathrm{P}(A)\,\mathrm{P}(D|A)} = \frac{0,95 \times 0,02}{0,95 \times 0,02 + 0,05 \times 0,99} = \frac{0,019}{0,0685} = 0,2774.\end{aligned}$$

(b) O problema pede

$$\mathrm{P}(A|D^c) = \frac{\mathrm{P}(A \cap D^c)}{\mathrm{P}(D^c)} = \frac{\mathrm{P}(A)\,\mathrm{P}(D^c|A)}{1 - \mathrm{P}(D)} = \frac{0,05 \times 0,01}{1 - 0,0685} = 0,000537.$$

♦♦

Lista de exercícios da Seção 2.3

1. Na urna I, há cinco bolas vermelhas, três brancas e oito azuis. Na urna II, há três bolas vermelhas e cinco brancas. Lança-se um dado equilibrado. Se o resultado desse lançamento for três ou seis, sorteia-se uma bola da urna I e observa-se sua cor; caso contrário, sorteia-se uma bola da urna II, observando-se sua cor. Calcule a probabilidade de

   (a) se escolher uma bola vermelha.

   (b) se escolher uma bola branca.

(c) se escolher uma bola azul.

(d) ter sido sorteada a urna I, sabendo-se que a bola retirada é vermelha.

2. Em uma comunidade, 1.000 casais responderam sobre seus ganhos mensais, resultando na tabela abaixo.

	Maridos	
Esposas	Exatamente 1 salário mínimo	Mais que 1 salário mínimo
Exatamente 1 salário mínimo	402	392
Mais que 1 salário mínimo	85	121

Se um casal for selecionado ao acaso, qual é a probabilidade de

(a) o marido ganhar exatamente 1 salário mínimo?

(b) a mulher ganhar mais que 1 salário mínimo, dado que o marido ganha mais que essa quantia?

(c) a mulher ganhar mais que 1 salário mínimo, dado que o marido ganha exatamente 1 salário mínimo?

3. Em um condomínio, 46% das famílias têm o hábito de pedir comida em casa pelo menos 1 vez por semana. Entre aquelas com esse hábito, 15% também têm o hábito de sair para comer fora pelo menos uma vez por semana. Além disso, 38% das famílias desse condomínio têm o hábito de sair para comer fora pelo menos uma vez por semana. Determine

(a) a probabilidade de uma família selecionada ao acaso ter tanto o hábito de sair para comer fora quanto de pedir comida em casa pelo menos uma vez por semana.

(b) a probabilidade condicional de uma família selecionada aleatoriamente ter o hábito de pedir comida em casa pelo menos uma vez por semana dado que ela têm o hábito de sair para comer fora pelo menos uma vez por semana.

4. Em uma universidade, 58% dos estudantes são mulheres; 4% dos estudantes dessa universidade estão matriculados no curso de estatística e 2% dos estudantes são mulheres que cursam estatística. Suponha que um aluno dessa universidade seja sorteado de maneira aleatória.

(a) Qual é a probabilidade de uma ser mulher, dado que o aluno está matriculado no curso de estatística?

(b) Qual é a probabilidade de o aluno estar matriculado no curso de estatística, dado que é uma mulher?

5. Um recente graduado em estatística está planejando fazer um concurso, que será dividido em 3 provas. A primeira prova é em março. Se ele passar nessa prova, poderá fazer a segunda, que será em abril. Se ele também passar na segunda prova, poderá fazer a terceira prova em maio. Se ele não passar em uma das provas, não poderá fazer as seguintes. A probabilidade de ele passar na primeira prova é 0,8. A probabilidade de que ele passe na segunda, dado que ele passou na primeira, é 0,7. E, se chegar a fazer a terceira prova, a probabilidade de ele passar nessa última é 0,9.

(a) Qual é a probabilidade de ele passar nas três provas?

(b) Dado que ele não completou o concurso, qual é a probabilidade de ter sido eliminado pela segunda prova?

6. Em uma empresa de consultoria, 3/5 dos funcionários são do sexo masculino. A proporção de funcionários do sexo masculino que realizaram alguma pós-graduação é de 40%, enquanto essa proporção entre as mulheres é de 60%. Dentre os homens com alguma pós-graduação, 20% têm doutorado, enquanto para as mulheres com alguma pós-graduação essa proporção é de 40%. Sorteia-se aleatoriamente um funcionário dessa empresa.

   (a) Construa um diagrama de árvore para representar o espaço amostral desse experimento, definindo claramente os eventos e as probabilidades dadas.

   (b) Qual é a probabilidade de que o funcionário sorteado tenha realizado alguma pós-graduação?

   (c) Qual é a probabilidade de que o funcionário sorteado tenha doutorado?

   (d) Se o funcionário sorteado tem doutorado, qual é a probabilidade de que seja do sexo feminino?

2.4 Independência de eventos

Considere novamente um baralho usual, com 52 cartas, 13 de cada naipe, do qual será retirada uma carta. Vamos definir os seguintes eventos:

$$\begin{aligned} C &= \text{"carta é de copas";} \\ R &= \text{"carta é um rei";} \\ V &= \text{"carta é vermelha".} \end{aligned}$$

Já vimos que $\mathrm{P}(C) = \frac{13}{52} = \frac{1}{4}$; $\mathrm{P}(R) = \frac{4}{52} = \frac{1}{13}$ e $\mathrm{P}(V) = \frac{26}{52} = \frac{1}{2}$.

Vamos, agora, calcular as seguintes probabilidades condicionais: $\mathrm{P}(R|C)$ e $\mathrm{P}(V|C)$. No primeiro caso, estamos calculando a probabilidade de retirarmos um rei, dado que a carta é de copas. No segundo caso, estamos calculando a probabilidade de retirarmos uma carta vermelha, dado que a carta é de copas.

$$\mathrm{P}(R|C) = \frac{\mathrm{P}(R \cap C)}{\mathrm{P}(C)} = \frac{\frac{1}{52}}{\frac{1}{4}} = \frac{4}{52} = \frac{1}{13} = \mathrm{P}(R);$$

$$\mathrm{P}(V|C) = \frac{\mathrm{P}(V \cap C)}{\mathrm{P}(C)} = \frac{\mathrm{P}(C)}{\mathrm{P}(C)} = 1 \neq \mathrm{P}(V).$$

No primeiro caso, saber que a carta é de copas não acrescentou informação útil para avaliarmos a probabilidade de que seja também um rei, ou seja, saber, ou não, que a carta é de copas não altera a probabilidade de que a carta seja um rei. Já no segundo caso, saber que saber que a carta é de copas faz com que alteremos a probabilidade de obtenção de uma carta vermelha. De fato, se sabemos que a carta é de copas, então a carta *tem* que ser vermelha.

Esses exemplos ilustram um conceito importante. No primeiro caso, dizemos que os eventos R e C são *independentes* e, no segundo caso, que os eventos V e C são *dependentes*. No primeiro caso, o conhecimento da ocorrência de C não traz qualquer informação para reavaliarmos a probabilidade de R. Já no segundo caso, o conhecimento da ocorrência de C faz com que mudemos nossa estimativa da probabilidade de V.

Definição 2.3 ***Independência de dois eventos***

Sejam A e B eventos de um espaço de probabilidade $(\Omega, \mathcal{F}, \mathrm{P})$. Então, A e B são ***independentes*** *se*

$$\mathrm{P}(A|B) = \mathrm{P}(A) \Leftrightarrow \mathrm{P}(B|A) = \mathrm{P}(B).$$

Essa definição tem algumas implicações importantes e apresentamos ambas em forma de proposição.

Proposição 2.4 ***Independência e eventos de probabilidade nula***

Se $\mathrm{P}(A) = 0$, então A é independente de qualquer outro evento do mesmo espaço de probabilidade.

Demonstração:

Sabemos que $A \cap B \subset A$; logo, se $\mathrm{P}(A) = 0$, resulta, da Propriedade (Pr_5), que $\mathrm{P}(A \cap B) = 0$. Seja B um outro evento no mesmo espaço de probabilidade. Se $\mathrm{P}(B) > 0$, então

$$\mathrm{P}(A|B) = \frac{\mathrm{P}(A \cap B)}{\mathrm{P}(B)} = \frac{0}{\mathrm{P}(B)} = 0 = \mathrm{P}(A).$$

Logo A e B são independentes. Se $\mathrm{P}(B) = 0$, por definição, $\mathrm{P}(A|B) = \mathrm{P}(A)$ e, portanto, A e B são independentes, o que completa a prova. □

A segunda proposição terá importante aplicação prática, que veremos em seguida.

Proposição 2.5

Se A e B são eventos de um mesmo espaço de probabilidade, então A e B são independentes se, e somente se, $\mathrm{P}(A \cap B) = \mathrm{P}(A)\,\mathrm{P}(B)$.

Demonstração:

Consideremos, inicialmente, A e B eventos tais que $\mathrm{P}(A) > 0$ e $\mathrm{P}(B) > 0$. Se A e B são independentes, então

$$\mathrm{P}(A|B) = \mathrm{P}(A) \Rightarrow \frac{\mathrm{P}(A \cap B)}{\mathrm{P}(B)} = \mathrm{P}(A) \Rightarrow \mathrm{P}(A \cap B) = \mathrm{P}(A)\,\mathrm{P}(B).$$

Reciprocamente, se $\mathrm{P}(A \cap B) = \mathrm{P}(A)\,\mathrm{P}(B)$, então

$$\mathrm{P}(A|B) = \frac{\mathrm{P}(A \cap B)}{\mathrm{P}(B)} = \frac{\mathrm{P}(A)\,\mathrm{P}(B)}{\mathrm{P}(B)} = \mathrm{P}(A),$$

ou seja, A e B são independentes.

Se $\mathrm{P}(A) = 0$ ou $\mathrm{P}(B) = 0$, vimos, na proposição anterior, que A e BA são sempre independentes e $\mathrm{P}(A \cap B) = 0 = \mathrm{P}(A)\,\mathrm{P}(B)$, e isso completa a prova. □

Essa última proposição nos permite estabelecer uma outra definição equivalente para a independência de dois eventos.

Definição 2.4 ***Independência de dois eventos***

Sejam A e B eventos de um espaço de probabilidade $(\Omega, \mathcal{F}, \mathrm{P})$. Então, A e B são ***independentes*** *se*

$$\mathrm{P}(A \cap B) = \mathrm{P}(A)\,\mathrm{P}(B).$$

A Definição 2.4, embora menos intuitiva, tem a grande vantagem de permitir generalização da definição para mais de dois eventos, conforme veremos mais adiante.

É comum haver alguma confusão entre os conceitos de eventos independentes e eventos mutuamente exclusivos. Para analisar a relação entre essas definições, vamos considerar dois eventos A e B, com $\mathrm{P}(A) > 0$ e $\mathrm{P}(B) > 0$, que é a situação mais usual.

- Se A e B são mutuamente exclusivos, então

  $$A \cap B = \varnothing \Rightarrow \mathrm{P}(A \cap B) = 0 \neq \mathrm{P}(A)\,\mathrm{P}(B) > 0,$$

  ou seja, A e B *não são* independentes.

- Reciprocamente, se A e B são independentes, então

  $$\mathrm{P}(A \cap B) = \mathrm{P}(A)\,\mathrm{P}(B) > 0 \Rightarrow A \cap B \neq \varnothing,$$

  ou seja, A e B *não são* mutuamente exclusivos.

Então, para eventos com probabilidade positiva, existe uma nítida separação entre os dois tipos de eventos: se eles são mutuamente exclusivos, eles não podem ser independentes. Reciprocamente, se eles são independentes, eles não podem ser mutuamente exclusivos.

Por outro lado, se um de dois eventos A e B tem probabilidade nula, vimos que eles sempre são independentes. No entanto, eles podem, ou não, ser mutuamente exclusivos. O fato de $\mathrm{P}(A \cap B) = 0$ não significa que $A \cap B = \varnothing$, conforme veremos através de exemplos posteriormente.

O importante é entender que eventos mutuamente exclusivos não podem ocorrer simultaneamente e, para eventos independentes, cada um não interfere na probabilidade de ocorrência do outro.

Proposição 2.6 ***Independência e complementariedade***

Sejam A e B eventos independentes do espaço de probabilidade $(\Omega, \mathcal{F}, \mathrm{P})$. Então

(a) A^c e B são independentes;

(b) A^c e B^c são independentes.

Demonstração:

(a)

$$\mathrm{P}(A^c \cap B) = \mathrm{P}(B) - \mathrm{P}(A \cap B) = \mathrm{P}(B) - \mathrm{P}(A)\,\mathrm{P}(B) = \mathrm{P}(B)[1 - \mathrm{P}(A)] = \mathrm{P}(B)\,\mathrm{P}(A^c),$$

o que indica que A^c e B são independentes. Por simetria, resulta que A e B^c também são independentes.

(b)

$$\begin{aligned}
\mathrm{P}(A^c \cap B^c) &= \mathrm{P}\left((A \cup B)^c\right) = 1 - \mathrm{P}(A \cup B) = 1 - \mathrm{P}(A) - \mathrm{P}(B) + \mathrm{P}(A \cap B) \\
&= 1 - \mathrm{P}(A) - \mathrm{P}(B) + \mathrm{P}(A)\,\mathrm{P}(B) = [1 - \mathrm{P}(A)] - \mathrm{P}(B)[1 - \mathrm{P}(A)] \\
&= \mathrm{P}(A^c) - \mathrm{P}(B)\,\mathrm{P}(A^c) = \mathrm{P}(A^c)[1 - \mathrm{P}(B)] = \mathrm{P}(A^c)\,\mathrm{P}(B^c).
\end{aligned}$$

□

Exemplo 2.16 ***Aposentadoria, continuação***

No Exemplo 2.3, analisamos os dados reapresentados na tabela a seguir, referentes à participação de funcionários de uma empresa em planos de aposentadoria complementar:

	Plano pessoal		
Plano da empresa	Sim	Não	Total
Sim	200	200	400
Não	0	100	100
Total	200	300	500

Verifique se os eventos E = "empregado sorteado tem o plano de aposentadoria complementar da empresa" e S = "empregado sorteado possui plano pessoal de aposentadoria complementar" são independentes.

Solução:

Conforme visto na solução do Exemplo 2.3,

$$\mathrm{P}(S) = \frac{200}{500} = \frac{2}{5}; \qquad \mathrm{P}(E) = \frac{400}{500} = \frac{4}{5}; \qquad \mathrm{P}(S \cap E) = \frac{200}{500} = \frac{2}{5} \neq \mathrm{P}(S)\,\mathrm{P}(E).$$

Logo, os eventos S e E não são independentes. Outra forma de ver isso é

$$\mathrm{P}(E|S) = \frac{\mathrm{P}(E \cap S)}{\mathrm{P}(S)} = \frac{\frac{200}{500}}{\frac{200}{500}} = 1 \neq \mathrm{P}(E) = \frac{4}{5}.$$

♦♦

Como dito anteriormente, a Definição 2.4 permite estender o conceito de independência para mais de dois eventos.

Definição 2.5 ***Independência de n eventos***

Os eventos $A_1, A_2, \cdots, A_n$ de um espaço de probabilidade $(\Omega, \mathcal{F}, \mathrm{P})$ são independentes se, para toda e qualquer coleção de índices $1 \leq i_1 < i_2 < \cdots < i_k \leq n$ e $2 \leq k \leq n$,

$$\mathrm{P}(A_{i_1} \cap A_{i_2} \cap \cdots \cap A_{i_k}) = \mathrm{P}(A_{i_1})\,\mathrm{P}(A_{i_2}) \cdots \mathrm{P}(A_{i_k}). \tag{2.2}$$

Note que essa definição requer que se examine a probabilidade da interseção de todas as duplas, triplas, quádruplas,...., $n-$uplas de eventos, totalizando

$$\binom{n}{2} + \binom{n}{3} + \cdots + \binom{n}{n} = 2^n - (1+n)$$

interseções a serem consideradas. Note que $(1 + n)$ se refere ao conjunto vazio e a todas as coleções com apenas um evento.

A título de ilustração, para $n = 4$, temos $2^4 - 1 - 4 = 11$ interseções, que são as seguintes:

$$A_1 \cap A_2; \quad A_1 \cap A_3; \quad A_1 \cap A_4; \quad A_2 \cap A_3; \quad A_2 \cap A_4; \quad A_3 \cap A_4;$$

$$A_1 \cap A_2 \cap A_3; \quad A_1 \cap A_2 \cap A_4; \quad A_1 \cap A_3 \cap A_4; \quad A_2 \cap A_3 \cap A_4; \quad A_1 \cap A_2 \cap A_3 \cap A_4.$$

Exemplo 2.17 ***Lançamento de dois dados***

Considere o lançamento de dois dados e os seguintes eventos: A_1 = "sortear face par no primeiro dado"; A_2 = "sortear face par no segundo dado"; A_3 = "soma par das duas faces sorteadas". Estude a independência dos três eventos.

Solução:

A seguir, apresentamos um esquema dos três eventos, onde as células em cinza representam os elementos de cada evento. Podemos ver que

$$\begin{aligned}
&\mathrm{P}(A_1) = \mathrm{P}(A_2) = \mathrm{P}(A_3) = \frac{1}{2};\\
&\mathrm{P}(A_1 \cap A_2) = \frac{9}{36} = \frac{1}{4} = \frac{1}{2} \times \frac{1}{2} = \mathrm{P}(A_1)\,\mathrm{P}(A_2);\\
&\mathrm{P}(A_1 \cap A_3) = \frac{9}{36} = \frac{1}{4} = \frac{1}{2} \times \frac{1}{2} = \mathrm{P}(A_1)\,\mathrm{P}(A_3);\\
&\mathrm{P}(A_2 \cap A_3) = \frac{9}{36} = \frac{1}{4} = \frac{1}{2} \times \frac{1}{2} = \mathrm{P}(A_2)\,\mathrm{P}(A_3);\\
&\mathrm{P}(A_1 \cap A_2 \cap A_3) = \frac{9}{36} = \frac{1}{4} \neq \mathrm{P}(A_1)\,\mathrm{P}(A_2)\,\mathrm{P}(A_3) = \frac{1}{8}.
\end{aligned}$$

Vemos, assim, que saber que uma face é par nada nos diz sobre a probabilidade de obtenção de face par no outro dado ou sobre a probabilidade da soma das duas faces, ou seja, os eventos são independentes dois a dois. No entanto, saber que os dois dados exibem face par nos garante que a soma também é par, ou seja, os três eventos não são independentes. Este exemplo ilustra o fato de que independência aos pares não garante independência.

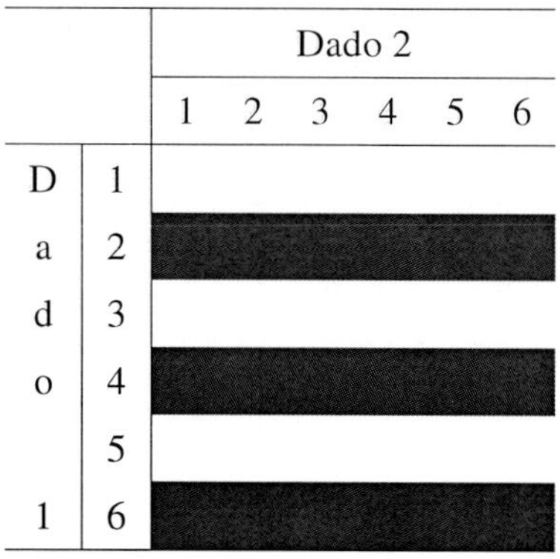

Evento A_1

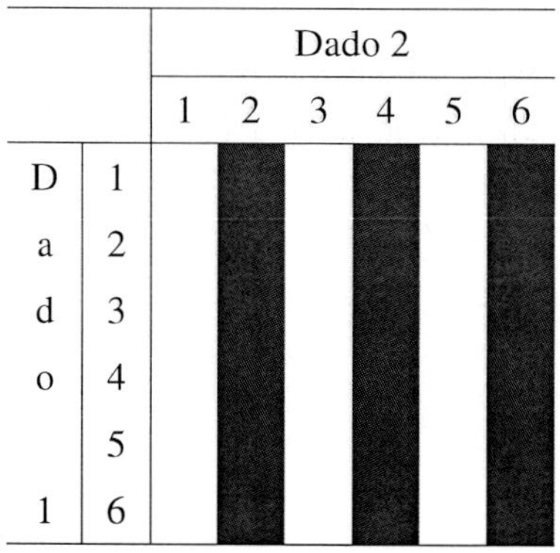

Evento A_2

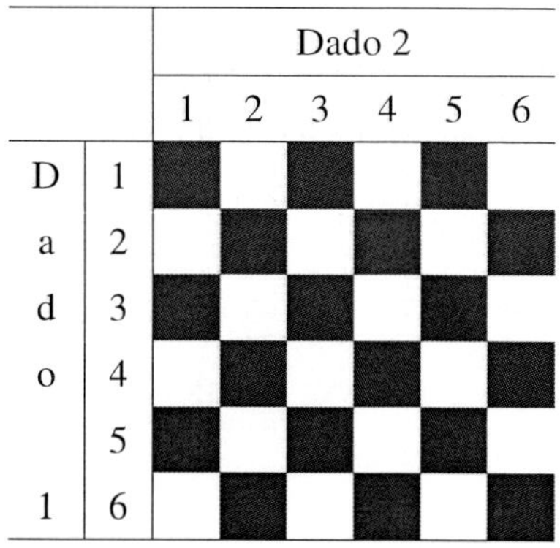

Evento A_3 ♦♦

Lista de exercícios da Seção 2.4

1. Sejam A e B dois eventos no espaço de probabilidade $(\Omega, \mathcal{F}, \mathrm{P})$ tais que $\mathrm{P}(A) = 0,4$ e $\mathrm{P}(A \cup B) = 0,7$. Determine o valor de $\mathrm{P}(B)$ para que

   (a) A e B sejam mutuamente exclusivos.

   (b) A e B sejam independentes.

2. Sejam A e B eventos de um espaço de probabilidade. Sabe-se que $\mathrm{P}(A) = 0,3$; $\mathrm{P}(B) = 0,7$ e $\mathrm{P}(A \cap B) = 0,21$. Verifique se as seguintes afirmativas são verdadeiras, justificando sua resposta em cada caso.

   (a) A e B são mutuamente exclusivos.

   (b) A e B são independentes.

   (c) A e B^c são independentes.

   (d) A e B^c são mutuamente exclusivos.

   (e) A e A^c são independentes.

3. Considere novamente o experimento do lançamento de dois dados equilibrados. Verifique se os eventos a seguir são independentes, justificando sua resposta.

   (a) $A =$"pelo menos uma face superior é 6" e $B =$"as faces superiores são diferentes".

   (b) $C =$"resultado do primeiro lançamento é par" e $D =$"soma dos resultados é par".

4. Sejam A, B, C eventos de um mesmo espaço de probabilidade. Calcule $\mathrm{P}(A \cup B)$ sabendo que: (i) B é um subconjunto de A; (ii) A e C são independentes; (iii) B e C são mutuamente exclusivos; (iv) a probabilidade do complementar da união dos eventos A e C é 0,48; (v) a probabilidade da união dos eventos B e C é 0,3; (vi) a probabilidade do evento C é o dobro da probabilidade do evento B.

5. Solicita-se a dois estudantes, Maria e Pedro, que resolvam determinado problema. Eles trabalham na solução do mesmo independentemente, e têm, respectivamente, probabilidade de 0,8 e 0,7 de resolvê-lo.

   (a) Qual é a probabilidade de que nenhum deles resolva o problema?

(b) Qual é a probabilidade de o problema ser resolvido?

(c) Dado que o problema foi resolvido, qual é a probabilidade de que tenha sido resolvido apenas por Pedro?

6. Sejam A e B eventos num mesmo espaço de probabilidade. Verifique se as afirmações a seguir são passíveis de ocorrência.

(a) $\mathrm{P}(A) = \mathrm{P}(B) = 0,6$, e A e B são mutuamente exclusivos.

(b) $\mathrm{P}(A) = \mathrm{P}(B) = 0,6$, e A e B são independentes.

Exercícios do Capítulo 2

1. Um jardineiro apresentou orçamentos separados para a reforma do jardim da área de recreação e da área entrada de um edifício. Ele acha que a probabilidade de aceitarem o orçamento para a área de recreação é 1/2. Caso aceitem para a área de recreação, a probabilidade de aceitarem para a área de entrada é 3/4; caso contrário, essa probabilidade é 1/3. Qual é a probabilidade de o edifício aprovar

(a) os dois orçamentos? (b) apenas um orçamento? (c) nenhum dos dois orçamentos?

2. A tabela ao lado apresenta dados de 1.000 ingressantes de uma universidade, com informação sobre área de estudo e classe socioeconômica. Se um aluno ingressante é escolhido ao acaso, determine a probabilidade de ele

(a) ser da classe econômica mais alta.

(b) estudar na área de exatas.

(c) estudar na área de humanas, sabendo que ele é de classe média.

(d) ser da classe baixa, dado que estuda na área de biológicas.

	Classe		
Área	Alta	Média	Baixa
Exatas	120	156	68
Humanas	72	85	112
Biológicas	169	145	73

3. Considere 3 urnas. A urna I contém 1 bola branca e 1 bola preta; a urna II contém 2 bolas brancas e 1 bola preta; e a urna III contém 1 bola branca e 3 bolas pretas. Se uma bola é selecionada de cada urna, qual é a probabilidade de a bola selecionada da urna I ser preta, dado que exatamente duas bolas pretas foram selecionadas?

4. Considere uma urna com 15 bolas, dentre as quais 10 são pretas. Uma amostra aleatória de tamanho 4 é retirada sem reposição. Qual é a probabilidade de que a primeira e a terceira bola sejam pretas, dado que na amostra temos exatamente três bolas pretas?

5. Agora, refaça o exercício anterior, supondo que as bolas sejam retiradas com reposição.

6. Em uma comunidade, 53% das pessoas são mulheres, 35% das mulheres são casadas e 78% das mulheres casadas trabalham com carteira assinada. Se um indivíduo for selecionado ao acaso dessa comunidade, qual a probabilidade de ser uma mulher casada que não trabalha com carteira assinada?

7. Uma urna contém, inicialmente, 5 bolas brancas e 7 bolas pretas. Cada vez que uma bola é selecionada, sua cor é anotada e ela é devolvida para a urna com mais duas outras bolas dessa mesma cor.

   (a) Qual é a probabilidade de que as duas primeiras bolas sorteadas sejam pretas e as duas seguintes sejam brancas?

   (b) Qual é a probabilidade de que, entre as quatro primeiras bolas sorteadas, exatamente duas sejam brancas?

8. O Ministério da Economia da Espanha acredita que a probabilidade de a inflação ficar abaixo de 3% este ano é de 0,20; entre 3% e 4% é de 0,45 e acima de 4% é de 0,35. O Ministério acredita que, com inflação abaixo de 3%, a probabilidade de se criar mais 200.000 empregos é de 0,6, diminuindo essa probabilidade para 0,3 caso a inflação fique entre 3% e 4%; no entanto, com inflação acima de 4%, isso é totalmente impossível.

   (a) Qual é a probabilidade de se criarem 200.000 empregos nesse ano?

   (b) No ano seguinte, um economista estrangeiro constata que foram criados 200.000 empregos novos. Qual é a probabilidade de a inflação ter ficado abaixo de 3%?

9. Joana quer enviar uma carta a Camila. A probabilidade de que Joana escreva a carta é $\frac{8}{10}$. Uma vez escrita a carta, ela será colocada no correio. A probabilidade do correio não perder uma carta postada é $\frac{9}{10}$. A probabilidade do carteiro entregar uma carta que não foi perdida é também $\frac{9}{10}$.

   (a) Construa o diagrama de árvore representando o espaço amostral deste problema.

   (b) Calcule a probabilidade de Camila não receber a carta.

   (c) Dado que Camila não recebeu a carta, qual é a probabilidade de que Joana não a tenha escrito?

10. Um aluno responde a uma questão de múltipla escolha com quatro alternativas, dentre as quais apenas uma está correta. A probabilidade de que ele saiba a resposta certa da questão é 0,3 . Se ele não sabe a resposta, existe a possibilidade de ele acertar "no chute". Não existe a possibilidade de ele obter a resposta certa por "cola".

    (a) Qual é a probabilidade de ele acertar a questão?

    (b) Se o aluno acertou a questão, qual é a probabilidade de ele ter "chutado" a resposta?

11. Em um restaurante a quilo, 48% dos clientes são homens. Dentre os homens, 30% comem arroz integral e 70% comem outro tipo de acompanhamento. Para as mulheres, essas proporções são de 65% e 35%, respectivamente. Na seção de grelhados, é possível escolher entre carnes brancas e vermelhas. Dentre as pessoas que comem arroz integral, 30% pedem carne vermelha, 65% carne branca e 5% não comem carne, independente do sexo. Todas as pessoas que não comem arroz integral comem algum tipo de carne, sendo carne vermelha escolhida por 70% dos homens e 40% das mulheres.

    (a) Calcule a proporção de clientes que comem carne branca.

(b) Acabou de chegar na seção de grelhados um pedido de carne branca. Qual é a probabilidade de que o cliente seja um homem?

(c) Os eventos "ser um cliente homem" e "escolher carne branca" são eventos independentes? Justifique a sua resposta.

12. Suponha um experimento com duas urnas, I e II. A urna I possui 1 bola branca e 3 bolas pretas; a urna II possui 1 bola branca e 1 bola preta. O experimento consiste em retirar aleatoriamente uma bola da urna I e colocá-la na urna II; em seguida, uma bola da urna II é retirada e sua cor, observada.

    (a) Determine a probabilidade de a bola retirada da urna II ser preta.

    (b) Se a bola retirada da urna II foi preta, qual é a probabilidade de também ter sido retirada uma bola preta da urna I?

    (c) Os eventos "retirar bola preta da urna I" e "retirar bola preta da urna I" são independentes? Justifique a sua resposta.

13. Em uma cidade, existem duas fábricas que produzem determinado dispositivo eletrônico. Cada dispositivo produzido pela fábrica A é defeituoso com probabilidade de 0,08, enquanto cada dispositivo produzido pela fábrica B é defeituoso com probabilidade de 0,02. Suponha que dois dispositivos sejam selecionados de uma mesma fábrica, que pode ser tanto da fábrica A quanto da fábrica B, com mesma probabilidade. Se o primeiro dispositivo é defeituoso, qual é a probabilidade de o segundo também ser defeituoso?

14. Sejam A e B eventos de um mesmo espaço de probabilidade $(\Omega, \mathcal{F}, \mathrm{P})$ tais que $\mathrm{P}(A) > 0$ e $\mathrm{P}(B) > 0$. Se $P(A^c|B) = 1$ verifique a veracidade das seguintes afirmativas, justificando sua resposta.

    (a) A e B são independentes. (b) A e B são mutuamente exclusivos.

15. Uma comissão de dois estudantes deve ser sorteada de um grupo de 5 alunas e 3 alunos. Sejam os eventos:

    $M_1 =$ "primeiro estudante sorteado é mulher"; $M_2 =$ "segundo estudante sorteado é mulher".

    (a) Construa um diagrama de árvore que represente o espaço amostral desse experimento, indicando as probabilidades.

    (b) Calcule $\mathrm{P}(M_1)$ e $\mathrm{P}(M_2)$.

    (c) Verifique se M_1 e M_2 são independentes.

16. Em um campeonato de natação, estão competindo três estudantes: Alberto, Bosco e Carlos. Alberto e Bosco têm a mesma probabilidade de ganhar, que é o dobro da de Carlos ganhar.

    (a) Ache a probabilidade de que Bosco ou Carlos ganhe a competição.

    (b) Que hipótese você fez para resolver essa questão? Essa hipótese é razoável?

17. Sejam A, B e C eventos de um espaço de probabilidade tais que: (i) $A \cap B \cap C = \varnothing$; (ii) $\mathrm{P}(A \cap B) = \mathrm{P}(B \cap C)$; (iii) $\mathrm{P}(A) = 1/3$, $\mathrm{P}(B) = 1/5$ e $\mathrm{P}(C) = 1/4$; (iv) A é independente de B e de C. Calcule:

    (a) $\mathrm{P}(A^c \cap B)$; (b) $\mathrm{P}(B^c \cap C)$; (c) $\mathrm{P}(A|B \cup C)$.

18. Na tabela abaixo, temos a distribuição dos 80 funcionários de uma empresa, de acordo com o sexo e o nível da carreira. Seleciona-se aleatoriamente um desses funcionários.

	Sexo	
Nível da carreira	Masculino	Feminino
Técnico - Nível 1	18	22
Técnico - Nível 2	15	10
Gerente	10	5

    (a) Qual é a probabilidade de que o funcionário sorteado seja um homem técnico de nível 1?
    (b) Qual é a probabilidade de que o funcionário sorteado seja do sexo feminino ou gerente?
    (c) Se o funcionário sorteado é gerente, qual é a probabilidade de que seja uma mulher?
    (d) Se o funcionário sorteado é um homem, qual é a probabilidade de que seja técnico de nível 2?
    (e) Os eventos "ser do sexo masculino" e "ser técnico nível 2" são independentes?

19. Sejam A e B eventos em $(\Omega, \mathcal{F}, \mathrm{P})$ tais que $\mathrm{P}(A) > 0$ e $\mathrm{P}(B) > 0$. Diga se as afirmações a seguir são verdadeiras ou falsas.

    (a) Se A e B são mutuamente exclusivos, então eles são independentes.
    (b) Se A e B são independentes, então eles são mutuamente exclusivos.

Capítulo 3

Variáveis Aleatórias

Neste capítulo será introduzido o conceito de variável aleatória, que permite a modelagem probabilística de fenômenos da vida real. A cada variável aleatória está associada sua função de distribuição, que será também definida.

3.1 Variáveis aleatórias

Considere o experimento aleatório definido pelo sorteio de uma amostra de 20 funcionários de uma empresa que tem 500 funcionários. O espaço amostral deste experimento é formado por todas as amostras possíveis com 20 funcionários da empresa. Como a ordem em que os funcionários são sorteados não importa e não deve haver repetição de funcionários em um sorteio, o número total de tais amostras é $\binom{500}{20}$. Cada elemento desse espaço amostral é formado pela relação dos 20 funcionários de cada amostra.

Em situações como essa, em geral, o interesse não está nos funcionários em si, mas, sim, em alguma característica destes funcionários, por exemplo, sua altura, se tem curso superior ou não, número de dependentes etc. Dessa forma, poderíamos calcular, para cada amostra, a altura média dos funcionários, o número médio de dependentes, a proporção de funcionários com curso superior etc. Então, a cada amostra possível, ou seja, a cada ponto do espaço amostral, associamos um número. Essa é a ideia de *variável aleatória*.

Definição 3.1 ***Variável aleatória***

Seja $(\Omega, \mathcal{F}, \mathcal{P})$ um espaço de probabilidade. Uma ***variável aleatória*** *X é qualquer função $X : \Omega \longrightarrow \mathbb{R}$ tal que*

$$X^{-1}(I) = \{\omega \in \Omega : X(\omega) \in I\} \in \mathcal{F}$$

para todo intervalo $I \subset \mathbb{R}$, ou seja, X é tal que a imagem inversa de qualquer $I \subset \mathbb{R}$ é um evento na σ−álgebra $\mathcal{F}$.

Sendo assim, uma *variável aleatória* é uma função real (isto é, que assume valores em $\mathbb{R}$) definida no espaço amostral Ω de um experimento aleatório, ou seja, é uma função que associa a cada elemento de Ω um número real.

A convenção usual para representar uma variável aleatória consiste em usar letras maiúsculas como X, Y

etc. Um valor específico, mas genérico, desta variável será representado pela letra minúscula correspondente: x, y etc.

A imagem de uma variável aleatória X , que representaremos por $Im(X)$, é de interesse primordial no estudo do comportamento probabilístico de X, pois é o conjunto de valores que X pode assumir. Veja os exemplos a seguir.

Exemplo 3.1

Considere o experimento que consiste em lançar três vezes uma moeda e observar a sequência dos resultados obtidos. Seja X a variável aleatória definida pelo número de caras nos três lançamentos.

(a) Defina o espaço amostral Ω desse experimento.

(b) Determine $X(\omega)$ para cada $\omega \in \Omega$.

(c) Determine $Im(X)$.

Solução:

Para definição do espaço amostral, vamos representar por K a ocorrência de cara em um lançamento e por C, a ocorrência de coroa.

(a) $\Omega = \{KKK, KKC, KCK, KCC, CKK, CKC, CCK, CCC\}$.

(b) $X(KKK) = 3,\ X(KKC) = 2,\ X(KCK) = 2,\ X(KCC) = 1,\ X(CKK) = 2,$
$X(CKC) = 1,\ X(CCK) = 1,\ X(CCC) = 0.$

(c) $Im(X) = \{0, 1, 2, 3\}$.

♦♦

Exemplo 3.2 ***Jogo de dardo***

Considere o experimento que consiste no lançamento de um dardo em um alvo formado por quatro círculos concêntricos de raios 10, 20, 30 e 40, como o da figura ao lado. Para esse experimento, defina as seguintes variáveis aleatórias: X é a distância entre o dardo e o centro do alvo e Y, a pontuação ganha no lançamento do dardo, indicada também na figura. Defina um espaço amostral do experimento e determine $Im(X)$ e $Im(Y)$.

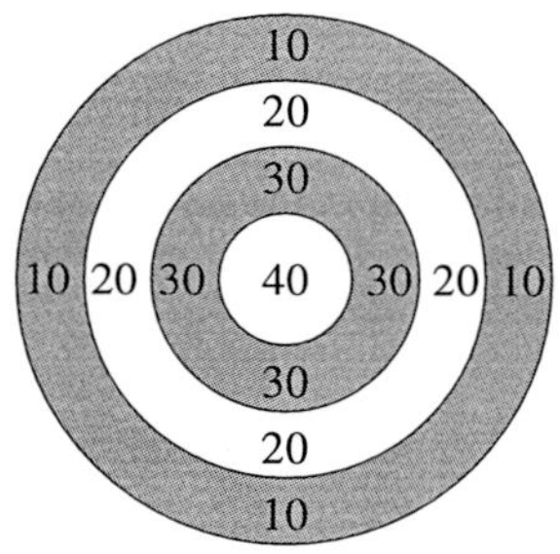

Solução:

Vamos supor que, se o dardo for lançado fora do alvo, o experimento é repetido. Nesse caso, podemos representar cada saída do experimento pelo ponto no plano que representa o local em que o dardo foi lançado dentro do alvo. Assim o espaço amostral será:

$$\Omega = \left\{ (i,j) \mid \sqrt{i^2 + j^2} \leq 40 \right\}.$$

Lembre-se que $\sqrt{i^2 + j^2}$ é a distância do ponto (i, j) à origem, isto é, ao centro do alvo. Como a variável aleatória X é definida justamente pela distância entre o dardo e o centro do alvo podemos concluir que, $\forall$

$(i,j) \in \Omega$, $X(i,j) = \sqrt{i^2 + j^2}$. Além disso, a menor distância possível é 0 e a maior é 40; logo, $0 \leq X(i,j) \leq 40$ e $Im(X) = [0, 40]$.

Já a variável aleatória Y, que é definida pelos pontos ganhos, só pode assumir os valores 40, 30, 20 ou 10, de acordo com a pontuação indicada na figura. Então $Im(Y) = \{10, 20, 30, 40\}$. ♦♦

Exemplo 3.3

Considere o experimento que consiste na observação diária do número de recém-nascidos do sexo masculino e do sexo feminino em uma maternidade. Para esse experimento, considere o evento A = nasceram mais meninos que meninas em um dia.

(a) Defina um espaço amostral para o experimento.

(b) Defina o evento A a partir dos elementos de Ω.

(c) Verifique que a função I_A, definida a seguir, é uma variável aleatória.

$$I_A(\omega) = \begin{cases} 1 & , \text{ se } \omega \in A \\ 0 & , \text{ se } \omega \notin A \end{cases}$$

(d) Determine $Im(I_A)$.

Solução:

(a) Vamos representar cada elemento de Ω por um par ordenado (x, y) em que x indica o número de nascimentos de bebês do sexo feminino e y o número de nascimentos de bebês do sexo masculino. Como tanto x quanto y indicam uma contagem, ambos têm que ser números naturais. Logo, $\Omega = \{(x,y) : (x,y) \in \mathbb{N}^2\}$.

(b) O evento A é definido pelo subconjunto de Ω tal que cada elemento representa mais nascimentos de meninos do que de meninas. Por exemplo, $\{(0,1),(2,4),(1,3)\} \subset A$ e $\{(5,2),(0,0),(1,0)\} \not\subseteq A$. Podemos então definir $A = \{(x,y) \in \mathbb{N}^2 \mid x < y\}$.

Na figura a seguir, representamos o espaço amostral, bem como o evento A, que é formado pelos pontos acima da reta $y = x$, e seu complementar A^c, que é representado pelos pontos sobre e abaixo da reta $y = x$.

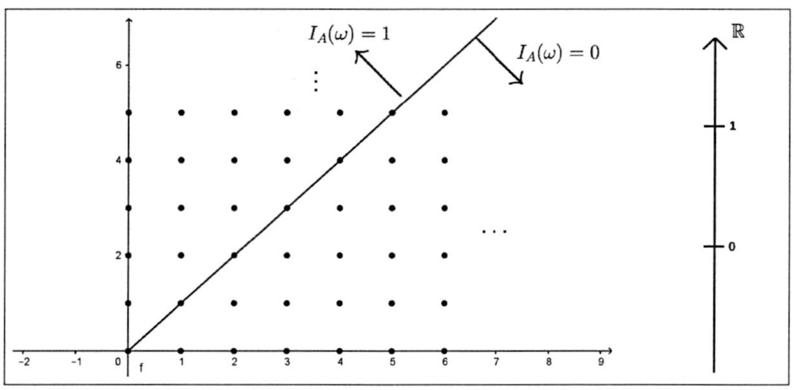

(c) Para verificar que I_A é variável aleatória, é preciso verificar que a imagem inversa de qualquer intervalo $I \in \mathbb{R}$ pertence à σ-álgebra do conjunto das partes $\mathcal{F} = 2^{\Omega}$. Seja $I \subset \mathbb{R}$ um intervalo qualquer. Se $0 \in I$ e $1 \in I$, então $I_A^{-1}(I) = \Omega \in \mathcal{F}$. Se $0 \notin I$ e $1 \notin I$, então $I_A^{-1}(I) = \varnothing \in \mathcal{F}$. Se $0 \notin I$ e $1 \in I$, então $I_A^{-1}(I) = A \in \mathcal{F}$. Se $0 \in I$ e $1 \notin I$, então $I_A^{-1}(I) = A^c \in \mathcal{F}$. Logo, I_A é variável aleatória.

(d) $Im(I_A) = \{0, 1\}$.

♦♦

A função I_A definida no Exemplo 3.3 é chamada de *função indicadora* do conjunto A. Sempre que A for um evento da σ-álgebra, I_A será variável aleatória. Nesse caso, I_A indica a ocorrência, ou não, do evento A. Veja esse resultado na proposição a seguir.

Proposição 3.1 ***Variável aleatória indicadora***
Seja A um evento qualquer no espaço de probabilidade $(\Omega, \mathcal{F}, P)$. Então, a função I_A definida por

$$I_A(\omega) = \begin{cases} 1 & , \text{ se } \omega \in A \\ 0 & , \text{ se } \omega \notin A \end{cases}$$

*é uma variável aleatória. Chamamos I_A de **variável aleatória indicadora** (ou variável aleatória dummy, ou variável aleatória binária).*

Demonstração:
Para mostrar que I_A é variável aleatória precisamos mostrar que $I_A^{-1}(I) \in \mathcal{F}$ qualquer que seja $I \subset \mathbb{R}$. Para isso vamos analisar os diferentes casos a seguir. Veja que qualquer $I \subset \mathbb{R}$ é representado por um dos quatro casos listados.

- Seja I tal que $0 \notin I$ e $1 \notin I$. Veja que $I_A^{-1}(I) = \varnothing \in \mathcal{F}$.
- Seja I tal que $0 \notin I$ e $1 \in I$. Veja que $I_A^{-1}(I) = A \in \mathcal{F}$, uma vez que, por hipótese, $A \in \mathcal{F}$.
- Seja I tal que $0 \in I$ e $1 \notin I$. Veja que $I_A^{-1}(I) = A^c \in \mathcal{F}$, pois se $A \in \mathcal{F} \Rightarrow A^c \in \mathcal{F}$.
- Seja I tal que $0 \in I$ e $1 \in I$. Veja que $I_A^{-1}(I) = \Omega \in \mathcal{F}$.

□

Lista de exercícios da Seção 3.1

1. Considere o seguinte experimento: dispositivos eletrônicos são selecionados, de forma sequencial e ao acaso, e testados até que seja encontrado um cujo tempo de funcionamento seja menor que 10 minutos; nesse momento, o experimento é encerrado. Em cada item a seguir, uma variável aleatória é definida com base neste experimento. Para cada uma delas, defina a sua imagem e, em seguida, diga se essa imagem é um conjunto finito, infinito e enumerável ou não-enumerável.

   (a) X é o número de dispositivos testados.

(b) Y é o número de dispositivos que duraram mais de 30 min, entre todos os testados.

(c) Z é o maior tempo de funcionamento (em minutos) entre os dispositivos testados.

(d) W é igual a 1 se foram testados mais de 100 dispositivos e 0 caso contrário.

(e) Defina uma outra variável aleatória, indique a sua imagem e classifique-a como discreta ou não.

3.2 Função de distribuição

Seja X uma variável aleatória definida no espaço de probabilidade $(\Omega, \mathcal{F}, \mathrm{P})$. Veja que, pela própria definição de variável aleatória, qualquer que seja o intervalo $I \subset \mathbb{R}$,

$$E = \{\omega \in \Omega \mid X(\omega) \in I\} \tag{3.1}$$

é um evento e, assim, $\mathrm{P}(E)$ está bem definida, ou seja, seu cálculo é possível. Por abuso de notação, costuma-se escrever essa probabilidade da seguinte maneira,

$$\mathrm{P}(E) = \mathrm{P}(\{\omega \in \Omega \mid X(\omega) \in I\}) = \mathrm{P}(X \in I),$$

que é a probabilidade de X assumir valores no intervalo I.

Em particular, podemos escolher o intervalo $I = (-\infty, x]$, qualquer que seja $x \in \mathbb{R}$. Nesse caso, $\mathrm{P}(E) = \mathrm{P}(\omega \in \Omega \mid X(\omega) \in (-\infty, x]) = \mathrm{P}(X \leq x)$. Conhecida a $\mathrm{P}(X \leq x)$ para todo $x \in \mathbb{R}$, é possível calcular-se a probabilidade de qualquer evento E definido pela Equação 3.1, uma vez que qualquer intervalo da reta pode ser definido como união ou interseção de intervalos do tipo $(-\infty, x]$. Isso torna a definição a seguir bastante importante.

Definição 3.2 ***Função de distribuição***
Dada uma variável aleatória X, a ***função de distribuição*** *de X, ou* ***função de distribuição acumulada****, é definida por*

$$F_X(x) = \mathrm{P}\left(X \leq x\right) \qquad \forall\, x \in \mathbb{R}.$$

É interessante notar que a função F_X está definida para todo número real x, independente dos valores que a variável aleatória X possa assumir, e como $F_X(x)$ é uma probabilidade, resulta que $F_X : \mathbb{R} \to [0, 1]$. Outras propriedades da função de distribuição são dadas a seguir.

Proposição 3.2 ***Propriedades da Função de Distribuição***
Seja F_X a função de distribuição de alguma variável aleatória X. Então F_X satisfaz as seguintes propriedades.

F$_1$. $\lim_{x \to \infty} F_X(x) = 1$ *e* $\lim_{x \to -\infty} F_X(x) = 0$.

F$_2$. F_X *é função não decrescente, isto é, se* $a < b \Rightarrow F_X(a) \leq F_X(b)$.

F$_3$. F_X *é função contínua à direita, isto é,* $F_X(b^+) \triangleq \lim_{h \to 0^+} F_X(b + h) = F_X(b)$.

Demonstração:

F_1. Para demonstrar essa propriedade vamos aplicar a continuidade da probabilidade, vista na Proposição 1.4.

Veja que $\lim\limits_{x\to\infty} F_X(x) = \lim\limits_{x\to\infty} P(X \leq x) = \lim\limits_{n\to\infty} P(X \leq x_n)$, para uma sequência $x_n \uparrow \infty$. Nesse caso a sequência de eventos $\{X \leq x_n\} \uparrow \Omega$, logo, pela Proposição 1.4, $\lim\limits_{n\to\infty} P(X \leq x_n) = P(\Omega) = 1$.

De forma análoga, $\lim\limits_{x\to-\infty} F_X(x) = \lim\limits_{x\to-\infty} P(X \leq x) = \lim\limits_{n\to\infty} P(X \leq x_n)$, para uma sequência $x_n \downarrow -\infty$. Nesse caso a sequência de eventos $\{X \leq x_n\} \downarrow \varnothing$, logo, pela Proposição 1.4, $\lim\limits_{n\to-\infty} P(X \leq x_n) = P(\varnothing) = 0$.

F_2. Se $a < b$, então o evento $\{X \leq a\} \subset \{X \leq b\}$ e, portanto, pela Propriedade (Pr_5) da Proposição 1.2, $P(X \leq a) \leq P(X \leq b)$, ou seja, $F_X(a) \leq F_X(b)$.

F_3. Seja $b \in \mathbb{R}$ e h_n uma sequência real tal que $h_n \downarrow 0$, isto é, $h_n > 0$ e $h_n \to 0$. Podemos então escrever, $F_X(b^+) \triangleq \lim\limits_{h\to0^+} F_X(b+h) = \lim\limits_{h\to0^+} P(X \leq b+h) = \lim\limits_{n\to\infty} P(X \leq b+h_n)$. Como a sequência de eventos $\{X \leq b+h_n\} \downarrow \{X \leq b\}$, pela Proposição 1.4, $\lim\limits_{n\to\infty} P(X \leq b+h_n) = P(X \leq b) = F_X(b)$.

□

Conhecendo a função de distribuição de uma variável aleatória, é possível calcular a probabilidade de que essa variável aleatória pertença a qualquer intervalo da reta, conforme ilustraremos no Exemplo 3.4.

Exemplo 3.4 ***Cálculo de probabilidades a partir da função de distribuição***
Sejam X uma variável aleatória e F_X a sua função de distribuição. Sejam a e b números reais tais que $a < b$. Reescreva as probabilidades a seguir em termos de F_X.

(a) $P(X \leq a)$	(b) $P(X > a)$	(c) $P(a < X \leq b)$	(d) $P(X = a)$
(e) $P(X < a)$	(f) $P(X \geq a)$	(g) $P(a < X < b)$	(h) $P(a \leq X \leq b)$

Solução:
A ideia é transformar o evento, para o qual queremos calcular a probabilidade, em um evento do tipo $\{X \leq c\}$, pois, nesse caso, sabemos que $P(X \leq c) = F_X(c)$. Para isso, vamos usar as propriedades da probabilidade (Proposição 1.2).

(a) $P(X \leq a) = F_X(a)$.

(b) $P(X > a) = 1 - P(X \leq a) = 1 - F_X(a)$.

(c)
$$\begin{aligned} P(a < X \leq b) &= P(\{X \leq b\} \cap \{X > a\}) \\ &= P(\{X \leq b\} \cap \{X \leq a\}^c) \\ &= P(X \leq b) - P(\{X \leq b\} \cap \{X \leq a\}) \\ &= P(X \leq b) - P(X \leq a) \\ &= F_X(b) - F_X(a). \end{aligned}$$

(d) $$\begin{aligned} P(X = a) &= P(\{X \leq a\} \cap \{X \geq a\}) \\ &= P(\{X \leq a\} \cap \{X < a\}^c) \\ &= P(\{X \leq a\}) - P(\{X \leq a\} \cap \{X < a\}) \\ &= P(X \leq a) - P(X < a) \\ &= F_X(a) - F_X(a^-), \quad F_X\left(a^-\right) \triangleq \lim_{h \to 0^+} F_X(a-h) \end{aligned}$$

(tamanho do salto em a).

(e) $\{X \leq a\} = \{X < a\} \cup \{X = a\}$ (eventos mutuamente exclusivos)

$$P(X \leq a) = P(X < a) + P(X = a)$$
$$P(X < a) = P(X \leq a) - P(X = a) = F_X(a^-).$$

(f) $P(X \geq a) = 1 - P(X < a) = 1 - F_X(a^-)$.

(g) $$\begin{aligned} P(a < X < b) &= P(\{X < b\} \cap \{X > a\}) \\ &= P(\{X < b\} \cap \{X \leq a\}^c) \\ &= P(X < b) - P(\{X < b\} \cap \{X \leq a\}) \\ &= P(X < b) - P(X \leq a) \\ &= F_X(b^-) - F_X(a). \end{aligned}$$

(h) $$\begin{aligned} P(a \leq X \leq b) &= P(\{X \leq b\} \cap \{X \geq a\}) \\ &= P(\{X \leq b\} \cap \{X < a\}^c) \\ &= P(X \leq b) - P(\{X \leq b\} \cap \{X < a\}) \\ &= P(X \leq b) - P(X < a) \\ &= F_X(b) - F_X(a^-). \end{aligned}$$

♦♦

O Exemplo 3.4 acima nos mostra que o comportamento de uma variável aleatória fica perfeitamente determinado pela sua função de distribuição.

Exemplo 3.5

Considere o experimento que consiste no lançamento de uma moeda e observação da face superior. Para esse experimento, seja X a variável aleatória indicadora da ocorrência da face cara, isto é,

$$X = \begin{cases} 1 & \text{, se sair cara;} \\ 0 & \text{, se sair coroa.} \end{cases}$$

Encontre a função de distribuição de X e esboce seu gráfico.

Solução:

Queremos encontrar $F_X(x) = P(X \leq x) \ \forall \ x \in \mathbb{R}$. Note que $Im(X) = \{0, 1\}$,

Assim, vamos analisar $F_X(x)$ para valores de x separadamente nos conjuntos $(-\infty, 0)$, $\{0\}$, $(0, 1)$, $\{1\}$ e $(1, \infty)$. Primeiro, veja que, se $x \in (-\infty, 0)$,

então X não pode assumir valores menores que x, pois todos os elementos de $Im(X)$ estão à direita de x na reta acima. Então $F_X(x) = 0$ sempre que $x < 0$.

E se $x = 0$? $F_X(0) = \mathrm{P}(X \leq 0) = \mathrm{P}(\{X < 0\} \cup \{X = 0\}) = \mathrm{P}(X < 0) + \mathrm{P}(X = 0) = 0 + \mathrm{P}(X = 0) = \mathrm{P}(\text{sair coroa}) = 1/2$.

Vejamos, agora, a situação em que $x \in (0, 1)$.

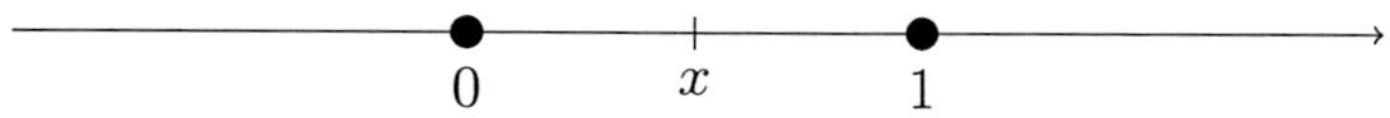

A única possibilidade de X assumir valores menores que x é quando $X = 0$, conforme ilustrado acima. Então $F_X(x) = \mathrm{P}(X \leq x) = \mathrm{P}(X = 0) = 1/2$ sempre que $0 < x < 1$.

Se $x = 1$, $F_X(1) = \mathrm{P}(X \leq 1) = \mathrm{P}(\{X = 0\} \cup \{X = 1\}) = \mathrm{P}(\text{sair cara ou coroa}) = \mathrm{P}(\Omega) = 1$.

Para terminar, considere $x > 1$, isto é, $x \in (1, \infty)$.

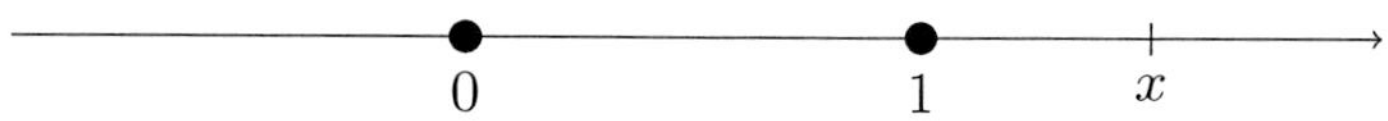

Nesse caso $F_X(x) = \mathrm{P}(X \leq x) = \mathrm{P}(\{X = 0\} \cup \{X = 1\}) = \mathrm{P}(\text{sair cara ou coroa}) = \mathrm{P}(\Omega) = 1$.

Apresentamos, a seguir, a função F_X e seu gráfico, que é uma função escada[1], com dois pontos de descontinuidade, $x = 0$ e $x = 1$, correspondentes à $Im(X)$. Nesses pontos, F_X é contínua à direita, mas descontínua à esquerda e a altura do degrau (veja as linhas pontilhadas) é $F_X(x) - F_X(x^-)$ que, conforme visto no Exemplo 3.4, é $\mathrm{P}(X = x)$. Sendo assim, a altura dos dois degraus nos dá $\mathrm{P}(X = 0) = F_X(0) - F_X(0^-) = 0,5 - 0 = 0,5$ e $\mathrm{P}(X = 1) = F_X(1) - F_X(1^-) = 1 - 0,5 = 0,5$.

$$F_X(x) = \begin{cases} 0 & , \text{se } x < 0; \\ 1/2 & , \text{se } 0 \leq x < 1; \\ 1 & , \text{se } x \geq 1. \end{cases}$$

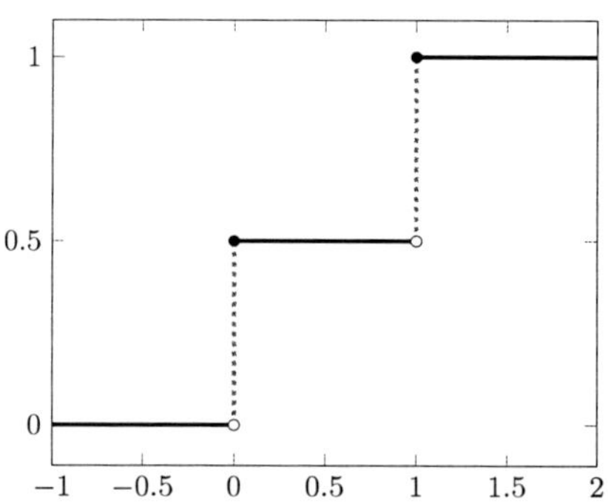

♦♦

Exemplo 3.6

Considere o experimento e a variável aleatória descritos no Exemplo 3.1. Encontre e esboce o gráfico da função de distribuição de X, definida como o número de caras observadas em 3 lançamentos de uma moeda honesta.

[1]Uma função escada é aquela que pode ser escrita como combinação linear finita de funções indicadoras de intervalos, ou mais informalmente, é uma função constante por partes com número finito de partes.

Solução:

Já vimos que $Im(X) = \{0, 1, 2, 3\}$. Vamos, primeiro, determinar $F_X(x)$ para $x \in (-\infty, 0)$.

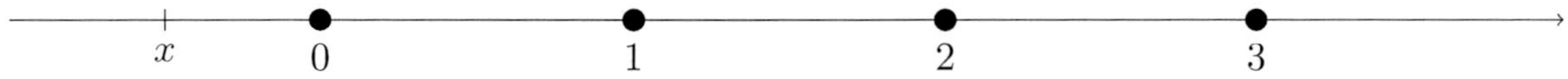

Como no exemplo anterior, se $x < 0$, a variável aleatória X não pode assumir valores menores ou iguais a x, e, portanto, $F_X(x) = \mathrm{P}(X \leq x) = 0$. Já se $x = 0$, temos $F_X(0) = \mathrm{P}(X \leq 0) = \mathrm{P}(\{X < 0\} \cup \{X = 0\}) = \mathrm{P}(X < 0) + \mathrm{P}(X = 0) = \mathrm{P}(X = 0) = \mathrm{P}(\{CCC\}) = 1/8$.

Vejamos, agora, o caso em que $x \in (0, 1)$.

Temos que $F_X(x) = \mathrm{P}(X \leq x) = \mathrm{P}(X \leq 0) + \mathrm{P}(0 < X < x) = \mathrm{P}(X \leq 0) + 0 = F_X(0) = \mathrm{P}(\{CCC\}) = 1/8$. Já se $x = 1$, temos $F_X(1) = \mathrm{P}(X \leq 1) = \mathrm{P}(X < 1) + \mathrm{P}(X = 1) = \mathrm{P}(X = 0) + \mathrm{P}(X = 1) = 1/8 + \mathrm{P}(\{CCK, CKC, KCC\}) = 4/8 = 1/2$.

Suponha, agora, $x \in (1, 2)$.

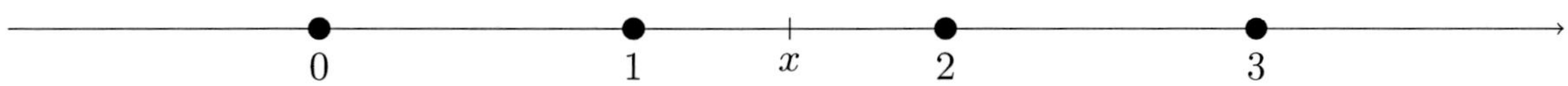

Então, $F_X(x) = \mathrm{P}(X \leq x) = \mathrm{P}(X \leq 1) + \mathrm{P}(1 < X < x) = 4/8 + 0 = 1/2$. Já se $x = 2$ temos $F_X(2) = \mathrm{P}(X \leq 2) = \mathrm{P}(X < 2) + \mathrm{P}(X = 2) = 4/8 + \mathrm{P}(\{KKC, KCK, CKK\}) = 7/8$.

De maneira análoga, se $x \in (2, 3)$,

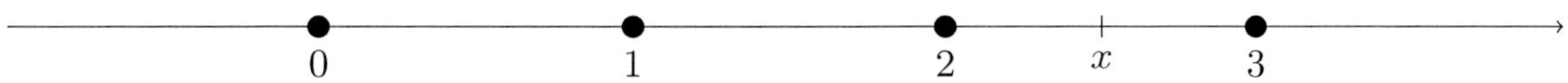

$F_X(x) = \mathrm{P}(X \leq x) = \mathrm{P}(X \leq 2) + \mathrm{P}(2 < X < 3) = 7/8 + 0 = 7/8$. Já se $x = 3$, $F_X(3) = \mathrm{P}(X \leq 3) = \mathrm{P}(X < 3) + \mathrm{P}(X = 3) = 7/8 + \mathrm{P}(\{KKK\}) = \mathrm{P}(\Omega) = 1$.

Para terminar, se $x \in (3, \infty)$

$F_X(x) = \mathrm{P}(X \leq x) = \mathrm{P}(X \leq 3) + \mathrm{P}(3 < X < x) = 1 + 0 = \mathrm{P}(\Omega) = 1$.

Concluindo, apresentamos a função F_X e seu gráfico. Novamente, temos uma função escada, com pontos de descontinuidade em $x \in Im(X)$ e o tamanho dos degraus corresponde à probabilidade de cada um desses pontos:

$$
\begin{aligned}
\mathrm{P}(X = 0) &= \frac{1}{8} - 0 = \frac{1}{8} \\
\mathrm{P}(X = 1) &= \frac{1}{2} - \frac{1}{8} = \frac{3}{8} \\
\mathrm{P}(X = 2) &= \frac{7}{8} - \frac{1}{2} = \frac{3}{8} \\
\mathrm{P}(X = 3) &= 1 - \frac{7}{8} = \frac{1}{8}
\end{aligned}
$$

$$F_X(x) = \begin{cases} 0 & , \text{se } x < 0; \\ 1/8 & , \text{se } 0 \leq x < 1; \\ 1/2 & , \text{se } 1 \leq x < 2; \\ 7/8 & , \text{se } 2 \leq x < 3; \\ 1 & , \text{se } x \geq 3. \end{cases}$$

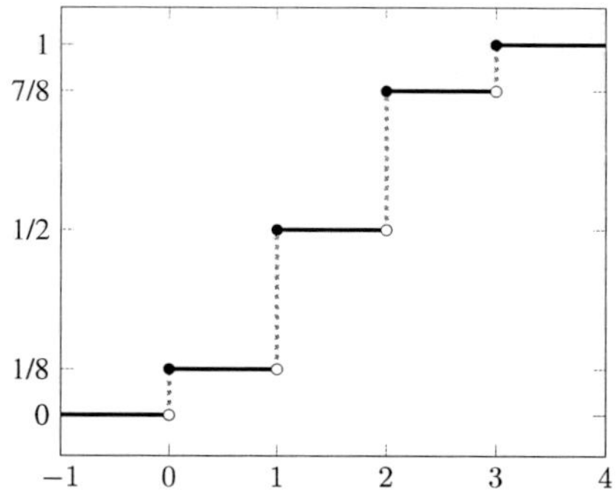

♦♦

Exemplo 3.7

Considere o experimento de se sortear, de forma aleatória, um ponto no intervalo $(0, 1)$ e defina X como o ponto sorteado. Encontre a função de distribuição de X.

Solução:

Veja que $Im(X) = (0, 1)$. Então, se $x \leq 0$, $\text{P}(X \leq x) = 0$, pois não é possível obter números menores ou iguais a 0 no sorteio. Para $x \in (0, 1)$ qualquer, $\text{P}(X \leq x) = x$ e se $x \geq 1$, $\text{P}(X \leq x) = 1$, pois todos os números possíveis de serem sorteados são menores ou iguais a 1.

Assim, a função de distribuição F_X é definida por:

$$F_X(x) = \begin{cases} 0 & , \text{se } x \leq 0; \\ x & , \text{se } 0 < x < 1; \\ 1 & , \text{se } x \geq 1. \end{cases}$$

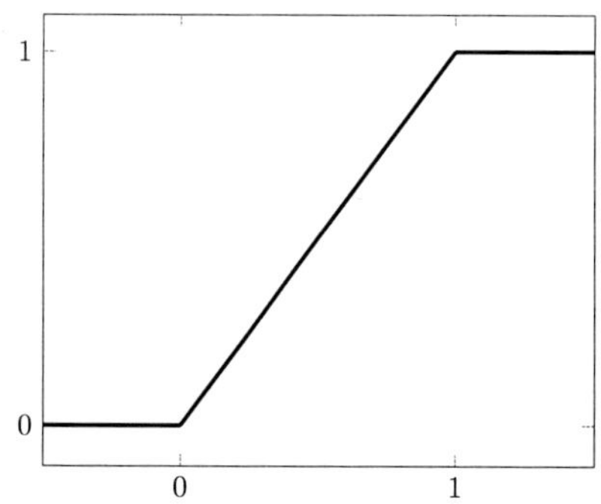

Note que F_X é contínua $\forall x \in \mathbb{R}$ e, portanto, $\text{P}(X = x) = F_X(x) - F_X(x^-) = 0$.

♦♦

Exemplo 3.8

Seja X a variável aleatória que representa o tempo de vida (em dias) de um dispositivo elétrico. Suponha que

$$F_X(x) = \begin{cases} 0 & , x < 0; \\ 1 - e^{-x/20} & , x \geq 0. \end{cases}$$

(a) Esboce o gráfico da função F_X e verifique as propriedades da função de distribuição para F_X (Proposição 3.2).

(b) Calcule a probabilidade de o dispositivo durar mais de 30 dias.

(c) Calcule a probabilidade de o dispositivo durar 10 dias.

(d) Calcule a probabilidade de o dispositivo durar entre 10 e 30 dias.

(e) Suponha que o dispositivo esteja em funcionamento há 10 dias. Qual é a probabilidade de seu tempo de vida ultrapassar os 30 dias?

Solução:

(a) O gráfico de F_X é apresentado na Figura 3.1. As propriedades seguem diretamente das propriedades da função exponencial, que podem ser vistas no gráfico: os limites de F_x quando $x \to -\infty$ e $x \to +\infty$ são 0 e 1, respectivamente; F_X é contínua e não decrescente.

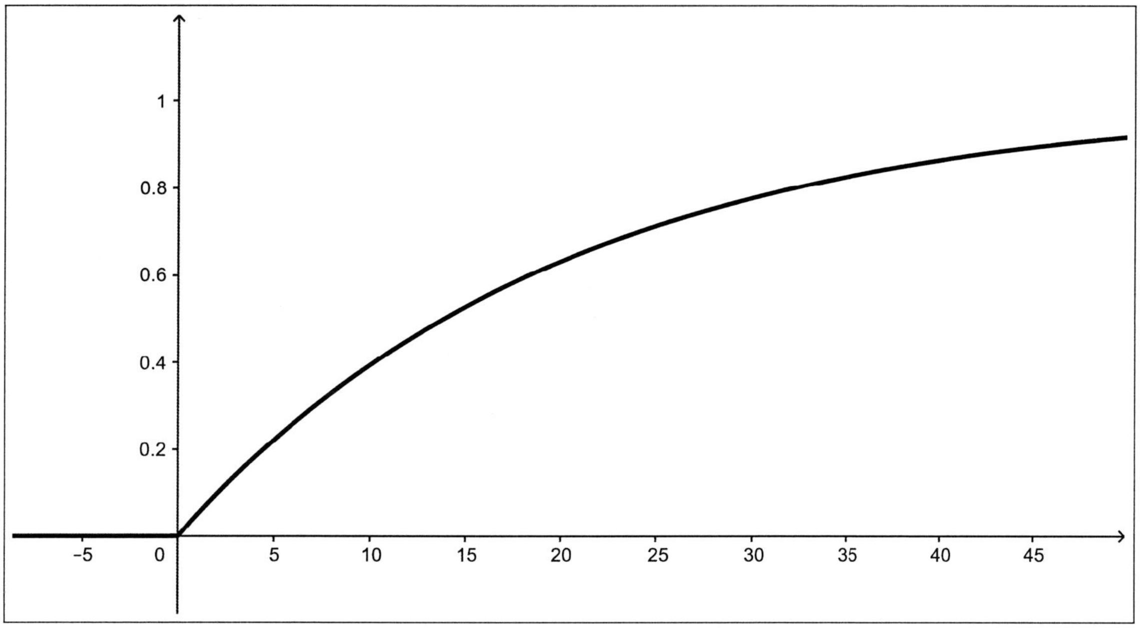

Figura 3.1 – F_X para o Exemplo 3.8

(b) O dispositivo durar mais de 30 dias equivale a $X > 30$.

$$\mathrm{P}(X > 20) = 1 - \mathrm{P}(X \leq 20) = 1 - F_X(20) = 1 - \left(1 - e^{-20/20}\right) = e^{-1} = 0,3679$$

(c) $\mathrm{P}(X = 10) = F_X(10) - F_X(10^-) \underbrace{=}_{F_X \text{ contínua}} F_X(10) - F_X(10) = 0$

(d) O dispositivo durar entre 10 e 30 dias equivale a $10 \leq X \leq 30$.

$$\begin{aligned}
\mathrm{P}(10 \leq X \leq 30) &= \mathrm{P}(X \leq 30) - \mathrm{P}(X < 10) = \mathrm{P}(X \leq 30) - [\mathrm{P}(X \leq 10) - \mathrm{P}(X = 10)] \\
&= F_X(30) - [F_X(10) - 0] = F_X(30) - F_X(10) \\
&= 1 - e^{-30/20} - 1 + e^{-10/20} = e^{-1/2} - e^{-3/2} = 0,6065 - 0,2231 = 0,3834
\end{aligned}$$

(e) Se o dispositivo já está funcionando há 10 dias, isso significa que temos que ter $X > 10$. Como o problema pede a probabilidade de ele funcionar mais de 30 dias, sabendo que já está funcionando há 10 dias, temos que calcular uma probabilidade condicional, ou seja,

$$\begin{aligned} \mathrm{P}(X > 30 \,|\, X > 10) &= \frac{\mathrm{P}(\{X > 30\} \cap \{X > 10\})}{\mathrm{P}(X > 10)} = \frac{\mathrm{P}(X > 30)}{\mathrm{P}(X > 10)} = \frac{1 - \mathrm{P}(X \leq 30)}{1 - \mathrm{P}(X \leq 10)} \\ &= \frac{1 - F_X(30)}{1 - F_X(10)} = \frac{e^{-30/20}}{e^{-10/20}} = e^{-1} = 0,3679 \end{aligned}$$

♦♦

Exemplo 3.9

Seja X uma variável aleatória cuja função de distribuição é definida por:

$$F_X(x) = \begin{cases} 0 & , x < -1; \\ 1/5 & , -1 \leq x < 1; \\ 2/5 & , 1 \leq x < 2; \\ 4/5 & , 2 \leq x < 4; \\ 1 & , x \geq 4. \end{cases}$$

(a) Esboce o gráfico da função F_X.

(b) Verifique que são válidas as propriedades da função de distribuição dadas na Proposição 3.2.

(c) Calcule: $\mathrm{P}(X > 0)$, $\mathrm{P}(X = 0)$, $\mathrm{P}(X = 2)$, $\mathrm{P}(X < 2)$, $\mathrm{P}(0 < X < 4)$ e $\mathrm{P}(X > 0 \,|\, X \leq 2)$.

Solução:

(a) Veja a Figura 3.2.

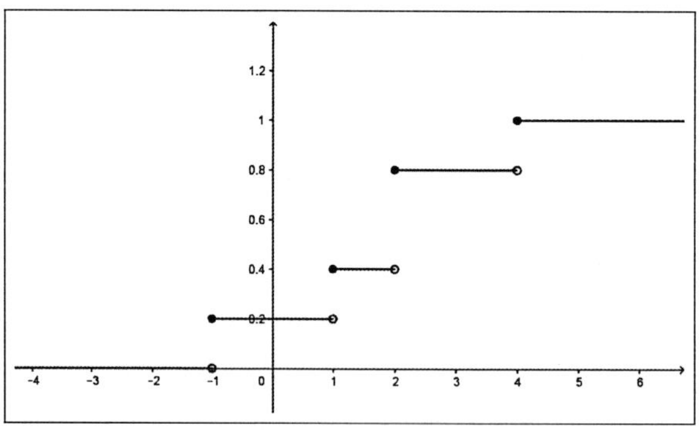

Figura 3.2 – F_X para o Exemplo 3.9

(b) Da Figura 3.2 podemos ver que F_X satisfaz as propriedades de uma função de distribuição.

(c) $\mathrm{P}(X > 0) = 1 - \mathrm{P}(X \leq 0) = 1 - F_X(0) = 1 - 1/5 = 4/5.$

$P(X = 0) = F_X(0) - F_X(0^-) = 1/5 - 1/5 = 0$, pois não há descontinuidade no gráfico de F_X em $x = 0$.

$P(X = 2) = F_X(2) - F_X(2^-) = 4/5 - 2/5 = 2/5$, que é o tamanho do degrau no gráfico de F_X em $x = 2$.

$P(X < 2) = P(X \leq 2) - P(X = 2) = F_X(2) - P(X = 2) = 4/5 - 2/5 = 2/5$.

$$
\begin{aligned}
P(0 < X < 4) &= P(X < 4) - P(X \leq 0) = P(X \leq 4) - P(X = 4) - P(X \leq 0) \\
&= F_X(4) - (F_X(4) - F_X(4^-)) - F_X(0) = 1 - (1 - 4/5) - 1/5 = 4/5 - 1/5 = 3/5
\end{aligned}
$$

$$
\begin{aligned}
P(X > 0 \,|\, X \leq 2) &= \frac{P(\{X > 0\} \cap \{X \leq 2\})}{P(X \leq 2)} = \frac{P(0 < X \leq 2)}{P(X \leq 2)} \\
&= \frac{P(X \leq 2) - P(X \leq 0)}{P(X \leq 2)} = \frac{F_X(2) - F_X(0)}{F_X(2)} = \frac{4/5 - 1/5}{(4/5)} = 3/4
\end{aligned}
$$

♦♦

Lista de exercícios da Seção 3.2

1. Considere o experimento do lançamento de um dado duas vezes e observação da face superior em cada lançamento. Seja X a variável aleatória definida pelo número de saídas iguais a seis.

   (a) Defina $Im(X)$.

   (b) Encontre a função de distribuição F_X e esboce seu gráfico.

   Seja Y a variável aleatória definida pela soma dos resultados nos dois lançamentos.

   (c) Defina $Im(Y)$.

   (d) Encontre a função de distribuição F_Y e esboce seu gráfico.

2. Seja W variável aleatória cuja função de distribuição é definida por:

$$
F_W(w) = \begin{cases} 0,0 & , \; w < -2; \\ 0,2 & , \; -2 \leq w < 0; \\ 0,5 & , \; 0 \leq w < 2; \\ 0,9 & , \; 2 \leq w < 3; \\ 1 & , \; w \geq 3. \end{cases}
$$

   (a) Esboce o gráfico de F_W.

   (b) Verifique que as propriedades da função de distribuição são satisfeitas.

   (c) Calcule $P(W > 2)$, $P(W = 2)$, $P(W < 2)$, $P(W = 1)$ e $P(W < 2 \mid W > 1)$.

3. Seja X variável aleatória cuja função de distribuição é definida por:

$$F_X(x) = \begin{cases} 0 & , x < -1; \\ \dfrac{(1+x)(3-x)}{4} & , -1 \leq x < 1; \\ 1 & , x \geq 1. \end{cases}$$

   (a) Esboce o gráfico de F_X.

   (b) Verifique que as propriedades da função de distribuição são satisfeitas.

   (c) Calcule $\text{P}(X < 0)$, $\text{P}(-1/2 < X < 1/2)$, $\text{P}(X = 0)$ e $\text{P}(X > 1/2 \mid X > 0)$.

4. Seja Y variável aleatória cuja função de distribuição é definida por:

$$F_Y(y) = \begin{cases} e^y/4 & , y < 0; \\ 1/2 & , 0 \leq y < 1; \\ 3y/(3y+1) & , y \geq 1. \end{cases}$$

   (a) Esboce o gráfico de F_Y.

   (b) Verifique que as propriedades da função de distribuição são satisfeitas.

   (c) Calcule $\text{P}(Y = 0)$, $\text{P}(Y < 1/2)$, $\text{P}(Y \geq 1)$, $\text{P}(2 < Y < 3)$ e $\text{P}(Y > 2 \mid Y < 3)$.

3.3 Classificação de variáveis aleatórias

As variáveis aleatórias podem ser classificadas como discreta, contínua, singular ou mista. Neste curso, por se tratar de um curso introdutório da Teoria das Probabilidades, estudaremos apenas as variáveis discretas e contínuas.

> **Definição 3.3** ***Variável aleatória discreta***
> *Uma variável aleatória X é classificada como* **discreta** *se a sua imagem é um conjunto finito ou enumerável.*

Nos Exemplos 3.1 e 3.3, as variáveis X e I_A são discretas. Em ambos os casos, a imagem delas é finita. Também no Exemplo 3.2 (problema do dardo), a variável Y, definida pela pontuação ao lançar um dardo, é uma variável aleatória discreta com imagem finita, mas a variável X, definida pela distância entre o dardo e o centro, não é variável aleatória discreta.

Para ilustrar o caso de uma variável aleatória discreta com imagem infinita e enumerável, considere o experimento de se lançar um dado até obtenção da face 6. Se X é a variável definida pelo número de lançamentos desse dado, então $Im(X) = \{1, 2, 3, \ldots\}$, um conjunto infinito, porém enumerável[2]. Logo, a variável aleatória X é discreta.

A função de distribuição de uma variável aleatória discreta sempre será uma função escada, o que caracteriza claramente uma esse tipo de variável aleatória. Os pontos de descontinuidade dessa função escada

[2]Um conjunto A é enumerável se existe uma função bijetora entre A e o conjunto $\mathbb{N}$ dos números naturais.

correspondem aos pontos da imagem da variável aleatória e a altura do degrau em $x \in Im(X)$ é exatamente $P(X = x)$. Reveja o Exemplo 3.6 e verifique essas características no gráfico de F_X.

Exemplo 3.10 ***Nota média de dois alunos***

Um curso tem cinco alunos com coeficiente de rendimento (CR) superior a 8,5. Os CRs desses alunos são: 8,8; 9,2; 8,9; 9,5; 9,0. Dentre esses cinco alunos, dois serão sorteados para receber uma bolsa de estudos.

(a) Designando por A, B, C, D, E os alunos, defina um espaço amostral para o experimento definido pelo sorteio dos dois alunos que receberão a bolsa de estudos.

Seja X a variável aleatória que indica o CR médio dos alunos sorteados.

(b) Defina $Im(X)$.

(c) Classifique X como variável aleatória discreta ou não. Justifique sua resposta.

(d) Liste o evento $\{X \geq 9,0\}$, isto é, apresente os elementos de Ω que pertencem a esse evento.

(e) Apresente a função de distribuição de X.

(f) Calcule $P(X \geq 9)$.

Solução:

(a) Note que não importa a ordem em que os alunos são sorteados; logo, $\#(\Omega) = \binom{5}{2} = 10$. Mais especificamente,

$$\Omega = \{(A,B),(A,C),(A,D),(A,E),(B,C),(B,D),(B,E),(C,D),(C,E),(D,E)\}$$

(b) Na tabela a seguir, temos os valores de X para cada $\omega \in \Omega$.

ω	$X(\omega)$	ω	$X(\omega)$
(A,B)	$\frac{8,8+9,2}{2} = 9,00$	(B,D)	9,35
(A,C)	8,85	(B,E)	9,10
(A,D)	9,15	(C,D)	9,20
(A,E)	8,90	(C,E)	8,95
(B,C)	9,05	(D,E)	9,25

Logo, $Im(X) = \{8,85\ ,\ 8,90\ ,\ 8,95\ ,\ 9,00\ ,\ 9,05\ ,\ 9,10\ ,\ 9,15\ ,\ 9,20\ ,\ 9,25\ ,\ 9,35\}$.

(c) Como $Im(X)$ é um conjunto finito, em particular tem 10 elementos, podemos dizer que X é variável aleatória discreta.

(d) $\{X \geq 9\} = \{(A,B),(A,D),(B,C),(B,D),(B,E),(C,D),(D,E)\}$

(e) Como todos os pontos do espaço amostral são equiprováveis (o sorteio é aleatório), podemos afirmar que $\mathrm{P}(\omega) = 1/10$ para qualquer $\omega \in \Omega$. Usando as propriedades da função de distribuição de variáveis aleatórias discretas (já sabemos que é uma função escada) podemos concluir que:

$$F_X(x) = \begin{cases} 0 & \text{, se } x < 8,85; \\ 1/10 & \text{, se } 8,85 \leq x < 8,90; \\ 2/10 & \text{, se } 8,90 \leq x < 8,95; \\ 3/10 & \text{, se } 8,95 \leq x < 9,00; \\ 4/10 & \text{, se } 9,00 \leq x < 9,05; \\ 5/10 & \text{, se } 9,05 \leq x < 9,10; \\ 6/10 & \text{, se } 9,10 \leq x < 9,15; \\ 7/10 & \text{, se } 9,15 \leq x < 9,20; \\ 8/10 & \text{, se } 9,20 \leq x < 9,25; \\ 9/10 & \text{, se } 9,25 \leq x < 9,35; \\ 1 & \text{, se } x \geq 9,35. \end{cases}$$

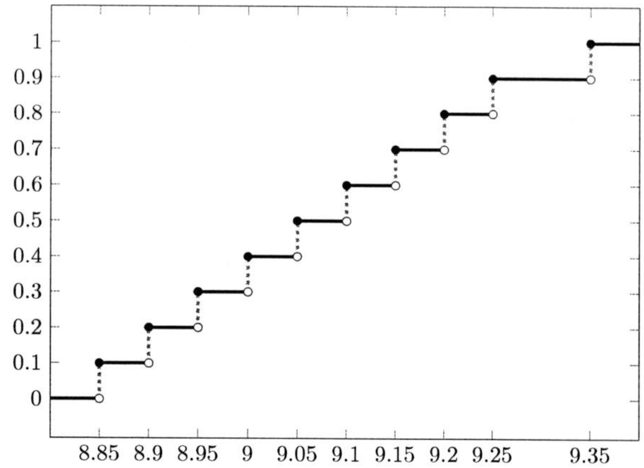

(f) Podemos calcular $\mathrm{P}(X \geq 9)$ pela função de distribuição (veja o Exemplo 3.4) ou pela listagem dos elementos do evento $\{X \geq 9\}$.

Pela função de distribuição,

$$\mathrm{P}(X \geq 9) = 1 - \mathrm{P}(X < 9) = 1 - F_X(9^-) = 1 - \frac{3}{10} = \frac{7}{10}$$

Pela listagem do evento $\{X \geq 9\}$,

$$\mathrm{P}(X \geq 9) = \mathrm{P}\left[(A,B),(A,D),(B,C),(B,D),(B,E),(C,D),(D,E)\right] = 7 \times \frac{1}{10} = \frac{7}{10}$$

♦♦

Vamos, agora, apresentar a definição de variável aleatória contínua a partir de características da sua função de distribuição. No entanto, a definição mais usual será apresentada no Capítulo 5.

Definição 3.4 ***Variável aleatória contínua***

Uma variável aleatória X é classificada como ***contínua*** *quando a sua função de distribuição é uma função absolutamente contínua.*

É importante notar que os termos **função absolutamente contínua** e **função contínua** não têm o mesmo significado ou definição. Toda função absolutamente contínua é contínua, mas a recíproca não é verdadeira.

Para facilitar o entendimento de variáveis aleatórias contínuas no contexto de um primeiro curso de Probabilidade, usaremos o resultado apresentado na Proposição 3.3 para verificar se uma função é absolutamente contínua.

Proposição 3.3

Se F é uma função

(i) contínua em $\mathbb{R}$;

(ii) diferenciável em $\mathbb{R}$, exceto em um conjunto finito de pontos,

então F é absolutamente contínua.

Demonstração:

A demostração desta proposição será omitida. □

Então, combinando os resultados da Definição 3.4 e da Proposição 3.3, podemos afirmar que, se a função de distribuição F_X de uma variável aleatória X satisfaz as condições (i) e (ii) da Proposição 3.3, então X é variável aleatória contínua. Mas se F_X não satisfazer as condições (i) e (ii), não podemos afirmar que X não é contínua, ou seja, existe variável aleatória contínua cuja função de distribuição F não satisfaz a condição (ii). Mas esses casos não serão tratados nesse curso.

Nos Exemplos 3.7 e 3.8 as variáveis aleatórias definidas são contínuas. Veja que em ambos os exemplos a função de distribuição F_X é contínua. Além disso F_X só não é diferenciável em um conjunto finito de pontos: no Exemplo 3.7 F_X só não é diferenciável em dois pontos, $x = 0$ e $x = 1$, e no Exemplo 3.8 a função F_x só não é diferenciável no ponto $x = 0$.

Exemplo 3.11 ***Cálculo de probabilidades de variável aleatória contínuas a partir da função de distribuição***

Vimos, no Exemplo 3.4, como calcular probabilidades de qualquer variável aleatória a partir da sua função de distribuição. Vamos explicitar, agora, esses cálculos para uma variável aleatória contínua.

Solução:

O importante a notar é que, se X é variável aleatória contínua, então sua função de distribuição é uma função absolutamente contínua e, portanto, contínua. Isso significa que $F_X(a^-) = F_X(a)$, qualquer que seja $a \in \mathbb{R}$. Sendo assim, a principal mudança nos resultados vistos é:

$$\mathrm{P}(X = a) = F_X(a) - F_X(a^-) = 0$$

e isso nos leva às seguintes equivalências (admita que $a < b$):

$$\begin{aligned}
\mathrm{P}(X < a) &= \mathrm{P}(X \leq a) = F_X(a) \\
\mathrm{P}(X \geq a) &= \mathrm{P}(X > a) = 1 - F_X(a) \\
\mathrm{P}(a < X < b) &= \mathrm{P}(a < X \leq b) = \mathrm{P}(a \leq X < b) = \mathrm{P}(a \leq X \leq b) = F_X(b) - F_X(a)
\end{aligned}$$

♦♦

Já vimos que o comportamento de uma variável aleatória fica perfeitamente determinado pela sua função de distribuição. Além de calcular probabilidades envolvendo a variável aleatória em questão, podemos, também, através do conhecimento da função de distribuição, encontrar a imagem da variável aleatória. No caso de X ser uma variável aleatória discreta, a imagem de X é formada pelos pontos de descontinuidade de F_X. Se

X é variável aleatória contínua, a sua imagem é formada pelos pontos do domínio de F_X onde esta função é estritamente crescente, ou seja, não constante.

Exemplo 3.12

Dada a função

$$F(x) = \begin{cases} 0 & , x < 1 \\ 1/2\,, & 1 \leq x < 2 \\ k & , 2 \leq x < 3 \\ 3/4\,, & 3 \leq x < 4 \\ 1 & , x \geq 4 \end{cases}$$

em que k é uma constante, determine os possíveis valores de k para que F seja a função de distribuição de uma variável aleatória discreta X. Em seguida, determine a imagem de X.

Solução:

Como a função de distribuição de qualquer variável aleatória X tem que ser uma função não decrescente, concluímos que k tem que ser maior ou igual a $\frac{1}{2}$. Pela mesma razão, k tem que ser menor ou igual a $\frac{3}{4}$. Dessa forma, os possíveis valores de k pertencem ao intervalo $\left[\frac{1}{2}, \frac{3}{4}\right]$. Os valores possíveis da variável aleatória X correspondem aos pontos de descontinuidade da função $F(x)$. Logo, se $k \in \left(\frac{1}{2}, \frac{3}{4}\right)$, então $Im(X) = \{1, 2, 3, 4\}$. Se $k = \dfrac{1}{2}$, $Im(X) = \{1, 3, 4\}$ e se $k = \dfrac{3}{4}$, $Im(X) = \{1, 2, 4\}$

♦♦

Exemplo 3.13

Dada a função

$$F(x) = \begin{cases} 0 & , x < 0 \\ x^2/2 & , 0 \leq x < 1 \\ kx & , 1 \leq x < 2 \\ 1 & , x \geq 2 \end{cases}$$

em que k é uma constante, determine os possíveis valores de k para que F seja a função de distribuição de uma variável aleatória contínua X. Em seguida, determine a imagem de X.

Solução:

Para que F seja função de distribuição de uma variável aleatória contínua é necessário que F seja absolutamente contínua; em particular, F tem que ser contínua. Para que isso ocorra, o valor de k tem que ser tal que $\lim\limits_{x \to 1^-} F(x) = \lim\limits_{x \to 1^+} F(x)$ e $\lim\limits_{x \to 2^-} F(x) = \lim\limits_{x \to 2^+} F(x)$. Isto é, $1/2 = k$ e $2k = 1$, ou seja, $k = 1/2$. A imagem de X é $Im(X) = [0, 2]$, intervalo em que F_X é estritamente crescente.

♦♦

Para terminar esse capítulo, vejamos um exemplo de uma variável aleatória que não é nem discreta nem contínua.

Exemplo 3.14

Seja X variável aleatória com função de distribuição definida por:

$$F_X(x) = \begin{cases} 0 & , x < 0 \\ x & , 0 \leq x < 1/2 \\ 1 & , x \geq 1/2 \end{cases}$$

(a) Faça o gráfico de F_X.

(b) Verifique que F_X é função de distribuição.

(c) Calcule $\mathrm{P}(X > 1/3)$, $\mathrm{P}(X = 1/4)$ e $\mathrm{P}(X = 1/2)$.

(d) Verifique que X não é variável aleatória discreta.

(e) Verifique que X não é variável aleatória contínua.

Solução:

(a) Segue o gráfico de F_X.

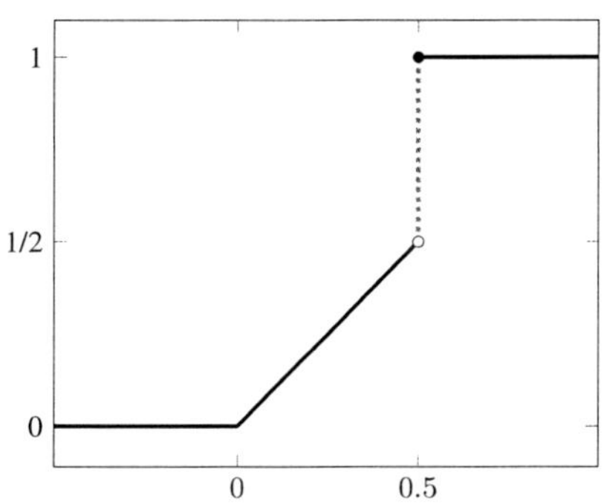

(b) Para verificar o que se pede precisamos verificar as propriedades da Proposição 3.2.

- Primeiro veja, pelo gráfico, que $\lim_{x\to\infty} F_X(x) = 1$ e $\lim_{x\to-\infty} F_X(x) = 0$.
- Podemos ver que F_X é função crescente no intervalo $(0, 1/2)$ e constante no restante da reta. Então F_X é função não decrescente.
- O único ponto de descontinuidade de F_X é o $(1/2, 1/2)$. Precisamos, então, mostrar que nesse ponto F_X é contínua à direita.

  Seja $\{x_i\}$ uma sequência tal que $x_i \to 1/2$ e $x_i \leq 1/2$, isto é, $\{x_i\}$ é uma sequência que converge para 1/2 pela direita, então $F_X(x_i) = 1 \ \forall\ i$. Logo a sequência $\{F_X(x_i)\}$ é constante e igual a 1 e por isso $F_X(x_i) \to 1 = F_X(1/2)$. Assim mostramos que F_X é contínua a direita em $1/2$.

(c) $\mathrm{P}(X > 1/3) = 1 - F_X(1/3) = 1 - 1/3 = 2/3$.
$\mathrm{P}(X = 1/4) = F_X(1/4) - F_X(1/4^-) = 0$. Não existe salto no gráfico de F_X em $x = 1/4$.
$\mathrm{P}(X = 1/2) = F_X(1/2) - F_X(1/2^-) = 1/2$. O tamanho do salto no gráfico de F_X em $x = 1/2$ é $1/2$.

(d) Podemos ver que F_X não é constante apenas no intervalo $[0, 1/2]$. Logo, $Im(X) = [0, 1/2]$. Como esse não é um conjunto enumerável, X não é variável aleatória discreta.

(e) Podemos ver, pelo gráfico, que F_X não é contínua e, portanto, não é absolutamente contínua. Logo, X também não é variável aleatória contínua.

♦♦

Lista de exercícios da Seção 3.3

1. Para as variáveis aleatórias W, X e Y dos Exercícios 2 - 4, respectivamente, da lista de exercícios da Seção 2.2, faça o que se pede.

   (a) Determine a imagem da variável aleatória.

   (b) Classifique a variável aleatória como discreta, contínua ou nem discreta e nem contínua.

Exercícios do Capítulo 3

1. Apresente a expressão e o esboço do gráfico da função de distribuição de uma variável aleatória X que pode assumir os seguintes valores com as seguintes probabilidades:

$$\mathrm{P}(X = 10) = 0,5 \quad , \quad \mathrm{P}(X = 15) = 0,4 \quad \text{e} \quad \mathrm{P}(X = 18) = 0,1.$$

2. Considere o experimento de se lançar uma moeda 3 vezes.

   (a) Defina um espaço amostral para esse experimento.

   (b) Determine a probabilidade associada a cada elemento do espaço amostral.

   Para esse experimento, considere a variável aleatória X como a diferença entre o número de caras e o número de coroas.

   (c) Defina $Im(X)$ e classifique X como variável aleatória discreta ou não.

   (d) Encontre a função de distribuição de X e esboce seu gráfico.

3. Em cada item a seguir, apresenta-se a função de distribuição de alguma variável aleatória. Para cada uma delas, faça o seguinte: (i) Defina $Im(X)$; (ii) Diga se X é discreta ou não, justificando sua resposta; (iii) Diga se X é contínua ou não, justificando sua resposta.

(a) $$F(x) = \begin{cases} 0 & , x < -3; \\ 1/3 & , -3 \leq x < -2; \\ 2/3 & , -2 \leq x < 1; \\ 1 & , x \geq 1. \end{cases}$$

(b) $$F(x) = \begin{cases} 0 & , x < 0; \\ x & , 0 \leq x < 1; \\ 1 & , x \geq 1. \end{cases}$$

(c) $$F(x) = \begin{cases} 0 & , x < 0; \\ x/3 & , 0 \leq x < 1; \\ (x+1)/3 & , 1 \leq x < 2; \\ 1 & , x \geq 2. \end{cases}$$

(d) $$F(x) = \begin{cases} 0 & , x < 0; \\ 0,2 & , 0 \leq x < 1/3; \\ 0,5 & , 1/3 \leq x < 2/3; \\ 0,8 & , 2/3 \leq x < 1; \\ 1 & , x \geq 1. \end{cases}$$

4. Seja X uma variável aleatória com função de distribuição definida por:

$$F_X(x) = \begin{cases} 0 & , x < 0; \\ x^2 & , 0 \leq x < 1; \\ 1 & , x \geq 1. \end{cases}$$

   (a) Desenhe o gráfico de F_X e verifique as propriedades da função de distribuição.

   (b) Classifique X como variável aleatória discreta, contínua ou nem discreta e nem contínua. Justifique sua resposta.

   (c) Defina a imagem da variável aleatória X.

   (d) Calcule $\mathrm{P}(X > 0,3)$, $\mathrm{P}(X \geq 0,3)$, $\mathrm{P}(X = 0,3)$, $\mathrm{P}(0,3 \leq X \leq 0,8)$.

5. Seja X uma variável aleatória com função de distribuição definida por:

$$F_X(x) = \begin{cases} 0 & , x < 1/2; \\ 1/3 & , 1/2 \leq x < 1; \\ 2/3 & , 1 \leq x < 3/2; \\ 1 & , x \geq 3/2. \end{cases}$$

   (a) Desenhe o gráfico de F_X e verifique as propriedades da função de distribuição.

   (b) Classifique X como variável aleatória discreta, contínua ou nem discreta e nem contínua. Justifique sua resposta.

   (c) Defina a imagem da variável aleatória X.

   (d) Calcule $\mathrm{P}(X > 1)$, $\mathrm{P}(X \geq 1)$, $\mathrm{P}(X = 1)$, $\mathrm{P}(X = 2)$, $\mathrm{P}(1 \leq X \leq 2)$.

6. Determine as constantes a e b para que a função F seja função de distribuição de alguma variável aleatória contínua.

$$F(x) = \begin{cases} 0 & , x < 0; \\ ax^2 & , 0 \leq x < 1; \\ (b-a)x & , 1 \leq x < 2; \\ 4a - b & , x \geq 2. \end{cases}$$

7. Seja Y uma variável aleatória cuja função de distribuição é definida pela função F do Exercício 6 acima.

   (a) Esboce o gráfico de F.

   (b) Defina a imagem da variável aleatória Y.

   (c) Calcule $\mathrm{P}(Y > 0,5)$, $\mathrm{P}(Y < 1,5)$, $\mathrm{P}(0 < Y < 1,5)$ e $\mathrm{P}(0 < Y < 1,5 \mid Y > 0,5)$.

8. A variável aleatória X tem função de distribuição dada por:

$$F(x) = \begin{cases} 0, & x < -1; \\ 0,4, & -1 \leq x < 1/2; \\ 0,6, & 1/2 \leq x < 2; \\ 1, & x \geq 2. \end{cases}$$

   (a) Classifique a variável aleatória X.

   (b) Expresse $\mathrm{P}(X \geq 0)$ e $\mathrm{P}(X > 0)$ em termos da função F e calcule seus valores.

   (c) Expresse $\mathrm{P}(X \geq 1/2)$ e $\mathrm{P}(X > 1/2)$ em termos da função F e indique os valores obtidos.

   (d) Compare os resultados dos itens (b) e (c) analisando as diferenças entre eles.

9. A variável aleatória X tem função de distribuição dada por:

$$F(x) = \begin{cases} \dfrac{e^x}{c+1}, & x < 0; \\ c - \dfrac{e^{-x}}{2}, & x \geq 0; \end{cases}$$

   (a) Obtenha o valor de c.

   (b) Classifique a variável X.

   (c) Determine $\mathrm{P}(X < -\frac{1}{2} \mid X < 1/2)$.

10. Decida se as seguintes afirmações são verdadeiras ou falsas. Prove a(s) verdadeira(s) e justifique a(s) falsa(s).

   (a) Se F é função de distribuição, então $2F$ também é.

   (b) Se F é função de distribuição, então F^2 também é.

Capítulo 4

Variáveis Aleatórias Discretas

Nesse capítulo, vamos estudar em mais detalhes as variáveis aleatórias discretas.

4.1 Função de probabilidade

Já vimos, no Capítulo 3, que uma variável aleatória é chamada discreta quando a sua imagem é um conjunto finito ou enumerável. Nesse caso, a função de distribuição é uma função escada e o tamanho do degrau localizado em $X = x$ é exatamente $\mathrm{P}(X = x)$.

Além disso, o comportamento de uma variável aleatória qualquer, discreta ou não, é perfeitamente determinado por sua função de distribuição. No caso das variáveis aleatórias discretas, temos outra opção para determinarmos o comportamento da variável aleatória, a *função de probabilidade*.

Definição 4.1 ***Função de Probabilidade***
Seja X uma variável aleatória discreta. A ***função de probabilidade*** *de X é a função p_X definida por:*

$$p_X(x) = \mathrm{P}(X = x) \quad \forall x \in \mathbb{R}$$

Para encontrarmos a função de probabilidade de uma variável aleatória discreta, temos, primeiro, que encontrar a sua imagem e, em seguida, calcular a probabilidade de ocorrência de cada elemento da imagem. Todos os valores reais que não pertencem à imagem têm probabilidade nula de ocorrer; logo, para esses valores, a função de probabilidade também é nula. Sendo assim, na apresentação da função de probabilidade de uma variável aleatória discreta X, iremos nos concentrar apenas em $p_X(x)$ para $x \in Im(X)$.

Exemplo 4.1 ***Máximo entre dois dados***
Considere o lançamento de dois dados equilibrados.

(a) Apresente um espaço amostral para este experimento, isto é, apresente Ω.

Suponha que nosso interesse esteja no máximo das faces exibidas nos dois dados. Neste caso, defina a variável aleatória X = "máximo das 2 faces".

(b) Encontre $X(\omega)$ para todo $\omega \in \Omega$.

(c) Defina $Im(X)$.

(d) Verifique que X é variável aleatória discreta.

(e) Encontre a função de probabilidade de X e esboce seu gráfico.

(f) Encontre a função de distribuição de X e esboce o seu gráfico.

Solução:

(a)

$$\Omega = \{(i,j) \mid i,j = 1,2,3,4,5,6\} = \{(1,1),(1,2),\ldots,(1,6),(2,1),(2,2),\ldots,(2,6),\ldots,(6,6)\}.$$

(b) A Tabela 4.1 abaixo apresenta $X(\omega)$ para todo $\omega \in \Omega$.

Tabela 4.1 – Variável aleatória X = "máximo das 2 faces"

Pontos do espaço amostral (ω)	Valor de $X(\omega)$
(1,1)	1
(1,2)(2,2),(2,1)	2
(1,3),(2,3),(3,3),(3,2),(3,1)	3
(1,4),(2,4),(3,4),(4,4),(4,3),(4,2),(4,1)	4
(1,5),(2,5),(3,5),(4,5),(5,5),(5,4),(5,3),(5,2),(5,1)	5
(1,6),(2,6),(3,6),(4,6),(5,6),(6,6),(6,5),(6,4),(6,3),(6,2),(6,1)	6

(c) De acordo com a Tabela 4.1, $Im(X) = \{1,2,3,4,5,6\}$.

(d) Como $Im(X)$ é finito, X é discreta.

(e) Queremos calcular $p_X(x) = \text{P}(X = x)$ para todo $x \in Im(X)$.

Vamos começar com $x = 1$: $p_X(1) = \text{P}(X = 1) = \text{P}(\{(1,1)\}) = 1/36$, considerando que cada um dos 36 elementos de Ω tem mesma probabilidade de ocorrer.

Vamos calcular, agora, p_X para os demais elementos da $Im(X)$:

$$p_X(2) = \text{P}(X = 2) = \text{P}(\{(1,2),(2,1),(2,2)\}) = 3/36$$
$$p_X(3) = \text{P}(X = 3) = \text{P}(\{(1,3),(3,1),(2,3),(3,2),(3,3)\}) = 5/36$$
$$p_X(4) = \text{P}(X = 4) = \text{P}(\{(1,4),(4,1),(2,4),(4,2),(3,4),(4,3),(4,4)\}) = 7/36$$
$$p_X(5) = \text{P}(X = 5) = \text{P}(\{(1,5),(5,1),(2,5),(5,2),(3,5),(5,3),(4,5),(5,4),(5,5)\}) = 9/36$$
$$p_X(6) = \text{P}(X = 6) = \text{P}(\{(1,6),(6,1),(2,6),(6,2),(3,6),(6,3),(4,6),(6,4),(5,6),(6,5),(6,6)\}) = 11/3$$

Então,

$$p_X(x) = \begin{cases} 1/36 & \text{, se } x = 1 \\ 3/36 & \text{, se } x = 2 \\ 5/36 & \text{, se } x = 3 \\ 7/36 & \text{, se } x = 4 \\ 9/36 & \text{, se } x = 5 \\ 11/36 & \text{, se } x = 6 \\ 0 & \text{, caso contrário.} \end{cases}$$

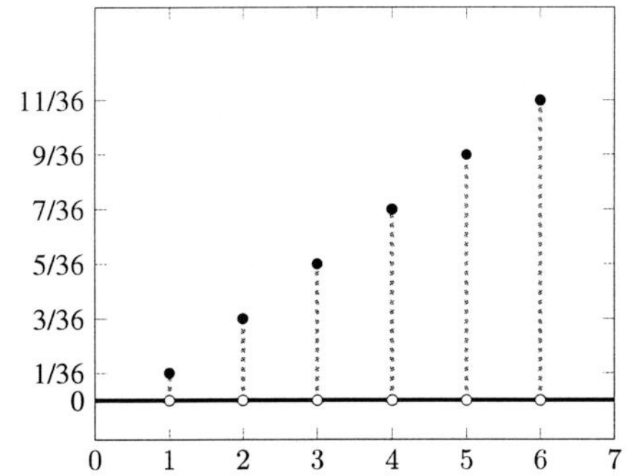

Também podemos apresentar a função de probabilidade $p_X(x)$ para $x \in Im(X)$ em forma de uma tabela:

x	1	2	3	4	5	6
$p_X(x)$	$1/36$	$3/36$	$5/36$	$7/36$	$9/36$	$11/36$

(f) Como já conhecemos $P(X = x)$ para todo $x \in Im(X)$, é fácil calcular a função de distribuição, acumulando as probabilidades. O gráfico, como já visto, é o de uma função escada, com os degraus ocorrendo em cada ponto $x \in Im(X)$ e o tamanho do degrau equivalente a $P(X = x)$.

$$F_X(x) = \begin{cases} 0 & \text{, se } x < 1; \\ 1/36 & \text{, se } 1 \leq x < 2; \\ 4/36 & \text{, se } 2 \leq x < 3; \\ 9/36 & \text{, se } 3 \leq x < 4; \\ 16/36 & \text{, se } 4 \leq x < 5; \\ 25/36 & \text{, se } 5 \leq x < 6; \\ 1 & \text{, se } x \geq 6. \end{cases}$$

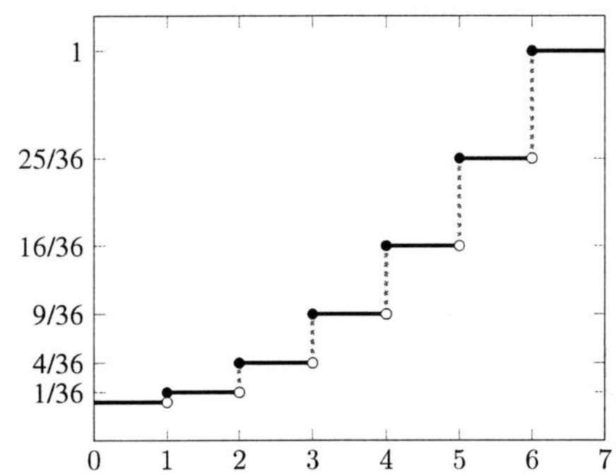

♦♦

Proposição 4.1 ***Propriedades da Função de Probabilidade***

Seja p_X a função de probabilidade de uma variável aleatória discreta qualquer. Então, valem as seguintes propriedades:

(i) $p_X(x) \geq 0$ *para todo* $x \in \mathbb{R}$;

(ii) $\displaystyle\sum_{\forall x \in Im(X)} p_X(x) = 1.$

Demonstração:

Essas propriedades são decorrentes dos axiomas da probabilidade, apresentados na Definição 1.2.

(i) Como $P(A) \geq 0$ para todo $A \in \mathcal{F}$, também é verdade que $P(X = x) \geq 0$ para todo $x \in \mathbb{R}$. Logo, $p_X(x) = P(X = x) \geq 0$ para todo $x \in \mathbb{R}$.

(ii)

$$\sum_{\forall x \in Im(X)} p_X(x) = \sum_{\forall x \in Im(X)} P(X = x) = P\left(\bigcup_{\forall x \in Im(X)} \{X = x\}\right) = P(\Omega) = 1$$

.

□

Exemplo 4.2 ***Demanda por produto***

A demanda por certo produto pode ser vista como uma variável aleatória X cuja função de probabilidade p_X é estimada por

Número de unidades demandadas x	1	2	3	4
$p_X(x) = \mathrm{P}(X = x)$	$0,25$	$0,45$	$0,15$	$0,15$

(a) Verifique que p_X realmente define uma função de probabilidade.

(b) Obtenha a função de distribuição acumulada de X.

(c) Usando a função de distribuição calculada no item anterior, calcule $\mathrm{P}(X \leq 3,5)$.

Solução:

(a) $\sum_x \mathrm{P}(X = x) = 0,25 + 0,45 + 0,15 + 0,15 = 1$ e todos os valores são não negativos. Logo, p_X é uma função de probabilidade.

(b)

$$F_X(x) = \begin{cases} 0 & \text{se } x < 1 \\ 0{,}25 & \text{se } 1 \leq x < 2 \\ 0{,}70 & \text{se } 2 \leq x < 3 \\ 0{,}85 & \text{se } 3 \leq x < 4 \\ 1{,}00 & \text{se } x \geq 4 \end{cases}$$

(c) Temos que

$$\mathrm{P}(X \leq 3,5) = F_X(3,5) = 0,85$$

♦♦

Exemplo 4.3

Uma variável aleatória discreta X tem a seguinte função de probabilidade

$$p_X(x) = \begin{cases} \dfrac{k}{(x+2)!} & \text{, se } x = 0 \text{ ou } x = 1 \\ \\ 0 & \text{, se } x \neq 0 \text{ e } x \neq 1 \end{cases}$$

onde k é uma constante real.

(a) Determine o valor de k para que p_X seja realmente função de probabilidade.

(b) Encontre a função de distribuição F_X e esboce seu gráfico.

Solução:

(a) Os valores possíveis da variável aleatória são 0 e 1, isto é, $Im(X) = \{0, 1\}$. Então, temos que ter

$$p_X(0) + p_X(1) = 1 \Rightarrow \frac{k}{2!} + \frac{k}{3!} = 1 \Rightarrow \frac{k}{2} + \frac{k}{6} = 1 \Rightarrow \frac{3k + k}{6} = 1 \Rightarrow k = \frac{6}{4} = \frac{3}{2}.$$

Logo, $p_X(0) = \frac{3/2}{2} = \frac{3}{4}$ e $p_X(1) = \frac{3/2}{6} = \frac{1}{4}$.

(b) A função de distribuição de X é

$$F_X(x) = \begin{cases} 0 & \text{, se } x < 0; \\ 3/4 & \text{, se } 0 \leq x < 1; \\ 1 & \text{, se } x \geq 1. \end{cases}$$

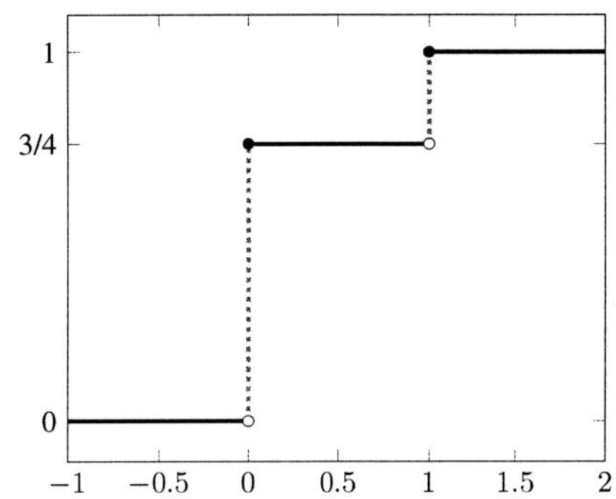

♦♦

Exemplo 4.4 ***Soma das faces superiores de dois dados***

Considere novamente o experimento do lançamento de dois dados equilibrados e defina a variável aleatória X = "soma das faces superiores".

(a) Determine $Im(X)$.

(b) Verifique que X é variável aleatória discreta.

(c) Encontre a função de probabilidade de X e esboce seu gráfico, verificando que são válidas as propriedades da função de probabilidade.

(d) Encontre a função de distribuição de X e esboce o seu gráfico.

(e) Calcule a probabilidade de X ser maior que 6.

Solução:

(a) $Im(X) = \{2, 3, 4, 5, 6, 7, 8, 9, 10, 11, 12\}$.

(b) Como $Im(X)$ é um conjunto finito, X é variável aleatória discreta.

(c) Para encontrar p_X, é necessário calcular $P(X = x)$ para todo $x \in Im(X)$. O espaço amostral desse experimento é o mesmo do Exemplo 4.1, ou seja, ele tem 36 elementos, todos com a mesma probabilidade de ocorrência.

$$\begin{aligned}
p_X(2) &= \mathrm{P}(X=2) = \mathrm{P}(\{(1,1)\}) = 1/36.\\
p_X(3) &= \mathrm{P}(X=3) = \mathrm{P}(\{(1,2),(2,1)\}) = 2/36.\\
p_X(4) &= \mathrm{P}(X=4) = \mathrm{P}(\{(1,3),(3,1),(2,2)\}) = 3/36.\\
p_X(5) &= \mathrm{P}(X=5) = \mathrm{P}(\{(1,4),(4,1),(2,3),(3,2)\}) = 4/36.\\
p_X(6) &= \mathrm{P}(X=6) = \mathrm{P}(\{(1,5),(5,1),(2,4),(4,2),(3,3)\}) = 5/36.\\
p_X(7) &= \mathrm{P}(X=7) = \mathrm{P}(\{(1,6),(6,1),(2,5),(5,2),(3,4),(4,3)\}) = 6/36.\\
p_X(8) &= \mathrm{P}(X=8) = \mathrm{P}(\{(2,6),(6,2),(3,5),(5,3),(4,4)\}) = 5/36.\\
p_X(9) &= \mathrm{P}(X=9) = \mathrm{P}(\{(3,6),(6,3),(4,5),(5,4)\}) = 4/36.\\
p_X(10) &= \mathrm{P}(X=10) = \mathrm{P}(\{(4,6),(6,4),(5,5)\}) = 3/36.\\
p_X(11) &= \mathrm{P}(X=11) = \mathrm{P}(\{(5,6),(6,5)\}) = 2/36.\\
p_X(12) &= \mathrm{P}(X=12) = \mathrm{P}(\{(6,6)\}) = 1/36.
\end{aligned}$$

Para qualquer outro valor $x \in \mathbb{R}$, temos $p_X(x) = 0$. Podemos representar p_X em forma de tabela:

x	2	3	4	5	6	7	8	9	10	11	12
$p_X(x)$	1/36	2/36	3/36	4/36	5/36	6/36	5/36	4/36	3/36	2/36	1/36

Veja que $p_X(x) \geq 0$ para todo x e que $\sum_{x \in Im(X)} p_X(x) = \frac{1}{36} + \frac{2}{36} + \frac{3}{36} + \frac{4}{36} + \frac{5}{36} + \frac{6}{36} + \frac{5}{36} + \frac{4}{36} + \frac{3}{36} + \frac{2}{36} + \frac{1}{36} = 1$. Logo, as propriedades são satisfeitas.

O gráfico de p_X é dado a seguir.

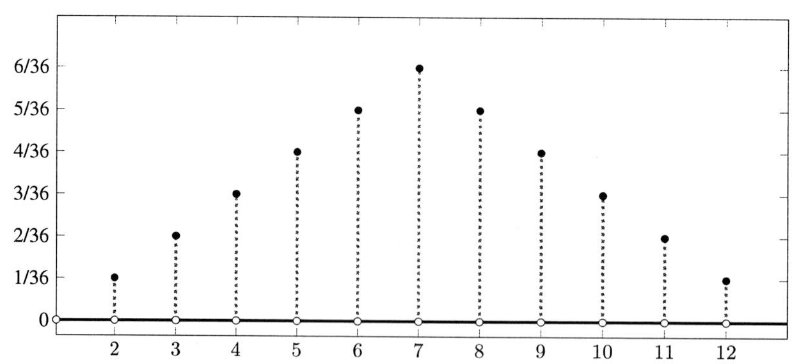

(d) A função de distribuição é calculada a partir de $\mathrm{P}(X = x)$, acumulando-se as probabilidades:

$$F_X(x) = \begin{cases} 0 & , \text{ se } x < 2; \\ 1/36 & , \text{ se } 2 \leq x < 3; \\ 3/36 & , \text{ se } 3 \leq x < 4; \\ 6/36 & , \text{ se } 4 \leq x < 5; \\ 10/36 & , \text{ se } 5 \leq x < 6; \\ 15/36 & , \text{ se } 6 \leq x < 7; \\ 21/36 & , \text{ se } 7 \leq x < 8; \\ 26/36 & , \text{ se } 8 \leq x < 9; \\ 30/36 & , \text{ se } 9 \leq x < 10; \\ 33/36 & , \text{ se } 10 \leq x < 11; \\ 35/36 & , \text{ se } 11 \leq x < 12; \\ 1 & , \text{ se } x \geq 12. \end{cases}$$

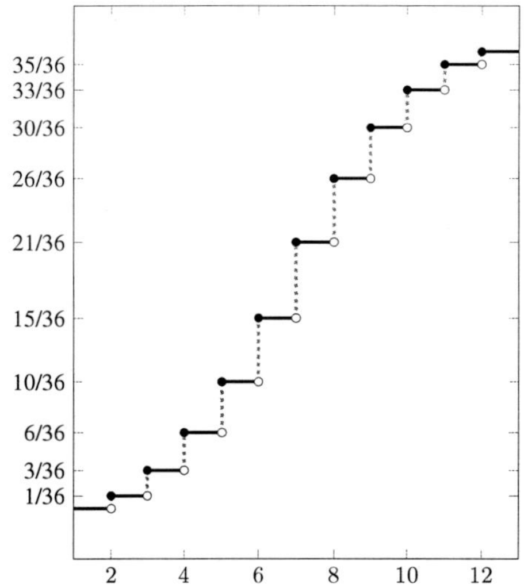

(e) Podemos calcular a probabilidade pedida através da função de probabilidade como

$$\begin{aligned} \mathrm{P}(X > 6) &= \mathrm{P}(X = 7 \text{ ou } X = 8 \text{ ou } X = 9 \text{ ou } X = 10 \text{ ou } X = 11 \text{ ou } X = 12) \\ &= \mathrm{P}(X = 7) + \mathrm{P}(X = 8) + \mathrm{P}(X = 9) + \mathrm{P}(X = 10) + \mathrm{P}(X = 11) + \mathrm{P}(X = 12) \\ &= p_X(7) + p_X(8) + p_X(9) + p_X(10) + p_X(11) + p_X(12) \\ &= \frac{6}{36} + \frac{5}{36} + \frac{4}{36} + \frac{3}{36} + \frac{2}{36} + \frac{1}{36} = \frac{21}{36} \end{aligned}$$

ou através da função de distribuição como

$$\mathrm{P}(X > 6) = 1 - \mathrm{P}(X \leq 6) = 1 - F_X(6) = 1 - 15/36 = 21/36$$

.

♦♦

Exemplo 4.5

Um homem possui quatro chaves em seu bolso. Como está escuro, ele não consegue ver qual a chave correta para abrir a porta de sua casa, que se encontra trancada. Ele testa uma chave de cada vez até encontrar a correta.

(a) Defina um espaço amostral para esse experimento.

Defina a variável aleatória X = número de chaves experimentadas até conseguir abrir a porta (inclusive a chave correta).

(b) Encontre $Im(X)$.

(c) Encontre a função de probabilidade de X e esboce o seu gráfico.

(d) Encontre a função de distribuição de X e esboce o seu gráfico.

(e) Qual é a probabilidade de o homem experimentar no máximo duas chaves para abrir a porta?

Solução:

(a) Vamos representar por C o sorteio da chave correta, aquela que abre a porta, e por E, o sorteio de uma chave errada, uma entre as 3 chaves que não abrem a porta. Então, podemos representar o espaço amostral por:

$$\Omega = \{C, EC, EEC, EEEC\}$$

em que $\{C\}$ representa a situação que o homem acertou a chave de primeira, $\{EC\}$ que errou na primeira tentativa e acertou na segunda, $\{EEC\}$ que errou as duas primeiras tentativas e acertou na terceira, e $\{EEEC\}$ a situação em que ele testou todas as chaves até achar aquela que abre a porta.

(b) Veja que o homem pode experimentar de 1 a 4 chaves antes de abrir a porta. Logo $Im(X) = \{1, 2, 3, 4\}$.

(c) $\mathrm{P}(X = 1) = \mathrm{P}(C) = 1/4$.

$\mathrm{P}(X = 2) = \mathrm{P}(EC) = 3/4 \times 1/3 = 1/4$.

$\mathrm{P}(X = 3) = \mathrm{P}(EEC) = 3/4 \times 2/3 \times 1/2 = 1/4$.

$\mathrm{P}(X = 4) = \mathrm{P}(EEEC) = 3/4 \times 2/3 \times 1/2 \times 1 = 1/4$.

Logo, a função de probabilidade de X e o seu gráfico são definidos por:

$$p_X(x) = \begin{cases} 1/4 & \text{, se } x = 1, 2, 3, 4 \\ 0 & \text{, caso contrário.} \end{cases}$$

ou

x	1	2	3	4
$\mathrm{P}(X = x)$	1/4	1/4	1/4	1/4

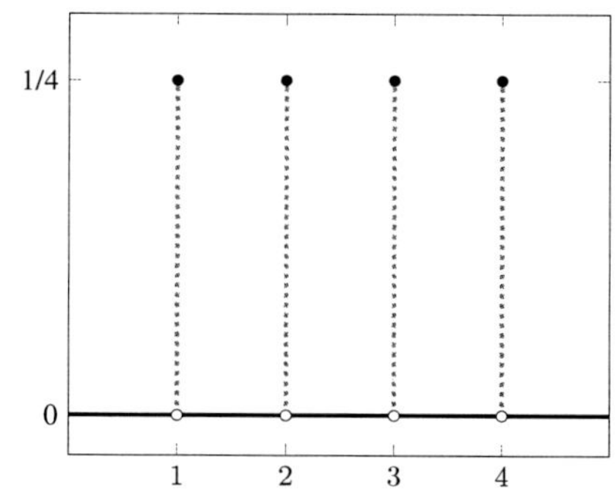

(d)

$$F_X(x) = \begin{cases} 0 & \text{, se } x < 1; \\ 1/4 & \text{, se } 1 \leq x < 2; \\ 1/2 & \text{, se } 2 \leq x < 3; \\ 3/4 & \text{, se } 3 \leq x < 4; \\ 1 & \text{, se } x \geq 4. \end{cases}$$

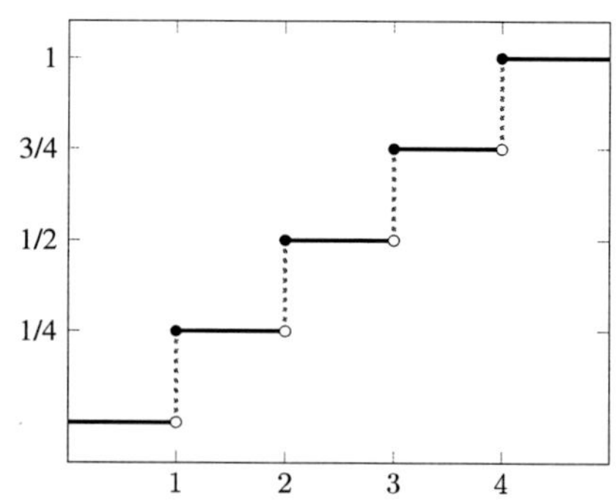

(e) $\mathrm{P}(X \leq 2) = \mathrm{P}(X = 1) + \mathrm{P}(X = 2) = 1/4 + 1/4 = 1/2$.

♦♦

Exemplo 4.6

Suponha, agora, que o homem com as 4 chaves não tenha controle das chaves que já foram experimentadas e, por isso, a cada nova tentativa ele escolhe, de forma aleatória, uma entre as quatro chaves.

(a) Defina um espaço amostral para esse experimento.

Defina a variável aleatória X = número de chaves experimentadas até conseguir abrir a porta (inclusive a chave correta).

(b) Encontre $Im(X)$.

(c) Encontre a função de probabilidade de X e esboce o seu gráfico.

(d) Qual a probabilidade de o homem experimentar no máximo duas chaves para abrir a porta?

Solução:

(a) Representando por C a seleção da chave correta e E a seleção de uma chave errada,

$$\Omega = \{C, EC, EEC, EEEC, EEEEC, EEEEEC, \ldots\}$$

(b) Veja que, diferentemente do Exemplo 4.5, o homem pode experimentar mais de 4 chaves antes de encontrar a correta. Assim, temos $Im(X) = \{1, 2, 3, 4, 5, 6, \ldots\} = \mathbb{N}$; esse é um exemplo de variável aleatória discreta com imagem infinita. Podemos dizer que X é discreta, uma vez que $Im(X)$, apesar de infinito, é um conjunto enumerável.

(c) Como a $Im(X)$ é um conjunto infinito, não vamos encontrar o valor de $p_X(x)$ para cada $x \in Im(X)$. Vamos tentar encontrar uma expressão geral que represente p_X. Para isso, vamos começar calculando p_X em alguns pontos.

Note que, independentemente do número de chaves já testadas, em cada nova tentativa a probabilidade de o homem pegar a chave certa é 1/4 e de pegar uma chave errada é 3/4.

$\mathrm{P}(X = 1) = \mathrm{P}(C) = 1/4.$

$\mathrm{P}(X = 2) = \mathrm{P}(EC) = 3/4 \times 1/4.$

$\mathrm{P}(X = 3) = \mathrm{P}(EEC) = 3/4 \times 3/4 \times 1/4 = (3/4)^2 \times (1/4).$

$\mathrm{P}(X = 4) = \mathrm{P}(EEEC) = 3/4 \times 3/4 \times 3/4 \times 1/4 = (3/4)^3 \times (1/4).$

$\mathrm{P}(X = 5) = \mathrm{P}(EEEEC) = 3/4 \times 3/4 \times 3/4 \times 3/4 \times 1/4 = (3/4)^4 \times (1/4).$

De forma geral,

$\mathrm{P}(X = x) = 3/4 \times 3/4 \times 3/4 \ldots \times 3/4 \times 1/4 = (3/4)^{x-1} \times (1/4).$

Logo, a função de probabilidade de X e o seu gráfico são definidos por:

$$p_X(x) = \begin{cases} \left(\dfrac{3}{4}\right)^{x-1} \dfrac{1}{4} & \text{, se } x = 1, 2, 3, \ldots \\ 0 & \text{, caso contrário.} \end{cases}$$

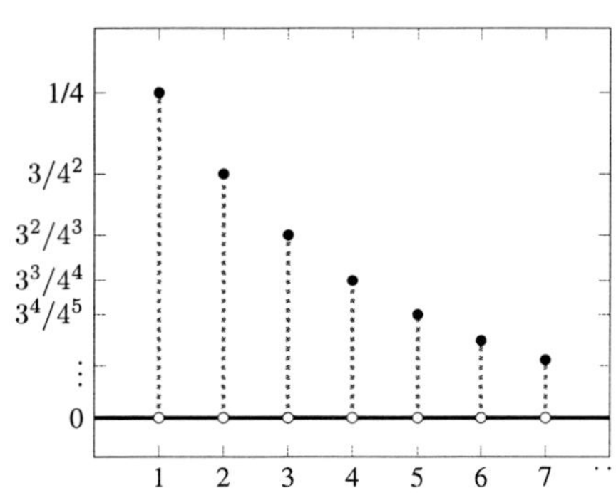

(d) $P(X \leq 2) = P(X = 1) + P(X = 2) = 1/4 + (1/4) \times (3/4) = 7/16.$

♦♦

Exemplo 4.7

Verifique que são válidas as propriedades de uma função de probabilidade p_X para a variável aleatória X definida no Exemplo 4.6.

Solução:

No Exemplo 4.6, encontramos

$$p_X(x) = \begin{cases} \frac{1}{4}\left(\frac{3}{4}\right)^{x-1} & \text{, se } x = 1, 2, 3, \ldots \\ 0 & \text{, caso contrário.} \end{cases}$$

Temos que mostrar que $p_X(x) \geq 0$ para todo $x \in \mathbb{R}$ e que $\sum_{x \in Im(X)} p_X(x) = 1$.

Como a função exponencial de qualquer base é sempre positiva, resulta que $p_X(x) \geq 0$ para todo $x \in \mathbb{R}$.

$$\sum_{x \in Im(X)} p_X(x) = \sum_{x=1}^{\infty} \frac{1}{3}\left(\frac{3}{4}\right)^x = \frac{1}{3}\sum_{x=1}^{\infty}\left(\frac{3}{4}\right)^x$$

Resultados sobre a convergência de séries geométricas garantem que (notem o limite inferior dos somatórios!)

$$\sum_{x=0}^{\infty} r^x = \frac{1}{1-r} \text{ se } |r| < 1 \Longrightarrow \sum_{x=1}^{\infty} r^x = \sum_{x=0}^{\infty} r^x - r^0 = \frac{1}{1-r} - 1 = \frac{r}{1-r} \text{ se } |r| < 1 \tag{4.1}$$

Assim, podemos concluir o exemplo, notando que temos uma série geométrica com $r = \dfrac{3}{4}$.

$$\sum_{x \in Im(X)} p_X(x) = \sum_{x=1}^{\infty} \frac{3^{x-1}}{4^x} = \sum_{x=1}^{\infty} \frac{1}{3}\left(\frac{3}{4}\right)^x = \frac{1}{3}\sum_{x=1}^{\infty}\left(\frac{3}{4}\right)^x = \frac{1}{3} \cdot \frac{\frac{3}{4}}{1-\frac{3}{4}} = \frac{1}{3} \cdot 3 = 1.$$

♦♦

Exemplo 4.8

Suponha que um dado equilibrado seja lançado quatro vezes. Seja $X =$ o número de lançamentos com resultado 6.

(a) Defina um espaço amostral para o experimento, especificando o número de elementos.

(b) Encontre $Im(X)$.

(c) Encontre a função de probabilidade de X.

(d) Verifique as propriedades de p_X.

Solução:

(a) Aqui é importante notar que a ordem dos resultados, a cada quatro lançamentos, não importa. Sendo assim, podemos definir o espaço amostral por:

$$\Omega = \left\{ \begin{array}{c} (1,1,1,1),(1,1,1,2),\ldots(1,1,1,6),(1,1,2,1),(1,1,2,2),\ldots(1,1,2,6), \\ \vdots \\ (5,6,3,1),(5,6,3,2),\ldots(5,6,3,6),(5,6,4,1),(5,6,4,2),\ldots(5,6,4,6), \\ \vdots \\ (6,6,5,1),(6,6,5,2),\ldots(6,6,5,6).(6,6,6,1),(6,6,6,2),\ldots(6,6,6,6). \end{array} \right\}$$

Para cada lançamento, há 6 resultados possíveis; pelo Princípio Fundamental da Multiplicação, conclui-se que o número de elementos de Ω é $6 \times 6 \times 6 \times 6 = 1296$.

(b) Como são 4 lançamentos, os valores de X vão de 0 – $X((1,1,1,1)$ – até 4 – $X(6,6,6,6)$, ou seja, $Im(X) = \{0,1,2,3,4\}$.

(c) Queremos encontrar $\mathrm{P}(X = x)$ para todo $x \in Im(X)$. Como estamos supondo que o dado é equilibrado, cada elemento $\omega \in \Omega$ tem a mesma probabilidade de ocorrer, ou seja, $\mathrm{P}(\omega) = 1/1296$ para qualquer $\omega \in \Omega$.

Além disso, em cada lançamento, a probabilidade de sair 6 é $1/6$ e a probabilidade de sair outra face qualquer, evento que representaremos por 6^c, é $5/6$.

Vamos analisar cada valor de x separadamente.

- $\mathrm{P}(X = 0) = \mathrm{P}(\text{nenhuma face 6 nos 4 lançamentos}) = \frac{5}{6} \times \frac{5}{6} \times \frac{5}{6} \times \frac{5}{6} = \frac{625}{1296}$.
  Note que o evento $\{$nenhuma face 6 nos 4 lançamentos$\}$ tem $5 \times 5 \times 5 \times 5 = 625$ elementos.
- $\mathrm{P}(X = 4) = \mathrm{P}(\text{face 6 nos 4 lançamentos}) = \frac{1}{6} \times \frac{1}{6} \times \frac{1}{6} \times \frac{1}{6} = \frac{1}{1296}$.
  O evento $\{$face 6 nos 4 lançamentos$\}$ tem apenas um elemento, que é $(6,6,6,6)$.
- $\mathrm{P}(X = 1) = \mathrm{P}(\text{1 face 6 e 3 faces diferentes de 6 nos 4 lançamentos})$.
  O evento $\{$1 face 6 e 3 faces diferentes de 6$\}$ corresponde a uma única ocorrência da face 6 e essa única ocorrência pode ter sido em qualquer dos quatro lançamentos. Por exemplo, podemos ter $(6, 6^c, 6^c, 6^c)$ com probabilidade $\frac{1}{6} \cdot \frac{5}{6} \cdot \frac{5}{6} \cdot \frac{5}{6}$. Não importa em qual lançamento saiu 6; a probabilidade será a mesma. Logo, $\mathrm{P}(X = 1) = 4 \times \frac{1}{6} \times \frac{5}{6} \times \frac{5}{6} \times \frac{5}{6} = \frac{500}{1296}$.
- $\mathrm{P}(X = 2) = \mathrm{P}(\text{2 faces 6 e 2 faces diferentes de 6 nos 4 lançamentos})$.
  Nesse caso, o evento corresponde a dois lançamentos com face 6 e os outros dois com faces diferentes de 6. Por exemplo, podemos ter $(6, 6, 6^c, 6^c)$ com probabilidade $\frac{1}{6} \cdot \frac{1}{6} \cdot \frac{5}{6} \cdot \frac{5}{6}$. Como antes, não importa em quais lançamentos saiu 6; a probabilidade será a mesma. Mas podemos escolher de $\binom{4}{2} = 6$ maneiras diferentes quais dois lançamentos resultaram em 6 (e os outros 2 automaticamente terão uma face diferente de 6). Logo, $\mathrm{P}(X = 2) = 6 \times \frac{1}{6} \times \frac{1}{6} \times \frac{5}{6} \times \frac{5}{6} = \frac{150}{1296}$.
- De maneira análoga, concluímos que $\mathrm{P}(X = 3) = \mathrm{P}(\text{3 faces 6 e 1 face diferente de 6 nos 4 lançamentos}) = 4 \times \frac{1}{6} \times \frac{1}{6} \times \frac{1}{6} \times \frac{5}{6} = \frac{20}{1296}$.

Assim, a função de probabilidade de X é

x	0	1	2	3	4
$p_X(x)$	$625/1296$	$500/1296$	$150/1296$	$20/1296$	$1/1296$

(d)
- $p_X(x) \geq 0$ para todo $x \in \mathbb{R}$
- $\displaystyle\sum_{x=0}^{4} p_X(x) = \frac{625}{1296} + \frac{500}{1296} + \frac{150}{1296} + \frac{20}{1296} + \frac{1}{1296} = 1.$

♦♦

Lista de exercícios da Seção 4.1

1. Seja X a variável aleatória cuja função de distribuição está definida ao lado.

$$F_X(x) = \begin{cases} 0 & \text{, se } x < -2; \\ 1/8 & \text{, se } -2 \leq x < -1; \\ 1/2 & \text{, se } -1 \leq x < 1; \\ 3/4 & \text{, se } 1 \leq x < 2; \\ 1 & \text{, se } x \geq 2. \end{cases}$$

   (a) Determine $Im(X)$ e verifique que X é variável aleatória discreta. Justifique sua resposta.

   (b) Encontre a função de probabilidade da variável aleatória X e esboce seu gráfico, verificando que são válidas as propriedades da função de probabilidade.

   (c) Calcule $\mathrm{P}(X > 0 \mid X < 2)$

2. Seja X variável aleatória com função de probabilidade dada por

$$p_X(x) = \begin{cases} (5-x)/10 & \text{, se } x = 1, 2, 3, 4. \\ 0 & \text{, caso contrário.} \end{cases}$$

   (a) Determine $Im(X)$ e verifique que X é variável aleatória discreta. Justifique sua resposta.

   (b) Encontre a função de distribuição da variável aleatória X e esboce seu gráfico, verificando que são válidas as propriedades da função de distribuição.

   (c) Calcule $\mathrm{P}(X \geq 3 \mid X > 1)$.

3. Um jogo é definido da seguinte forma: o jogador sorteia 3 bolas, com reposição, de uma urna que contém 5 bolas brancas, 3 bolas pretas e 2 bolas vermelhas. Para cada bola vermelha sorteada, o jogador ganha 1 ponto e, para cada bola preta sorteada, o jogador perde 1 ponto. Seja X a variável aleatória definida pelo número de pontos obtidos pelo jogador.

   (a) Encontre $Im(X)$ e verifique que X é variável aleatória discreta. Justifique sua resposta.

   (b) Encontre a função de probabilidade da variável aleatória X e esboce seu gráfico, verificando que são válidas as propriedades da função de probabilidade.

(c) Encontre a função de distribuição da variável aleatória X e esboce seu gráfico, verificando que são válidas as propriedades da função de distribuição.

(d) Calcule a probabilidade de o jogador não ficar com pontos negativos nesse jogo.

4. Repita o Exercício 3 supondo, agora, que as bolas sejam retiradas da urna sem reposição. Se você fosse participar desse jogo e pudesse optar entre retirar as bolas com ou sem reposição, você teria alguma preferência?

5. Considere 3 caixas: uma com 2 pedras brancas, outra com 4 pedras pretas e a terceira com 8 pedras verdes. Considere, primeiro, o experimento de se selecionar, de forma aleatória, 1 entre as 3 caixas e considere X como a variável aleatória definida pelo número de pedras dentro da caixa selecionada. Considere, agora, o experimento de se selecionar, também de forma aleatória, 1 entre as 14 pedras existentes e seja Y a variável aleatória definida pelo número de pedras da mesma cor da pedra selecionada (incluindo a pedra selecionada).

(a) Encontre $Im(X)$, $Im(Y)$ e verifique que ambas são variáveis aleatórias discretas.

(b) Encontre a função de probabilidade da variável aleatória X e esboce seu gráfico, verificando que são válidas as propriedades da função de probabilidade.

(c) Encontre a função de probabilidade da variável aleatória Y e esboce seu gráfico, verificando que são válidas as propriedades da função de probabilidade.

(d) Encontre a função de distribuição da variável aleatória X e esboce seu gráfico, verificando que são válidas as propriedades da função de distribuição.

(e) Encontre a função de distribuição da variável aleatória Y e esboce seu gráfico, verificando que são válidas as propriedades da função de distribuição.

(f) Calcule $\mathrm{P}(X > 2)$ e $\mathrm{P}(Y > 2)$.

6. Seja X uma variável aleatória cuja função de probabilidade é definida por:

$$p_X(x) = \begin{cases} \dfrac{1}{3}\left(\dfrac{2}{3}\right)^x & \text{, se } x = 0, 1, 2, 3, \ldots \\ 0 & \text{, caso contrário.} \end{cases}$$

(a) Verifique que são válidas as propriedades da função de probabilidade.

(b) Calcule $\mathrm{P}(X > 1)$.

4.2 Funções de variáveis aleatórias discretas

Dada uma variável aleatória discreta X, podemos obter outras variáveis aleatórias discretas através de funções de X e, da mesma forma que calculamos a função de probabilidade de X, podemos calcular a função de probabilidade dessas novas variáveis.

Tenha claro que, se X é variável aleatória, então qualquer função real de X também será variável aleatória. Isto é, se X é variável aleatória, então $Y = g(X)$, com g função real, também é variável aleatória. Y continua sendo uma função do espaço amostral na reta, definida pela composição da função g com a função X:

$$\begin{array}{rccc} X: & \Omega & \longrightarrow & \mathbb{R} \\ & \omega & \mapsto & X(\omega) \end{array}$$

e

$$\begin{array}{rccccc} Y = g(X(\cdot)): & \Omega & \longrightarrow & \mathbb{R} & \longrightarrow & \mathbb{R} \\ & \omega & \mapsto & X(\omega) & \mapsto & g(X(\omega)). \end{array}$$

Exemplo 4.9

Considere a variável aleatória X cuja função de probabilidade é dada na tabela abaixo:

x	-2	-1	0	1	2	3
$p_X(x)$	$0,1$	$0,2$	$0,2$	$0,3$	$0,1$	$0,1$

Defina $Y = g(X) = X^2$.

(a) Encontre $Im(Y)$.

(b) Encontre a função de probabilidade de Y, isto é, p_Y.

Solução:

(a) Temos que $Im(X) = \{-2, -1, 0, 1, 2, 3\}$ e sempre que X assumir um valor $x \in Im(X)$, a variável aleatória Y irá assumir o valor x^2. Assim, $Im(Y) = \{4, 1, 0, 9\}$ ou $Im(Y) = \{0, 1, 4, 9\}$

(b) Para calcular as probabilidades desses valores, temos que identificar os valores de X que originaram cada um deles.

$$\begin{aligned} \mathrm{P}(Y = 0) &= \mathrm{P}(X = 0) = 0,2 \\ \mathrm{P}(Y = 1) &= \mathrm{P}(X = -1) + \mathrm{P}(X = 1) = 0,5 \\ \mathrm{P}(Y = 4) &= \mathrm{P}(X = -2) + \mathrm{P}(X = 2) = 0,2 \\ \mathrm{P}(Y = 9) &= \mathrm{P}(X = 3) = 0,1 \end{aligned}$$

Podemos resumir essa função de probabilidade como

y	0	1	4	9
$p_Y(y)$	$0,2$	$0,5$	$0,2$	$0,1$

♦♦

Proposição 4.2 ***Função de variável aleatória discreta***

Seja X uma variável aleatória discreta com função de probabilidade p_X. Se $Y = g(X)$, com g uma função real qualquer, então

(i) Y é variável aleatória discreta;

(ii) a função de probabilidade de Y é calculada como

$$p_Y(y) = \mathrm{P}(Y = y) = \sum_{\{x \,|\, g(x) = y\}} p_X(x)$$

Demonstração:

(i) Para que Y seja uma variável aleatória discreta, basta mostrarmos que $Im(Y)$ é um conjunto finito ou enumerável. Como X é variável aleatória discreta, sabemos que $Im(X)$ é um conjunto finito ou enumerável. Como $Im(Y) = g(Im(X)) = \{y \in \mathbb{R} \mid \exists\, x \in Im(X) \text{ com } y = g(x)\}$ podemos afirmar que a cardinalidade de $Im(X)$ é sempre maior ou igual à cardinalidade de $Im(Y)$, pois cada elemento de $Im(Y)$ é associado a um ou mais elementos em $Im(X)$. Então, como $Im(X)$ é um conjunto finito ou enumerável, $Im(Y)$ só pode ser um conjunto finito ou enumerável. Com isso concluímos que Y é variável aleatória discreta.

(ii) $p_Y(y) = \mathrm{P}(Y = y) = \mathrm{P}(g(X) = y) = \sum_{\{x \,|\, g(x) = y\}} p_X(x)$.

□

Exemplo 4.10

No Exemplo 4.8, definimos X = número de faces 6 em 4 lançamentos de um dado. Defina agora Y = número de faces diferentes de 6 em 4 lançamentos de um dado.

(a) Escreva Y como função de X.

(b) Defina $Im(Y)$ a partir de $Im(X)$.

(c) Encontre a função de probabilidade de Y.

Solução:

(a) Em quatro lançamentos do dado, o número de resultados diferentes de 6 é o total de lançamentos, 4, menos o número de resultados iguais a 6; logo, $Y = 4 - X$.

(b) Vimos, no Exemplo 4.8, que $Im(X) = \{0, 1, 2, 3, 4\}$. Quando $X = x$, resulta $Y = 4 - x$; logo, $Im(Y) = \{4, 3, 2, 1, 0\}$.

(c) Também no Exemplo 4.8 encontramos a função de probabilidade de X:

x	0	1	2	3	4
$p_X(x)$	625/1296	500/1296	150/1296	20/1296	1/1296

$P(Y = y) = P(4 - X = y) = P(X = 4 - y)$. Então, $P(Y = 0) = P(X = 4)$, $P(Y = 1) = P(X = 3)$, $P(Y = 2) = P(X = 2)$, $P(Y = 3) = P(X = 1)$ e $P(Y = 4) = P(X = 0)$. Logo, a função de probabilidade de Y é

y	0	1	2	3	4
$p_Y(y)$	$1/1296$	$20/1296$	$150/1296$	$500/1296$	$625/1296$

♦♦

Exemplo 4.11

Consideremos novamente o Exemplo 4.6, em que um homem com 4 chaves não tem controle das chaves que já foram experimentadas e, por isso, a cada nova tentativa ele escolhe, de forma aleatória, uma entre as quatro chaves. Naquele exemplo, definimos X = número de chaves testadas até abrir a porta. Considerando as mesmas condições do experimento, defina agora Y = número de chaves erradas até abrir a porta.

(a) Escreva Y como função de X.

(b) Defina $Im(Y)$ a partir de $Im(X)$.

(c) Encontre a função de probabilidade de Y.

(d) Verifique as propriedades da função de probabilidade em p_Y.

Solução:

(a) Note que a última chave testada será sempre a chave correta e todas as anteriores serão erradas. Dessa forma, $Y = X - 1$.

(b) No Exemplo 4.6, encontramos $Im(X) = \{1, 2, 3, 4, \ldots\}$. Então, $Im(Y) = \{0, 1, 2, 3, \ldots\}$.

(c) No Exemplo 4.6, encontramos

$$p_X(x) = \begin{cases} \frac{1}{4}\left(\frac{3}{4}\right)^{x-1} & \text{, se } x = 1, 2, 3, 4, \ldots \\ 0 & \text{, caso contrário.} \end{cases}$$

Como $p_Y(y) = P(Y = y) = P(X - 1 = y) = P(X = y + 1) = p_X(y + 1)$, obtemos:

$$p_Y(y) = p_X(y+1) = \begin{cases} \frac{1}{4}\left(\frac{3}{4}\right)^{y+1-1} & \text{, se } y + 1 = 1, 2, 3, 4, \ldots \\ 0 & \text{, caso contrário.} \end{cases} = \begin{cases} \frac{1}{4}\left(\frac{3}{4}\right)^{y} & \text{, se } y = 0, 1, 2, 3, \ldots \\ 0 & \text{, caso contrário.} \end{cases}$$

(d) Claramente, $p_Y(y) \geq 0$ para todo $y \in \mathbb{R}$.

$$\sum_{y \in Im(Y)} p_Y(y) = \sum_{y=0}^{\infty} \frac{1}{4}\left(\frac{3}{4}\right)^y = \frac{1}{4}\sum_{y=0}^{\infty}\left(\frac{3}{4}\right)^y = \frac{1}{4}\left(\frac{1}{1 - 3/4}\right) = \frac{1}{4}4 = 1.$$

Note que o último somatório é, na verdade, uma série geométrica de razão $r = \frac{3}{4}$.

♦♦

Lista de exercícios da Seção 4.2

1. Seja X a variável aleatória do Exercício 1 da lista de exercícios da Seção 4.1. Defina $Y = X^2$.

   (a) Determine $Im(Y)$.

   (b) Encontre a função de probabilidade da variável aleatória Y e esboce seu gráfico, verificando que são válidas as propriedades da função de probabilidade.

   (c) Encontre a função de distribuição da variável aleatória Y e esboce seu gráfico, verificando que são válidas as propriedades da função de distribuição.

   (d) Calcule $\mathrm{P}(Y \neq 1)$.

2. Seja X a variável aleatória do Exercício 2 da lista de exercícios da Seção 4.1. Defina $Y = 2 - X$.

   (a) Determine $Im(Y)$.

   (b) Encontre a função de probabilidade da variável aleatória Y e esboce seu gráfico, verificando que são válidas as propriedades da função de probabilidade.

   (c) Encontre a função de distribuição da variável aleatória Y e esboce seu gráfico, verificando que são válidas as propriedades da função de distribuição.

   (d) Calcule $\mathrm{P}(Y > 0 \mid Y \neq 2)$.

3. Seja X a variável aleatória do Exercício 3 da lista de exercícios da Seção 4.1, definida pelo número de pontos obtidos pelo jogador. Suponha que, se o jogador terminar uma partida com pontuação positiva, ele ganhe R$2,00 por ponto positivo e se terminar com pontuação negativa, ele perca R$1,00 por ponto negativo. Caso termine com pontuação nula, ele não ganha nem perca dinheiro algum. Seja Y a variável aleatória definida pelo total de dinheiro que o jogador ganhou (ou perdeu) ao final de uma partida.

   (a) Determine $Im(Y)$.

   (b) Encontre a função de probabilidade da variável aleatória Y e esboce seu gráfico, verificando que são válidas as propriedades da função de probabilidade.

   (c) Encontre a função de distribuição da variável aleatória Y e esboce seu gráfico, verificando que são válidas as propriedades da função de distribuição.

   (d) Calcule a probabilidade de o jogador perder mais de R$ 1,00 ao final da partida.

4. Repita o exercício anterior supondo, agora, que X seja a variável definida no Exercício 4 da lista de exercícios da Seção 4.1, onde as bolas são retiradas da urna sem reposição. Se você fosse jogar esse jogo e pudesse optar entre retirar as bolas com ou sem reposição, você teria alguma preferência?

5. Seja X a variável aleatória do Exercício 5 da lista de exercícios da Seção 4.1, definida pelo número de pedras dentro da caixa selecionada. Considere que cada pedra branca vale R$ 5,00, cada pedra preta vale R$ 3,00 e cada pedra verde vale R$2,00. Seja W a variável definida pelo valor total das pedras dentro da caixa selecionada no experimento.

(a) Determine $Im(W)$.

(b) Encontre a função de probabilidade da variável aleatória W e esboce seu gráfico, verificando que são válidas as propriedades da função de probabilidade.

(c) Encontre a função de distribuição da variável aleatória W e esboce seu gráfico, verificando que são válidas as propriedades da função de distribuição.

(d) Calcule a probabilidade de o valor total das pedras dentro da caixa ser maior que R$ 10,00.

6. Seja X a variável aleatória do Exercício 6 da lista de exercícios da Seção 4.1. Defina $Y = X + 1$.

(a) Determine $Im(Y)$.

(b) Encontre a função de probabilidade da variável aleatória Y e verifique que são válidas as propriedades da função de probabilidade.

(c) Calcule $\mathrm{P}(Y > 2 \mid Y > 1)$.

4.3 Esperança de Variáveis Aleatórias Discretas

No estudo de variáveis aleatórias e suas distribuições de probabilidades, associamos números aos pontos do espaço amostral, ou seja, o resultado é sempre uma variável quantitativa (note que os resultados cara e coroa não definem uma variável aleatória; para tal, temos que associar números, 0 e 1, por exemplo, a esses resultados). Sendo assim, faz sentido perguntarmos "qual é o valor médio da variável aleatória X?"

A ideia de valor médio diz respeito à média dos valores da variável aleatória se o experimento fosse realizado infinitas vezes. Suponha que X seja variável aleatória discreta com $Im(X) = \{x_1, x_2, x_3, \ldots\}$. Suponha também que, ao se realizar o experimento n vezes, a variável X assuma os seguintes valores, na seguinte ordem: x_2, x_4, x_3, x_4, x_2, x_1, x_2, ... Então, o valor médio de X nas n realizações do experimento é:

$$\frac{x_2 + x_4 + x_3 + x_4 + x_2 + x_1 + x_2 \ldots}{n} = \frac{n_1 x_1 + n_2 x_2 + n_3 x_3 + n_4 x_4 \ldots}{n},$$

onde n_i representa o número de vezes que a variável X assumiu o valor x_i.

Chamamos de esperança o limite do valor médio de X quando $n \to \infty$. Quando $n \to \infty$, a frequência de vezes que X assume o valor x_i, definida por $\frac{n_i}{n}$, converge para $\mathrm{P}(X = x_i)$. Assim, podemos escrever:

$$\lim_{n \to \infty} \frac{n_1 x_1 + n_2 x_2 + n_3 x_3 + n_4 x_4 \ldots}{n} = x_1 \mathrm{P}(X = x_1) + x_2 \mathrm{P}(X = x_2) + x_3 \mathrm{P}(X = x_3) + \ldots$$

Definição 4.2 ***Esperança de variável aleatória discreta***
*Seja X uma variável aleatória discreta. A **esperança** ou **média** da variável aleatória X é definida como*

$$\mathrm{E}(X) = \sum_{x \in Im(X)} x p_X(x) = \sum_{x \in Im(X)} x \mathrm{P}(X = x), \tag{4.2}$$

desde que o somatório convirja.

Podemos ver, então, que a esperança de X é uma média dos seus valores, ponderada pelas respectivas probabilidades.

Quando $Im(X)$ é um conjunto finito, $\mathrm{E}(X)$ é definida por um somatório com um número finito de parcelas que, portanto, sempre converge. Logo, $\mathrm{E}(X)$ existe e $\mathrm{E}(X) \in \mathbb{R}$. Mas quando $Im(X)$ é um conjunto infinito e enumerável, o somatório que define $\mathrm{E}(X)$ tem um número infinito de parcelas, ou seja, trata-se de uma série. Esta série pode convergir para um número real ou não. Sempre que essa série convergir para um número real, dizemos que $\mathrm{E}(X)$ existe e $\mathrm{E}(X) \in \mathbb{R}$. Caso contrário, dizemos que $\mathrm{E}(X)$ não existe. Assim, pode existir variável aleatória que não tem esperança.

Um resultado simples e imediato é a esperança de uma constante, ou seja, a esperança de uma variável aleatória discreta que pode assumir um único valor com probabilidade 1, também chamada de **variável aleatória degenerada**.

Proposição 4.3
Seja X uma variável aleatória tal que $\mathrm{P}(X = c) = 1$. Então $\mathrm{E}(X) = c$, ou seja, $\mathrm{E}(c) = c$.

Demonstração:
Como $\mathrm{P}(X = c) = 1$, temos $Im(X) = \{c\}$. Então, $\mathrm{E}(X) = c\,\mathrm{P}(X = c) = c$. □

Exemplo 4.12 ***Vendas e comissões***
Em determinado setor de uma loja de departamentos, o número de produtos vendidos em um dia pelos funcionários é uma variável aleatória R, com a seguinte distribuição de probabilidades (esses números foram obtidos dos resultados de vários anos de estudo):

Número de produtos	0	1	2	3	4	5	6
Probabilidade de venda	0,1	0,4	0,2	0,1	0,1	0,05	0,05

Cada vendedor recebe comissões de venda, distribuídas da seguinte forma: se ele vende até dois produtos em um dia, ele ganha uma comissão de R\$10,00 por produto vendido; a partir da terceira venda, a comissão passa para R\$50,00 por produto.

Qual é o número médio de produtos vendidos por cada vendedor em um dia de trabalho e qual a comissão diária média de cada um deles?

Solução:
O número médio de produtos vendidos em um dia por um funcionário é $\mathrm{E}(PR)$. Veja que $Im(R) = \{0, 1, 2, 3, 4, 5, 6\}$, então

$$\mathrm{E}(R) = 0 \times 0,1 + 1 \times 0,4 + 2 \times 0,2 + 3 \times 0,1 + 4 \times 0,1 + 5 \times 0,05 + 6 \times 0,05 = 2,05$$

ou seja, o número médio de produtos vendidos em um dia por cada funcionário é 2,05 unidades.

Para encontrarmos a comissão média, precisamos, primeiro, definir a variável aleatória C = comissão diária do funcionário e, depois, calcular $\mathrm{E}(C)$. Veja que C pode ser definida como função de R. A relação entre C

e R, assim como as probabilidades associadas a cada valor dessas duas variáveis aleatórias, estão apresentadas na tabela a seguir.

Número de produtos R	0	1	2	3	4	5	6
Comissão C	0	10	20	70	120	170	220
Probabilidade de venda	0,1	0,4	0,2	0,1	0,1	0,05	0,05

Dessa forma, vemos que $Im(C) = \{0, 10, 20, 70, 120, 170, 220\}$ e também conhecemos a probabilidade de C assumir cada um desses valores. Podemos, então, calcular $\mathrm{E}(C)$ como

$$\mathrm{E}(C) = 0 \times 0,1 + 10 \times 0,4 + 20 \times 0,2 + 70 \times 0,1 + 120 \times 0,1 + 170 \times 0,05 + 220 \times 0,05 = 46,5$$

ou seja, a comissão média diária de cada vendedor é de R$ 46,50.

♦♦

Note que a esperança de X tem a mesma unidade de medida dos valores de X. Para o Exemplo 4.12 acima, a unidade de medida da variável aleatória R é unidades de produtos; logo $\mathrm{E}(R)$ também terá essa mesma unidade de medida. Para a variável aleatória C, sua unidade de medida é reais, assim como a unidade de medida de $\mathrm{E}(C)$.

Exemplo 4.13

Em um jogo de dados, Cláudio paga R$20,00 para Lúcio e lança 3 dados. Se sair a face 1 em um dos dados, Cláudio ganha R$20,00 e sai do jogo sem prejuízo ou lucro. Se sair a face 1 em dois dos dados, Cláudio ganha R$ 50,00. Se sair a face 1 nos três dados, Cláudio ganha R$80,00. Se não sair face 1 em qualquer dos dados, o ganho de Cláudio é nulo. Calcule o ganho médio de Cláudio no jogo. Você acha que vale a pena participar desse jogo?

Solução:

Se a variável aleatória X = ganho do Cláudio, $Im(X) = \{-20, 0, 30, 60\}$. Vamos, agora, calcular $p_X = \mathrm{P}(X = x)$ para todo $x \in Im(X)$.

$$\begin{aligned}
p_X(-20) &= \mathrm{P}(X = -20) = \mathrm{P}(\text{não sair a face 1}) = 5/6 \times 5/6 \times 5/6 = 125/216. \\
p_X(0) &= \mathrm{P}(X = 0) = \mathrm{P}(\text{sair a face 1 em um dado}) = 3 \times 1/6 \times 5/6 \times 5/6 = 75/216. \\
p_X(30) &= \mathrm{P}(X = 30) = \mathrm{P}(\text{sair a face 1 em dois dados}) = 3 \times 1/6 \times 1/6 \times 5/6 = 15/216. \\
p_X(60) &= \mathrm{P}(X = 60) = \mathrm{P}(\text{sair a face 1 nos três dados}) = 1/6 \times 1/6 \times 1/6 = 1/216.
\end{aligned}$$

Note que $\sum\limits_{\forall x \in Im(X)} p_X(x) = 1.$

$$\mathrm{E}(X) = -20 \times \frac{125}{216} + 0 \times \frac{75}{216} + 30 \times \frac{15}{216} + 60 \times \frac{1}{216} = -\frac{1990}{216} \approx -9,12.$$

Ou seja, em média, Cláudio perde R$ 9,12 com o jogo. Isso significa que, se Cláudio tivesse bastante dinheiro para jogar muitas partidas seguidas desse jogo, ao final ele teria um prejuízo em torno de R$9,12. Não vale a pena participar do jogo.

♦♦

Exemplo 4.14

Voltando ao Exemplo 4.8, considere X = número de lançamentos cujo resultado foi 6 em quatro lançamentos de um dado. Calcule a esperança de X, ou seja, o número médio de faces iguais a 6 em quatro lançamentos de um dado.

Solução:

No Exemplo 4.8, obtivemos a distribuição de probabilidade de X:

x	0	1	2	3	4
$p_X(x)$	625/1296	500/1296	150/1296	20/1296	1/1296

Então

$$\mathrm{E}(X) = 0 \times \frac{625}{1296} + 1 \times \frac{500}{1296} + 2 \times \frac{150}{1296} + 3 \times \frac{20}{1296} + 4 \times \frac{1}{1296} = \frac{861}{1296} \approx 0,6636.$$

Ou seja, o número médio de faces iguais a 6 em quatro lançamentos de um dado é 0,6636 face, menor que 1 face.

♦♦

Exemplo 4.15

Calcule $\mathrm{E}(X)$ para X = número de chaves testadas até conseguir abrir a porta, definida nos Exemplos 4.5 e 4.6.

Solução:

Vamos começar com X definida no Exemplo 4.5, onde X = número de chaves testadas até abrir a porta, considerando que, a cada nova tentativa, as chaves já testadas são descartadas. Para esse caso, encontramos $Im(X) = \{1, 2, 3, 4\}$ e $p_X(x) = 1/4$ para todo $x \in Im(X)$. Então,

$$\mathrm{E}(X) = 1 \times \frac{1}{4} + 2 \times \frac{1}{4} + 3 \times \frac{1}{4} + 4 \times \frac{1}{4} = \frac{10}{4} = 2,5.$$

Ou seja, se as chaves já testadas forem descartadas nas próximas tentativas, em média o homem precisa de 2,5 tentativas para abrir a porta.

Vejamos, agora, o caso do Exemplo 4.6, onde X = número de chaves testadas até abrir a porta, considerando que, a cada nova tentativa, qualquer uma das quatro chaves pode ser selecionada com a mesma probabilidade. Vimos que $Im(X) = \{1, 2, 3, 4, 5, 6, \ldots\}$ e $p_X(x) = \frac{3^{x-1}}{4^x}$ para todo $x \in Im(X)$. Então,

$$\begin{aligned}\mathrm{E}(X) = \sum_{\forall x \in Im(X)} x p_X(x) &= \sum_{x=1}^{\infty} x \frac{1}{4}\left(\frac{3}{4}\right)^{x-1} = \sum_{x=1}^{\infty} (x-1+1) \frac{1}{4}\left(\frac{3}{4}\right)^{x-1} \\ &= \underbrace{\sum_{x=1}^{\infty} \frac{1}{4}\left(\frac{3}{4}\right)^{x-1}}_{S_1} + \underbrace{\sum_{x=1}^{\infty} (x-1) \frac{1}{4}\left(\frac{3}{4}\right)^{x-1}}_{S_2}.\end{aligned}$$

Primeiro, veja que $S_1 = 1$, pois $S_1 = \sum_{\forall x \in Im(X)} p_X(x)$ e, pelas propriedades da função de probabilidade, sabemos que essa soma tem que ser 1.

Vamos, agora, calcular S_2. Para isso, faremos a seguinte mudança de variável: $y = x - 1$.

$$S_2 = \sum_{y=0}^{\infty} y\frac{1}{4}\left(\frac{3}{4}\right)^y = 0\frac{1}{4}\left(\frac{3}{4}\right)^0 + \sum_{y=1}^{\infty} y\frac{1}{4}\left(\frac{3}{4}\right)^y = \sum_{y=1}^{\infty} y\frac{1}{4}\left(\frac{3}{4}\right)^y = \frac{3}{4}\sum_{y=1}^{\infty} y\frac{1}{4}\left(\frac{3}{4}\right)^{y-1} = \frac{3}{4}\mathrm{E}(X).$$

Assim, chegamos ao resultado:

$$\mathrm{E}(X) = S_1 + S_2 = 1 + \frac{3}{4}\mathrm{E}(X) \Rightarrow \mathrm{E}(X) - \frac{3}{4}\mathrm{E}(X) = 1 \Rightarrow \frac{1}{4}\mathrm{E}(X) = 1 \Rightarrow \mathrm{E}(X) = 4.$$

Ou seja, se as chaves já testadas não forem descartadas nas próximas tentativas, em média o homem precisará de 4 tentativas para abrir a porta.

♦♦

Para as variáveis aleatórias definidas nos Exemplos 4.5, 4.6, 4.8 e 4.13, veja na Figura 4.1 os gráficos das funções de probabilidade e suas esperanças, já calculadas para cada variável aleatória.

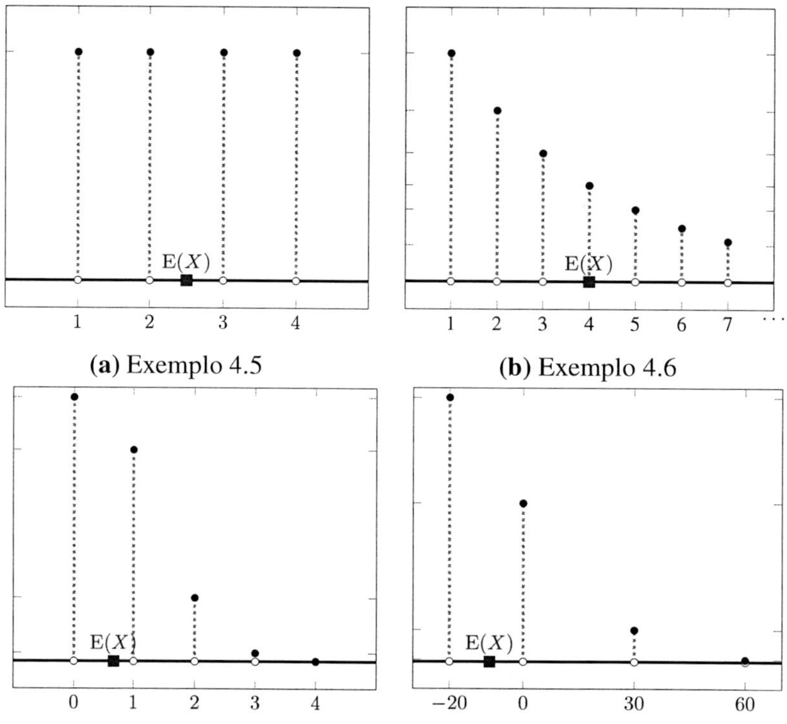

(a) Exemplo 4.5 **(b)** Exemplo 4.6

(c) Exemplo 4.8 **(d)** Exemplo 4.13

Figura 4.1 – Gráfico de algumas funções de probabilidade e suas esperanças

Observando os gráficos da Figura 4.1, podemos ver que a esperança de uma variável aleatória X é o centro de gravidade da distribuição de probabilidades. Sendo assim, a esperança é uma medida de *posição*. Com isso, temos o resultado intuitivo de que $\mathrm{E}(X)$ está sempre entre o menor e o maior valor do conjunto $Im(X)$, resultado apresentado na Proposição 4.4 a seguir.

Proposição 4.4 ***Limites do valor da esperança***

Seja X variável aleatória discreta, $x_{min} = \min\{Im(X)\}$ e $x_{max} = \max\{Im(X)\}$. Se $\mathrm{E}(X) \in \mathbb{R}$, então $x_{min} \leq \mathrm{E}(X) \leq x_{max}$.

Demonstração:

Primeiro, vamos mostrar que $x_{min} \leq \mathrm{E}(X)$.

$$\mathrm{E}(X) = \sum_{\forall x \in Im(X)} x p_X(x) \geq \sum_{\forall x \in Im(X)} x_{min} p_X(x) = x_{min} \underbrace{\sum_{\forall x \in Im(X)} p_X(x)}_{1} = x_{min}.$$

Para mostrarmos que $\mathrm{E}(X) \leq x_{max}$, faremos desenvolvimento análogo.

$$\mathrm{E}(X) = \sum_{\forall x \in Im(X)} x p_X(x) \leq \sum_{\forall x \in Im(X)} x_{max} p_X(x) = x_{max} \underbrace{\sum_{\forall x \in Im(X)} p_X(x)}_{1} = x_{max}.$$

□

Já vimos que é possível obter-se uma nova variável aleatória Y a partir de uma função de uma variável X, $Y = g(X)$. Também vimos que podemos obter a função de probabilidade de Y a partir da função de probabilidade de X. Sendo assim, podemos calcular a esperança de Y.

O interessante é que podemos encontrar a esperança de Y sem que seja necessário encontrar a sua função de probabilidade, conforme apresentado na Proposição 4.5 a seguir. O cálculo da esperança de Y pode ser feito somente com o conhecimento da função g que relaciona X e Y e da função de probabilidade de X, p_X.

Proposição 4.5 ***Esperança de funções de variável aleatória discreta***

Seja X uma variável aleatória discreta com função de probabilidade p_X e $Y = g(X)$. Então,

$$\mathrm{E}(Y) = \mathrm{E}(g(X)) = \sum_{\forall x \in Im(X)} g(x) p_X(x),$$

desde que o somatório convirja.

Demonstração:

$$\begin{aligned}
\mathrm{E}(Y) &= \sum_{\forall y \in Im(Y)} y p_Y(y) = \sum_{\forall y \in Im(Y)} y \, \mathrm{P}(Y = y) = \sum_{\forall y \in Im(Y)} y \, \mathrm{P}(g(X) = y) = \\
&= \sum_{\forall y \in Im(Y)} y \sum_{\{x | g(x) = y\}} \mathrm{P}(X = x) = \sum_{\forall y \in Im(Y)} \sum_{\{x | g(x) = y\}} y \, \mathrm{P}(X = x) = \\
&= \sum_{\forall y \in Im(Y)} \sum_{\{x | g(x) = y\}} g(x) p_X(x) = \sum_{\forall x \in Im(X)} g(x) p_X(x).
\end{aligned}$$

□

Exemplo 4.16

Considere as variáveis aleatórias X e $Y = X^2$ definidas no Exemplo 4.9. Encontre $\mathrm{E}(Y)$ a partir de p_Y e a partir de p_X, usando o resultado da Proposição 4.5.

Solução:

No Exemplo 4.9 foi dada p_X e encontramos p_Y, apresentadas novamente a seguir.

x	-2	-1	0	1	2	3
$p_X(x)$	0,1	0,2	0,2	0,3	0,1	0,1

y	0	1	4	9
$p_Y(y)$	0,2	0,5	0,2	0,1

Primeiro, vamos encontrar $\mathrm{E}(Y)$ a partir de p_Y:

$$\mathrm{E}(Y) = \sum_{\forall y \in Im(Y)} y p_Y(y) = 0 \times 0,2 + 1 \times 0,5 + 4 \times 0,2 + 9 \times 0,1 = 2,2.$$

Agora, usando a Proposição 4.5, temos:

$$\begin{aligned}
\mathrm{E}(Y) = \mathrm{E}(X^2) &= \sum_{\forall x \in Im(X)} x^2 p_X(x) = \\
&= (-2)^2 \times 0,1 + (-1)^2 \times 0,2 + 0^2 \times 0,2 + 1^2 \times 0,3 + 2^2 \times 0,1 + 3^2 \times 0,1 \\
&= 2,2.
\end{aligned}$$

♦♦

Exemplo 4.17

Seja X variável aleatória discreta, com função de distribuição definida por:

$$F_X(x) = \begin{cases} 0 & , x < -2 \\ 1/8 & , -2 \leq x < 1 \\ 5/8 & , 1 \leq x < 2 \\ 7/8 & , 2 \leq x < 4 \\ 1 & , x \geq 4. \end{cases}$$

Calcule $\mathrm{E}(X)$, $\mathrm{E}(X^2)$, $\mathrm{E}(5-2X)$ e $\mathrm{E}(|X|)$.

Solução:

Já vimos que a $Im(X)$ é o conjunto dos pontos de descontinuidade de $F_X(x)$ e $p_X(x)$ é o tamanho do salto em x. Então, $Im(X) = \{-2, 1, 2, 4\}$ e sua função de probabilidade $p_X(x)$ em cada $x \in Im(X)$ é dada na tabela a seguir:

x	-2	1	2	4
$p_X(x)$	1/8	1/2	1/4	1/8

Assim,

$$\begin{aligned}
\mathrm{E}(X) &= \sum_{\forall x \in Im(X)} x p_X(x) = (-2) \times \frac{1}{8} + 1 \times \frac{1}{2} + 2 \times \frac{1}{4} + 4 \times \frac{1}{8} = \frac{10}{8} = \frac{5}{4}. \\
\mathrm{E}(X^2) &= \sum_{\forall x \in Im(X)} x^2 p_X(x) = (-2)^2 \times \frac{1}{8} + 1^2 \times \frac{1}{2} + 2^2 \times \frac{1}{4} + 4^2 \times \frac{1}{8} = \frac{32}{8} = 4. \\
\mathrm{E}(5-2X) &= \sum_{\forall x \in Im(X)} (5-2x) p_X(x) \\
&= (5 - 2 \times (-2)) \times \frac{1}{8} + (5 - 2 \times 1) \times \frac{1}{2} + (5 - 2 \times 2) \times \frac{1}{4} + (5 - 2 \times 4) \times \frac{1}{8} \\
&= \frac{20}{8} = \frac{5}{2}. \\
\mathrm{E}(|X|) &= \sum_{\forall x \in Im(X)} |x| p_X(x) = |-2| \times \frac{1}{8} + |1| \times \frac{1}{2} + |2| \times \frac{1}{4} + |4| \times \frac{1}{8} = \frac{14}{8} = \frac{7}{4}.
\end{aligned}$$

♦♦

Proposição 4.6 ***Propriedade de Linearidade da Esperança***

Seja X uma variável aleatória discreta tal que $\mathrm{E}(X) \in \mathbb{R}$. Sejam $a, b \in \mathbb{R}$. Então,

$$\mathrm{E}(aX + b) = a\,\mathrm{E}(X) + b.$$

Demonstração:

$$\begin{aligned}
\mathrm{E}(aX+b) &= \sum_{x \in Im(X)} (ax+b) p_X(x) = \\
&= \sum_{x \in Im(X)} (a x p_X(x) + b p_X(x)) = \\
&= \sum_{x \in Im(X)} a x p_X(x) + \sum_{x \in Im(X)} b p_X(x) = \\
&= a \underbrace{\sum_{x \in Im(X)} x p_X(x)}_{\mathrm{E}(X)} + b \underbrace{\sum_{x \in Im(X)} p_X(x)}_{1} = a\,\mathrm{E}(X) + b.
\end{aligned}$$

□

Exemplo 4.18

No Exemplo 4.6, definimos X = número de chaves testadas até abrir a porta, considerando que a cada nova tentativa qualquer uma das quatro chaves pode ser selecionada com mesma probabilidade. No Exemplo 4.15, encontramos $\mathrm{E}(X) = 4$. Considere a variável Y = número de chaves erradas até abrir a porta definida no Exemplo 4.11. Calcule $\mathrm{E}(Y)$ de duas maneiras diferentes, primeiro usando p_Y encontrada no Exemplo 4.11 e, depois, usando o resultado da Proposição 4.6.

Solução:

No Exemplo 4.11 encontramos $p_Y(y) = \begin{cases} \frac{1}{4}\left(\frac{3}{4}\right)^y & \text{, se } y = 0, 1, 2, 3, \ldots \\ 0 & \text{, caso contrário.} \end{cases}$

$$\begin{aligned} \mathrm{E}(Y) &= \sum_{\forall y \in Im(Y)} y p_Y(y) = \sum_{y=0}^{\infty} y \frac{1}{4}\left(\frac{3}{4}\right)^y = 0 + \sum_{y=1}^{\infty} y \frac{1}{4}\left(\frac{3}{4}\right)^y \\ &= \frac{3}{4}\sum_{y=1}^{\infty} y \frac{1}{4}\left(\frac{3}{4}\right)^{y-1} \underbrace{=}_{t=y-1} \frac{3}{4}\sum_{t=0}^{\infty}(t+1)\frac{1}{4}\left(\frac{3}{4}\right)^t \\ &= \frac{3}{4}\sum_{y=0}^{\infty}(y+1)\frac{1}{4}\left(\frac{3}{4}\right)^y = \frac{3}{4}\sum_{y=0}^{\infty}(y+1)\,\mathrm{P}(Y=y) \end{aligned}$$

Note que o somatório nada mais é que $\mathrm{E}\left(g(Y)\right)$ em que $g(Y) = Y + 1$ e, assim, concluímos que

$$\mathrm{E}(Y) = \frac{3}{4}\mathrm{E}(Y+1) \Rightarrow \mathrm{E}(Y) = \frac{3}{4}\left[\mathrm{E}(Y) + 1\right] \Rightarrow \frac{1}{4}\mathrm{E}(Y) = \frac{3}{4} \Rightarrow \mathrm{E}(Y) = 3.$$

Chegamos ao mesmo resultado, de forma bem mais simples, usando o resultado da Proposição 4.6. Já encontramos $\mathrm{E}(X) = 4$ no Exemplo 4.15 e $Y = X - 1$ no Exemplo 4.11. Logo, $\mathrm{E}(Y) = \mathrm{E}(X-1) = \mathrm{E}(X) - 1 = 4 - 1 = 3$.

♦♦

Lista de exercícios da Seção 4.3

1. Seja X a variável aleatória do Exercício 1 da lista de exercícios da Seção 4.1 e seja $Y = X^2$ a variável aleatória do Exercício 1 da lista de exercícios da Seção 4.2.
   (a) Calcule $\mathrm{E}(X)$ (b) Calcule $\mathrm{E}(Y)$ a partir da p_Y (c) Calcule $\mathrm{E}(Y)$ a partir da p_X

2. Seja X a variável aleatória do Exercício 2 da lista de exercícios da Seção 4.1 e seja $Y = 2 - X$ a variável aleatória do Exercício 2 da lista de exercícios da Seção 4.2.

   (a) Calcule $\mathrm{E}(X)$.

   (b) Calcule $\mathrm{E}(Y)$ a partir da p_Y.

   (c) Calcule $\mathrm{E}(Y)$ a partir da p_X.

   (d) Calcule $\mathrm{E}(Y)$ a partir da propriedade de linearidade da esperança.

3. Seja X a variável aleatória do Exercício 3 da lista de exercícios da Seção 4.1 e seja Y a variável aleatória do Exercício 3 da lista de exercícios da Seção 4.2.
   (a) Calcule $\mathrm{E}(X)$ (b) Calcule $\mathrm{E}(Y)$ a partir da p_Y (c) Calcule $\mathrm{E}(Y)$ a partir da p_X

4. Repita o exercício anterior, supondo, agora, que X seja a variável definida no Exercício 4 da lista de exercícios da Seção 4.1 e Y seja a variável aleatória do Exercício 4 da lista de exercícios da Seção 4.2. Se você fosse jogar esse jogo e pudesse optar entre retirar as bolas com ou sem reposição, você teria alguma preferência?

5. Considere Exercício 5 da lista de exercícios da Seção 4.1.

   (a) Em média, quantas pedras existem na caixa selecionada?

   (b) Em média, quantas pedras existem da mesma cor da pedra selecionada?

   Considere agora o Exercício 5 da lista de exercícios da Seção 4.2.

   (c) Em média, qual o valor total das pedras dentro da caixa selecionada?

4.4 Variância e desvio-padrão de variável aleatória

Já vimos que a esperança de uma variável aleatória X é o centro de gravidade da distribuição de probabilidades, logo uma medida de posição. No entanto, é possível que duas variáveis bem diferentes tenham a mesma esperança, o que nos mostra que a esperança não é uma medida que descreva completamente a variável aleatória.

Exemplo 4.19

Considere X_1 e X_2 variáveis aleatórias discretas com funções de probabilidade p_{X_1} e p_{X_2} definidas por:

$$p_{X_1}(x) = \begin{cases} 0,05 & ,x = 1,2,8,9 \\ 0,1 & ,x = 3,7 \\ 0,15 & ,x = 4,6 \\ 0,3 & ,x = 5 \\ 0 & ,\text{caso contrário;} \end{cases} \qquad p_{X_2}(x) = \begin{cases} 0,1 & ,x = 3,7 \\ 0,3 & ,x = 4,6 \\ 0,2 & ,x = 5 \\ 0 & ,\text{caso contrário.} \end{cases}$$

(a) Mostre que $\mathrm{E}(X_1) = \mathrm{E}(X_2)$.

(b) Esboce e compare os gráficos de p_{X_1} e p_{X_2}. O que você pode perceber de diferente entre essas duas variáveis?

Solução:

(a) Ambas as esperanças são iguais a 5:

$$\mathrm{E}(X_1) = 1\times 0,05+2\times 0,05+3\times 0,1+4\times 0,15+5\times 0,3+6\times 0,15+7\times 0,1+8\times 0,05+9\times 0,05 = 5.$$

$$\mathrm{E}(X_2) = 3 \times 0,1 + 4 \times 0,3 + 5 \times 0,2 + 6 \times 0,3 + 7 \times 0,1 = 5.$$

(b) A seguir, estão os gráficos das funções de probabilidade de X_1 e X_2.

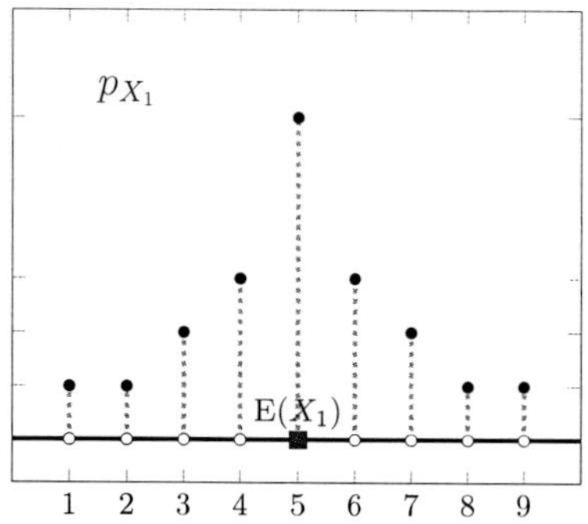

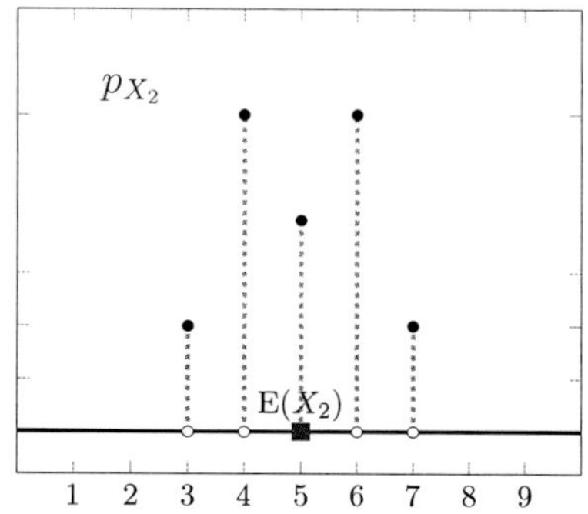

Uma diferença que pode ser notada de imediato é a dispersão dos valores de cada variável aleatória. Veja que X_1 tem valores mais dispersos em torno da média que X_2, isto é, mais espalhados. Ou seja, os valores de $Im(X_2)$ estão mais concentrados em torno da média do que os valores de $Im(X_1)$. Existem várias maneiras de se medir a dispersão de uma variável aleatória. Vamos definir, inicialmente, uma dessas medidas de dispersão, chamada variância.

♦♦

Definição 4.3 ***Variância de Variável Aleatória Discreta***
*Seja X variável aleatória discreta tal que $\mathrm{E}(X) \in \mathbb{R}$. A **variância** de X é definida como*

$$\mathrm{Var}\,(X) = \mathrm{E}\left([X - \mathrm{E}\,(X)]^2\right) = \sum_{\forall x \in Im(X)} [x - \mathrm{E}\,(X)]^2\, p_X(x), \tag{4.3}$$

desde que o somatório convirja.

Veja que $\mathrm{Var}(X)$ é definida como $\mathrm{E}\,(g(X))$, com $g(X) = [X - \mathrm{E}(X)]^2$. O termo $X - \mathrm{E}(X)$ é chamado de *desvio em torno da média*. Sendo assim, a variância é a média dos desvios quadráticos em torno da média $\mathrm{E}(X)$.

Veja também que, para existir $\mathrm{Var}(X)$, é necessário que exista $\mathrm{E}(X)$, isto é, que $\mathrm{E}(X) \in \mathbb{R}$. Além disso, é necessário que o somatório $\sum\limits_{\forall x \in Im(X)} [x - \mathrm{E}\,(X)]^2\, p_X(x)$ convirja.

A Proposição 4.7 a seguir apresenta uma expressão alternativa para o cálculo da variância, que em geral é mais usada do que a própria expressão apresentada na Definição 4.3.

Proposição 4.7
Seja X uma variável aleatória discreta tal que $\mathrm{E}(X) \in \mathbb{R}$ e $\mathrm{E}(X^2) \in \mathbb{R}$. Então, $\mathrm{Var}(X) \in \mathbb{R}$ e

$$\mathrm{Var}(X) = \mathrm{E}(X^2) - [\mathrm{E}(X)]^2$$

Demonstração:

$$
\begin{aligned}
\operatorname{Var}(X) &= \sum_{\forall x \in Im(X)} [x - \mathrm{E}(X)]^2 p_X(x) \\
&= \sum_{\forall x \in Im(X)} \left[x^2 - 2x\,\mathrm{E}(X) + [\mathrm{E}(X)]^2\right] p_X(x) \\
&= \sum_{\forall x \in Im(X)} \left[x^2 p_X(x) - 2x\,\mathrm{E}(X) p_X(x) + [\mathrm{E}(X)]^2 p_X(x)\right] \\
&= \sum_{\forall x \in Im(X)} x^2 p_X(x) - \sum_{\forall x \in Im(X)} 2x\,\mathrm{E}(X) p_X(x) + \sum_{\forall x \in Im(X)} [\mathrm{E}(X)]^2 p_X(x) \\
&= \underbrace{\sum_{\forall x \in Im(X)} x^2 p_X(x)}_{\mathrm{E}(X^2)} - 2\,\mathrm{E}(X) \underbrace{\sum_{\forall x \in Im(X)} x p_X(x)}_{\mathrm{E}(X)} + [\mathrm{E}(X)]^2 \underbrace{\sum_{\forall x \in Im(X)} p_X(x)}_{1} \\
&= \mathrm{E}(X^2) - 2\,\mathrm{E}(X)\,\mathrm{E}(X) + [\mathrm{E}(X)]^2 \\
&= \mathrm{E}(X^2) - [\mathrm{E}(X)]^2 .
\end{aligned}
$$

□

O resultado da Proposição 4.7 pode ser lido, de maneira informal, como *a variância é a esperança do quadrado de X menos o quadrado da esperança de X*.

Da definição de variância, resulta que sua unidade de medida é o quadrado da unidade de medida da variável em estudo, sendo assim uma unidade sem significado físico. Para se ter uma medida de dispersão na mesma unidade dos dados, define-se o *desvio-padrão* como a raiz quadrada da variância.

Definição 4.4 ***Desvio-padrão***

*O **desvio-padrão** de uma variável aleatória X é definido como a raiz quadrada de sua variância:*

$$
\mathrm{DP}(X) = \sqrt{\operatorname{Var}(X)}
$$

Exemplo 4.20

Calcule $\operatorname{Var}(X_1)$, $\mathrm{DP}(X_1)$, $\operatorname{Var}(X_2)$ e $\mathrm{DP}(X_2)$ para as variáveis definidas no Exemplo 4.19 e comente os resultados.

Solução:

Primeiro X_1:

$$
\mathrm{E}(X_1^2) = 1^2 \times 0,05 + 2^2 \times 0,05 + 3^2 \times 0,1 + 4^2 \times 0,15 + 5^2 \times 0,3 + \\
6^2 \times 0,15 + 7^2 \times 0,1 + 8^2 \times 0,05 + 9^2 \times 0,05 = 28,6. \ \operatorname{Var}(X_1) = \mathrm{E}(X_1^2) - \mathrm{E}(X_1)^2 = 28,6 - 5^2 = 3,6
$$

$\mathrm{DP}(X_1) = \sqrt{\operatorname{Var}(X_1)} = \sqrt{3,6} \approx 1,9$

Agora X_2:

$$\begin{aligned}
\mathrm{E}(X_2^2) &= 3^2 \times 0,1 + 4^2 \times 0,3 + 5^2 \times 0,2 + 6^2 \times 0,3 + 7^2 \times 0,1 = 26,4 \\
\mathrm{Var}(X_2) &= \mathrm{E}(X_2^2) - \mathrm{E}(X_2)^2 = 26,4 - 5^2 = 1,4 \\
\mathrm{DP}(X_2) &= \sqrt{\mathrm{Var}(X_2)} = \sqrt{1,4} \approx 1,2
\end{aligned}$$

Como já comentado no Exemplo 4.19, a dispersão de X_1 é maior que a dispersão de X_2, uma vez que $\mathrm{Var}(X_1) > \mathrm{Var}(X_2)$, ou $\mathrm{DP}(X_1) > \mathrm{DP}(X_2)$.

♦♦

Já vimos que se X é variável aleatória degenerada, isto é, X é tal que $\mathrm{P}(X = c) = 1$, então $\mathrm{E}(X) = c$ (Proposição 4.3). Calculemos, agora, sua variância.

Proposição 4.8
Seja X uma variável aleatória tal que $\mathrm{P}(X = c) = 1$. Então $\mathrm{Var}(X) = 0$, ou seja, $\mathrm{Var}(c) = 0$.

Demonstração:
Note que $Y = X^2$ também é variável aleatória degenerada, pois $\mathrm{P}(Y = c^2) = 1$. Logo,

$$\mathrm{E}(Y) = \mathrm{E}(X^2) = c^2 \qquad \text{e} \qquad \mathrm{Var}(X) = \mathrm{E}(X^2) - [\mathrm{E}(X)]^2 = c^2 - c^2 = 0.$$

□

Vejamos mais algumas propriedades da variância e do desvio-padrão, para qualquer variável aleatória.

Proposição 4.9 ***Propriedades da Variância e do Desvio-padrão***
Seja X variável aleatória tal que $\mathrm{Var}(X) \in \mathbb{R}$. Então, valem as seguintes propriedades:

(i) $\mathrm{Var}(X) \geq 0$

(ii) $\mathrm{DP}(X) \geq 0$

(iii) $\mathrm{Var}(aX + b) = a^2 \,\mathrm{Var}(X)$

(iv) $\mathrm{DP}(aX + b) = |a| \,\mathrm{DP}(X)$

Demonstração:

(i) Veja que $\mathrm{Var}(X) = \mathrm{E}\,(g(X))$, com $g(X) = [X - \mathrm{E}(X)]^2$. Veja também que $g(X)$ é variável aleatória não negativa, isto é, $x_{min} = \min\{Im(g(X))\} \geq 0$. Logo, pela propriedade apresentada na Proposição 4.4, podemos afirmar que $\mathrm{E}\,(g(X)) \geq x_{min} \geq 0$. Então, $\mathrm{Var}(X) \geq 0$.

(ii) Como $\mathrm{Var}(X) \geq 0$, $\mathrm{DP}(X) = \sqrt{\mathrm{Var}(X)} \geq 0$.

(iii)

$$\begin{aligned}
\operatorname{Var}(aX+b) &= \mathrm{E}\left([(aX+b)-\mathrm{E}(aX+b)]^2\right)\\
&= \mathrm{E}\left([aX+\not{b}-a\,\mathrm{E}(X)-\not{b}]^2\right)\\
&= \mathrm{E}\left([a\,(X-\mathrm{E}(X))]^2\right)\\
&= a^2\,\mathrm{E}\left([X-\mathrm{E}(X)]^2\right)\\
&= a^2\operatorname{Var}(X)
\end{aligned}$$

(iv) $\mathrm{DP}(aX+b)=\sqrt{\operatorname{Var}(aX+b)}=\sqrt{a^2\operatorname{Var}(X)}=|a|\sqrt{\operatorname{Var}(X)}=|a|\,\mathrm{DP}(X)$.

□

Exemplo 4.21

Considere a variável aleatória Y com função de probabilidade dada por

y	-3	-1	0	2	5	8	9
$p_Y(y)$	$0,25$	$0,30$	$0,20$	$0,10$	$0,07$	$0,05$	$0,03$

e seja $Z=2Y-3$. Vamos calcular a esperança e a variância de Y e Z.

Solução:

$$\begin{aligned}
&\mathrm{E}(Y)=-3\times 0,25-1\times 0,30+0\times 0,20+2\times 0,10+5\times 0,07+8\times 0,05+9\times 0,03=0,17\\
&\mathrm{E}(Y^2)=9\times 0,25+1\times 0,30+0\times 0,20+4\times 0,10+25\times 0,07+64\times 0,05+81\times 0,03=10,33\\
&\operatorname{Var}(Y)=10,33-0,17^2=10,3011\\
&\mathrm{E}(Z)=2\times\mathrm{E}(Y)-3=2\times 0,17-3=-2,66\\
&\operatorname{Var}(Z)=2^2\times\operatorname{Var}(Y)=41,2044
\end{aligned}$$

♦♦

Exemplo 4.22

Um lojista mantém extensos registros das vendas diárias de certo aparelho. O quadro a seguir dá a distribuição de probabilidades do número de aparelhos vendidos em uma semana. Se o lucro por unidade vendida é de R$500,00, qual o lucro esperado em uma semana? Qual é o desvio-padrão do lucro?

x = número de aparelhos	0	1	2	3	4	5
$p_X(x)$	0,1	0,1	0,2	0,3	0,2	0,1

Solução:

Seja X o número de aparelhos vendidos. Vamos calcular a média e o desvio-padrão de X, isto é, do número de aparelhos vendidos.

$$\begin{aligned}\mathrm{E}(X) &= 0\times 0,1+1\times 0,1+2\times 0,2+3\times 0,3+4\times 0,2+5\times 0,1\\ &= 2,7 \text{ aparelhos}\end{aligned}$$

$$\begin{aligned}\mathrm{E}\left(X^2\right) &= 0^2\times 0,1+1^2\times 0,1+2^2\times 0,2+3^2\times 0,3+4^2\times 0,2+5^2\times 0,1\\ &= 9,3 \text{ aparelhos}^2\end{aligned}$$

$$\mathrm{Var}\,(X) = 9,3-(2,7)^2 = 2,01 \text{ aparelhos}^2$$

$$\mathrm{DP}\,(X) = 1,418 \text{ aparelhos}$$

Seja L o lucro semanal. Note que $L = 500X$ e, portanto,

$$\mathrm{E}\,(L) = 500\,\mathrm{E}\,(X) = R\$1350,00$$

$$\mathrm{DP}\,(L) = 500\,\mathrm{DP}(X) = R\$709,00$$

♦♦

Exemplo 4.23

Seja X a variável aleatória definida no Exemplo 4.17, isto é, X é tal que

$$F_X(x) = \begin{cases} 0 & ,x<-2\\ 1/8 & ,-2\le x<1\\ 5/8 & ,1\le x<2\\ 7/8 & ,2\le x<4\\ 1 & ,x\ge 4.\end{cases}$$

No Exemplo 4.17, calculamos $\mathrm{E}(X)$, $\mathrm{E}(X^2)$, $\mathrm{E}(5-2X)$ e $\mathrm{E}(|X|)$. Agora, calcule $\mathrm{Var}(X)$, $\mathrm{Var}(X^2)$, $\mathrm{Var}(5-2X)$ e $\mathrm{Var}(|X|)$.

Solução:

Os resultados encontrados no Exemplo 4.17 foram: $\mathrm{E}(X)=\frac{5}{4}$, $\mathrm{E}(X^2)=4$, $\mathrm{E}(5-2X)=\frac{5}{2}$ e $\mathrm{E}(|X|)=\frac{7}{4}$.

Vamos calcular o que se pede.

$$\text{Var}(X) = \text{E}(X^2) - (\text{E}(X))^2 = 4 - \left(\frac{5}{4}\right)^2 = \frac{64-25}{16} = \frac{39}{16}$$

$$\text{Var}(X^2) = \text{E}(X^4) - (\text{E}(X^2))^2 = \left(\sum_{\forall x \in Im(X)} x^4 p_X(x)\right) - 4^2$$

$$= \left((-2)^4 \times \frac{1}{8} + 1^4 \times \frac{1}{2} + 2^4 \times \frac{1}{4} + 4^4 \times \frac{1}{8}\right) - 16 = \left(\frac{312}{8}\right) - 16 = 23$$

$$\text{Var}(5-2X) = 4\,\text{Var}(X) = 4 \times \frac{39}{16} = \frac{39}{4}$$

$$\text{Var}(|X|) = \text{E}(|X|^2) - (\text{E}(|X|))^2 = \text{E}(X^2) - (\text{E}(|X|))^2 = 4 - \left(\frac{7}{4}\right)^2 = \frac{64-49}{16} = \frac{15}{16}$$

♦♦

Exemplo 4.24

Seja uma variável aleatória X com função de probabilidade dada na tabela a seguir:

x	1	2	3	4	5
$p_X(x)$	p^2	p^2	p	p	p^2

(a) Encontre o valor de p para que $p_X(x)$ seja, de fato, uma função de probabilidade.

(b) Calcule $\text{P}(X \geq 4)$ e $\text{P}(X < 3)$.

(c) Calcule $\text{P}(|X-3| \geq 2)$.

(d) Calcule $\text{E}(X)$ e $\text{Var}(X)$.

Solução:

(a) Como $\sum_x p_X(x) = 1$, temos que ter:

$$3p^2 + 2p = 1 \Rightarrow 3p^2 + 2p - 1 = 0 \Rightarrow$$

$$p = \frac{-2 \pm \sqrt{4+12}}{6} = \frac{-2 \pm 4}{6} \Rightarrow \begin{cases} p = -1 \\ \text{ou} \\ p = \frac{1}{3} \end{cases}$$

Como p é uma probabilidade, temos que ter $p \geq 0$. Logo, o valor correto é $p = \frac{1}{3}$.

(b) $\text{P}(X \geq 4) = \text{P}(X=4) + \text{P}(X=5) = p + p^2 = \frac{1}{3} + \frac{1}{9} = \frac{4}{9}$.

$Pr(X < 3) = \text{P}(X=1) + \text{P}(X=2) = 2p^2 = \frac{2}{9}$.

(c) Aqui, temos que notar o seguinte fato sobre a função módulo, ilustrado na **Figura 4.2**. Valores $y = |x|$ no eixo vertical menores que k (abaixo da linha horizontal sólida) correspondem a valores de x no intervalo $(-k, k)$, e valores y no eixo vertical maiores que k correspondem ou a $x > k$ ou a $x < -k$. Mais precisamente,

$$|x| \geq k \Leftrightarrow x \geq k \quad \text{ou} \quad x \leq -k$$
$$|x| \leq k \Leftrightarrow -k \leq x \leq k$$

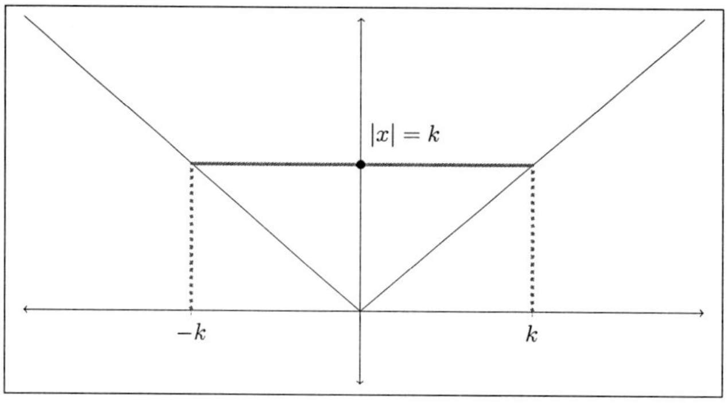

Figura 4.2 – Função módulo

Usando esses fatos, temos que

$$\begin{aligned} \mathrm{P}(|X-3| \geq 2) &= \mathrm{P}(\{X-3 \leq -2\} \cup \{X-3 \geq 2\}) = \\ &= \mathrm{P}(X-3 \leq -2) + \mathrm{P}(X-3 \geq 2) = \\ &= \mathrm{P}(X \leq 1) + \mathrm{P}(X \geq 5) = \\ &= \mathrm{P}(X = 1) + \mathrm{P}(X = 5) = \\ &= 2p^2 = \frac{2}{9} \end{aligned}$$

(d) Temos que

$$\begin{aligned} \mathrm{E}(X) &= 1 \times p^2 + 2 \times p^2 + 3 \times p + 4 \times p + 5 \times p^2 \\ &= \frac{1}{9} + \frac{2}{9} + 1 + \frac{4}{3} + \frac{5}{9} \\ &= \frac{29}{9} = 3,2222 \end{aligned}$$

$$
\begin{aligned}
\mathrm{E}(X^2) &= 1^2 \times p^2 + 2^2 \times p^2 + 3^2 \times p + 4^2 \times p + 5^2 \times p^2 \\
&= \frac{1}{9} + \frac{4}{9} + 3 + \frac{16}{3} + \frac{25}{9} \\
&= \frac{105}{9} = \frac{35}{3} \\
\mathrm{Var}(X) &= \frac{35}{3} - \left(\frac{29}{9}\right)^2 = \frac{14}{81}
\end{aligned}
$$

♦♦

Exemplo 4.25 ***Jogo de dados***

Um jogador A paga R\$5,00 a B e lança um dado. Se sair face 3, ganha R\$20,00. Se sair face 4, 5, ou 6, perde. Se sair face 1 ou 2, tem o direito de jogar novamente. Desta vez, lança dois dados. Se saírem duas faces 6, ganha R\$50,00. Se sair uma face 6, recebe o dinheiro de volta. Nos demais casos, perde. Seja L o lucro líquido do jogador A nesse jogo. Calcule a função de probabilidade de L e o lucro esperado do jogador A.

Solução:

Sabemos que o dado é honesto e que os lançamentos são independentes. O diagrama de árvore para o espaço amostral desse experimento está apresentado na Figura 4.3.

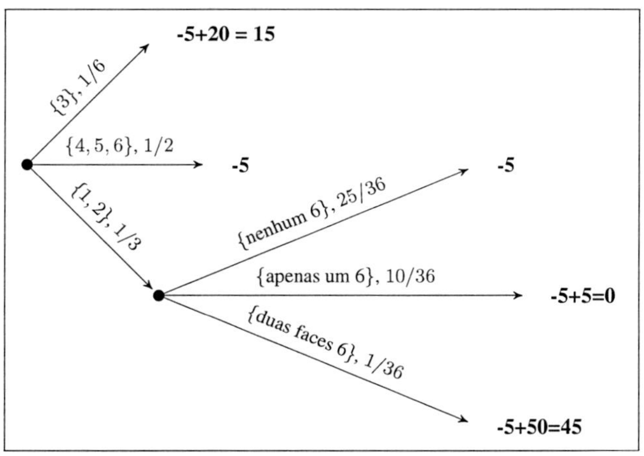

Figura 4.3 – Diagrama para o espaço amostral do Exemplo 4.25

Para calcularmos a probabilidade dos eventos associados aos lançamentos dos dois dados (parte inferior da árvore), usamos o fato de que a probabilidade da interseção de eventos independentes é o produto das probabilidades.

No cálculo da probabilidade de uma face 6 temos: $2 \times (1/6) \times (5/6)$. Multiplicamos por 2, porque a face 6 pode estar em qualquer um dos dois dados.

Vemos que os valores do lucro L são: -5; 0; 15; 45 e a função de probabilidade de L é

ℓ = Lucro	-5	0	15	45
$\mathrm{P}(L = \ell)$	$\frac{1}{2} + \frac{2}{6} \times \frac{5}{6} \times \frac{5}{6} = \frac{158}{216}$	$\frac{2}{6} \times 2 \times \frac{1}{6} \times \frac{5}{6} = \frac{20}{216}$	$\frac{1}{6} = \frac{36}{216}$	$\frac{2}{6} \times \frac{1}{6} \times \frac{1}{6} = \frac{2}{216}$

Assim,

$$\mathrm{E}(L) = -5 \times \frac{158}{216} + 15 \times \frac{36}{216} + 45 \times \frac{2}{216} = -\frac{160}{216} = -0,74.$$

♦♦

Exemplo 4.26

Calcule o desvio-padrão do número de chaves testadas para o problema do Exemplo 4.6, em que chaves são experimentadas até que se consiga abrir a porta, sendo que não há controle das chaves já testadas.

Solução:

Seja X = número de chaves testadas até se abrir a porta. Queremos encontrar $\mathrm{DP}(X) = \sqrt{\mathrm{Var}(X)}$. Vamos primeiro calcular $\mathrm{Var}(X)$. Já vimos que $\mathrm{Var}(X) = \mathrm{E}(X^2) - \mathrm{E}(X)$ e já foi encontrado $\mathrm{E}(X) = 4$ no Exemplo 4.15. Então, só falta encontrar $\mathrm{E}(X^2)$. Para isso, usaremos o resultado do Exemplo 4.6, onde foi encontrado $p_X(x) = \frac{1}{4}\left(\frac{3}{4}\right)^{x-1}, x = 1, 2, 3, \ldots$.

$$\begin{aligned}
\mathrm{E}(X^2) &= \sum_{x=1}^{\infty} x^2 p_X(x) = \sum_{x=1}^{\infty} x^2 \frac{1}{4}\left(\frac{3}{4}\right)^{x-1} \underbrace{=}_{y=x-1} \sum_{y=0}^{\infty} (y+1)^2 \frac{1}{4}\left(\frac{3}{4}\right)^{y} \\
&= \sum_{y=0}^{\infty} (y^2+2y+1) \frac{1}{4}\left(\frac{3}{4}\right)^{y} = \underbrace{\sum_{y=0}^{\infty} y^2 \frac{1}{4}\left(\frac{3}{4}\right)^{y}}_{S_1} + \underbrace{2\sum_{y=0}^{\infty} y \frac{1}{4}\left(\frac{3}{4}\right)^{y}}_{S_2} + \underbrace{\sum_{y=0}^{\infty} \frac{1}{4}\left(\frac{3}{4}\right)^{y}}_{S_3}.
\end{aligned}$$

$$\begin{aligned}
S_1 &= \sum_{y=0}^{\infty} y^2 \frac{1}{4}\left(\frac{3}{4}\right)^{y} = \sum_{y=1}^{\infty} y^2 \frac{1}{4}\left(\frac{3}{4}\right)^{y} = \frac{3}{4}\sum_{y=1}^{\infty} y^2 \frac{1}{4}\left(\frac{3}{4}\right)^{y-1} = \frac{3}{4}\mathrm{E}(X^2). \\
S_2 &= 2\sum_{y=0}^{\infty} y \frac{1}{4}\left(\frac{3}{4}\right)^{y} = 2\sum_{y=1}^{\infty} y \frac{1}{4}\left(\frac{3}{4}\right)^{y} = 2 \times \frac{3}{4}\sum_{y=1}^{\infty} y \frac{1}{4}\left(\frac{3}{4}\right)^{y-1} = 2 \times \frac{3}{4}\mathrm{E}(X) = 2 \times \frac{3}{4} \times 4. \\
S_3 &= \sum_{y=0}^{\infty} \frac{1}{4}\left(\frac{3}{4}\right)^{y} = \frac{1}{4} \times \frac{1}{1-\frac{3}{4}} = 1
\end{aligned}$$

Assim,

$$\mathrm{E}(X^2) = \frac{3}{4}\mathrm{E}(X^2) + 2 \times \frac{3}{4} \times 4 + 1 \Rightarrow \frac{1}{4}\mathrm{E}(X^2) = 7 \Rightarrow \mathrm{E}(X^2) = 28$$

e

$$\mathrm{Var}(X) = \mathrm{E}(X^2) - \mathrm{E}^2(X) = 28 - 4^2 = 28 - 16 = 12 \quad \text{e} \quad \mathrm{DP}(X) = \sqrt{12}.$$

♦♦

Lista de exercícios da Seção 4.4

1. Seja X a variável aleatória do Exercício 1 da lista de exercícios da Seção 4.1 e seja $Y = X^2$ a variável aleatória do Exercício 1 da lista de exercícios da Seção 4.2.
   (a) Calcule $\text{Var}(X)$ e $\text{DP}(X)$ (b) Calcule $\text{Var}(Y)$ e $\text{DP}(Y)$.

2. Seja X a variável aleatória do Exercício 2 da lista de exercícios da Seção 4.1 e seja $Y = 2 - X$ a variável aleatória do Exercício 2 da lista de exercícios da Seção 4.2.
   (a) Calcule $\text{Var}(X)$ (b) Calcule $\text{Var}(Y)$ usando as propriedades da variância.

3. Seja X a variável aleatória do Exercício 3 da lista de exercícios da Seção 4.1 e seja Y a variável aleatória do Exercício 3 da lista de exercícios da Seção 4.2.
   (a) Calcule $\text{Var}(X)$ e $\text{DP}(X)$ (b) Calcule $\text{Var}(Y)$ e $\text{DP}(Y)$.

4. Repita o exercício anterior supondo, agora, que X seja a variável definida no Exercício 4 da lista de exercícios da Seção 4.1 e Y seja a variável aleatória do Exercício 4 da lista de exercícios da Seção 4.2.

5. Considere Exercício 5 da lista de exercícios da Seção 4.1.
   (a) Qual o desvio-padrão do número de pedras na caixa selecionada?
   (b) Qual o desvio-padrão do número de pedras da mesma cor da pedra selecionada?

   Considere agora o Exercício 5 da lista de exercícios da Seção 4.2.
   (c) Qual o desvio-padrão do valor total das pedras dentro da caixa selecionada?

Exercícios do Capítulo 4

1. Três dados são lançados. Assumindo que os $6^3 = 216$ resultados sejam igualmente prováveis, encontre a função de probabilidade da variável aleatória X definida pela soma dos valores dos três dados.

2. Considere o experimento do lançamento de dois dados. Para cada variável aleatória definida a seguir, determine sua imagem, sua função de probabilidade e sua função de distribuição.
   (a) X é o valor máximo entre as duas faces superiores.
   (b) Y é a soma das duas faces superiores.

3. Suponha que uma variável aleatória X tenha distribuição discreta dada pela função de probabilidade

$$p_X(x) = \begin{cases} \dfrac{c}{4^x}, & x = 0, 1, 2, ..., \\ 0, & \text{caso contrário.} \end{cases}$$

   Determine o valor da constante c.

4. O tempo T , em minutos, necessário para um operário processar certa peça é uma variável aleatória discreta com função de probabilidade definida na tabela abaixo.

t:	2	3	4	5	6	7
$p_T(t)$:	$0,1$	$0,1$	$0,3$	$0,2$	$0,2$	$0,1$

Para cada peça processada, o operário ganha um valor fixo de 2 u.m. (unidade monetária) mas, se ele processa a peça em menos de 6 minutos, ganha $0,50$ u.m. por cada minuto poupado. Encontre a função de distribuição da variável aleatória G definida pela quantia (em u.m.) ganha por peça.

5. Considere uma urna com 2 bolas brancas e 1 bola preta. Considere o experimento da retirada, com reposição, de 4 bolas dessa urna. Seja X = número de bolas brancas nas quatro retiradas.

   (a) Encontre a função de probabilidade da variável aleatória X, isto é, p_X.

   (b) Calcule $\mathrm{E}(X)$.

   Defina Y = número de bolas pretas nas quatro retiradas.

   (c) Escreva Y como função de X e, usando as propriedades do valor esperado, calcule $\mathrm{E}(Y)$.

   (d) Encontre, a partir de p_X, a função de probabilidade da variável aleatória Y, isto é, p_Y.

   (e) Encontre novamente $\mathrm{E}(Y)$, agora a partir de p_Y.

   (f) Encontre $\mathrm{Var}(X)$ e $\mathrm{Var}(Y)$.

6. Seja X variável aleatória com função distribuição

$$F(x) = \begin{cases} 0, & x < -1 \\ 1/8, & -1 \leq x < -1/2 \\ 3/8, & -1/2 \leq x < 0 \\ 5/8, & 0 \leq x < 1/2 \\ 7/8, & 1/2 \leq x < 1 \\ 1, & x \geq 1. \end{cases}$$

   (a) Calcule $\mathrm{E}(X)$.

   (b) Calcule $\mathrm{E}(X^2)$ a partir da distribuição de X.

   (c) Calcule $\mathrm{E}(X^2)$ a partir da distribuição de X^2.

   (d) Calcule $\mathrm{Var}(X)$.

7. Suponha que um jogador tenha R\$ 10,00 para jogar na roleta. O jogador decide adotar a seguinte estratégia. Ele vai apostar R\$ 5,00 no preto. Se sair um número preto (probabilidade 18/37 de ocorrer), o jogador deve pegar seu dinheiro (R\$ 5,00 da aposta e mais R\$ 5,00 de lucro) e fazer uma última aposta de R\$ 3,00 nos números de 1-12 (probabilidade 12/37 de ocorrer). Se ele ganhar essa segunda (e última) aposta, o lucro dele é o dobro do que ele apostou (ele leva R\$ 3,00 da aposta e mais R\$ 6,00 de lucro). Se na primeira aposta não sair o preto (probabilidade 19/37 de ocorrer), o jogador deve então repetir a aposta de R\$ 5,00 no preto mais uma vez e então sair do jogo.

   Seja X o ganho (ou perda, no caso de ganho negativo) do jogador depois que ele saiu do jogo.

(a) Encontre a função de probabilidade de X.

(b) Calcule a probabilidade de o jogador ganhar algum dinheiro usando essa estratégia.

(c) Calcule a probabilidade de o jogador sair no prejuízo usando essa estratégia.

(d) Qual o ganho médio de um jogador que adotar essa estratégia?

(e) Você acha essa estratégia interessante? Tem alguma sugestão de mudança? Justifique.

8. Uma urna contém 5 bolas, entre as quais 2 são vermelhas. Suponha que bolas sejam retiradas, uma a uma e sem reposição, até que as duas vermelhas sejam observadas. Isto é, quando as duas vermelhas aparecerem termina o experimento. Encontre o número esperado de bolas retiradas dessa urna.

9. Um amigo está organizando uma rifa com prêmio no valor de R$ 5.000. Ele está vendendo 2.000 números que custam R$ 5,00 cada.

   (a) Se você compra um número, qual é o seu ganho esperado? Calcule, também, o desvio-padrão do seu ganho.

   (b) Se você compra 10 números, qual é o seu ganho esperado? Calcule, também, o desvio-padrão do seu ganho.

   (c) Se você compra 100 números, qual é o seu ganho esperado? Calcule, também, o desvio-padrão do seu ganho.

10. Seja X uma variável aleatória discreta. Defina $Y = (2X - 1)^2$ e $W = 5 - 3X$. Se $\mathrm{E}(X) = 2$ e $\mathrm{Var}(X) = 1$, encontre $\mathrm{E}(Y)$ e $\mathrm{Var}(W)$.

11. Decida se a afirmação a seguir é falsa ou verdadeira. Demonstre-a se for verdadeira, ou apresente um contraexemplo, no caso de ser falsa.

    "Seja X uma variável aleatória, então $\mathrm{E}(1/X) = 1/\mathrm{E}(X)$."

Capítulo 5

Variáveis Aleatórias Contínuas

Já vimos, no Capítulo 3, conceitos iniciais sobre as variáveis aleatórias contínuas. Neste capítulo, vamos aprofundar nosso estudo sobre esse tipo de variável aleatória.

5.1 Função densidade de probabilidade

A definição de variável aleatória contínua normalmente apresentada nos livros de probabilidade não é a citada no Capítulo 3, que define X como contínua quando a sua função de distribuição é uma função absolutamente contínua. A forma mais comum de se definir variável aleatória contínua está na Definição 5.1 a seguir, onde se apresenta, também, o conceito de função densidade.

Definição 5.1 ***Variável aleatória contínua e função densidade***
Uma variável aleatória X com função de distribuição F é classificada como ***contínua*** *quando existe uma função não negativa f tal que*

$$F(x) = \int_{-\infty}^{x} f(t)\mathrm{d}t \quad , \quad \textit{para todo } x \in \mathbb{R}.$$

Nesse caso, a função f é denominada ***função densidade de probabilidade****, ou simplesmente* ***função densidade****, da variável aleatória X.*

Proposição 5.1 ***Propriedades da função densidade***
Seja f_X a função densidade de alguma variável aleatória X. Então, f_X satisfaz as seguintes propriedades.

(i) $f_X(x) \geq 0 \; \forall \, x \in \mathbb{R}$.

(ii) $\int_{-\infty}^{\infty} f(t)\mathrm{d}t = 1$

Demonstração:
A função densidade é não negativa por definição. Para mostrar que $\int_{-\infty}^{\infty} f(t)\mathrm{d}t = 1$, veja que

$$\int_{-\infty}^{\infty} f(t)\mathrm{d}t = \lim_{x\to\infty} \int_{-\infty}^{x} f(t)\mathrm{d}t = \lim_{x\to\infty} F(x) = 1,$$

pelas propriedades da função distribuição. □

Já vimos como calcular probabilidades de qualquer variável aleatória contínua a partir da sua função de distribuição (Exemplo 3.11). O que veremos agora é que esse cálculo também pode ser feito a partir da função densidade.

Proposição 5.2

Seja X variável aleatória contínua com função densidade f_X e $a, b \in \mathbb{R}$ tais que $a \leq b$. Então

$$\mathrm{P}(a \leq X \leq b) = \int_a^b f_X(t)\mathrm{d}t.$$

Demonstração:

Seja X variável aleatória contínua e F_X a sua função de distribuição. Já vimos que:

$$\mathrm{P}(a \leq X \leq b) = F_X(b) - F_X(a). \tag{5.1}$$

Pela Definição 5.1, temos que

$$F_X(a) = \int_{-\infty}^a f_X(t)\mathrm{d}t \qquad \text{e} \qquad F_X(b) = \int_{-\infty}^b f_X(t)\mathrm{d}t. \tag{5.2}$$

As Equações 5.1 e 5.2, juntamente com propriedades da integral, resultam em:

$$\mathrm{P}(a \leq X \leq b) = F_X(b) - F_X(a) = \int_{-\infty}^b f_X(t)\mathrm{d}t - \int_{-\infty}^a f_X(t)\mathrm{d}t = \int_a^b f_X(t)\mathrm{d}t.$$

□

Vemos, pela Proposição 5.2, que a probabilidade de $X \in [a, b]$ é a área sob a curva da sua função densidade. Vamos ver, agora, como calcular outras probabilidades a partir da função densidade.

Exemplo 5.1 ***Cálculo de probabilidades de variável aleatória contínuas a partir da função densidade***

Vamos refazer os cálculos apresentados no Exemplo 3.11 a partir da função densidade.

Solução:

Sendo X contínua, resulta que

$$\mathrm{P}(X = a) = \mathrm{P}(a \leq X \leq a) = \int_a^a f_X(t)\mathrm{d}t = 0$$

$$\mathrm{P}(a < X < b) = \mathrm{P}(a < X \leq b) = \mathrm{P}(a \leq X < b) = \mathrm{P}(a \leq X \leq b) = \int_a^b f_X(t)\mathrm{d}t$$

Quando um dos limites do intervalo é infinito, temos

$$P(-\infty < X \leq b) = P(X \leq b) = F_X(b) = \int_{-\infty}^{b} f_X(t)\mathrm{d}t$$

ou

$$P(a \leq X < \infty) = P(X \geq a) = 1 - F_X(a) = \int_{-\infty}^{\infty} f_X(t)\mathrm{d}t - \int_{-\infty}^{a} f_X(t)\mathrm{d}t = \int_{a}^{\infty} f_X(t)\mathrm{d}t$$

♦♦

Vemos, assim, que tanto a função densidade quanto a função de distribuição de uma variável aleatória contínua contêm toda a informação sobre a variável aleatória. Mais que isso, conhecendo-se uma das funções F_X ou f_X é possível determinar-se a outra.

A Definição 5.1 nos mostra como encontrar F_X a partir de f_X:

$$F_X(x) = \int_{-\infty}^{x} f_X(t)\mathrm{d}t.$$

Aplicando o Teorema Fundamental do Cálculo, concluímos que:

$$f_X(x) = \frac{d}{\mathrm{d}x} F_X(x). \tag{5.3}$$

No Capítulo 3, vimos que, se X é uma variável aleatória contínua com função de distribuição F_X, então $Im(X)$ é formada pelos pontos do domínio de F_X onde essa função é estritamente crescente. Usando a Equação (5.3), concluímos que $Im(X)$ é formada pelos pontos em que sua função densidade f_X é positiva.

Exemplo 5.2

Nas figuras a seguir, são dados os gráficos das funções densidade f e g de duas variáveis aleatórias contínuas X e Y, respectivamente.

(a) Encontre as expressões de f e g.

(b) Encontre as funções de distribuição de X e Y,

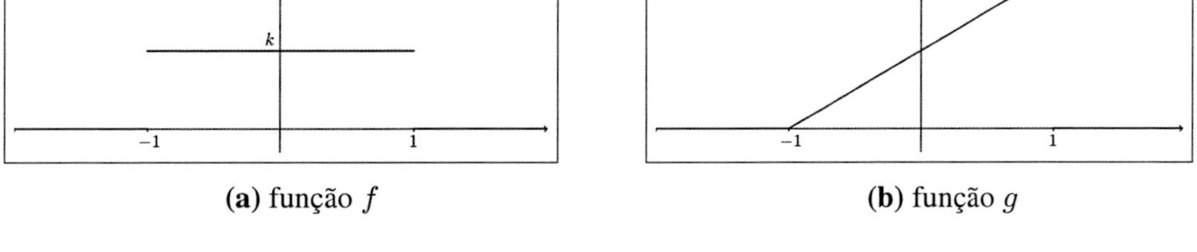

(a) função f **(b)** função g

Figura 5.1 – Funções densidade do Exercício 5.2

Solução:

(a) A função f é constante, igual a k, no intervalo $[-1, 1]$ e nula fora desse intervalo. Então, temos que ter

$$\int_{-1}^{1} k\mathrm{d}x = 1 \Rightarrow kx|_{-1}^{1} = 1 \Rightarrow k = \frac{1}{2}$$

ou seja,

$$f(x) = \begin{cases} \frac{1}{2} & \text{, se } -1 \leq x \leq 1 \\ 0 & \text{, caso contrário} \end{cases} \Rightarrow$$

No intervalo $[-1, 1]$, $g(x) = a + bx$, um segmento de reta determinado pelos pontos $(-1, 0)$ e $(1, k)$. Substituindo as coordenadas dos dois pontos, obtemos o seguinte sistema:

$$\begin{cases} 0 = a + b(-1) \\ k = a + b(1) \end{cases} \Rightarrow \begin{cases} b = \dfrac{k}{2} \\ a = b = \dfrac{k}{2} \end{cases}$$

ou seja,

$$g(x) = \begin{cases} \frac{k(x+1)}{2} & \text{, se } -1 \leq x \leq 1 \\ 0 & \text{, caso contrário} \end{cases}$$

Para ser função densidade, temos que ter

$$\int_{-1}^{1} \frac{k}{2}(x+1)\mathrm{d}x = 1 \Rightarrow \int_{-1}^{1} (x+1)\mathrm{d}x = \frac{2}{k} \Rightarrow \left(\frac{x^2}{2} + x\right)\Big|_{-1}^{1} = \frac{2}{k} \Rightarrow k = 1$$

Logo,

$$g(x) = \begin{cases} \frac{(x+1)}{2} & \text{, se } -1 \leq x \leq 1 \\ 0 & \text{, caso contrário} \end{cases}$$

(b) No intervalo $[-1, 1]$ temos

$$F_X(x) = \mathrm{P}(X \leq x) = \int_{-1}^{x} \frac{1}{2}\mathrm{d}t = \frac{x+1}{2}$$

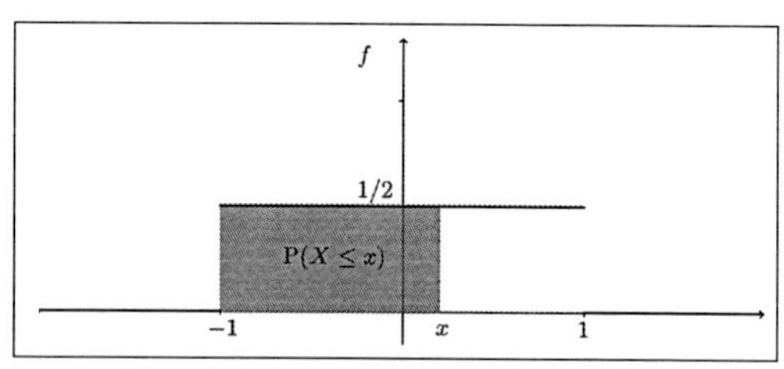

$$G_Y(y) = \mathrm{P}(Y \leq y) = \int_{-1}^{y} \frac{t+1}{2}\mathrm{d}t$$
$$= \frac{1}{2}\left(\frac{t^2}{2} + t\right)\Big|_{-1}^{y} = \frac{y^2 + 2y + 1}{4}$$

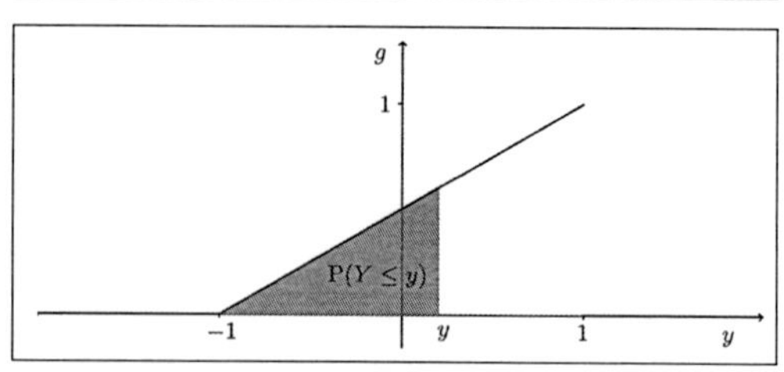

Logo,

$$F_X(x) = \begin{cases} 0 & \text{, se } x < -1 \\ \frac{x+1}{2} & \text{, se } -1 \leq x < 1 \\ 1 & \text{, se } x \geq 1 \end{cases}$$

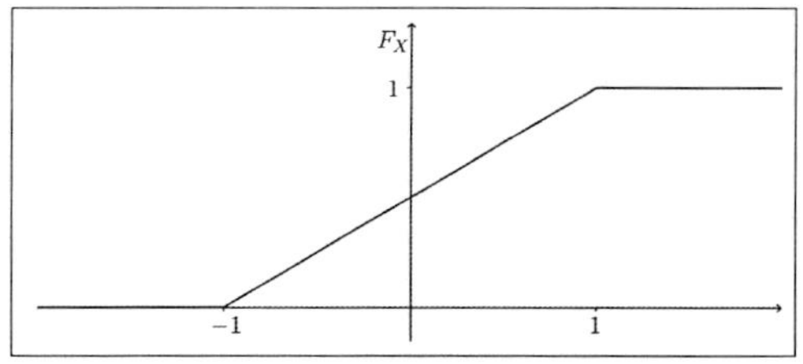

$$G_Y(y) = \begin{cases} 0 & \text{, se } y < -1 \\ \frac{(y+1)^2}{4} & \text{, se } -1 \leq y < 1 \\ 1 & \text{, se } y \geq 1 \end{cases}$$

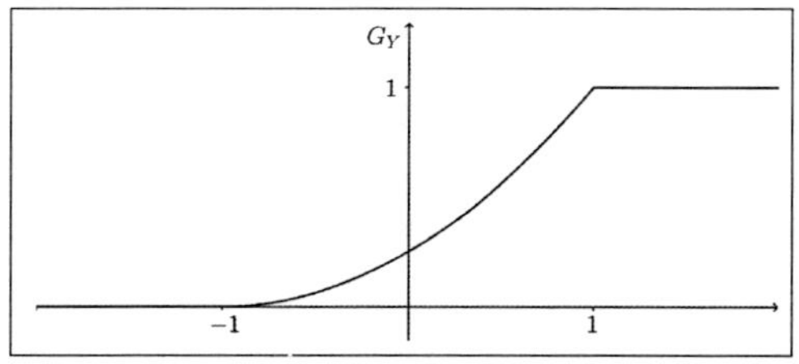

♦♦

Exemplo 5.3

Seja X variável aleatória contínua cuja função densidade é definida por:

$$f_X(x) = \begin{cases} a(1+x) & \text{, se } -1 \leq x < 0 \\ a(1-x) & \text{, se } 0 \leq x \leq 1 \\ 0 & \text{, caso contrário.} \end{cases}$$

(a) Faça um esboço do gráfico de f_X.

(b) Encontre o valor de a para que f_X seja realmente função densidade.

(c) Quais valores a variável aleatória X pode assumir, ou seja, qual é a imagem de X?

(d) Calcule $\text{P}(X > 0)$, $\text{P}(X = 0)$ e $\text{P}(-1/2 \leq X \leq 1/2)$.

(e) Encontre a função de distribuição de X e esboce seu gráfico.

Solução:

(a) Veja a figura a seguir.

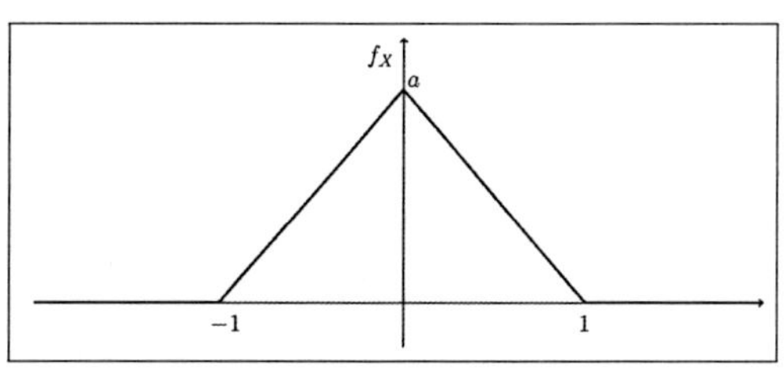

(b)

$$\int_{-1}^{0} a(1+x)\mathrm{d}x + \int_{0}^{1} a(1-x)\mathrm{d}x = 1 \Rightarrow \left(x + \frac{x^2}{2}\right)\Big|_{-1}^{0} + \left(x - \frac{x^2}{2}\right)\Big|_{0}^{1} = \frac{1}{a} \Rightarrow a = 1$$

(c) $Im(X) = (-1, 1)$, intervalo no qual $f(x) > 0$.

(d) Por simetria e sabendo que a área total sob o gráfico de f_X é 1, conclui-se que $\mathrm{P}(X > 0) = 0,5$. Como já visto, $\mathrm{P}(X = 0) = 0$.

$$\mathrm{P}\left(-\frac{1}{2} \leq X \leq \frac{1}{2}\right) = \int_{-1/2}^{0} a(1+x)\mathrm{d}x + \int_{0}^{1/2} a(1-x)\mathrm{d}x$$
$$= \left(x + \frac{x^2}{2}\right)\Big|_{-1/2}^{0} + \left(x - \frac{x^2}{2}\right)\Big|_{0}^{1/2} = \frac{3}{4}$$

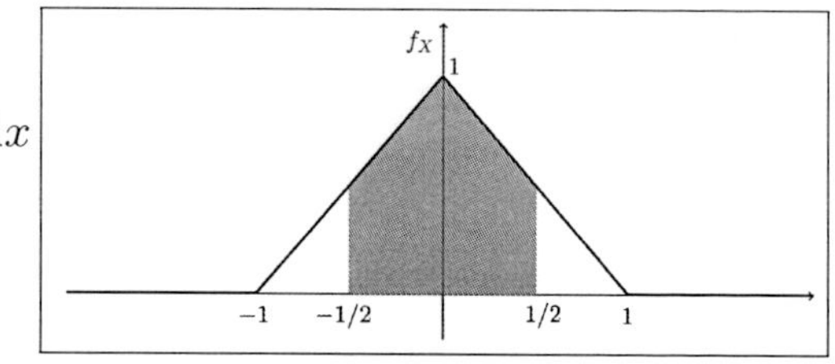

(e) A função de distribuição será definida por partes, assim como a função densidade.

Se $-1 \leq x < 0$:

$$F_X(x) = \mathrm{P}\left(-1 \leq X \leq x\right) = \int_{-1}^{x} (1+t)\mathrm{d}t = \left(t + \frac{t^2}{2}\right)\Big|_{-1}^{x}$$
$$= \left(x + \frac{x^2}{2}\right) - \left(-1 + \frac{1}{2}\right) = \frac{x^2 + 2x + 1}{2} = \frac{(x+1)^2}{2}$$

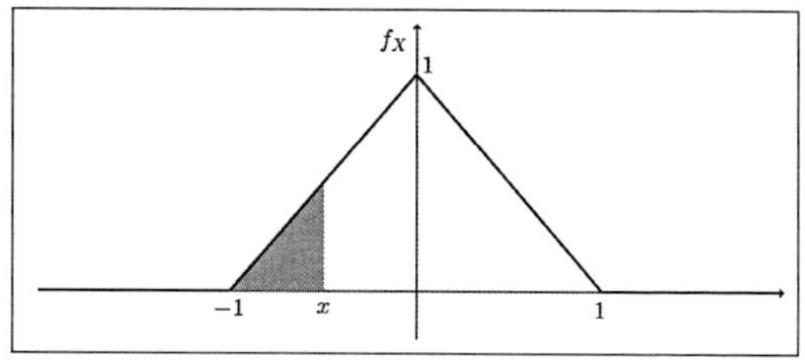

Se $0 \leq x < 1$:

$$F_X(x) = \frac{1}{2} + \mathrm{P}\left(0 \leq X \leq x\right) = \frac{1}{2} + \int_{0}^{x} (1-t)\mathrm{d}t$$
$$= \frac{1}{2} + \left(t - \frac{t^2}{2}\right)\Big|_{0}^{x} = \frac{1}{2} + \left(x - \frac{x^2}{2}\right)$$
$$= \frac{1 + 2x - x^2}{2} = -\frac{x^2 - 2x - (2-1)}{2} = 1 - \frac{(1-x)^2}{2}$$

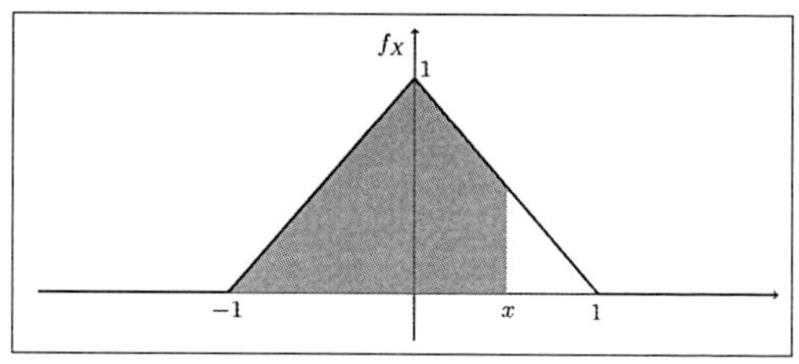

Logo,

$$F_X(x) = \begin{cases} 0 & \text{, se } x < -1 \\ \frac{(1+x)^2}{2} & \text{, se } -1 \leq x < 0 \\ 1 - \frac{(1-x)^2}{2} & \text{, se } 0 \leq x < 1 \\ 1 & \text{, se } x \geq 1 \end{cases}$$

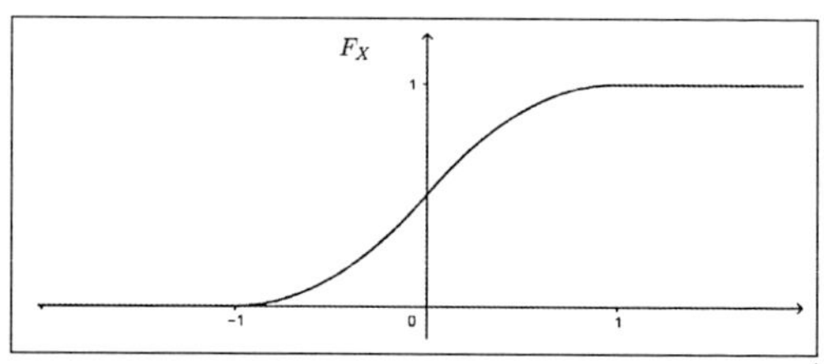

♦♦

Exemplo 5.4

Seja X variável aleatória contínua com função densidade definida por:

$$f_X(x) = \begin{cases} e^{-x} & \text{, se } x > 0 \\ 0 & \text{, caso contrário.} \end{cases}$$

(a) Faça um esboço do gráfico de f_X.

(b) Mostre que f_X é realmente função densidade.

(c) Encontre a função de distribuição de X e esboce seu gráfico.

Solução:

(a) Na figura a seguir, ilustra-se o gráfico de f_X.

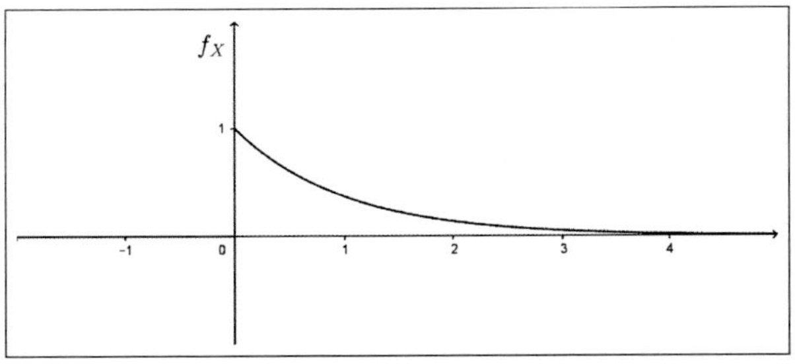

(b) Por definição da função exponencial, temos que $f_X(x) > 0$. Além disso,

$$\int_0^\infty e^{-x}\mathrm{d}x = -\left(\lim_{x\to\infty} e^{-x} - 1\right) = 1$$

e, portanto, f_X define uma função densidade.

(c) Para $x > 0$, temos que

$$F_X(x) = \mathrm{P}(X \leq x) = \int_0^x e^{-t}\mathrm{d}t = -e^{-t}\Big|_0^x = -\left(e^{-x} - 1\right) = 1 - e^{-x}$$

Logo,

$$F_X(x) = \begin{cases} 0 & \text{, se } x \leq 0 \\ 1 - e^{-x} & \text{, se } x > 0 \end{cases}$$

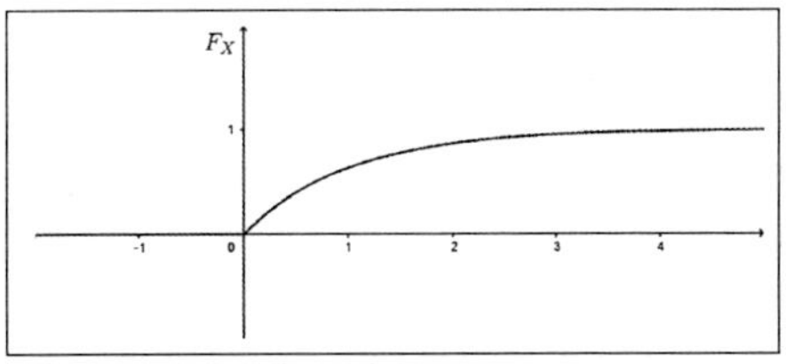

♦♦

Exemplo 5.5

Seja X uma variável aleatória cuja função de distribuição é definida por:

$$F_X(x) = \begin{cases} 0 & \text{, se } x < 2 \\ \frac{x-2}{4} & \text{, se } 2 \leq x < 4 \\ \frac{1}{2} & \text{, se } 4 \leq x < 6 \\ \frac{x-4}{4} & \text{, se } 6 \leq x < 8 \\ 1 & \text{, se } x \geq 8 \end{cases}$$

(a) Faça um esboço do gráfico de F_X.

(b) Quais valores a variável aleatória X pode assumir, ou seja, qual é a imagem de X?

(c) Classifique a variável aleatória X.

(d) Calcule $\mathrm{P}(X \geq 3)$ e $\mathrm{P}(3 < X \leq 5)$.

(e) Encontre a função densidade de X, f_X, e esboce seu gráfico.

(f) Verifique as propriedades da função densidade.

(g) Repita os itens ((b)) e ((d)), resolvendo agora a partir da função f_X.

Solução:

(a) O gráfico de F_X é dado a seguir.

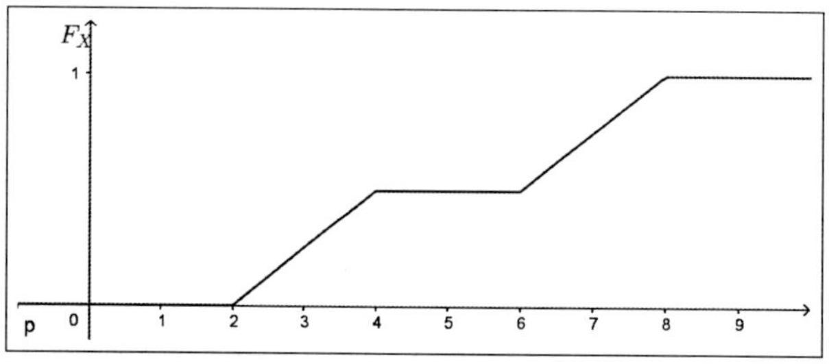

(b) $Im(X) = \{[2,4) \cup [6,8)\}$

(c) Como F_X é contínua com apenas 4 pontos em que não é diferenciável, a variável aleatória X é contínua.

(d) $\mathrm{P}(X \geq 3) = 1 - \mathrm{P}(X < 3) = 1 - \lim\limits_{x \to 3^-} F_X = 1 - \dfrac{1}{4} = \dfrac{3}{4}$

$\mathrm{P}(3 < X \leq 5) = \mathrm{P}(X \leq 5) - \mathrm{P}(X \leq 3) = F_X(5) - F_X(3) = \frac{1}{2} - \frac{1}{4} = \frac{1}{4}$

(e)

$$f_X(x) = \begin{cases} 0 & \text{, se } x < 2 \\ \frac{1}{4} & \text{, se } 2 \leq x < 4 \\ 0 & \text{, se } 4 \leq x < 6 \\ \frac{1}{4} & \text{, se } 6 \leq x < 8 \\ 0 & \text{, se } x \geq 8 \end{cases}$$

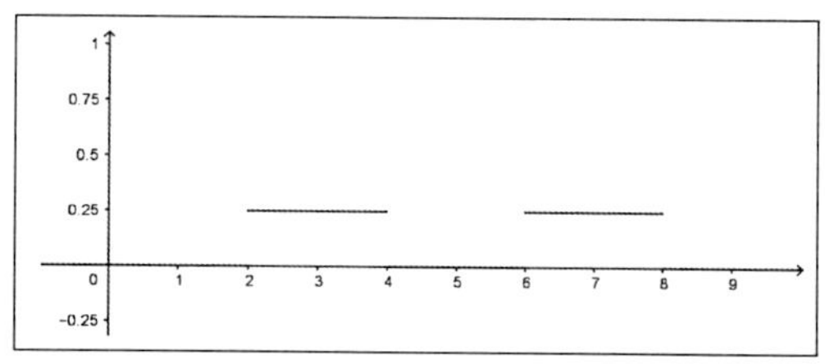

(f) $f_X(x) \geq 0$ e $\int f_x(x)\mathrm{d}x$ é a soma das áreas de dois retângulos de base 2 e altura $1/4$ e, portanto, é igual a 1.

(g) A função densidade é não nula nos intervalos $[2,4)$ e $[6,8)$ que, portanto, definem $Im(X)$.

$$\mathrm{P}(X \geq 3) = \int_3^{\infty} f_X(x)\mathrm{d}x = \int_3^4 \frac{1}{4}\mathrm{d}x + \int_6^8 \frac{1}{4}\mathrm{d}x = \frac{1}{4} + \frac{1}{2} = \frac{3}{4}$$

$$\mathrm{P}(3 < X \leq 5) = \int_3^5 f_X(x)\mathrm{d}x = \int_3^4 \frac{1}{4}\mathrm{d}x + \int_4^5 0\mathrm{d}x = \frac{1}{4}$$

♦♦

Exemplo 5.6

Seja X variável aleatória contínua tal que sua função densidade é definida por:

$$f(x) = \begin{cases} c(4x - 2x^2) & \text{, se } 0 < x < 2 \\ 0 & \text{, caso contrário.} \end{cases}$$

(a) Encontre o valor de c para que f seja realmente função densidade.

(b) Esboce o gráfico de f.

(c) Calcule $\mathrm{P}(X > 1)$.

(d) Encontre F_X.

Solução:

(a)

$$\int_0^2 c(4x - 2x^2)\mathrm{d}x = 1 \Rightarrow \left(2x^2 - \frac{2x^3}{3}\right)\Big|_0^2 = \frac{1}{c} \Rightarrow \frac{8}{3} = \frac{1}{c} \Rightarrow c = \frac{3}{8}$$

(b) O gráfico de f_x é dado a seguir.

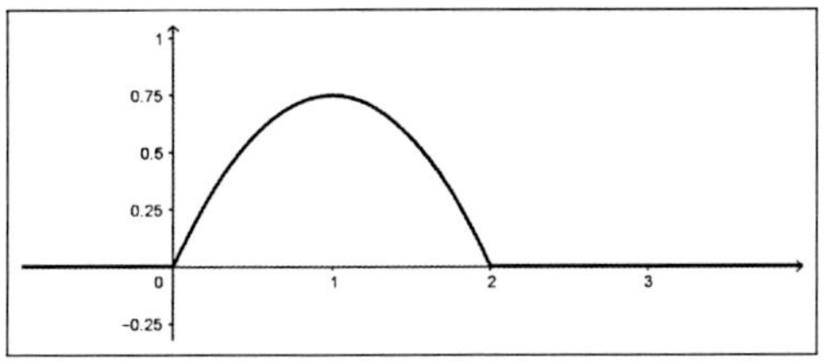

(c) Analisando o gráfico de f_X, podemos ver que ela é simétrica em torno de $x = 1$ e, portanto, $\mathrm{P}(X > 1) = \mathrm{P}(X \leq 1) = 0,5$.

(d) Se $0 < x < 2$, temos

$$F_X(x) = \int_0^x \frac{3}{8}(4x - 2x^2)\mathrm{d}x = \frac{3x^2 - x^3}{4}$$

Logo,

$$F_X(x) = \begin{cases} 0 & \text{, se } x < 0 \\ \frac{3x^2 - x^3}{4} & \text{, se } 0 \leq x < 2 \\ 1 & \text{, se } x \geq 2 \end{cases}$$

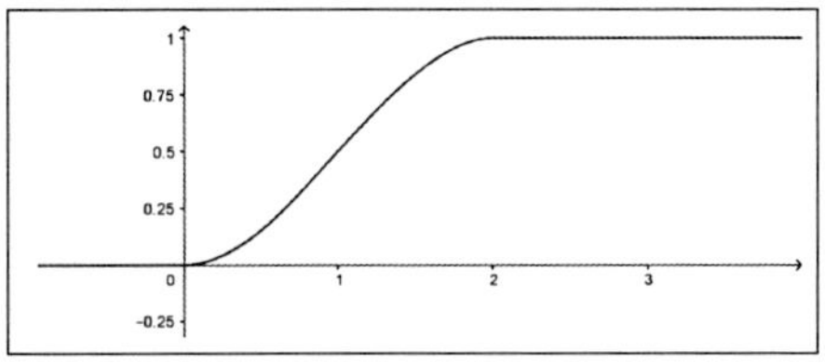

♦♦

Exemplo 5.7

O tempo de vida, em horas, de certo tipo de tubo de rádio, é uma variável aleatória com função densidade

$$f(x) = \begin{cases} \frac{100}{x^2} & \text{, se } x > 100 \\ 0 & \text{, caso contrário.} \end{cases}$$

(a) Qual a probabilidade de um tubo desse tipo durar mais que 150h?

(b) Qual a probabilidade de exatos 2 entre 5 desses tubos terem que ser trocados antes de 150h de operação?

Solução:

(a) Seja X ="tempo de vida em horas do tubo"

$$\mathrm{P}(X > 150) = \int_{150}^{\infty} \frac{100}{x^2} \mathrm{d}x = 100 \left(\frac{x^{-1}}{-1} \right) \Big|_{150}^{\infty} = \frac{100}{150} = \frac{2}{3}$$

(b) Seja Y =" número de tubos a serem trocados antes de 150 horas, dentre 5". Então, $Y \sim bin\left(5; \frac{1}{3}\right)$ e

$$\mathrm{P}(Y = 2) = \binom{5}{2} \left(\frac{1}{3} \right)^2 \left(\frac{2}{3} \right)^3 = \frac{80}{243}$$

♦♦

Exemplo 5.8

O tempo de vida, em horas, de um certo dispositivo eletrônico, pode ser considerado uma variável aleatória com função densidade definida por

$$f_X(x) = \frac{1}{100} e^{-x/100} \quad , \quad x \geq 0.$$

(a) Qual a probabilidade de um desses dispositivos eletrônicos durar entre 50 e 150 horas?

(b) Qual a probabilidade de um desses dispositivos eletrônicos durar menos de 100 horas?

Solução:

(a) Seja X ="tempo de vida em horas do dispositivo"

$$\mathrm{P}(50 < X < 150) = \int_{50}^{150} \frac{1}{100} e^{-x/100} \mathrm{d}x = -e^{-x/100} \Big|_{100}^{150} = -e^{-1,5} + e^{-0,5} = 0,3834005$$

(b)

$$\mathrm{P}(X < 100) = \int_{0}^{100} \frac{1}{100} e^{-x/100} \mathrm{d}x = -e^{-x/100} \Big|_{0}^{100} = -e^{-1,0} + e^{-0,0} = 1 - e^{-1} = 0,632121$$

♦♦

Lista de exercícios da Seção 5.1

1. Seja X uma variável aleatória cuja função densidade é definida por $f_X(x) = 2e^{-2x}$, se $x > 0$.

   (a) Faça um esboço do gráfico de f_X e verifique que f_X de fato é uma função densidade.

   (b) Encontre a função de distribuição de X, denominada F_X, e esboce seu gráfico.

   (c) Encontre $Im(X)$, tanto pela função de distribuição quanto pela função densidade.

   (d) Calcule $\mathrm{P}(X > 1)$ e $\mathrm{P}(X < 2 \mid X > 1)$ a partir de f_X e também a partir de F_X.

2. Seja X uma variável aleatória cuja função densidade é definida por $f_X(x) = K(1-x^2)$, se $-1 < x < 1$.
   (a) Faça um esboço do gráfico de f_X e determine o valor de K para que essa função seja de fato uma função densidade.
   (b) Encontre a função de distribuição de X, denominada F_X, e esboce seu gráfico.
   (c) Encontre $Im(X)$, tanto pela função de distribuição quanto pela função densidade.
   (d) Calcule $\mathrm{P}(X > -1/2)$ e $\mathrm{P}(X < 1/2 \mid X > -1/2)$ a partir de f_X e também a partir de F_X.

3. Seja X uma variável aleatória cuja função de distribuição é definida por

$$F_X(x) = \begin{cases} 0 & \text{, se } x < -1; \\ \dfrac{x+1}{2} & \text{, se } -1 \leq x < 1; \\ 1 & \text{, se } x \geq 1. \end{cases}$$

   (a) Justifique, a partir da função de distribuição, por que a variável aleatória é contínua.
   (b) Encontre a função densidade de X, denominada f_X, e esboce seu gráfico.
   (c) Encontre $Im(X)$, tanto pela função de distribuição quanto pela função densidade.
   (d) Calcule $\mathrm{P}(-0,3 < X < 0,5)$, $\mathrm{P}(X > -0,1)$ e $\mathrm{P}(-0,3 < X < 0,5 \mid X < -0,1)$ a partir de f_X e também a partir de F_X.

4. Seja X uma variável aleatória cuja função densidade é definida por

$$f_X(x) = \begin{cases} 2/3 & \text{, se } 0 < x < 1; \\ 1/6 & \text{, se } 2 < x < 4. \end{cases}$$

   (a) Faça um esboço do gráfico de f_X e verifique que f_X de fato é uma função densidade.
   (b) Encontre a função de distribuição de X, denominada F_X, e esboce seu gráfico.
   (c) Encontre $Im(X)$, tanto pela função de distribuição quanto pela função densidade.
   (d) Calcule $\mathrm{P}(X > 3)$ e $\mathrm{P}(X > 3 \mid X > 0,5)$ a partir de f_X e também a partir de F_X.

5. Seja X uma variável aleatória cuja função densidade é definida por

$$f_X(x) = \begin{cases} K(x-1) & \text{, se } 1 < x \leq 2; \\ \dfrac{K(4-x)}{2} & \text{, se } 2 < x < 4; \\ 0 & \text{, caso contrário.} \end{cases}$$

   (a) Faça um esboço do gráfico de f_X e determine o valor de K para que essa função seja de fato uma função densidade.
   (b) Encontre a função de distribuição de X, denominada F_X, e esboce seu gráfico.
   (c) Encontre $Im(X)$, tanto pela função de distribuição quanto pela função densidade.
   (d) Calcule $\mathrm{P}(X < 3)$ e $\mathrm{P}(1,5 < X < 2,5 \mid X < 3)$ a partir de f_X e também a partir de F_X.
   (e) Encontre o valor de m tal que $\mathrm{P}(X \leq m) = \mathrm{P}(X \geq m) = 1/2$, que é a mediana de X.

5.2 Funções de variáveis aleatórias contínuas

Na Seção 4.2, vimos que, se X é variável aleatória discreta e g é uma função real qualquer, $Y = g(X)$ também é variável aleatória discreta e sua função de probabilidade pode ser obtida a partir da função de probabilidade de X.

Nesta seção, iremos analisar a situação em que X é uma variável aleatória contínua. Uma primeira diferença é que $Y = g(X)$ não será necessariamente uma variável aleatória contínua; Y pode ser contínua, discreta e até mesmo uma variável aleatória que não seja nem discreta nem contínua. Sendo assim, iremos estudar a função de distribuição de Y, $F_Y(y) = \mathrm{P}(Y \leq y)$, que está bem definida qualquer que seja o tipo da variável Y, razão pela qual o método é denominado *método da função de distribuição.*

Como no estudo de qualquer variável aleatória, o primeiro passo consiste em determinar a imagem de $Y = g(X)$. Para isso, pode ser útil construirmos o gráfico da função g e, a partir dele, identificarmos os valores de $g(x)$ para $x \in Im(X)$. Identificada $Im(Y)$, sua função de distribuição é $F_Y(y) = \mathrm{P}(Y \leq y) = \mathrm{P}(g(X) \leq y)$. Manipulações algébricas levarão a uma relação entre F_Y e F_X.

Vamos ilustrar o método através de vários exemplos, considerando casos em que g é inversível ou não inversível.

g inversível

Quando a função g que relaciona as variáveis X e Y é inversível, não será difícil encontrarmos a função de distribuição de Y ou a sua função densidade.

Exemplo 5.9

Seja X variável aleatória com função densidade dada no Exemplo 5.4. Se $Y = X + a$, com $a \in \mathbb{R}$, encontre f_Y e esboce seu gráfico.

Solução:

Do Exemplo 5.4, temos que $f_X(x) = e^{-x}$ se $x > 0$.

Sabemos que $Im(X) = (0, \infty)$.
Logo, $Im(Y) = (a, \infty)$

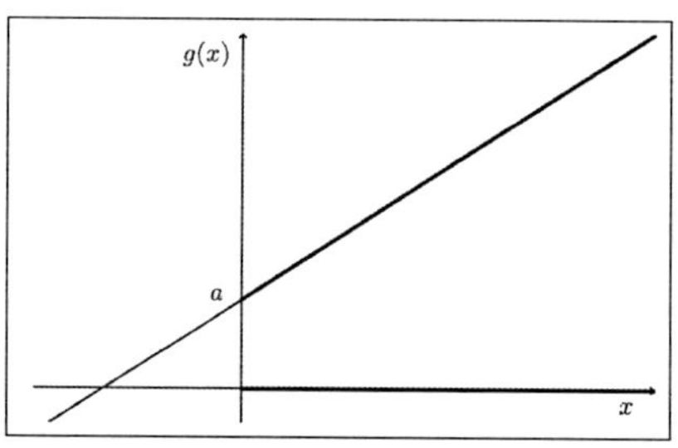

$g(x) = x + a$

Vimos também que

$$F_X(x) = \begin{cases} 1 - e^{-x} & , \text{se} x > 0 \\ 0 & , \text{se } x \leq 0, \end{cases}$$

$$F_Y(y) = \mathrm{P}(Y \leq y) = \mathrm{P}(X + a \leq y) = \mathrm{P}(X \leq y - a) = F_X(y - a) = \begin{cases} 1 - e^{-(y-a)} & , \text{se } y - a > 0 \\ 0 & , \text{se } y - a \leq 0, \end{cases}$$

ou seja,

$$F_Y(y) = \begin{cases} 1 - e^{-(y-a)} & \text{, se } y > a \\ 0 & \text{, se } y \leq a \end{cases} \implies f_Y(y) = \frac{\mathrm{d}}{\mathrm{d}y} F_Y(y) = \begin{cases} e^{-(y-a)} & \text{, se} y > a \\ 0 & \text{, se } y \leq a \end{cases}$$

Nas figuras a seguir, ilustram-se as densidades para $a > 0$ e $a < 0$.

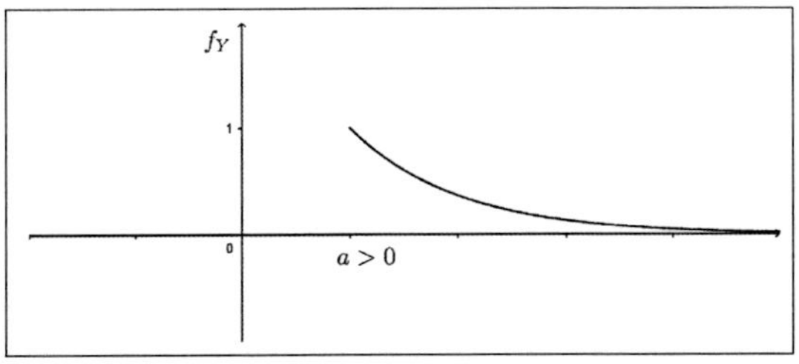

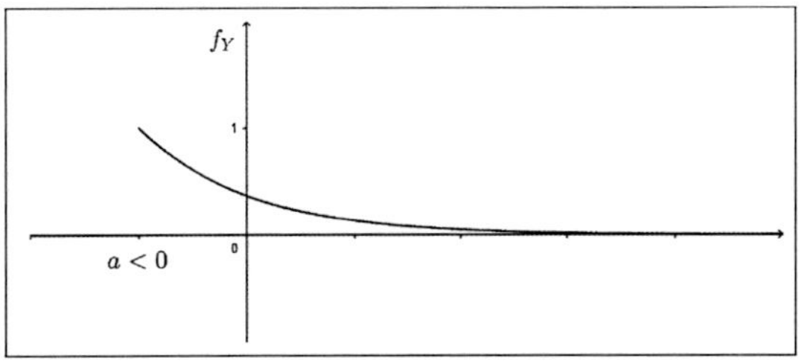

♦♦

Exemplo 5.10

Seja X variável aleatória contínua com função densidade f_X definida no Exemplo 5.2. Calcule a função densidade de $Y = g(X) = e^X$.

Solução:

Do Exemplo 5.2, temos que as funções densidade e de distribuição de X são

$$f_X(x) = \begin{cases} \frac{1}{2} & \text{, se } -1 < x < 1 \\ 0 & \text{, caso contrário} \end{cases} \quad \text{e} \quad F_X(x) = \begin{cases} 0 & \text{, se } x \leq -1 \\ \frac{1}{2}(x+1) & \text{, se } -1 < x < 1 \\ 1 & \text{, se } x \geq 1. \end{cases}$$

Sabemos que $Im(X) = (-1, 1)$.
Logo, $Im(Y) = (e^{-1}, e^1)$

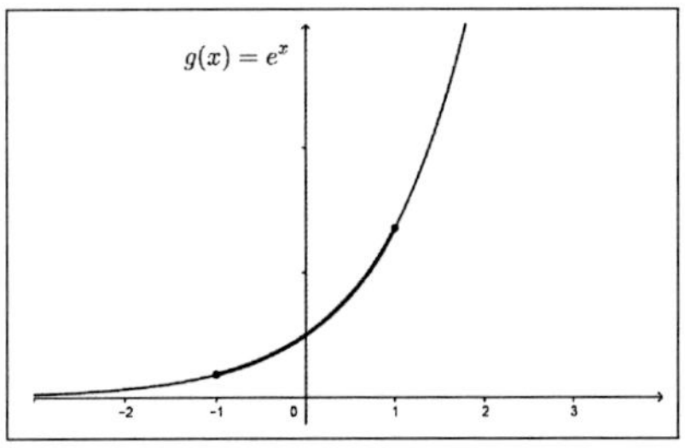

$g(x) = e^x$

$$F_Y(y) = \mathrm{P}(Y \leq y) = \mathrm{P}(e^X \leq y) = \mathrm{P}(X \leq \ln y) = F_X(\ln y) = \begin{cases} 0 & \text{, se } \ln y \leq -1 \\ \frac{1}{2}(\ln y + 1) & \text{, se } -1 < \ln y < 1 \\ 1 & \text{, se } \ln y \geq 1 \end{cases}$$

ou seja

$$F_Y(y) = \begin{cases} 0 & , \text{se } y \leq e^{-1} \\ \frac{1}{2}(\ln y + 1) & , \text{se } e^{-1} < y < e^{1} \\ 1 & , \text{se } y \geq e^{1} \end{cases}$$

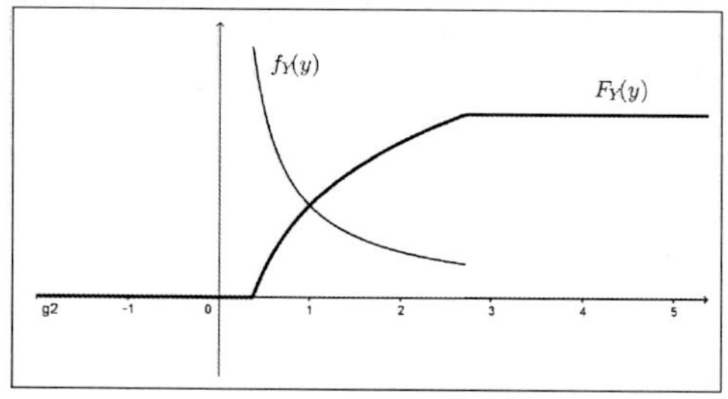

$$f_Y(y) = F_Y'(y) = \begin{cases} \frac{1}{2y} & , \text{se } e^{-1} < y < e^{+1} \\ 0 & , \text{caso contrário} \end{cases}$$

♦♦

Exemplo 5.11 ***Função densidade linear por partes***

Seja X variável aleatória cuja função densidade é definida por:

$$f_X(x) = \begin{cases} \frac{1-x}{2} & , \text{se } 0 < x \leq 1 \\ \frac{3(x-1)}{2} & , \text{se } 1 < x < 2 \end{cases}$$

Encontre f_Y para $Y = 1 - X$. Em seguida, esboce os gráficos de f_X e f_Y.

Solução:

Sabemos que $Im(X) = (0, 2)$.
Logo, $Im(Y) = (-1, 1)$

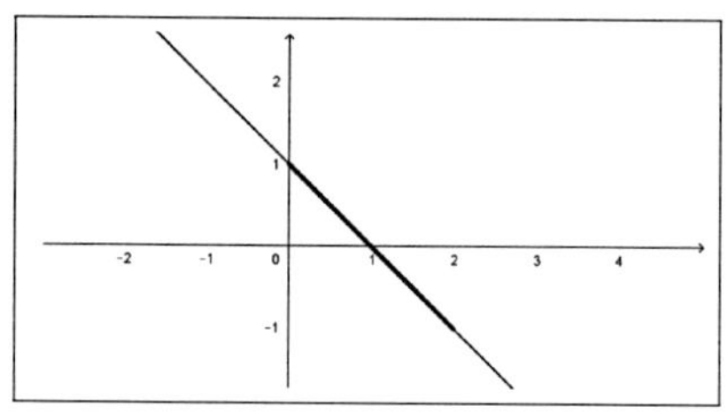

$$g(x) = 1 - x$$

$$F_Y(y) = \mathrm{P}(Y \leq y) = \mathrm{P}(1 - X \leq y) = \mathrm{P}(X \geq 1 - y) = 1 - F_X(1 - y).$$

Derivando, obtemos a relação entre f_Y e f_X:

$$f_Y(y) = \frac{\mathrm{d}}{\mathrm{d}y} F_Y(y) = \frac{\mathrm{d}}{\mathrm{d}y}(1 - F_X(1 - y)) = f_X(1 - y).$$

Então,

$$f_Y(y) = f_X(1 - y) = \begin{cases} (\frac{1-(1-y)}{2} & , \text{se } 0 < (1-y) \leq 1 \\ \frac{3[(1-y)-1]}{2} & , \text{se } 1 < (1-y) < 2 \end{cases} = \begin{cases} \frac{y}{2} & , \text{se } 0 \leq y < 1 \\ -\frac{3y}{2} & , \text{se } -1 < y < 0. \end{cases}$$

ou seja,

$$f_Y(y) = \begin{cases} -\frac{3y}{2} & , \text{se } -1 < y < 0. \\ \frac{y}{2} & , \text{se } 0 \leq y < 1 \end{cases}$$

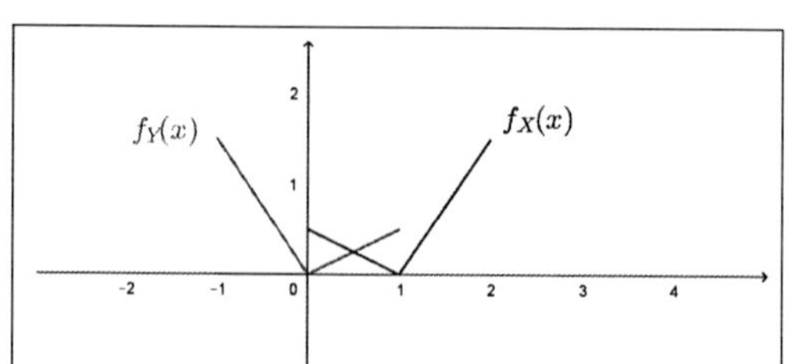

♦♦

Exemplo 5.12

Quando a função g é inversível, é possível obter-se uma expressão para a função densidade de $Y = g(X)$. Consideremos, então, uma variável aleatória contínua X com função densidade f_X e $Y = g(X)$, em que $g : \mathbb{R} \to \mathbb{R}$ é uma função estritamente monótona e diferenciável no conjunto $Im(X)$. Vamos encontrar a função densidade de Y.

Solução:

Como Y é a composição da função X com a função g, os valores que Y pode assumir são os valores que g pode assumir partindo do conjunto $Im(X)$, ou seja, $Im(Y) = g(Im(X))$. Seja, então, $y \in Im(Y)$.

Consideremos, inicialmente, que g seja estritamente crescente. Neste caso, existe a inversa g^{-1}, que é também uma função estritamente crescente. Assim,

$$F_Y(y) = \mathrm{P}(Y \leq y) = \mathrm{P}[g(X) \leq y] = \mathrm{P}[X \leq g^{-1}(y)] = F_X[g^{-1}(y)].$$

Derivando em relação a y, encontramos a relação entre f_Y e f_X:

$$f_Y(y) = \frac{\mathrm{d}}{\mathrm{d}y} F_X[g^{-1}(y)] = f_X[g^{-1}(y)] \frac{\mathrm{d}}{\mathrm{d}y} g^{-1}(y).$$

Se g é estritamente decrescente, existe a inversa g^{-1}, que é também uma função estritamente decrescente. Logo,

$$F_Y(y) = \mathrm{P}(Y \leq y) = \mathrm{P}[g(X) \leq y] = \mathrm{P}[X \geq g^{-1}(y)] = 1 - F_X[g^{-1}(y)].$$

Derivando em relação a y, encontramos a relação entre f_Y e f_X:

$$f_Y(y) = \frac{\mathrm{d}}{\mathrm{d}y}\left(1 - F_X[g^{-1}(y)]\right) = -f_X[g^{-1}(y)] \frac{\mathrm{d}}{\mathrm{d}y} g^{-1}(y).$$

Note que, no caso de g ser estritamente crescente, $\frac{\mathrm{d}}{\mathrm{d}y} g^{-1}(y) > 0$ para todo y e podemos escrever $\left|\frac{\mathrm{d}}{\mathrm{d}y} g^{-1}(y)\right| = \frac{\mathrm{d}}{\mathrm{d}y} g^{-1}(y)$. Já quando g é estritamente decrescente, $\frac{\mathrm{d}}{\mathrm{d}y} g^{-1}(y) < 0$ para todo y e podemos escrever $\left|\frac{\mathrm{d}}{\mathrm{d}y} g^{-1}(y)\right| = -\frac{\mathrm{d}}{\mathrm{d}y} g^{-1}(y)$.

Dessa forma, qualquer que seja g estritamente monótona,

$$f_Y(y) = f_X[g^{-1}(y)] \left|\frac{\mathrm{d}}{\mathrm{d}y} g^{-1}(y)\right| \tag{5.4}$$

Esse resultado é conhecido como método do Jacobiano e sua versão generalizada será bastante útil no estudo de vetores aleatórios. Note que quando $g(x) = a + bx$, isto é, uma função linear, (5.4) se transforma em

$$f_Y(y) = f_X\left(\frac{y-a}{b}\right)\left|\frac{1}{b}\right| \tag{5.5}$$

♦♦

Exemplo 5.13

Seja X tal que sua função densidade é constante e igual a 1 no intervalo $(0, 1)$ e 0 fora desse intervalo. Obtenha a função densidade de $Y = g(X) = -\ln X$.

Solução:

A função $g(x) = -\ln x$ é estritamente decrescente e podemos aplicar o resultado visto no Exemplo 5.12.

$$f_X(x) = \begin{cases} 1 & \text{, se } 0 < x < 1 \\ 0 & \text{, caso contrário} \end{cases}$$

Como $Im(X) = (0, 1)$, resulta que $Im(Y) = (0, \infty)$.

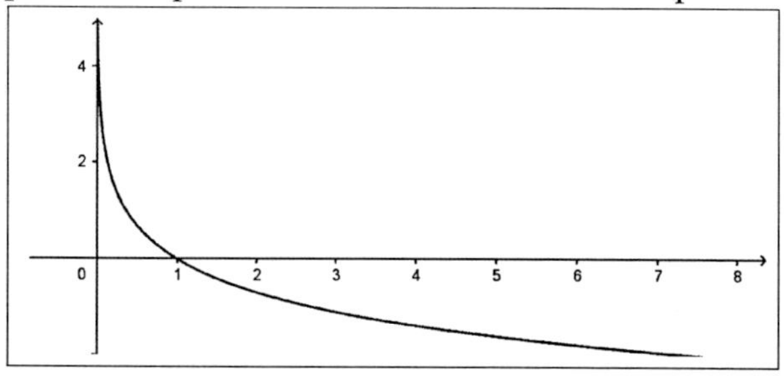

$g(x) = -\ln x$

A inversa de $y = g(x) = -\ln x$ é $g^{-1}(y) = e^{-y}$ e, portanto,

$$\frac{\mathrm{d}g^{-1}(y)}{\mathrm{d}y} = -e^{-y}$$

Como $0 < y < \infty$, então $0 < e^{-y} < 1$ e a função densidade de Y é

$$f_Y(y) = f_X\left[e^{-y}\right] \times \left|-e^{-y}\right| = 1 \times e^{-y} \Rightarrow f_Y(y) = e^{-y} \qquad y \in (0, \infty)$$

uma vez que $f_X(x) = 1$ no intervalo $(0, 1)$.

♦♦

Exemplo 5.14

Se a função densidade da variável aleatória X é dada por

$$f(x) = \begin{cases} 3x^2 & \text{, se } -1 \leq x \leq 0 \\ 0 & \text{, caso contrário,} \end{cases}$$

calcule a função densidade de $Y = 2X - 1$.

Solução:

A função g é uma função linear e, portanto inversível.

$$Y = 2X - 1 \Rightarrow X = \frac{Y+1}{2}$$

Como $-1 \leq x \leq 0$, resulta que $-3 \leq y \leq -1$. Logo, pelo resultado do Exemplo 5.12,

$$f_Y(y) = f_X\left(\frac{y+1}{2}\right) \times \frac{1}{2} \qquad \text{se } -3 \leq y \leq -1$$

ou seja

$$f_Y(y) = 3\left(\frac{y+1}{2}\right)^2 \times \frac{1}{2} = \frac{3}{8}(y+1)^2 \qquad \text{se } -3 \leq y \leq -1$$

♦♦

g não inversível

Quando a função g, que relaciona as variáveis X e Y, não é inversível, os cálculos devem ser feitos com bastante cuidado.

Exemplo 5.15

Seja X variável aleatória contínua com função densidade f_X definida no Exemplo 5.2. Calcule a função densidade das seguintes variáveis aleatórias

(a) $Y = g(X) = X^2$

(b) $W = h(X) = |X|$

Solução:

Como já vimos, as funções densidade e de distribuição de X são:

$$f_X(x) = \begin{cases} \frac{1}{2} & , \text{se } -1 < x < 1 \\ 0 & , \text{caso contrário} \end{cases} \quad \text{e} \quad F_X(x) = \begin{cases} 0 & , \text{se } x \leq -1 \\ \frac{1}{2}(x+1) & , \text{se } -1 < x < 1 \\ 1 & , \text{se } x \geq 1. \end{cases}$$

Sabemos que $Im(X) = (-1, 1)$.

Logo, $Im(Y) = Im(W) = [0, 1)$

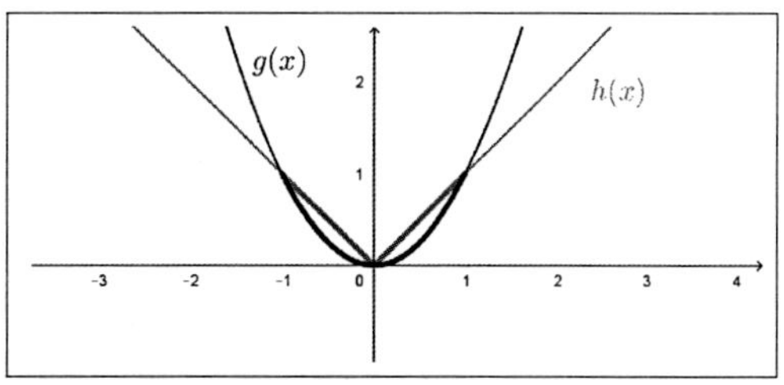

$g(x) = x^2$ e $h(x) = |x|$

(a) Para o cálculo da densidade de $Y = g(X) = X^2$ devemos notar que

$$\begin{aligned} F_Y(y) &= \mathrm{P}(Y \leq y) = \mathrm{P}(X^2 \leq y) \\ &= \begin{cases} 0 & , \text{se } y \leq 0 \\ \mathrm{P}\left(-\sqrt{y} \leq X \leq \sqrt{y}\right) & , \text{se } 0 < y < 1 \\ 1 & , \text{se } y \geq 1 \end{cases} \\ &= \begin{cases} 0 & , \text{se } y \leq 0 \\ F_X\left(\sqrt{y}\right) - F_X\left(-\sqrt{y}\right) & , \text{se } 0 < y < 1 \\ 1 & , \text{se } y \geq 1 \end{cases} \end{aligned}$$

e, portanto

$$f_Y(y) = \begin{cases} \dfrac{\mathrm{d}}{\mathrm{d}y}\left[F_X\left(\sqrt{y}\right)\right] - \dfrac{\mathrm{d}}{\mathrm{d}y}\left[F_X\left(-\sqrt{y}\right)\right] & \text{, se } 0 < y < 1 \\ 0 & \text{, caso contrário} \end{cases}$$

$$= \begin{cases} F'_X\left(\sqrt{y}\right)\frac{1}{2\sqrt{y}} - F'_X\left(-\sqrt{y}\right)\left(-\frac{1}{2\sqrt{y}}\right) & \text{, se } 0 < y < 1 \\ 0 & \text{, caso contrário} \end{cases}$$

$$= \begin{cases} f_X\left(\sqrt{y}\right)\frac{1}{2\sqrt{y}} + f_X\left(-\sqrt{y}\right)\frac{1}{2\sqrt{y}} & \text{, se } 0 < y < 1 \\ 0 & \text{, caso contrário} \end{cases}$$

Como $0 \leq \sqrt{y} < 1$ e $-1 < -\sqrt{y} \leq 0$, resulta que $f_X\left(\sqrt{y}\right) = f_X\left(-\sqrt{y}\right) = \frac{1}{2}$. Logo

$$f_Y(y) = \begin{cases} \frac{1}{2\sqrt{y}} & \text{, se } 0 < y < 1 \\ 0 & \text{, caso contrário} \end{cases}$$

(b) De modo análogo, para $0 \leq w < 1$

$$F_W(w) = \mathrm{P}(W \leq w) = \mathrm{P}(|X| \leq w)$$

$$= \begin{cases} 0 & \text{, se } w \leq 0 \\ \mathrm{P}(-w \leq X \leq w) & \text{, se } 0 < w < 1 \\ 1 & \text{, se } w \geq 1 \end{cases}$$

$$= \begin{cases} 0 & \text{, se } w \leq 0 \\ F_X(w) - F_X(-w) & \text{, se } 0 < w < 1 \\ 1 & \text{, se } w \geq 1 \end{cases}$$

e, portanto

$$f_W(w) = F'_W(w) = \begin{cases} F'_X(w) - F'_X(-w)(-1) & \text{, se } 0 < w < 1 \\ 0 & \text{, caso contrário} \end{cases}$$

$$= \begin{cases} f_X(w) + f_X(-w) & \text{, se } 0 < w < 1 \\ 0 & \text{, caso contrário} \end{cases}$$

Como $0 \leq w < 1$ e $-1 < -w \leq 0$, resulta que $f_X\,(w) = f_X\,(-w) = \frac{1}{2}$. Logo

$$f_W(w) = \begin{cases} 1 & \text{, se } 0 < w < 1 \\ 0 & \text{, caso contrário} \end{cases}$$

Note que a função densidade de W é constante no intervalo $(0, 1)$.

♦♦

Os dois exemplos a seguir mostram que, mesmo X sendo variável aleatória contínua, $Y = g(X)$ não será necessariamente contínua.

Exemplo 5.16

Mais uma vez, seja X variável aleatória contínua com função densidade f_X definida no Exemplo 5.2. Defina

$$Y = \begin{cases} 1 & \text{, se } X \leq p \\ 0 & \text{, se } X > p \end{cases}$$

para algum $-1 < p < 1$. Encontre a função de distribuição de Y e classifique essa variável aleatória.

Solução:

Veja que $Im(Y) = \{0, 1\}$. Logo, já de início, sabemos que Y será variável aleatória discreta, pois a sua imagem é um conjunto finito. Sendo assim, podemos encontrar primeiro $\mathrm{P}(Y = 0)$ e $\mathrm{P}(Y = 1)$, para depois encontrarmos a função de distribuição F_Y.

$$\mathrm{P}(Y = 0) = \mathrm{P}(X > p) = 1 - F_X(p) = 1 - \frac{p+1}{2} = \frac{1-p}{2}$$

e

$$\mathrm{P}(Y = 1) = \mathrm{P}(X \leq p) = F_X(p) = \frac{p+1}{2}.$$

A função de distribuição de Y é

$$F_Y(y) = \begin{cases} 0 & \text{, se } y < -1 \\ \frac{1-p}{2} & \text{, se } -1 \leq y < 1 \\ 1 & \text{, se } y \geq 1 \end{cases}$$

♦♦

Exemplo 5.17 ***(James (2004) – pág.89, ex. 9(a))***

Seja X uma variável aleatória contínua com função densidade

$$f_X(x) = \begin{cases} \frac{1}{(1+x)^2}, & \text{, se } x > 0 \\ 0 & \text{, caso contrário.} \end{cases}$$

Defina $Y = g(X) = \max\{X, c\}$, em que $c > 0$. Ache a função de distribuição de Y e classifique essa variável aleatória.

Solução:

Sabemos que $Im(X) = (0, \infty)$.

Logo, $Im(Y) = (c, \infty)$

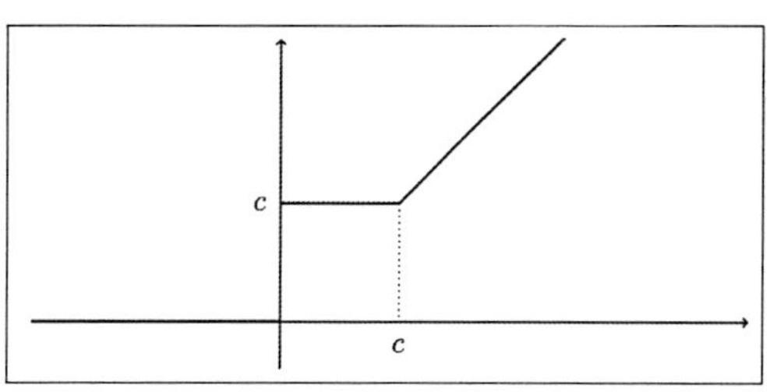

$g(x) = \max\{x, c\}$

Veja que, se $y < c$, $F_Y(y) = \mathrm{P}(Y \leq y) = 0$. Se $y \geq c$, de acordo com o gráfico,

$$F_Y(y) = \mathrm{P}(Y \leq y) = \mathrm{P}(X \leq y) = F_X(y).$$

Então,

$$F_Y(y) = \begin{cases} 0 & \text{, se } y < c \\ F_X(y) & \text{, se } y \geq c. \end{cases}$$

Por outro lado,

$$F_X(x) = \int_{-\infty}^{x} f_X(t)\mathrm{d}t = \begin{cases} 0 & \text{, se } x < 0 \\ \int_0^x \frac{1}{(1+t)^2}\mathrm{d} & \text{, se } x \geq 0. \end{cases}$$

Para $x > 0$,

$$\int_0^x \frac{1}{(1+t)^2}\mathrm{d}t = \int_1^{1+x} \frac{1}{u^2}\mathrm{d}u = -\frac{1}{u}\Big|_1^{1+x} = -1 + \frac{1}{1+x} = \frac{x}{1+x}.$$

Então,

$$F_X(x) = \begin{cases} 0 & \text{, se } x < 0 \\ \frac{x}{1+x} & \text{, se } x \geq 0 \end{cases}$$

e

$$F_Y(y) = \begin{cases} 0 & \text{, se } y < c \\ \frac{y}{1+y} & \text{, se } y \geq c \end{cases}$$

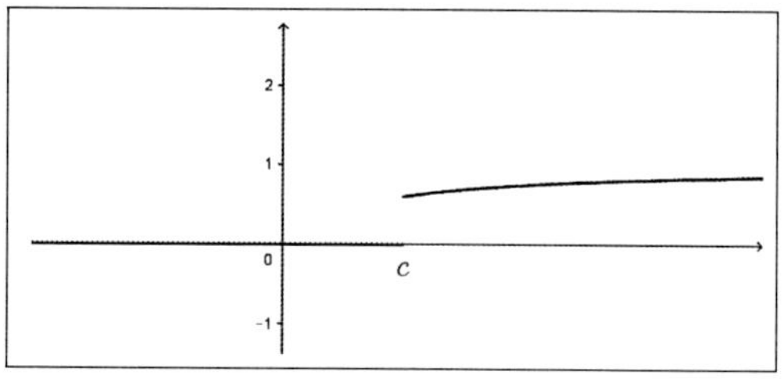

Podemos ver que F_Y é uma função que satisfaz as propriedades da função de distribuição (Proposição 3.2). Mas F_Y não é uma função contínua, e, portanto, Y não é variável aleatória contínua. Podemos ver, também, que $Im(Y)$ não é um conjunto enumerável, logo Y não é variável aleatória discreta. Então, a variável aleatória Y não é discreta, nem contínua.

♦♦

Exemplo 5.18

Seja X é variável aleatória com função densidade dada por

$$f_X(x) = \begin{cases} \frac{x^3}{64} & \text{, se } 0 \leq x \leq 4 \\ 0 & \text{, caso contrário} \end{cases}$$

Encontre a função densidade de $Y = \min\{\sqrt{X}, 2 - \sqrt{X}\}$.

Solução:

Como $Im(X) = [0,4]$, resulta que $Im(Y) = [0,1]$

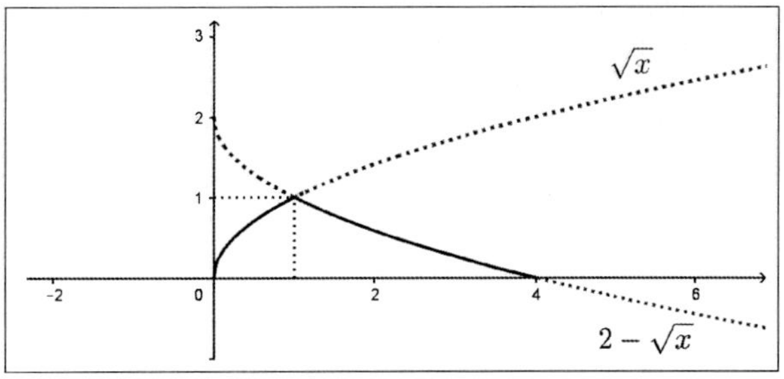

$g(x) = \min\{\sqrt{x}, 2-\sqrt{x}\}$

Queremos encontrar F_Y. Se $y < 0$, $F_Y(y) = 0$ e se $y > 1$, $F_Y(y) = 1$. Vamos analisar, agora, o caso em que $0 \leq y \leq 1$.

$$\begin{aligned} F_Y(y) &= \mathrm{P}(Y \leq y) = \mathrm{P}\left(\{X \leq y^2\} \cup \{X \geq (2-y)^2\}\right) \\ &= \mathrm{P}\left(X \leq y^2\right) + \mathrm{P}\left(X \geq (2-y)^2\right) \\ &= F_X\left(y^2\right) + 1 - F_X\left[(2-y)^2\right] \end{aligned}$$

Assim,

$$F_Y(y) = \begin{cases} 0 & \text{, se } y < 0 \\ F_X\left(y^2\right) + 1 - F_X\left((2-y)^2\right) & \text{, se } 0 \leq y \leq 1 \\ 1 & \text{, se } y > 1 \end{cases}$$

e

$$f_Y(y) = \begin{cases} f_X\left(y^2\right) \cdot 2y + f_X\left((2-y)^2\right) \cdot 2(2-y) & \text{, se } 0 \leq y \leq 1 \\ 0 & \text{, caso contrário.} \end{cases}$$

Substituindo pela expressão de f_X, obtemos:

$$f_Y(y) = \begin{cases} \frac{1}{32}\left(y^7 + (2-y)^7\right) & \text{, se } 0 \leq y \leq 1 \\ 0 & \text{, caso contrário.} \end{cases}$$

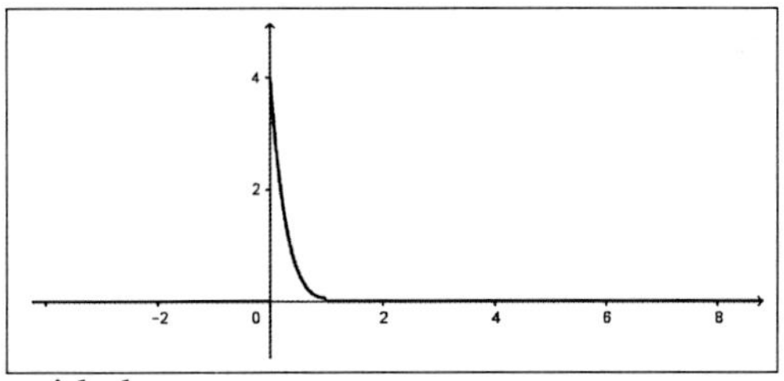

Note que essa função realmente define uma função densidade. ♦♦

Exemplo 5.19

Seja X variável aleatória tal que

$$f(x) = \begin{cases} \frac{x+1}{4} & \text{, se } -1 < x \leq 1 \\ \frac{3-x}{4} & \text{, se } 1 < x < 3 \\ 0 & \text{, caso contrário.} \end{cases}$$

Defina $Y = |X|$ e encontre f_Y.

Solução:

Como $Im(X) = (-1, 3)$, resulta que $Im(Y) = (0, 3)$.

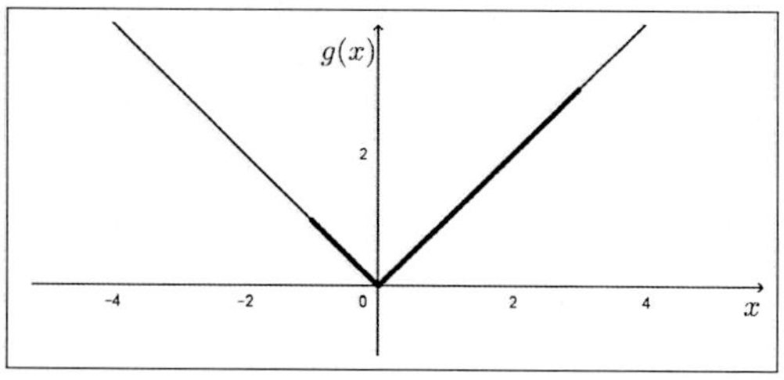

$g(x) = |x|$

Se $y < 0$, $F_Y(y) = 0$, e se $y > 3$, $F_Y(y) = 1$. Vamos analisar, agora, o caso em que $0 \leq y \leq 3$, considerando separadamente os casos em que $0 \leq y \leq 1$ e $1 < y \leq 3$.

Se $0 \leq y \leq 1$,

$$F_Y(y) = \mathrm{P}(Y \leq y) = \mathrm{P}(-y \leq X \leq y) = F_X(y) - F_X(-y).$$

Agora, se $1 < y \leq 3$,

$$F_Y(y) = \mathrm{P}(Y \leq y) = \mathrm{P}(X \leq y) = F_X(y).$$

Assim,

$$F_Y(y) = \begin{cases} 0 & \text{, se } y < 0 \\ F_X(y) - F_X(-y) & \text{, se } 0 \leq y \leq 1 \\ F_X(y) & \text{, se } 1 < y \leq 3 \\ 1 & \text{, se } y > 3. \end{cases}$$

Derivando em relação a y, obtemos

$$f_Y(y) = \begin{cases} f_X(y) + f_X(-y) & \text{, se } 0 \leq y \leq 1 \\ f_X(y) & \text{, se } 1 < y \leq 3 \\ 0 & \text{, caso contrário.} \end{cases}$$

Substituindo pela expressão de f_X, concluímos que

$$f_Y(y) = \begin{cases} \frac{1}{2} & \text{, se } 0 \leq y \leq 1 \\ \frac{3-y}{4} & \text{, se } 1 < y \leq 3 \\ 0 & \text{, caso contrário.} \end{cases}$$

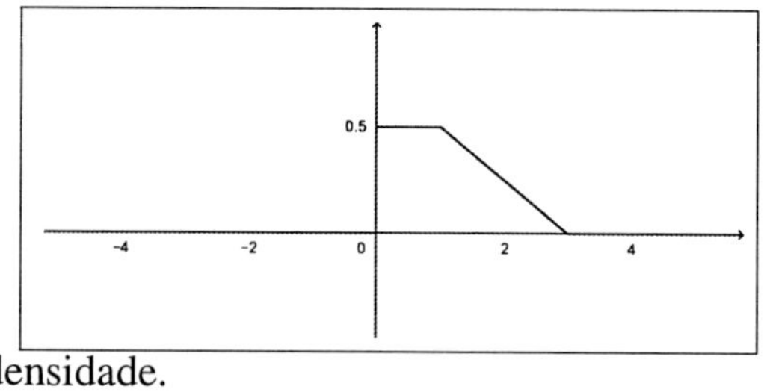

Note que essa função realmente define uma função densidade.

♦♦

Lista de exercícios da Seção 5.2

1. Seja X a variável aleatória do Exercício 1 da Seção 5.1, cuja função densidade é definida por $f_X(x) = 2e^{-2x}$, se $x > 0$. Seja $Y = 3X + 2$.

   (a) Determine $Im(Y)$.

(b) Encontre a função de distribuição de Y. Esboce seu gráfico e classifique a variável aleatória Y.

(c) Se Y for contínua, encontre a função densidade de Y. Se Y for discreta, encontre a função de probabilidade de Y. Esboce o gráfico da função encontrada.

(d) Calcule $P(Y < 4)$.

2. Seja X a variável aleatória do Exercício 2 da Seção 5.1, cuja função densidade é definida por $f_X(x) = \frac{3}{4}(1 - x^2)$, se $-1 < x < 1$. Seja $Y = |X|$.

(a) Determine $Im(Y)$.

(b) Encontre a função de distribuição de Y. Esboce seu gráfico e classifique a variável aleatória Y.

(c) Se Y for contínua, encontre a função densidade de Y. Se Y for discreta, encontre a função de probabilidade de Y. Esboce o gráfico da função encontrada.

(d) Calcule $P(Y > 0{,}3 \mid Y < 0{,}8)$.

3. Seja X a variável aleatória do Exercício 3 da Seção 5.1, cuja função de distribuição é definida por

$$F_X(x) = \begin{cases} 0 & \text{, se } x < -1; \\ \dfrac{x+1}{2} & \text{, se } -1 \leq x < 1; \\ 1 & \text{, se } x \geq 1. \end{cases}$$

Seja $Y = -\ln\left(\dfrac{X+1}{2}\right)$.

(a) Determine $Im(Y)$.

(b) Encontre a função de distribuição de Y. Esboce seu gráfico e classifique a variável aleatória Y.

(c) Se Y for contínua, encontre a função densidade de Y. Se Y for discreta, encontre a função de probabilidade de Y. Esboce o gráfico da função encontrada.

(d) Calcule $P(Y > 1)$.

4. Seja X a variável aleatória do Exercício 3 da Seção 5.1, cuja função densidade f_X está definida a seguir. Seja Y variável aleatória também definida a seguir.

$$f_X(x) = \begin{cases} 2/3 & \text{, se } 0 < x < 1; \\ 1/6 & \text{, se } 2 < x < 4. \end{cases} \quad \text{e} \quad Y = \begin{cases} 1 & \text{, se } X \leq 1; \\ 0 & \text{, se } X > 1. \end{cases}$$

(a) Determine $Im(Y)$.

(b) Encontre a função de distribuição de Y. Esboce seu gráfico e classifique a variável aleatória Y.

(c) Se Y for contínua, encontre a função densidade de Y. Se Y for discreta, encontre a função de probabilidade de Y. Esboce o gráfico da função encontrada.

(d) Calcule $P(Y = 1)$.

5. Seja X a variável aleatória do Exercício 5 da Seção 5.1, cuja função densidade é definida por

$$f_X(x) = \begin{cases} 2(x-1)/3 & \text{, se } 1 < x \leq 2; \\ \dfrac{2(4-x)}{6} & \text{, se } 2 < x < 4; \\ 0 & \text{, caso contrário.} \end{cases}$$

Seja $Y = (X-2)^2$.

(a) Determine $Im(Y)$.

(b) Encontre a função de distribuição de Y. Esboce seu gráfico e classifique a variável aleatória Y.

(c) Se Y for contínua, encontre a função densidade de Y. Se Y for discreta, encontre a função de probabilidade de Y. Esboce o gráfico da função encontrada.

(d) Calcule $\mathrm{P}(1 < Y < 2)$.

5.3 Esperança de variáveis aleatórias contínuas

No Capítulo 4, foi apresentada a ideia de valor médio como a média dos valores da variável aleatória, se o experimento fosse realizado infinitas vezes. Essa ideia pode ser utilizada, também, para o caso de variáveis aleatórias contínuas. Porém, no caso contínuo, não é possível termos a média ponderada dos valores da variável aleatória, com a ponderação definida pela probabilidade de cada um dos valores, uma vez que a probabilidade de cada um ocorrer é sempre nula. Mas essas ideias serão úteis para a definição do valor médio, ou esperança, no caso de variáveis aleatórias contínuas.

Sem perda de generalidade, suponha que X seja uma variável aleatória contínua com função densidade f_X e $Im(X) = [0,1]$. Vamos dividir esse intervalo em subintervalos $[x, x + \mathrm{d}x]$, com $\mathrm{d}x = 1/n$ e $x = 0, 1/n, 2/n, \ldots, (n-1)/n, 1$. Veja que se n for grande, então

$$f_X(x)\mathrm{d}x \approx \mathrm{P}(x \leq X \leq x + \mathrm{d}x)$$

Seguindo a definição de esperança para o caso discreto, podemos supor, para o caso contínuo, que, se n for grande,

$$\mathrm{E}(X) \approx \sum_x x\,\mathrm{P}(x \leq X \leq x + \mathrm{d}x) \approx \sum_x x f_X(x)\mathrm{d}x$$

Tomando o limite quando $n \to \infty$, ou equivalentemente $\mathrm{d}x \to 0$, temos

$$\mathrm{E}(X) = \lim_{n\to\infty} \sum_x x\,\mathrm{P}(x \leq X \leq x + \mathrm{d}x) = \lim_{\mathrm{d}x\to 0} \sum_x x f_X(x)\mathrm{d}x = \int_x x f_X(x)\mathrm{d}x.$$

Isso nos leva à Definição 5.2.

Definição 5.2 ***Esperança de variável aleatória contínua***

Seja X uma variável aleatória contínua com função densidade de probabilidade f_X. A ***esperança*** *(ou* ***média*** *ou* ***valor esperado****) de X é definida como*

$$\mathrm{E}(X) = \int_{-\infty}^{+\infty} x f_X(x)\mathrm{d}x$$

desde que a integral esteja bem definida.

Exemplo 5.20

Calcule $\mathrm{E}(X)$ para os Exemplos 5.3 a 5.7.

Solução:

- Exemplo 5.3

$$\mathrm{E}(X) = \int_{-1}^{0} x(1+x)\mathrm{d}x + \int_{0}^{1} x(1-x)\mathrm{d}x = \left(\frac{x^2}{2}+\frac{x^3}{3}\right)\Big|_{-1}^{0} + \left(\frac{x^2}{2}-\frac{x^3}{3}\right)\Big|_{0}^{1} = -\left(\frac{1}{2}-\frac{1}{3}\right)+\left(\frac{1}{2}-\frac{1}{3}\right) = 0$$

- Exemplo 5.4

$$\mathrm{E}(X) = \int_{0}^{\infty} xe^{-x}\mathrm{d}x$$

Para o cálculo desta integral, faremos uso do método de integração por partes com as seguintes definições:

$$u = x \Longrightarrow \mathrm{d}u = \mathrm{d}x \qquad \mathrm{d}v = e^{-x}\mathrm{d}x \Longrightarrow v = -e^{-x}$$

Logo,

$$\mathrm{E}(X) = \int_{0}^{\infty} x\cdot e^{-x}\mathrm{d}x = -xe^{-x}\big|_{0}^{\infty} - \int_{0}^{\infty} -e^{-x}\mathrm{d}x = 0 + \left(-e^{-x}\right)\big|_{0}^{\infty} = 1$$

- Exemplo 5.5

$$\mathrm{E}(X) = \int_{2}^{4} x\cdot\frac{1}{4}\mathrm{d}x + \int_{6}^{8} x\cdot\frac{1}{4}\mathrm{d}x = \frac{1}{4}\,\frac{x^2}{4}\Big|_{2}^{4} + \frac{1}{4}\,\frac{x^2}{4}\Big|_{6}^{8} = \frac{1}{8}\left[(16-4)+(64-36)\right] = \frac{40}{8} = 5$$

- Exemplo 5.6

$$\mathrm{E}(X) = \int_{0}^{2} x\frac{3}{8}(4x-2x^2)\mathrm{d}x = \frac{3}{8}\left(4\frac{x^3}{3}-2\frac{x^4}{4}\right)\Big|_{0}^{2} = \left(\frac{1}{2}x^3-\frac{3}{16}x^4\right)\Big|_{0}^{2} = \frac{8}{2}-\frac{3\cdot 16}{16} = 1$$

- Exemplo 5.7

$$\mathrm{E}(X) = \int_{100}^{\infty} x\frac{100}{x^2}\mathrm{d}x = \int_{100}^{\infty}\frac{100}{x}\mathrm{d}x = 100\cdot\ln x\big|_{100}^{\infty} = \lim_{x\to\infty}\ln x - \ln(100) = \infty$$

Logo, a esperança de X não existe. ♦♦

Assim como no caso discreto, se X é variável aleatória contínua e g é uma função real qualquer, então $Y = g(X)$ também é variável aleatória e o cálculo da sua esperança pode ser feito conhecendo-se apenas a função g, que relaciona X e Y, e a função densidade de X, f_X.

Proposição 5.3 ***Esperança de funções de variável aleatória contínua***
Seja X uma variável aleatória contínua com função densidade f_X e seja $Y = g(X)$. Então,

$$\mathrm{E}(Y) = \mathrm{E}(g(X)) = \int_{-\infty}^{\infty} g(x) f_X(x) \mathrm{d}x$$

desde que a integral esteja bem definida.

Demonstração:
A demonstração será omitida e pode ser encontrada no livro de James (2004), Teorema 3.1. □

Exemplo 5.21
Seja X variável aleatória com função densidade definida por

$$f(x) = \begin{cases} (x+1)^2 & \text{, se } -1 < x < 0 \\ 1 - x^2 & \text{, se } 0 \leq x < 1 \\ 0 & \text{, caso contrário.} \end{cases}$$

(a) Verifique as propriedades da função densidade e esboce o gráfico de f.

(b) Calcule $\mathrm{E}(X)$.

(c) Se $Y = 1/(X+1)$, calcule $\mathrm{E}(Y)$.

Solução:

(a) $f_X(x) \geq 0$ (veja gráfico a seguir)

$$\int_{-\infty}^{\infty} f_X(x)\mathrm{d}x = \int_{-1}^{0} (x+1)^2 \mathrm{d}x + \int_{0}^{1} (1-x^2)\mathrm{d}x$$
$$= \frac{(x+1)^3}{3}\Big|_{-1}^{0} + \left(x - \frac{x^3}{3}\right)\Big|_{0}^{1} = \frac{1}{3} + \left(1 - \frac{1}{3}\right) = 1$$

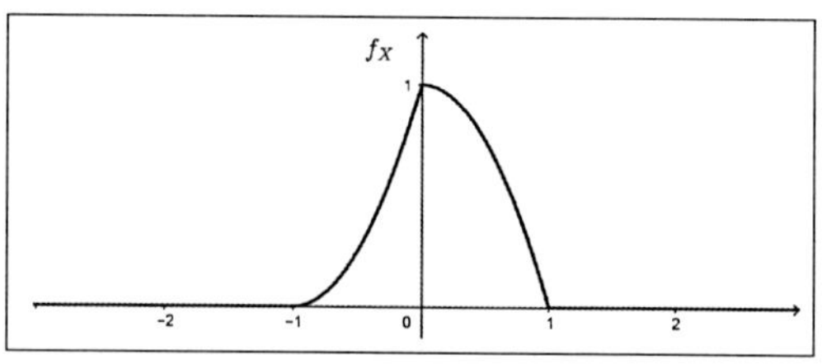

(b)

$$\mathrm{E}(X) = \int_{-1}^{0} x(x^2+2x+1)\mathrm{d}x + \int_{0}^{1} x(1-x^2)\mathrm{d}x = \left(\frac{x^4}{4} + \frac{2x^3}{3} + \frac{x^2}{2}\right)\Big|_{-1}^{0} + \left(\frac{x^2}{2} - \frac{x^4}{4}\right)\Big|_{0}^{1}$$
$$= -\left(\frac{1}{4} - \frac{2}{3} + \frac{1}{2}\right) + \left(\frac{1}{2} - \frac{1}{4}\right) = \frac{2}{3} - \frac{1}{2} = \frac{1}{6}$$

(c)

$$\begin{aligned}
\mathrm{E}(Y) &= \int_{-\infty}^{\infty} \frac{1}{x+1} f_X(x)\mathrm{d}x = \int_{-1}^{0} \frac{(x+1)^2}{x+1}\mathrm{d}x + \int_{0}^{1} \frac{(1-x)(1+x)}{x+1}\mathrm{d}x \\
&= \left(\frac{x^2}{2}+x\right)\Bigg|_{-1}^{0} + \left(x-\frac{x^2}{2}\right)\Bigg|_{0}^{1} = -\left(\frac{1}{2}-1\right) + \left(1-\frac{1}{2}\right) = 1
\end{aligned}$$

♦♦

As propriedades da esperança válidas para variáveis aleatórias discretas são também válidas para o caso contínuo.

Proposição 5.4

Seja X variável aleatória contínua, $x_{min} = \min\{Im(X)\}$ e $x_{max} = \max\{Im(X)\}$. Se $\mathrm{E}(X) \in \mathbb{R}$ então, $x_{min} \leq \mathrm{E}(X) \leq x_{max}$.

Demonstração:

Primeiro, vamos mostrar que $x_{min} \leq \mathrm{E}(X)$.

$$\mathrm{E}(X) = \int_{-\infty}^{\infty} x f_X(x) \geq \int_{-\infty}^{\infty} x_{min} f_X(x) = x_{min} \underbrace{\int_{-\infty}^{\infty} f_X(x)}_{1} = x_{min}.$$

Para a demonstração de que $\mathrm{E}(X) \leq x_{max}$, faremos um desenvolvimento análogo.

$$\mathrm{E}(X) = \int_{-\infty}^{\infty} x f_X(x) \leq \int_{-\infty}^{\infty} x_{max} f_X(x) = x_{max} \underbrace{\int_{-\infty}^{\infty} f_X(x)}_{1} = x_{max}.$$

□

Proposição 5.5 ***Propriedade de linearidade da esperança***

Seja X variável aleatória contínua tal que $\mathrm{E}(X) \in \mathbb{R}$. Sejam $a, b \in \mathbb{R}$. Então,

$$\mathrm{E}(aX+b) = a\,\mathrm{E}(X) + b.$$

Demonstração:

$$\begin{aligned}
\mathrm{E}(aX+b) &= \int_{-\infty}^{\infty} (ax+b) f_X(x)\mathrm{d}x = \int_{-\infty}^{\infty} \left(ax f_X(x) + b f_X(x)\right)\mathrm{d}x = \int_{-\infty}^{\infty} ax f_X(x)\mathrm{d}x + \int_{-\infty}^{\infty} b f_X(x)\mathrm{d}x \\
&= a \underbrace{\int_{-\infty}^{\infty} x f_X(x)\mathrm{d}x}_{\mathrm{E}(X)} + b \underbrace{\int_{-\infty}^{\infty} f_X(x)\mathrm{d}x}_{1} = a\,\mathrm{E}(X) + b.
\end{aligned}$$

□

Lista de exercícios da Seção 5.3

1. Seja X a variável aleatória do Exercício 1 da Seção 5.1, cuja função densidade é definida por $f_X(x) = 2e^{-2x}$, se $x > 0$, e seja $Y = 3X + 2$, a variável aleatória do Exercício 1 da Seção 5.2.

   (a) Calcule $\mathrm{E}(X)$.

   (b) A partir de f_X, calcule $\mathrm{E}(Y)$.

   (c) A partir das propriedades de linearidade da esperança, calcule $\mathrm{E}(Y)$.

2. Seja X a variável aleatória do Exercício 2 da Seção 5.1, cuja função densidade é definida por $f_X(x) = \frac{3}{4}(1 - x^2)$, se $-1 < x < 1$, e seja $Y = |X|$, a variável aleatória do Exercício 2 da Seção 5.2.

   (a) Calcule $\mathrm{E}(X)$.

   (b) A partir de f_X, calcule $\mathrm{E}(Y)$.

   (c) É possível usar as propriedades de linearidade da esperança para calcular $\mathrm{E}(Y)$? Justifique.

3. Seja X a variável aleatória do Exercício 3 da Seção 5.1, cuja função de distribuição é definida por

$$F_X(x) = \begin{cases} 0 & \text{, se } x < -1; \\ \dfrac{x+1}{2} & \text{, se } -1 \leq x < 1; \\ 1 & \text{, se } x \geq 1, \end{cases}$$

   e seja $Y = -\ln\left(\dfrac{X+1}{2}\right)$, a variável aleatória do Exercício 3 da Seção 5.2.

   (a) Calcule $\mathrm{E}(X)$.

   (b) A partir de f_X, calcule $\mathrm{E}(Y)$.

   (c) É possível usar as propriedades de linearidade da esperança para calcular $\mathrm{E}(Y)$? Justifique.

4. Seja X a variável aleatória do Exercício 3 da Seção 5.1, cuja função densidade f_X está definida a seguir, e seja Y a variável aleatória do Exercício 4 da Seção 5.2, também definida a seguir.

$$f_X(x) = \begin{cases} 2/3 & \text{, se } 0 < x < 1; \\ 1/6 & \text{, se } 2 < x < 4. \end{cases} \quad \text{e} \quad Y = \begin{cases} 1 & \text{, se } X \leq 1; \\ 0 & \text{, se } X > 1. \end{cases}$$

   (a) Calcule $\mathrm{E}(X)$.

   (b) A partir de f_X, calcule $\mathrm{E}(Y)$.

   (c) É possível o uso das propriedades de linearidade da esperança para o cálculo de $\mathrm{E}(Y)$? Justifique.

5. Seja X a variável aleatória do Exercício 5 da Seção 5.1, cuja função densidade é definida por

$$f_X(x) = \begin{cases} 2(x-1)/3 & \text{, se } 1 < x \leq 2; \\ \dfrac{(4-x)}{3} & \text{, se } 2 < x < 4; \\ 0 & \text{, caso contrário,} \end{cases}$$

e seja $Y = (X-2)^2$, a variável aleatória do Exercício 5 da Seção 5.2.

(a) Calcule $\mathrm{E}(X)$.

(b) A partir de f_X, calcule $\mathrm{E}(Y)$.

(c) É possível o uso das propriedades de linearidade da esperança para o cálculo de $\mathrm{E}(Y)$? Justifique.

6. Seja X a variável aleatória cuja função densidade é definida por

$$f_X(x) = \frac{2}{x^2}, \quad x \geq 2.$$

(a) Mostre que f_X é densidade.

(b) Mostre que X não tem esperança.

5.4 Variância e desvio-padrão de variáveis aleatórias contínuas

A variância de uma variável aleatória, discreta ou contínua, é uma medida de dispersão em torno da média. O que muda do caso discreto para o contínuo é apenas a forma de cálculo.

Definição 5.3 ***Variância de variável aleatória contínua***

*Seja X variável aleatória contínua tal que $\mathrm{E}(X) \in \mathbb{R}$. A **variância** de X é definida como*

$$\mathrm{Var}(X) = \mathrm{E}\left([X - \mathrm{E}(X)]^2\right) = \int_{-\infty}^{\infty} [x - \mathrm{E}(X)]^2 f_X(x)\mathrm{d}x, \tag{5.6}$$

desde que a integral esteja bem definida.

O **desvio-padrão** é definido como a raiz quadrada de sua variância, independente do tipo de variável.

$$\mathrm{DP}(X) = \sqrt{\mathrm{Var}(X)}$$

Usando as propriedades do cálculo integral e representando por μ a esperança de X (note que μ é uma constante, um número real), temos que:

$$\begin{aligned}
\mathrm{Var}(X) &= \int_{-\infty}^{+\infty} [x-\mu]^2 f_X(x)\mathrm{d}x = \int_{-\infty}^{+\infty} \left(x^2 - 2\mu x + \mu^2\right) f_X(x)\mathrm{d}x \\
&= \int_{-\infty}^{+\infty} x^2 f_X(x)\mathrm{d}x - 2\mu \int_{-\infty}^{+\infty} x f_X(x)\mathrm{d}x + \mu^2 \int_{-\infty}^{+\infty} f_X(x)\mathrm{d}x
\end{aligned}$$

Se definimos $h(x) = x^2$, a primeira integral nada mais é que $\mathrm{E}(X^2)$, pela Proposição 5.3. A segunda integral é $\mathrm{E}(X) = \mu$ e a terceira integral é igual a 1, pela definição de função densidade. Logo,

$$\mathrm{Var}(X) = \mathrm{E}(X^2) - 2\mu^2 + \mu^2 = \mathrm{E}(X^2) - \mu^2$$

o que nos leva ao resultado já visto para variáveis discretas:

$$\mathrm{Var}(X) = \mathrm{E}(X^2) - [\mathrm{E}(X)]^2 \tag{5.7}$$

Informalmente, a variância é a esperança do quadrado de X menos o quadrado da esperança de X.

Na demonstração da Proposição 4.9, que trata das propriedades da variância e do desvio-padrão para variáveis aleatórias discretas, não se fez uso do fato de a variável ser discreta. Sendo assim, essas propriedades também valem para variáveis aleatórias contínuas.

Proposição 5.6 ***Propriedades da Variância e do Desvio-padrão***
Seja X variável aleatória tal que $\mathrm{Var}(X) \in \mathbb{R}$. Então, valem as seguintes propriedades:

(i) $\mathrm{Var}(X) \geq 0$

(ii) $\mathrm{DP}(X) \geq 0$

(iii) $\mathrm{Var}(aX + b) = a^2\,\mathrm{Var}(X)$

(iv) $\mathrm{DP}(aX + b) = |a|\,\mathrm{DP}(X)$

Demonstração:
Veja Proposição 4.9 □

Exemplo 5.22
Para a variável aleatória apresentada no Exemplo 5.21, calcule $\mathrm{Var}(X)$, $\mathrm{Var}(3X + 1)$ e $\mathrm{Var}(X^2)$.

Solução:
No Exemplo 5.21, obtivemos $\mathrm{E}(X) = 1/6$. Vamos, agora, calcular $\mathrm{E}(X^2)$ para, em seguida, obtermos $\mathrm{Var}(X)$.

$$\begin{aligned}
\mathrm{E}(X^2) &= \int_{-1}^{0} x^2(x^2+2x+1)\mathrm{d}x + \int_0^1 x^2(1-x^2)\mathrm{d}x = \left(\frac{x^5}{5} + \frac{2x^4}{4} + \frac{x^3}{3}\right)\Bigg|_{-1}^{0} + \left(\frac{x^3}{3} - \frac{x^5}{5}\right)\Bigg|_0^1 \\
&= -\left(-\frac{1}{5} + \frac{1}{2} - \frac{1}{3}\right) + \left(\frac{1}{3} - \frac{1}{5}\right) = -\frac{1}{2} + \frac{2}{3} = \frac{1}{6} \\
\mathrm{Var}(X) &= \frac{1}{6} - \left(\frac{1}{6}\right)^2 = \frac{5}{36} \\
\mathrm{Var}(3X+1) &= \mathrm{Var}(3X) = 9\,\mathrm{Var}(X) = \frac{45}{36}
\end{aligned}$$

Seja $Y = X^2$. Então, $\mathrm{Var}(Y) = \mathrm{E}(Y^2) - [\mathrm{E}(Y)]^2 = \mathrm{E}(X^4) - \left[\mathrm{E}(X^2)\right]^2$

$$\mathrm{E}(X^4) = \int_{-1}^{0} x^4(x^2+2x+1)\mathrm{d}x + \int_0^1 x^4(1-x^2)\mathrm{d}x = \left(\frac{x^7}{7}+\frac{2x^6}{6}+\frac{x^5}{5}\right)\Big|_{-1}^{0} + \left(\frac{x^5}{5}-\frac{x^7}{7}\right)\Big|_0^1$$
$$= -\left(-\frac{1}{7}+\frac{1}{3}-\frac{1}{5}\right)+\left(\frac{1}{5}-\frac{1}{7}\right) = -\frac{1}{3}+\frac{2}{5}=\frac{1}{15}$$
$$\mathrm{Var}(X^2) = \frac{1}{15}-\left(\frac{1}{6}\right)^2 = \frac{7}{180}$$

♦♦

Exemplo 5.23 ***Função linear***

Seja X variável aleatória cuja função densidade f_X está apresentada na Figura 5.2.

(a) Encontre o valor de k para que f_X seja função densidade de probabilidade de uma variável aleatória contínua e determine a equação que define f_X.

(b) Calcule $\mathrm{P}(2 \leq X \leq 3)$.

(c) Encontre a função de distribuição de X.

(d) Determine o valor de q tal que $\mathrm{P}(X \leq q) = 0,6$.

(e) Calcule a esperança e a variância de X.

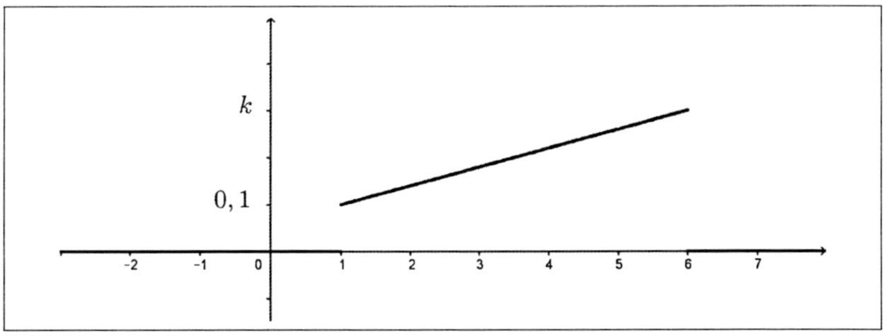

Figura 5.2 – Função densidade para o Exemplo 5.23

Solução:

(a) Usando a interpretação geométrica da integral como área sob a curva, o valor de k pode ser encontrado notando-se que essa área é a de um trapézio (veja Figura 5.3) com alturas k e $0,1$ e base 5. Logo,

$$5 \times \frac{k+0,1}{2} = 1 \Rightarrow k+0,1 = 0,4 \Rightarrow k = 0,3.$$

No intervalo $(1,5)$, f_X é um segmento de reta que passa pelos pontos $(1;0,1)$ e $(6;0,3)$; temos, assim, o seguinte sistema de equações:

$$\begin{cases} 0,1 = a+b \\ 0,3 = a+6b \end{cases}$$

Subtraindo a primeira equação da segunda, obtemos $b = 0,04$ e $a = 0,06$. Logo,

$$f_X(x) = \begin{cases} 0,06 + 0,04x & \text{se } 1 \leq x \leq 6 \\ 0 & \text{caso contrário} \end{cases}$$

(b) Veja a Figura 5.4, em que a área sombreada (área de um trapézio de bases $f(2)$ e $f(3)$ e altura 1) corresponde à probabilidade pedida:

$$\begin{aligned} P(2 \leq X \leq 3) &= \frac{f(2) + f(3)}{2} \cdot 1 = \frac{0,14 + 0,18}{2} = 0,16 \\ &= \int_2^3 (0,06 + 0,04x)dx = \left(0,06x + 0,04\frac{x^2}{2}\right)\Big|_2^3 = 0,06 + 0,04\left(\frac{9}{2} - \frac{4}{2}\right) = 0,16 \end{aligned}$$

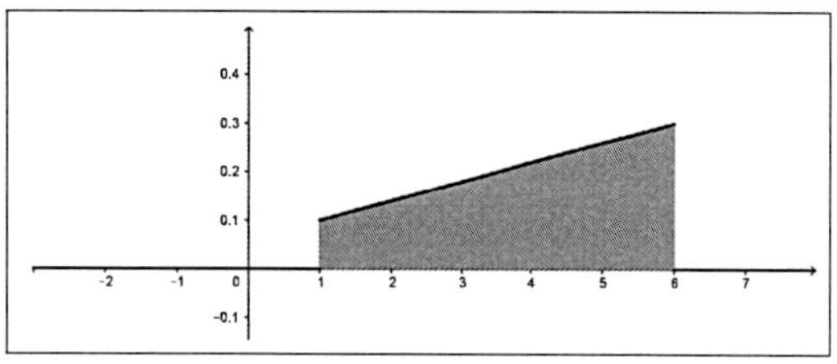

Figura 5.3 – Área sob f_X – Exemplo 5.23

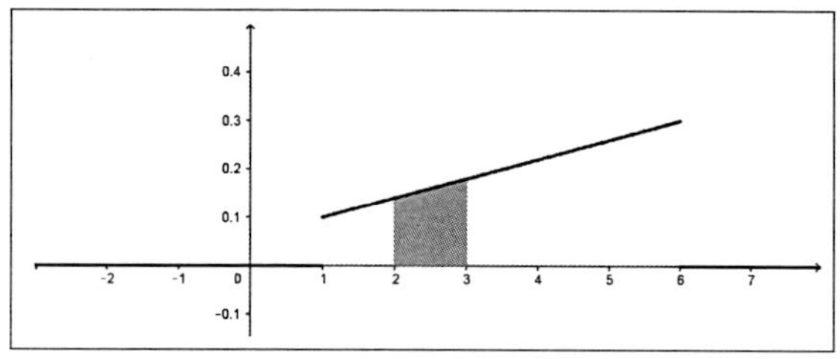

Figura 5.4 – $P(2 \leq X \leq 3)$ – Exemplo 5.23

(c) Veja a Figura 5.5; nela podemos ver que, para $x \in [1,6]$, $F_X(x)$ é a área de um trapézio de altura $x - 1$ e bases $f_X(x)$ e $f_X(1) = 0,1$. Logo, para $x \in [1,6]$

$$F_X(x) = \frac{(0,06 + 0,04x) + 0,1}{2} \times (x - 1) = (0,08 + 0,02x)(x - 1)$$

ou seja,

$$F_X(x) = \begin{cases} 0 & \text{, se } x < 1 \\ 0,02x^2 + 0,06x - 0,08 & \text{, se } 1 \leq x \leq 6 \\ 1 & \text{, se } x > 6 \end{cases}$$

Na Figura 5.6 é dado o gráfico da função de distribuição.

Usando integral, temos que

$$\begin{aligned} F(x) &= \int_1^x (0,06 + 0,04t)dt = \left(0,06t + \frac{0,04t^2}{2}\right)\Big|_1^x \\ &= (0,06x + 0,02x^2) - (0,06 + 0,02) \\ &= 0,02x^2 + 0,06x - 0,08, \text{ se } 1 \leq x \leq 6 \end{aligned}$$

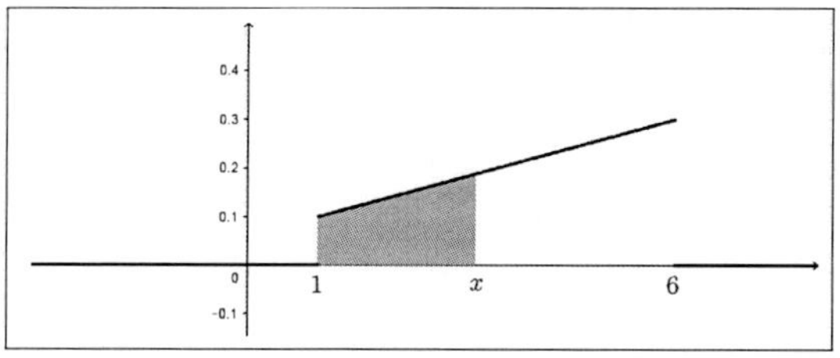

Figura 5.5 – F_X como área – Exemplo 5.23

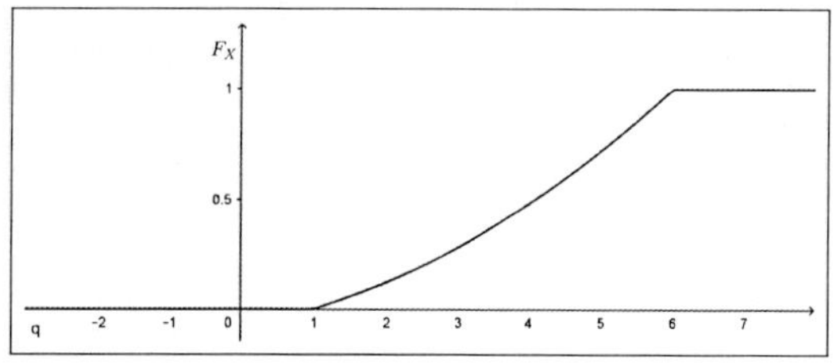

Figura 5.6 – F_X – Exemplo 5.23

(d) Queremos determinar q tal que $F_X(q) = 0,6$. Logo,

$$0,6 = 0,02q^2 + 0,06q - 0,08 \Rightarrow 0,02q^2 + 0,06q - 0,68 = 0 \Rightarrow q^2 + 3q - 34 = 0 \Rightarrow$$
$$q = \frac{-3 \pm \sqrt{9 + 4 \times 34}}{2}$$

A raiz que fornece resultado na $Im(X)$ é

$$q = \frac{-3 + \sqrt{9 + 4 \times 34}}{2} \approx 4,5208$$

(e) Temos que

$$\begin{aligned}
\mathrm{E}(X) &= \int_1^6 x\left(\frac{6}{100} + \frac{4}{100}x\right) dx = \left(\frac{6}{100}\frac{x^2}{2} + \frac{4}{100}\frac{x^3}{3}\right)\Bigg|_1^6 \\
&= \left(\frac{3}{100} \cdot 36 + \frac{4}{100} \cdot \frac{6^3}{3}\right) - \left(\frac{3}{100} + \frac{4}{100} \cdot \frac{1}{3}\right) \\
&= \frac{108 + 288 - 3}{100} - \frac{4}{300} = \frac{1175}{300} = \frac{47}{12}
\end{aligned}$$

$$\begin{aligned}
\mathrm{E}(X^2) &= \int_1^6 x^2\left(\frac{6}{100} + \frac{4}{100}x\right) dx = \left(\frac{6}{100}\frac{x^3}{3} + \frac{4}{100}\frac{x^4}{4}\right)\Bigg|_1^6 = \left(\frac{2}{100}x^3 + \frac{1}{100}x^4\right)\Bigg|_1^6 \\
&= \left(\frac{2}{100} \cdot 216 + \frac{1}{100} \cdot 1296\right) - \left(\frac{2}{100} + \frac{1}{100}\right) = \frac{432 + 1296 - 3}{100} = \frac{1725}{100} = \frac{69}{4}
\end{aligned}$$

$$\mathrm{Var}(X) = \frac{69}{4} - \left(\frac{47}{12}\right)^2 = \frac{2484 - 2209}{144} = \frac{275}{144}$$

♦♦

Lista de exercícios da Seção 5.4

1. Seja X a variável aleatória do Exercício 1 da Seção 5.1, cuja função densidade é definida por $f_X(x) = 2e^{-2x}$, se $x > 0$, e seja $Y = 3X + 2$, a variável aleatória do Exercício 1 da Seção 5.2.

(a) Calcule $\text{Var}(X)$ e $\text{DP}(X)$.

(b) A partir de f_X, calcule $\text{Var}(Y)$ e $\text{DP}(Y)$.

(c) A partir das propriedades de variância e desvio-padrão, calcule $\text{Var}(Y)$ e $\text{DP}(Y)$.

2. Seja X a variável aleatória do Exercício 2 da Seção 5.1, cuja função densidade é definida por $f_X(x) = \frac{3}{4}(1-x^2)$, se $-1 < x < 1$, e seja $Y = |X|$, a variável aleatória do Exercício 2 da Seção 5.2.

   (a) Calcule $\text{Var}(X)$ e $\text{DP}(X)$.

   (b) Calcule $\text{Var}(Y)$ e $\text{DP}(Y)$.

   (c) É possível usar as propriedades de variância e desvio-padrão para calcular $\text{Var}(Y)$ e $\text{DP}(Y)$?

3. Seja X a variável aleatória do Exercício 3 da Seção 5.1, cuja função de distribuição é definida por

$$F_X(x) = \begin{cases} 0 & \text{, se } x < -1; \\ \dfrac{x+1}{2} & \text{, se } -1 \leq x < 1; \\ 1 & \text{, se } x \geq 1, \end{cases}$$

   e seja $Y = -\ln\left(\dfrac{X+1}{2}\right)$, a variável aleatória do Exercício 3 da Seção 5.2.

   (a) Calcule $\text{Var}(X)$ e $\text{DP}(X)$.

   (b) Calcule $\text{Var}(Y)$ e $\text{DP}(Y)$.

   (c) É possível o uso das propriedades de variância e desvio-padrão para o cálculo de $\text{Var}(Y)$ e $\text{DP}(Y)$?

4. Seja X a variável aleatória do Exercício 3 da Seção 5.1, cuja função densidade f_X está definida a seguir e seja Y a variável aleatória do Exercício 4 da Seção 5.2, também definida a seguir.

$$f_X(x) = \begin{cases} 2/3 & \text{, se } 0 < x < 1; \\ 1/6 & \text{, se } 2 < x < 4. \end{cases} \qquad \text{e} \qquad Y = \begin{cases} 1 & \text{, se } X \leq 1; \\ 0 & \text{, se } X > 1. \end{cases}$$

   (a) Calcule $\text{Var}(X)$ e $\text{DP}(X)$.

   (b) Calcule $\text{Var}(Y)$ e $\text{DP}(Y)$.

   (c) É possível o uso das propriedades de variância e desvio-padrão para o cálculo de $\text{Var}(Y)$ e $\text{DP}(Y)$?

5. Seja X a variável aleatória do Exercício 5 da Seção 5.1, cuja função densidade é definida por

$$f_X(x) = \begin{cases} 2(x-1)/3 & \text{, se } 1 < x \leq 2; \\ (4-x)/3 & \text{, se } 2 < x < 4; \\ 0 & \text{, caso contrário,} \end{cases}$$

   e seja $Y = (X-2)^2$, a variável aleatória do Exercício 5 da Seção 5.2.

   (a) Calcule $\text{Var}(X)$ e $\text{DP}(X)$.

(b) Calcule $\text{Var}(Y)$ e $\text{DP}(Y)$.

(c) É possível o uso das propriedades de variância e desvio-padrão para o cálculo de $\text{Var}(Y)$ e $\text{DP}(Y)$?

6. Seja X a variável aleatória cuja função densidade é definida por

$$f_X(x) = \frac{2}{x^3}, \quad x \geq 1.$$

(a) Mostre que f_X é densidade.

(b) Mostre que X não tem variância.

Exercícios do Capítulo 5

1. Seja X uma variável aleatória com função de distribuição:

$$F_X(x) = \begin{cases} 0 & , x < 0 \\ x/8 & , 0 \leq x < 1/2 \\ x^4 & , 1/2 \leq x < 1 \\ 1 & , x \geq 1. \end{cases}$$

(a) Esboce o gráfico de F e verifique que esta função satisfaz as propriedades da função distribuição.

(b) Ainda a partir de F, mostre que X é variável aleatória contínua e determine $Im(X)$.

(c) Obtenha a densidade de X e esboce seu gráfico. Determine novamente $Im(X)$, agora a partir da função densidade.

(d) Calcule $\text{P}(1/3 < X < 2/3)$ e $\text{P}(X > 1/3 \mid X < 2/3)$.

(e) Encontre $\text{E}(X)$, $\text{E}(2X + 1)$ e $\text{E}(2/X)$.

(f) Encontre $\text{Var}(X)$, $\text{Var}(1 - 3X)$ e $\text{Var}(X^2)$.

2. Seja X variável aleatória contínua com função de distribuição F_X definida a seguir. Calcule o que se pede nos itens abaixo.

$$F_X(x) = \begin{cases} 0 & , x < 2; \\ kx - 1 & , 2 \leq x \leq 4 \\ 1 & , x > 4 \end{cases}$$

(a) $\text{P}(1 \leq X \leq 3)$

(b) $\text{P}(-1 \leq X \leq 1)$

(c) $\text{P}(X > 3 \mid X > 2,5)$

(d) $\text{E}(X)$ e $\text{Var}(X)$

(e) $\text{E}(3X - 2)$ e $\text{Var}(3X - 2)$

(f) $\text{E}(X^3 + 1)$ e $\text{Var}(X^3 + 1)$

3. Seja X variável aleatória com função densidade $f(x) = \dfrac{|3-x|}{4} I_{(1,5)}(x)$.

   (a) Faça um esboço do gráfico de f.

   (b) Determine a função de distribuição de X.

   (c) Calcule $\mathrm{P}(X > 1/2)$ e $\mathrm{P}(X < 2/3 \mid X > 1/2)$.

   (d) Calcule $\mathrm{E}(X)$ e $\mathrm{Var}(X)$.

4. Suponha que X seja uma variável aleatória de média 6 e variância 4. Para quais valores de a e b a variável aleatória $Y = aX + b$ terá média 0 e variância 1?

5. Seja X uma variável aleatória com função densidade dada por $f_X(x) = 2x$, se $0 < x < 1$.

   (a) Seja $Y = 1/X$. Encontre f_Y e faça seu gráfico.

   (b) Seja $Y = (X - 1/2)^2$. Encontre f_Y e faça seu gráfico.

   (c) Seja $Y = |X - 1/4|$. Encontre f_Y e faça seu gráfico.

   (d) Seja $Y = \min(3X^2, 1 - X^2)$. Encontre f_Y e faça seu gráfico.

6. Seja X variável aleatória com função densidade f_X definida abaixo e $Y = 2X - 1$. Encontre f_Y.

$$f_X(x) = \begin{cases} \frac{1}{2} & \text{, se } -1 < x \leq 0 \\ x & \text{, se } 0 < x < 1 \\ 0 & \text{, caso contrário.} \end{cases}$$

7. O tempo, em minutos, de preenchimento de um formulário é uma variável aleatória contínua X, cuja função densidade é apresentada a seguir.

$$f_X(x) = \begin{cases} \frac{1}{8} & \text{, se } 0 \leq x < 2 \\ \frac{1}{4} & \text{, se } 2 \leq x < 5 \\ 0 & \text{, caso contrário.} \end{cases}$$

   Determine:

   (a) a probabilidade de uma pessoa preencher o formulário em mais de 3 minutos;

   (b) a probabilidade de uma pessoa preencher o formulário entre 1 e 4 minutos;

   (c) a probabilidade de uma pessoa preencher o formulário em menos de 3 minutos, dado que ela já está preenchendo-o há 1 minuto;

   (d) quanto tempo, em média, uma pessoa demora para preencher esse formulário;

   (e) o valor de t para o qual podemos afirmar que 90% das pessoas preenchem o formulário em menos que t minutos.

8. Em certa cidade, a quantia anual demandada para a manutenção de parques públicos, em milhões de reais, pode ser considerada uma variável aleatória com função densidade dada por $f(x) = \frac{3}{8}x^2$, $0 < x < 2$.

   (a) Qual a probabilidade de se gastar menos de 1 milhão de reais em um ano na manutenção de parques públicos nesta cidade?

   (b) Sabendo que nesse ano já foi gasto mais de meio milhão de reais na manutenção de parques públicos nessa cidade, qual a probabilidade de esse gasto ultrapassar 1 milhão de reais?

   (c) Qual o valor médio demandado para a manutenção de parques públicos, em milhões de reais, nessa cidade?

   (d) No mínimo, qual quantia a prefeitura deve reservar no início do ano para garantir, com 85% de certeza, que a demanda por manutenção de parques públicos será cumprida?

9. A demanda diária de açúcar em um supermercado, medida em centenas de quilos, pode ser considerada uma variável aleatória com função densidade

$$f_X(x) = \begin{cases} 2x/3 & , \ 0 \leq x < 1; \\ -x/3 + 1 & , \ 1 \leq x < 3; \\ 0 & , \ \text{caso contrário.} \end{cases}$$

   (a) Qual a probabilidade de a demanda de açúcar em um certo dia ser maior que 150 kg?

   (b) Qual a probabilidade de, na próxima semana, a demanda de açúcar ser maior que 150 kg, em pelo menos 5 dos 7 dias da semana?

   (c) Em certo dia, o estoque inicial de açúcar nesse supermercado foi de 100 Kg e antes de acabar o dia, todo o estoque foi vendido. Qual a probabilidade de a demanda nesse dia ter sido maior que 150 Kg?

   (d) Qual quantidade de açúcar deve ser deixada no estoque no início de cada dia para garantir que não faltará açúcar em pelo menos 95% dos dias?

10. Suponha que o tempo de vida, em dias, de um componente eletrônico, seja uma variável aleatória contínua com função densidade definida por $f_X(x) = \frac{5}{x^2}$, $x > 5$.

   (a) Qual a probabilidade de um desses componentes eletrônicos durar mais de 10 dias?

   (b) Dado que um desses componentes já está funcionando há 8 dias, qual a probabilidade de que ele funcione por mais 10 dias?

   (c) Entre 4 desses componentes eletrônicos, qual a probabilidade de que pelo menos 2 funcionem por mais de 10 dias?

   (d) Qual é o valor de t que nos permite garantir que 10% dos componentes durarão menos de t dias?

Capítulo 6

Momentos e sua função geradora

Na definição de variância, aparece a esperança do quadrado, seja dos desvios em torno da média, ou da própria variável. Esses são casos particulares de uma característica mais geral de uma variável aleatória: os momentos, definidos a seguir. Além dos momentos de uma variável aleatória, o capítulo apresenta mais uma forma de se definir a distribuição de uma variável aleatória, dada pela função geradora de momentos.

6.1 Momentos

Definição 6.1 ***Momentos***

O $k-$ésimo ***momento*** *de uma variável aleatória X, denotado por μ'_k, é definido como*

$$\mu'_k = \mathrm{E}(X^k)$$

desde que essa quantidade exista. O $k-$ésimo ***momento central*** *de uma variável aleatória X, denotado por μ_k, é definido como*

$$\mu_k = \mathrm{E}\left([X - \mathrm{E}(X)]^k\right)$$

sempre que essa quantidade existir.

Veja que a definição acima vale tanto para variáveis aleatórias discretas quanto contínuas. Pela Proposição 4.5, o $k-$ésimo **momento** de uma variável aleatória discreta X é calculado como

$$\mu'_k = \mathrm{E}(X^k) = \sum_{x \in Im(X)} x^k \, \mathrm{P}(X = x).$$

Já o $k-$ésimo **momento** de uma variável aleatória contínua X, de acordo com a Proposição 5.3, é calculado como

$$\mu'_k = \mathrm{E}(X^k) = \int_{-\infty}^{\infty} x^k f_X(x) \mathrm{d}x.$$

Note que, para qualquer variável aleatória X, temos que $\mathrm{E}(X) = \mu'_1$ é o primeiro momento de X e $\mathrm{Var}(X) = \mu_2 = \mu'_2 - (\mu'_1)^2$ é o segundo momento central de X. Temos também que, para qualquer variável aleatória, o primeiro momento central é nulo, isto é, $\mu_1 = \mathrm{E}(X - \mathrm{E}(X)) = 0$.

Exemplo 6.1

Seja X variável aleatória discreta com a seguinte função de probabilidade:

x	0	1	3	4	5	6	7	9	10
$p_X(x)$	$1/16$	$1/8$	$1/16$	$1/8$	$2/8$	$1/8$	$1/16$	$1/8$	$1/16$

Vamos calcular os três primeiros momentos de X.

Solução:

$$\mu'_1 = \mathrm{E}(X) = 1 \cdot \frac{1}{8} + 3 \cdot \frac{1}{16} + 4 \cdot \frac{1}{8} + 5 \cdot \frac{2}{8} + 6 \cdot \frac{1}{8} + 7 \cdot \frac{1}{16} + 9 \cdot \frac{1}{8} + 10 \cdot \frac{1}{16} = \frac{80}{16} = 5$$

$$\mu'_2 = \mathrm{E}(X^2) = 1^2 \cdot \frac{1}{8} + 3^2 \cdot \frac{1}{16} + 4^2 \cdot \frac{1}{8} + 5^2 \cdot \frac{2}{8} + 6^2 \cdot \frac{1}{8} + 7^2 \cdot \frac{1}{16} + 9^2 \cdot \frac{1}{8} + 10^2 \cdot \frac{1}{16} = \frac{526}{16} = \frac{263}{8}$$

$$\mu'_3 = \mathrm{E}(X^3) = 1^3 \cdot \frac{1}{8} + 3^3 \cdot \frac{1}{16} + 4^3 \cdot \frac{1}{8} + 5^3 \cdot \frac{2}{8} + 6^3 \cdot \frac{1}{8} + 7^3 \cdot \frac{1}{16} + 9^3 \cdot \frac{1}{8} + 10^3 \cdot \frac{1}{16} = \frac{3890}{16} = \frac{1945}{8}$$

♦♦

Exemplo 6.2

Seja X variável aleatória contínua com a seguinte função densidade:

$$f_X(x) = 2x, \qquad 0 < x < 1.$$

Vamos calcular os três primeiros momentos de X.

Solução:

$$\mu'_1 = \mathrm{E}(X) = \int_{-\infty}^{\infty} x f_X(x)\mathrm{d}x = \int_0^1 x2x\mathrm{d}x = 2\frac{x^3}{3}\bigg|_0^1 = \frac{2}{3}$$

$$\mu'_2 = \mathrm{E}(X^2) = \int_{-\infty}^{\infty} x^2 f_X(x)\mathrm{d}x = \int_0^1 x^2 2x\mathrm{d}x = 2\frac{x^4}{4}\bigg|_0^1 = \frac{1}{2}$$

$$\mu'_3 = \mathrm{E}(X^3) = \int_{-\infty}^{\infty} x^3 f_X(x)\mathrm{d}x = \int_0^1 x^3 2x\mathrm{d}x = 2\frac{x^5}{5}\bigg|_0^1 = \frac{2}{5}$$

♦♦

Lista de exercícios da Seção 6.1

1. Seja X a variável aleatória do Exercício 1 da lista de exercícios para a Seção 4.1 e seja $Y = X^2$ a variável aleatória do Exercício 1 da lista de exercícios para a Seção 4.2.

   (a) Encontre os três primeiros momentos de X.

(b) Encontre os três primeiros momentos de Y.

2. Seja X a variável aleatória do Exercício 2 da lista de exercícios para a Seção 4.1 e seja $Y = 2 - X$ a variável aleatória do Exercício 2 da lista de exercícios para a Seção 4.2.

   (a) Encontre os três primeiros momentos de X.

   (b) Encontre os três primeiros momentos de Y.

3. Seja X a variável aleatória do Exercício 2 da Seção 5.1, cuja função densidade é definida por $f_X(x) = \frac{3}{4}(1 - x^2)$, se $-1 < x < 1$, e seja $Y = |X|$, a variável aleatória do Exercício 2 da Seção 5.2.

   (a) Encontre os três primeiros momentos de X.

   (b) Encontre os três primeiros momentos de Y.

6.2 A função geradora de momentos

Vamos estudar, agora, uma função que, além de permitir o cálculo dos momentos de uma variável aleatória, também irá caracterizar o comportamento de tal variável, sempre que seu cálculo for possível.

Definição 6.2 ***Função Geradora de Momentos***
Seja X uma variável aleatória qualquer. A ***função geradora de momentos*** *(fgm) de X, denotada por M_X, é definida por*

$$M_X(t) = \mathrm{E}\left(e^{tX}\right),$$

desde que essa esperança exista para todo t em alguma vizinhança de 0.

Importante: a função geradora de momentos é função de t. Para que ela exista, basta que $\mathrm{E}\left(e^{tX}\right)$ esteja bem definida em uma vizinhança de $t = 0$, e não necessariamente para todo $t \in \mathbb{R}$.

Das Proposições 4.5 e 5.3, resultam as seguintes expressões para o cálculo da função geradora de momentos de uma variável aleatória:

$$M_X(t) = \begin{cases} \displaystyle\sum_{x \in Im(X)} e^{tx}\, \mathrm{P}(X = x) & \text{, se } X \text{ é discreta;} \\ \displaystyle\int_{-\infty}^{\infty} e^{tx} f_X(x) \mathrm{d}x & \text{, se } X \text{ é contínua.} \end{cases}$$

Note também que, qualquer que seja a variável aleatória X,

$$M_X(0) = \mathrm{E}(e^{0X}) = 1.$$

Esse resultado pode ser útil para verificarmos se a função geradora de momentos encontrada está correta.

Tendo em mente a Definição 6.1, do momento de uma variável aleatória, o Teorema 6.1 a seguir justifica o nome da função M_X.

Teorema 6.1

Seja X variável aleatória tal que sua função geradora de momentos M_X existe. Então, $\mathrm{E}(X^k)$ existe para todo $k \in \mathbb{N}$ e

$$\mathrm{E}\left(X^k\right) = \frac{\mathrm{d}^k}{\mathrm{d}t^k} M_x(t)\bigg|_{t=0}$$

ou seja, o k-ésimo momento de X é igual à derivada de ordem k de M_X avaliada em $t = 0$.

Demonstração:

Primeiro, vamos recordar o resultado da Série de Taylor para a função $f(X) = e^{tX}$ em torno de 0:

$$e^{tX} = \sum_{n=0}^{\infty} t^n e^0 \frac{X^n}{n!} = 1 + \frac{tX}{1!} + \frac{t^2X^2}{2!} + \frac{t^3X^3}{3!} + \frac{t^4X^4}{4!} + \frac{t^5X^5}{5!} + \dots$$

Aplicando a esperança dos dois lados da equação, e usando as propriedades de linearidade da esperança, chegamos em

$$M_X(t) = \mathrm{E}(e^{tX}) = 1 + \frac{t}{1!}\mathrm{E}(X) + \frac{t^2}{2!}\mathrm{E}\left(X^2\right) + \frac{t^3}{3!}\mathrm{E}\left(X^3\right) + \frac{t^4}{4!}\mathrm{E}\left(X^4\right) + \frac{t^5}{5!}\mathrm{E}\left(X^5\right) + \dots$$

Derivando em relação a t dos dois lados da igualdade, e, depois, substituindo t por 0, chegamos em:

$$\frac{\mathrm{d}}{\mathrm{d}t} M_x(t)\bigg|_{t=0} = \mathrm{E}(X) + \frac{2t}{2!}\mathrm{E}\left(X^2\right) + \frac{3t^2}{3!}\mathrm{E}\left(X^3\right) + \frac{4t^3}{4!}\mathrm{E}\left(X^4\right) + \frac{5t^4}{5!}\mathrm{E}\left(X^5\right) + \dots\bigg|_{t=0} = \mathrm{E}(X).$$

Derivando novamente em relação a t, e, depois, substituindo t por 0 obtemos:

$$\frac{\mathrm{d}^2}{\mathrm{d}t^2} M_x(t)\bigg|_{t=0} = \mathrm{E}\left(X^2\right) + \frac{2 \cdot 3t}{3!}\mathrm{E}\left(X^3\right) + \frac{3 \cdot 4t^2}{4!}\mathrm{E}\left(X^4\right) + \frac{4 \cdot 5t^3}{5!}\mathrm{E}\left(X^5\right) + \dots\bigg|_{t=0} = \mathrm{E}\left(X^2\right).$$

Não é difícil percebermos, e a demonstração é feita por indução, que derivando k vezes em relação a t e, depois, substituindo t por 0, obtemos:

$$\begin{aligned}\frac{\mathrm{d}^k}{\mathrm{d}t^k} M_x(t)\bigg|_{t=0} &= \mathrm{E}\left(X^k\right) + \frac{2 \cdot \ldots \cdot (k+1)}{(k+1)!} t\,\mathrm{E}\left(X^{k+1}\right) + \frac{3 \cdot \ldots \cdot (k+2)}{(k+2)!} t^2\,\mathrm{E}\left(X^{k+2}\right) + \dots\bigg|_{t=0} \\ &= \mathrm{E}\left(X^k\right).\end{aligned}$$

□

Exemplo 6.3

Considere novamente a variável aleatória X definida no Exemplo 6.1. Vamos calcular a função geradora de momentos de X e, a partir dela, os três primeiros momentos.

Solução:

$$\begin{aligned}M_X(t) &= \mathrm{E}\left(e^{tX}\right) \\ &= e^{t\cdot 0} \cdot \frac{1}{16} + e^{t\cdot 1} \cdot \frac{1}{8} + e^{t\cdot 3} \cdot \frac{1}{16} + e^{t\cdot 4} \cdot \frac{1}{8} + e^{t\cdot 5} \cdot \frac{2}{8} + e^{t\cdot 6} \cdot \frac{1}{8} + e^{t\cdot 7} \cdot \frac{1}{16} + e^{t\cdot 9} \cdot \frac{1}{8} + e^{t\cdot 10} \cdot \frac{1}{16} \\ &= \frac{1}{16} + \frac{2}{16} \cdot e^t + \frac{1}{16}e^{3t} + \frac{2}{16}e^{4t} + \frac{4}{16}e^{5t} + \frac{2}{16}e^{6t} + \frac{1}{16}e^{7t} + \frac{2}{16}e^{9t} + \frac{1}{16}e^{10t} \\ M'_X(t) &= \frac{2}{16} \cdot e^t + \frac{3}{16}e^{3t} + \frac{8}{16}e^{4t} + \frac{20}{16}e^{5t} + \frac{12}{16}e^{6t} + \frac{7}{16}e^{7t} + \frac{18}{16}e^{9t} + \frac{10}{16}e^{10t}\end{aligned}$$

$$M''_X(t) = \frac{2}{16} \cdot e^t + \frac{9}{16}e^{3t} + \frac{32}{16}e^{4t} + \frac{100}{16}e^{5t} + \frac{72}{16}e^{6t} + \frac{49}{16}e^{7t} + \frac{162}{16}e^{9t} + \frac{100}{16}e^{10t}$$

$$M'''_X(t) = \frac{2}{16} \cdot e^t + \frac{27}{16}e^{3t} + \frac{128}{16}e^{4t} + \frac{500}{16}e^{5t} + \frac{432}{16}e^{6t} + \frac{343}{16}e^{7t} + \frac{1458}{16}e^{9t} + \frac{1000}{16}e^{10t}$$

Logo,

$$\mu'_1 = \mathrm{E}(X) = M'_X(0) = \frac{2+3+8+20+12+7+18+10}{16} = \frac{80}{16} = 5$$

$$\mu'_2 = \mathrm{E}(X^2) = M''_X(0) = \frac{2+9+32+100+72+49+162+100}{16} = \frac{526}{16} = \frac{263}{8}$$

$$\mu'_3 = \mathrm{E}(X^3) = M'''_X(0) = \frac{2+27+128+500+432+343+1458+1000}{16} = \frac{3890}{16} = \frac{1945}{8}$$

♦♦

Nesse tipo de exemplo, o cálculo dos momentos através da função geradora é tão ou mais difícil que o cálculo direto dos momentos. No entanto, veremos que, em outras situações, a função geradora facilitará bastante o cálculo dos momentos da variável aleatória. Vejamos um exemplo para uma variável aleatória contínua.

Exemplo 6.4

Seja Y_1 a variável aleatória cuja função densidade é dada por

$$f_{Y_1}(y) = ye^{-y}, \ y > 0.$$

Encontre a função geradora de momentos de Y_1 e, em seguida, obtenha $\mathrm{E}(Y_1)$ e $\mathrm{Var}(Y_1)$ a partir dela.

Solução:

Por definição,

$$M_{Y_1}(t) = \mathrm{E}(e^{tY_1}) = \int_0^\infty e^{ty}ye^{-y}\mathrm{d}y = \int_0^\infty ye^{-(1-t)y}\mathrm{d}y$$

Aplicando o método de integração por partes,

$$\int_0^\infty ye^{-(1-t)y}\mathrm{d}y \underbrace{=}_{t\neq 1} \left(-y\frac{e^{-(1-t)y}}{1-t} + \int \frac{e^{-(1-t)y}}{1-t}\mathrm{d}y\right)\Bigg|_0^\infty = \left(-y\frac{e^{-(1-t)y}}{1-t} - \frac{e^{-(1-t)y}}{(1-t)^2}\right)\Bigg|_0^\infty$$

$$= \left(-\frac{e^{-(1-t)y}}{(1-t)^2}\right)\Bigg|_0^\infty .$$

Se $1-t < 0$, a integral acima diverge e, se $1-t > 0$, a integral converge para $\frac{1}{(1-t)^2}$. Por isso, a função geradora de momentos de Y_1 existe somente para $1-t > 0$, ou seja, para $t < 1$, o que garante que ela está bem definida numa vizinhança de $t = 0$. Então, podemos escrever,

$$M_{Y_1}(t) = \frac{1}{(1-t)^2}, \quad \text{se } t < 1.$$

Vamos calcular as derivadas primeira e segunda de $M_{Y_1}(t)$ para encontrarmos $\mathrm{E}(Y_1)$ e $\mathrm{Var}(Y_1)$.

$$M'_{Y_1}(t) = \frac{2(1-t)}{(1-t)^4} = \frac{2}{(1-t)^3} \quad \text{e} \quad M''_{Y_1}(t) = \frac{6(1-t)^2}{(1-t)^6} = \frac{6}{(1-t)^4};$$

portanto,

$$\mathrm{E}(Y_1) = M'_{Y_1}(0) = 2\,, \quad \mathrm{E}({Y_1}^2) = M''_{Y_1}(0) = 6 \quad \text{e} \quad \mathrm{Var}(Y_1) = 6 - 2^2 = 2.$$

♦♦

Mas encontrar momentos não é a única aplicação da função geradora de momentos. Uma aplicação ainda mais importante se baseia no seguinte teorema, cuja demostração será omitida, mas pode ser encontrada no Teorema 5.11 do livro de Magalhães (2011).

Teorema 6.2 *Se as funções geradoras de momentos de duas variáveis aleatórias existem e são iguais em uma vizinhança de zero, então essas variáveis têm a mesma função de distribuição.*

O que o Teorema 6.2 afirma é que a função geradora de momentos, *quando existe*, caracteriza completamente a distribuição de uma variável aleatória, assim como a função de distribuição, a função de probabilidade ou a função densidade. Então, se as funções geradoras de momentos de duas variáveis aleatórias existem e são iguais numa vizinhança de zero, ambas as variáveis têm a mesma distribuição.

Mas é importante notar que, se temos a função de distribuição, ou a função densidade no caso contínuo, ou a função de probabilidade no caso discreto, podemos encontrar a função geradora de momentos da variável aleatória. Porém, se conhecemos apenas a função geradora de momentos, não temos como obter as demais funções. Outra limitação da função geradora de momentos é que, a partir dela, não temos como saber se a variável aleatória é discreta ou contínua.

Vimos, nas Seções 4.2 e 5.2, que podemos definir novas variáveis aleatórias através de transformações de uma variável aleatória. Quando a transformação é do tipo linear, é possível obtermos a função geradora de momentos da variável transformada a partir da função geradora de momentos da variável original, conforme se demonstra a seguir.

Proposição 6.1 ***Funções Lineares***

Seja X uma variável aleatória com função geradora de momentos M_X. Se $Y = aX + b$, então a função geradora de momentos de Y é $M_Y(t) = e^{bt}M_X(at)$.

Demonstração:

$$M_Y(t) = \mathrm{E}(e^{tY}) = \mathrm{E}\left(e^{t(aX+b)}\right) = \mathrm{E}\left(e^{atX}e^{bt}\right) = e^{bt}\,\mathrm{E}\left(e^{atX}\right) = e^{bt}\,\mathrm{E}\left(e^{(at)X}\right) = e^{bt}M_X(at)$$

□

Exemplo 6.5

Consideremos novamente a variável Y_1, cuja função geradora de momentos foi calculada no Exemplo 6.4. Vamos calcular a função geradora de momentos de $W = 2Y_1 + 3$.

Solução:

Como $W = 2Y_1 + 3$, usando o resultado da Proposição 6.1, obtemos

$$M_W(t) = e^{3t} M_{Y_1}(2t) \quad \text{se } 2t < 1,$$

ou seja,

$$M_W(t) = e^{3t} \frac{1}{(1-2t)^2} \quad \text{se } t < \frac{1}{2}.$$

♦♦

Lista de exercícios da Seção 6.2

1. Seja X a variável aleatória do Exercício 1 da lista de exercícios para a Seção 4.1, e seja $Y = X^2$ a variável aleatória do Exercício 1 da lista de exercícios para a Seção 4.2.

   (a) Encontre a função geradora de momentos de X e, a partir dela, encontre $\mathrm{E}(X)$ e $\mathrm{Var}(X)$.

   (b) Encontre a função geradora de momentos de Y e, a partir dela, encontre $\mathrm{E}(Y)$ e $\mathrm{Var}(Y)$.

2. Seja X a variável aleatória do Exercício 2 da lista de exercícios para a Seção 4.1, e seja $Y = 2 - X$ a variável aleatória do Exercício 2 da lista de exercícios para a Seção 4.2.

   (a) Encontre a função geradora de momentos de X e, a partir dela, encontre $\mathrm{E}(X)$ e $\mathrm{Var}(X)$.

   (b) Encontre a função geradora de momentos de Y e, a partir dela, encontre $\mathrm{E}(Y)$ e $\mathrm{Var}(Y)$.

3. Seja X a variável aleatória do Exercício 6 da lista de exercícios para a Seção 4.1.

   (a) Encontre a função geradora de momentos de X.

   (b) A partir da função geradora de momentos, encontre os três primeiros momentos de X.

   Dicas: (1) $e^{tx}q^x = \left(e^t q\right)^x$; (2) $\sum_{i=1}^{\infty} p^x = p/(1-p)$, sempre que $|p| < 1$.

4. Seja X a variável aleatória do exercício anterior, e $Y = X + 1$ a variável aleatória do Exercício 6 da lista de exercícios para a Seção 4.2.

   (a) Encontre a função geradora de momentos de Y. Dica: use a função geradora de momentos de X para isso.

   (b) A partir da função geradora de momentos, encontre os três primeiros momentos de Y.

5. Seja X a variável aleatória do Exercício 1 da Seção 5.1, cuja função densidade é definida por $f_X(x) = 2e^{-2x}$, se $x > 0$, e seja $Y = 3X + 2$, a variável aleatória do Exercício 1 da Seção 5.2.

   (a) Encontre a função geradora de momentos de X e, a partir dela, encontre $\mathrm{E}(X)$ e $\mathrm{Var}(X)$.

   (b) Encontre a função geradora de momentos de Y e, a partir dela, encontre $\mathrm{E}(Y)$ e $\mathrm{Var}(Y)$.

6.3 Distribuições simétricas

Nesta seção, veremos alguns resultados particulares para as distribuições simétricas. Ao final da seção, será apresentada uma medida de assimetria, que é uma plicação direta dos três primeiros momentos de uma varável aleatória simétrica.

Definição 6.3
Uma variável aleatória X tem distribuição simétrica em torno de μ se X tem função de probabilidade simétrica em torno de μ, caso X seja discreta, ou função densidade simétrica em torno de μ, caso seja contínua.

Isto é, para o caso de X ser discreta, X tem distribuição simétrica em torno de μ se

$$p_X(\mu - x) = p_X(\mu + x), \ \forall\, x \in \mathbb{R}.$$

Já para o caso de X ser contínua, X tem distribuição simétrica em torno de μ se

$$f_X(\mu - x) = f_X(\mu + x), \ \forall\, x \in \mathbb{R}.$$

Considere a variável aleatória apresentada no Exemplo 6.1, cuja função de probabilidade é representada graficamente a seguir. Podemos ver que a função é simétrica em torno de $x = 5$. Na resolução desse exemplo, vimos que $\mathrm{E}(X) = 5$, exatamente o ponto de simetria.

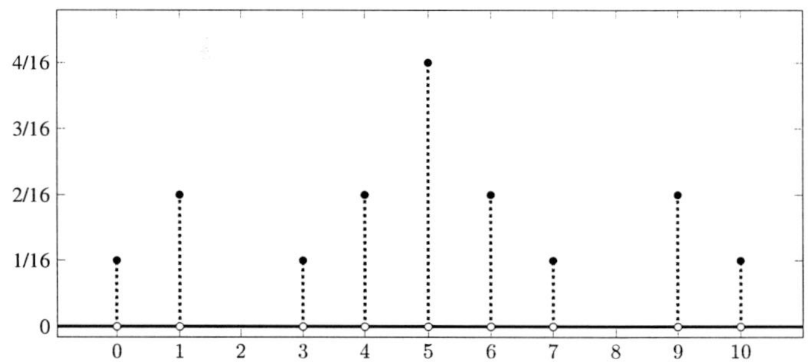

Também nos Exemplos 5.3, 5.5 e 5.6, as funções densidade da variável aleatória em questão eram simétricas em torno de 0, 5 e 1, respectivamente, e vimos que as esperanças eram exatamente os pontos de simetria. Esses resultados não são uma coincidência; eles refletem um resultado mais geral sobre distribuições simétricas, apresentado na Proposição 6.2 a seguir.

Proposição 6.2
Seja X variável aleatória com distribuição simétrica em torno de μ. Então,

$$\mathrm{E}\left((X - \mu)^k\right) = 0$$

sempre que k for ímpar, isto é, todos os momentos centrais de ordem ímpar são nulos.

Demonstração:
Vamos estudar o comportamento das variáveis $Y = X - \mu$ e $W = \mu - X = -(X - \mu)$ quando X é simétrica.

- X discreta: $p_X(\mu + x) = p_X(\mu - x)$

  ⋆ $p_Y(y) = \mathrm{P}(X - \mu = y) = p_X(\mu + y)$

  ⋆ $p_W(y) = \mathrm{P}(\mu - X = y) = p_X(\mu - y) = p_X(\mu + y) = p_Y(y)$

- X contínua: $f_X(\mu + x) = f_X(\mu - x)$

  ⋆ $F_Y(y) = \mathrm{P}(X - \mu \leq y) = \mathrm{P}(X \leq y + \mu) = F_X(\mu + y) \Rightarrow f_Y(y) = f_X(y + \mu) = f_X(\mu - y)$

  ⋆ $F_W(y) = \mathrm{P}(\mu - X \leq y) = 1 - F_X(\mu - y) \Rightarrow f_W(y) = -f_X(\mu - y) \times (-1) = f_X(\mu - y) = f_Y(y)$

Concluímos, assim, que, independente do tipo da variável X, $Y = X - \mu$ e $W = -(X - \mu)$ são identicamente distribuídas, o mesmo acontecendo, então, com $(X - \mu)^k$ e $[-(X - \mu)]^k$. Logo,

$$\begin{aligned}\mathrm{E}\left((X-\mu)^k\right) &= \mathrm{E}\left([-(X-\mu)]^k\right) = \mathrm{E}\left((-1)^k(X-\mu)^k\right) = (-1)^k\,\mathrm{E}\left((X-\mu)^k\right)\\ &\underbrace{=}_{k\text{ ímpar}} (-1)\,\mathrm{E}\left((X-\mu)^k\right) = -\,\mathrm{E}\left((X-\mu)^k\right)\end{aligned}$$

ou seja, se k é ímpar $\mathrm{E}\left((X-\mu)^k\right)$ é igual ao seu simétrico, o que implica que $\mathrm{E}\left((X-\mu)^k\right) = 0$. □

Corolário 6.3 *Seja X variável aleatória com distribuição simétrica em torno de μ. Então, $\mathrm{E}(X) = \mu$.*

Demonstração:

Basta aplicar o resultado da Proposição 6.2 para $k = 1$. □

Essa característica dos momentos de ordem ímpar de uma função de probabilidade simétrica leva à definição de um coeficiente de assimetria, que permite diferenciar curvas simétricas de curvas assimétricas, assim como diferentes tipos de assimetria, ilustrados nas Figuras 6.1, 6.2 e 6.3. Tais figuras apresentam exemplos de gráficos de funções de probabilidade e funções densidade.

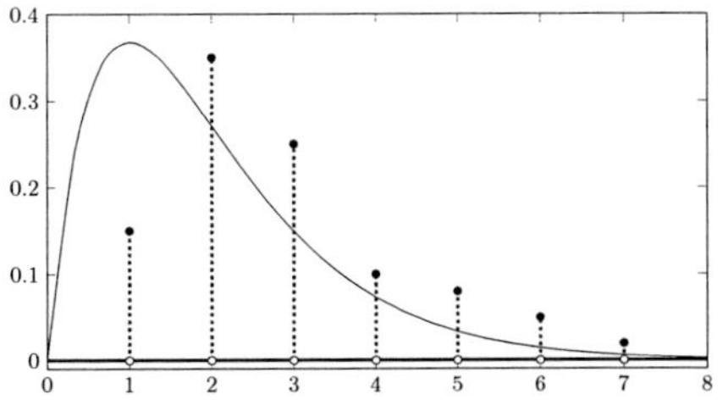

Figura 6.1 – Assimetria à direita

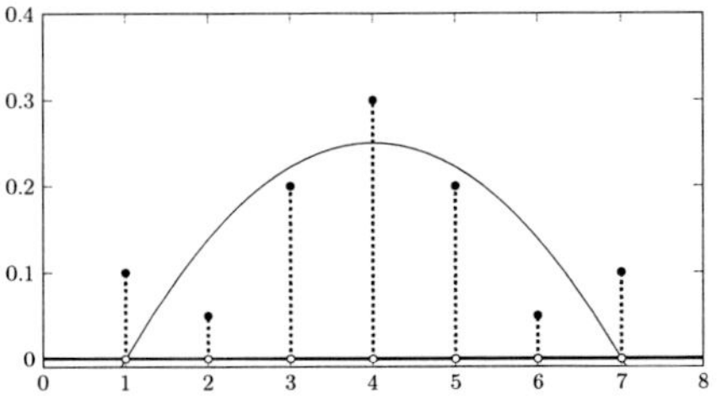

Figura 6.2 – Simetria

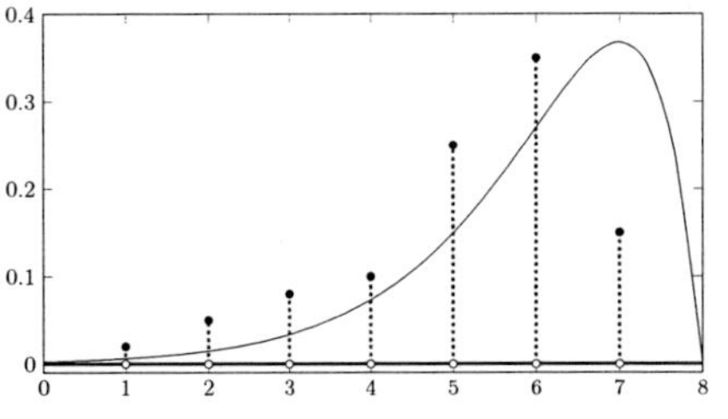

Figura 6.3 – Assimetria à esquerda

Definição 6.4 ***Coeficiente de Assimetria***

Seja X variável aleatória com $\mathrm{E}(X) = \mu$ e $\mathrm{Var}(X) = \sigma^2$. O coeficiente de assimetria de X, denotado por α_3, é definido por

$$\alpha_3 = \frac{\mathrm{E}\left((X-\mu)^3\right)}{\sigma^3}$$

supondo a existência dos momentos envolvidos.

Note que o numerador do coeficiente de assimetria pode ser escrito em função dos momentos de ordem 1, 2 e 3. Lembrando que $\mu = \mathrm{E}(X) = \mu'_1$, temos que

$$\begin{aligned}
\mathrm{E}\left((X-\mu)^3\right) &= \mathrm{E}(X^3 - 3X^2\mu + 3X\mu^2 - \mu^3) \\
&= \mathrm{E}(X^3) - 3\mu\,\mathrm{E}(X^2) + 3\mu^2\,\mathrm{E}(X) - \mu^3 \\
&= \mathrm{E}(X^3) - 3\,\mathrm{E}(X^2)\cdot\mathrm{E}(X) + 3\,[\mathrm{E}(X)]^3 - [\mathrm{E}(X)]^3 \\
&= \mathrm{E}(X^3) - 3\,\mathrm{E}(X^2)\cdot\mathrm{E}(X) + 2\,[\mathrm{E}(X)]^3.
\end{aligned}$$

Nas Figuras 6.1 e 6.3, os gráficos representam distribuições assimétricas. As distribuições representadas pela Figura 6.1 são assimétricas à direita, ou têm assimetria positiva, e aquelas representadas pela Figura 6.3 são assimétricas à esquerda, ou têm assimetria negativa. Em termos do coeficiente de assimetria, temos a seguinte caracterização:

$$\begin{aligned}
\alpha_3 > 0 &\quad\Rightarrow\quad \text{assimetria positiva ou à direita;} \\
\alpha_3 = 0 &\quad\Rightarrow\quad \text{assimetria nula ou simetria;} \\
\alpha_3 < 0 &\quad\Rightarrow\quad \text{assimetria negativa ou à esquerda.}
\end{aligned}$$

Exemplo 6.6

Sejam X_1, X_2 e X_3 variáveis aleatórias discretas cujas funções de probabilidade, p_1, p_2 e p_3, são dadas a seguir e seus gráficos estão representados nas Figuras 6.1, 6.2 e 6.3, respectivamente.

x	1	2	3	4	5	6	7
$p_1(x)$	0,15	0,35	0,25	0,10	0,08	0,05	0,02
$p_2(x)$	0,10	0,05	0,20	0,30	0,20	0,05	0,10
$p_3(x)$	0,02	0,05	0,08	0,10	0,25	0,35	0,15

Vamos calcular os coeficientes de assimetria dessas três variáveis aleatórias.

Solução:

Primeiro, vamos calcular o coeficiente de assimetria de X_1.

$\mathrm{E}(X_1) = 1\cdot 0,15 + 2\cdot 0,35 + 3\cdot 0,25 + 4\cdot 0,10 + 5\cdot 0,08 + 6\cdot 0,05 + 7\cdot 0,02 = 2,84$

$\mathrm{E}(X_1^2) = 1^2\cdot 0,15 + 2^2\cdot 0,35 + 3^2\cdot 0,25 + 4^2\cdot 0,10 + 5^2\cdot 0,08 + 6^2\cdot 0,05 + 7^2\cdot 0,02 = 10,18$

$\mathrm{E}(X_1^3) = 1^3\cdot 0,15 + 2^3\cdot 0,35 + 3^3\cdot 0,25 + 4^3\cdot 0,10 + 5^3\cdot 0,08 + 6^3\cdot 0,05 + 7^3\cdot 0,02 = 43,76$

Logo, $\sigma^2 = \mathrm{Var}(X_1) = \mathrm{E}(X_1^2) - [\mathrm{E}(X_1)]^2 = 10,18 - 2,84^2 = 2,1144$ e

$$\alpha_3 = \frac{43,76 - 3\cdot 10,18\cdot 2,84 + 2\cdot(2,84)^3}{2,1144\sqrt{2,1144}} = 0,92339154.$$

Veja que $\alpha_3 > 0$, o que nos faz concluir que X_1 é assimétrica à direita, como esperávamos, uma vez conhecido o gráfico de p_1 na Figura 6.1.

Agora, calcularemos o coeficiente de assimetria de X_2.

$$\mathrm{E}(X_2) = 1 \cdot 0,10 + 2 \cdot 0,05 + 3 \cdot 0,20 + 4 \cdot 0,30 + 5 \cdot 0,20 + 6 \cdot 0,05 + 7 \cdot 0,10 = 4$$

$$\mathrm{E}(X_2^2) = 1^2 \cdot 0,10 + 2^2 \cdot 0,05 + 3^2 \cdot 0,20 + 4^2 \cdot 0,30 + 5^2 \cdot 0,20 + 6^2 \cdot 0,05 + 7^2 \cdot 0,10 = 18,6$$

$$\mathrm{E}(X_2^3) = 1^3 \cdot 0,10 + 2^3 \cdot 0,05 + 3^3 \cdot 0,20 + 4^3 \cdot 0,30 + 5^3 \cdot 0,20 + 6^3 \cdot 0,05 + 7^3 \cdot 0,10 = 95,2$$

Logo, $\sigma^2 = \mathrm{Var}(X_2) = \mathrm{E}(X_2^2) - [\mathrm{E}(X_2)]^2 = 18,6 - 4^2 = 2,6$ e

$$\alpha_3 = \frac{95,2 - 3 \cdot 18,6 \cdot 4 + 2 \cdot (4)^3}{95,2\sqrt{95,2}} = 0.$$

Veja que $\alpha_3 = 0$, o que nos leva a concluir que X_2 é simétrica, como esperávamos, uma vez conhecido o gráfico de p_2 na Figura 6.2. Veja, também, que $\mathrm{E}(X_2) = 4$, justamente o ponto de simetria, o que também já era esperado, pelo resultado Proposição 6.2.

Por fim, faremos o cálculo do coeficiente de assimetria de X_3.

$$\mathrm{E}(X_3) = 1 \cdot 0,02 + 2 \cdot 0,05 + 3 \cdot 0,08 + 4 \cdot 0,10 + 5 \cdot 0,25 + 6 \cdot 0,35 + 7 \cdot 0,15 = 5,16$$

$$\mathrm{E}(X_3^2) = 1^2 \cdot 0,02 + 2^2 \cdot 0,05 + 3^2 \cdot 0,08 + 4^2 \cdot 0,10 + 5^2 \cdot 0,25 + 6^2 \cdot 0,35 + 7^2 \cdot 0,15 = 28,74$$

$$\mathrm{E}(X_3^3) = 1^3 \cdot 0,02 + 2^3 \cdot 0,05 + 3^3 \cdot 0,08 + 4^3 \cdot 0,10 + 5^3 \cdot 0,25 + 6^3 \cdot 0,35 + 7^3 \cdot 0,15 = 167,28$$

Logo, $\sigma^2 = \mathrm{Var}(X_3) = \mathrm{E}(X_3^2) - [\mathrm{E}(X_3)]^2 = 28,74 - 5,16^2 = 2,1144$ e

$$\alpha_3 = \frac{167,28 - 3 \cdot 28,74 \cdot 5,16 + 2 \cdot (5,16)^3}{2,1144\sqrt{2,1144}} = -0,92339154.$$

Veja que $\alpha_3 < 0$, o que confirma a assimetria à esquerda de X_3, como esperávamos a partir do gráfico de p_3 na Figura 6.3

♦♦

Exemplo 6.7

Sejam Y_1, Y_2 e Y_3 variáveis aleatórias contínuas cujas funções densidade, f_1, f_2 e f_3, são dadas a seguir com seus gráficos apresentados nas Figuras 6.1, 6.2 e 6.3, respectivamente.

$$f_1(y) = ye^{-y},\ y > 0; \qquad f_2(y) = -\frac{(y-1)(y-7)}{36},\ 1 < y < 7; \quad \text{e} \quad f_3(y) = (8-y)e^{y-8},\ y < 8.$$

Vamos calcular os coeficientes de assimetria dessas três variáveis aleatórias.

Solução:

No Exemplo 6.4, calculamos a função geradora de momentos de Y_1. Vamos usá-la para calcular os três primeiros momentos de Y_1.

$$
\begin{aligned}
M_{Y_1}(t) &= \frac{1}{(1-t)^2} \quad ,t<1\\
M'_{Y_1}(t) &= \frac{2}{(1-t)^3} \;\therefore\; \mathrm{E}(Y_1) = M'_{Y_1}(0) = 2\\
M''_{Y_1}(t) &= \frac{6}{(1-t)^4} \;\therefore\; \mathrm{E}(Y_1)^2 = M''_{Y_1}(0) = 6\\
M'''_{Y_1}(t) &= \frac{24}{(1-t)^5} \;\therefore\; \mathrm{E}(Y_1)^3 = M'''_{Y_1}(0) = 24
\end{aligned}
$$

Logo, $\sigma^2 = \mathrm{Var}(Y_1) = \mathrm{E}(Y_1^2) - [\mathrm{E}(Y_1)]^2 = 6 - 2^2 = 2$ e

$$\alpha_3 = \frac{24 - 3\cdot 6\cdot 2 + 2\cdot (2)^3}{2\sqrt{2}} = \frac{4}{2\sqrt{2}} = \sqrt{2} = 1,414214.$$

Veja que $\alpha_3 > 0$, o que nos faz concluir que Y_1 é assimétrica à direita, como esperávamos, uma vez conhecido o gráfico de f_1 na Figura 6.1.

Agora, faremos o cálculo do coeficiente de assimetria de Y_2.

$$
\begin{aligned}
\mathrm{E}(Y_2) &= \int_1^7 y\left(-\frac{(y-1)(y-7)}{36}\right)\mathrm{d}y = -\frac{1}{36}\int_1^7 (y^3 - 8y^2 + 7y)\mathrm{d}y = -\frac{1}{36}\left(\frac{y^4}{4} - \frac{8y^3}{3} + \frac{7y^2}{2}\right)\Big|_1^7 = 4\\
\mathrm{E}(Y_2^2) &= \int_1^7 y^2\left(-\frac{(y-1)(y-7)}{36}\right)\mathrm{d}y = -\frac{1}{36}\int_1^7 (y^4 - 8y^3 + 7y^2)\mathrm{d}y = -\frac{1}{36}\left(\frac{y^5}{5} - \frac{8y^4}{4} + \frac{7y^3}{3}\right)\Big|_1^7 = 17,8\\
\mathrm{E}(Y_2^3) &= \int_1^7 y^3\left(-\frac{(y-1)(y-7)}{36}\right)\mathrm{d}y = -\frac{1}{36}\int_1^7 (y^5 - 8y^4 + 7y^3)\mathrm{d}y = -\frac{1}{36}\left(\frac{y^6}{6} - \frac{8y^5}{5} + \frac{7y^4}{4}\right)\Big|_1^7 = 85,6
\end{aligned}
$$

Logo, $\sigma^2 = \mathrm{Var}(Y_2) = \mathrm{E}(Y_2^2) - [\mathrm{E}(Y_2)]^2 = 17,8 - 4^2 = 1,8$ e

$$\alpha_3 = \frac{85,6 - 3\cdot 17,8\cdot 4 + 2\cdot (4)^3}{1,8\sqrt{1,8}} = 0.$$

Veja que $\alpha_3 = 0$, o que nos faz concluir que Y_2 é simétrica, como esperávamos, uma vez conhecido o gráfico de f_2 na Figura 6.2. Além disso, $\mathrm{E}(Y_2) = 4$, que é o ponto de simetria da curva de f_2.

Para os cálculos referentes à variável Y_3, note que $f_{Y_3}(y) = f_{Y_1}(8-y)$, ou seja, $Y_3 = 8 - Y_1$ e, portanto, usando a Proposição 6.1,

$$M_{Y_3}(t) = e^{8t} M_{Y_1}(-t) \quad se - t < 1,$$

ou seja,

$$M_{Y_3}(t) = e^{8t} M_{Y_1}(-t) \quad \text{se } t > -1$$

$$
\begin{aligned}
M'_{Y_3}(t) &= 8e^{8t} M_{Y_1}(-t) + e^{8t} M'_{Y_1}(-t)(-1) =\\
&= e^{8t}\left[8M_{Y_1}(-t) - M'_{Y_1}(-t)\right] \;\therefore\; M'_{Y_3}(0) = 8 - 2 = 6
\end{aligned}
$$

$$
\begin{aligned}
M''_{Y_3}(t) &= 8e^{8t}\left[8M_{Y_1}(-t) - M'_{Y_1}(-t)\right] + e^{8t}\left[-8M'_{Y_1}(-t) + M''_{Y_1}(-t)\right] \\
&= e^{8t}\left[64M_{Y_1}(-t) - 16M'_{Y_1}(-t) + M''_{Y_1}(-t)\right] \therefore\ M''_{Y_3}(0) = 64 - 16 \cdot 2 + 6 = 38 \\
M'''_{Y_3}(t) &= 8e^{8t}\left[64M_{Y_1}(-t) - 16M'_{Y_1}(-t) + M''_{Y_1}(-t)\right] + e^{8t}\left[-64M'_{Y_1}(-t) + 16M''_{Y_1}(-t) - M'''_{Y_1}(-t)\right] \\
&= e^{8t}\left[512M_{Y_1}(-t) - 192M'_{Y_1}(-t) + 24M''_{Y_1}(-t) - M'''_{Y_1}(-t)\right] \therefore
\end{aligned}
$$

$M'''_{Y_3}(0) = 512 - 192 \cdot 2 + 24 \cdot 6 - 24 = 248$

Logo, $\sigma^2 = \text{Var}(Y_3) = \text{E}(Y_3^2) - [\text{E}(Y_3)]^2 = 38 - 6^2 = 2$ e

$$
\alpha_3 = \frac{248 - 3 \cdot 38 \cdot 6 + 2 \cdot (6)^3}{2\sqrt{2}} = -\frac{4}{2\sqrt{2}} = -\sqrt{2} = -1,414214.
$$

Obtemos $\alpha_3 < 0$, caracterizando assimetria negativa, o que está de acordo com o gráfico de f_3 na Figura 6.3.

♦♦

Lista de exercícios da Seção 6.3

1. Seja X a variável aleatória do Exercício 1 da lista de exercícios para a Seção 4.1 e seja $Y = X^2$ a variável aleatória do Exercício 1 da lista de exercícios para a Seção 4.2. Para os itens a seguir, aproveite os cálculos do Exercício 1 da Seção 6.1.

   (a) Calcule o coeficiente de assimetria da variável X e classifique a distribuição de X como simétrica, assimétrica à direita ou à esquerda. Compare o resultado com o esboço do gráfico da função de probabilidade de X.

   (b) Calcule o coeficiente de assimetria da variável Y e classifique a distribuição de Y como simétrica, assimétrica à direita ou à esquerda. Compare o resultado com o esboço do gráfico da função de probabilidade de Y.

2. Seja X a variável aleatória do Exercício 2 da lista de exercícios para a Seção 4.1 e seja $Y = 2 - X$ a variável aleatória do Exercício 2 da lista de exercícios para a Seção 4.2. Para os itens a seguir, aproveite os cálculos do Exercício 2 da Seção 6.1.

   (a) Calcule o coeficiente de assimetria da variável X e classifique a distribuição de X como simétrica, assimétrica à direita ou à esquerda. Compare o resultado com o esboço do gráfico da função de probabilidade de X.

   (b) Calcule o coeficiente de assimetria da variável Y e classifique a distribuição de Y como simétrica, assimétrica à direita ou à esquerda. Compare o resultado com o esboço do gráfico da função de probabilidade de Y.

3. Seja X a variável aleatória do Exercício 2 da Seção 5.1, cuja função densidade é definida por $f_X(x) = \dfrac{3}{4}(1 - x^2)$, se $-1 < x < 1$, e seja $Y = |X|$, a variável aleatória do Exercício 2 da Seção 5.2. Para os itens a seguir, aproveite os cálculos do Exercício 3 da Seção 6.1.

(a) Calcule o coeficiente de assimetria da variável X e classifique a distribuição de X como simétrica, assimétrica à direita ou à esquerda. Compare o resultado com o esboço do gráfico da função de probabilidade de X.

(b) Calcule o coeficiente de assimetria da variável Y e classifique a distribuição de Y como simétrica, assimétrica à direita ou à esquerda. Compare o resultado com o esboço do gráfico da função de probabilidade de Y.

4. Seja X a variável aleatória do Exercício 6 da lista de exercícios para a Seção 4.1. Calcule o coeficiente de assimetria de X, e classifique a distribuição de X como simétrica, assimétrica à direita ou assimétrica à esquerda.

5. Seja X a variável aleatória do exercício anterior, e $Y = X + 1$ a variável aleatória do Exercício 6 da lista de exercícios para a Seção 4.2. Calcule o coeficiente de assimetria de Y e classifique a distribuição de Y como simétrica, assimétrica à direita ou assimétrica à esquerda.

6. Seja X a variável aleatória do Exercício 1 da Seção 5.1, cuja função densidade é definida por $f_X(x) = 2e^{-2x}$, se $x > 0$, e seja $Y = 3X + 2$, a variável aleatória do Exercício 1 da Seção 5.2.

(a) Calcule o coeficiente de assimetria de X, e classifique a distribuição de X como simétrica, assimétrica à direita ou assimétrica à esquerda.

(b) Calcule o coeficiente de assimetria de Y, e classifique a distribuição de Y como simétrica, assimétrica à direita ou assimétrica à esquerda.

6.4 Algumas desigualdades importantes

Vimos, nas seções anteriores, algumas aplicações práticas do cálculo de momentos, como a esperança, uma medida de posição, que depende do primeiro momento; a variância, uma medida de dispersão, que depende dos dois primeiros momentos; e o coeficiente de assimetria, uma medida de assimetria, que depende dos três primeiros momentos. Pode-se ver que, quanto mais momentos conhecemos, mais se sabe sobre a distribuição da variável. Mas, infelizmente, conhecendo somente alguns momentos, não é possível fazermos cálculos de probabilidade envolvendo a variável aleatória. Apesar disso, o conhecimento do 1º e do 2º momentos nos dá alguma informação sobre o comportamento de X, o que já pode ser bem útil, como veremos nesta seção.

Vale destacar que os resultados apresentados nesta seção valem tanto para variáveis aleatórias discretas quanto contínuas.

Proposição 6.3 ***Desigualdade de Markov (ou Desigualdade Básica de Chebyshev)***
Seja X uma variável aleatória tal que $\mathrm{P}(X \geq 0) = 1$, ou seja, X assume apenas valores não negativos. Então, $\forall\, t > 0$,

$$\mathrm{P}(X \geq t) \leq \frac{\mathrm{E}(X)}{t}.$$

Demonstração:

Primeiro, vamos mostrar que a desigualdade vale quando X é variável aleatória discreta.

$$\begin{aligned}\mathrm{E}(X) &= \sum_x x p_X(x) = \underbrace{\sum_{x<t} x p_X(x)}_{\geq 0, \text{ pois } x \geq 0} + \sum_{x \geq t} x p_X(x) \\ &\geq \sum_{x \geq t} x p_X(x) \geq \sum_{x \geq t} t p_X(x) = t \sum_{x \geq t} p_X(x) = t\,\mathrm{P}(X \geq t).\end{aligned}$$

Analogamente, se X é variável aleatória contínua

$$\begin{aligned}\mathrm{E}(X) &= \int x f_X(x)\mathrm{d}x = \underbrace{\int_{x<t} x f_X(x)\mathrm{d}x}_{\geq 0, \text{ pois } x \geq 0} + \int_{x \geq t} x f_X(x)\mathrm{d}x \\ &\geq \int_{x \geq t} x f_X(x)\mathrm{d}x \geq \int_{x \geq t} t f_X(x)\mathrm{d}x = t \int_{x \geq t} f_X(x)\mathrm{d}x = t\,\mathrm{P}(X \geq t).\end{aligned}$$

□

Repare que a Desigualdade de Markov nos fornece um limite superior para $\mathrm{P}(X \geq t)$, dado por $\frac{\mathrm{E}(X)}{t}$, sempre que X for variável aleatória não negativa. Um limite superior para $\mathrm{P}(X \geq t)$ pode ser transformado em um limite inferior para $\mathrm{P}(X < t)$, como mostra o Corolário 6.4 a seguir.

Corolário 6.4 *Seja X uma variável aleatória não negativa. Então, $\forall\, t > 0$,*

$$\mathrm{P}(X < t) \geq 1 - \frac{\mathrm{E}(X)}{t}.$$

Demonstração:

Pela Desigualdade de Markov,

$$\mathrm{P}(X \geq t) \leq \frac{\mathrm{E}(X)}{t} \Rightarrow 1 - \mathrm{P}(X < t) \leq \frac{\mathrm{E}(X)}{t} \Rightarrow 1 - \frac{\mathrm{E}(X)}{t} \leq \mathrm{P}(X < t).$$

Ou seja,

$$\mathrm{P}(X < t) \geq 1 - \frac{\mathrm{E}(X)}{t}.$$

□

Exemplo 6.8 ***(Magalhães (2011) , Exemplo 4.27)***

Em uma empresa com 100 funcionários, o número médio de usuários simultâneos de Internet, em certo período do dia, é de aproximadamente 30. Atualmente, existem 30 linhas telefônicas disponíveis para conexão. Avalie a necessidade de se aumentar esse número.

Solução:

Seja X = número de usuários simultâneos na Internet. Como há 30 linhas disponíveis, a probabilidade de um usuário ficar sem acesso à Internet é $\mathrm{P}(X > 30)$. Se esse valor for grande, o aumento no número de linhas disponíveis deve ser considerado.

Sabemos que X é variável aleatória não negativa e, além disso, $\mathrm{E}(X) = 30$. Então, usando a Desigualdade de Markov, obtemos

$$\mathrm{P}(X > 30) = \mathrm{P}(X \geq 31) \leq \mathrm{E}(X)/31 = 0,9677.$$

Nesse caso, a desigualdade não ajudou muito, o que é razoável, já que 30 é o número médio de usuários simultâneos. Mas se aumentarmos o número de linhas disponíveis para 40, a probabilidade de um usuário ficar sem Internet será

$$\mathrm{P}(X > 40) = \mathrm{P}(X \geq 41) \leq \mathrm{E}(X)/41 = 0,7317.$$

Veja que já temos alguma informação! Vamos calcular as cotas superiores para a probabilidade de um usuário ficar sem Internet para outros números de linhas disponíveis:

Nº de linhas disponíveis	Desigualdade de Markov	Cota superior
30	$\mathrm{P}(X \geq 31) \leq 0,9677$	97%
40	$\mathrm{P}(X \geq 41) \leq 0,7317$	74%
50	$\mathrm{P}(X \geq 51) \leq 0,5882$	59%
60	$\mathrm{P}(X \geq 61) \leq 0,4918$	50%
70	$\mathrm{P}(X \geq 71) \leq 0,4225$	43%
80	$\mathrm{P}(X \geq 81) \leq 0,3704$	38%

Essas informações podem ser utilizadas para se decidir sobre a expansão do número de linhas disponíveis. Observe, por exemplo, que, a partir de 60 linhas, a probabilidade já é menor que 0,5.

♦♦

A desigualdade apresentada a seguir é uma expressão mais geral, que não exige, por exemplo, que a variável aleatória seja não negativa. Em compensação, é necessário que se conheçam dois momentos de X, e não apenas um, como no caso da desigualdade de Markov.

Proposição 6.4 ***Desigualdade Clássica de Chebyshev***
Seja X variável aleatória qualquer tal que $\mathrm{E}(X) = \mu$ e $\mathrm{Var}(X) = \sigma^2$ existem e são finitas. Então,

$$\mathrm{P}(|X - \mu| \geq t) \leq \frac{\sigma^2}{t^2}.$$

Demonstração:
Observe, inicialmente, que

$$\mathrm{P}(|X - \mu| \geq t) = \mathrm{P}(|X - \mu|^2 \geq t^2)$$

pois a função $f(x) = x^2$ é estritamente crescente para $x > 0$. Além disso, $|X - \mu|^2$ é variável aleatória não negativa, o que nos permite aplicar a Desigualdade de Markov para obter

$$\mathrm{P}(|X - \mu||^2 \geq t^2) \leq \frac{\mathrm{E}(|X - \mu|^2}{t^2} = \frac{\sigma^2}{t^2}$$

Mas $\mathrm{P}(|X - \mu|^2 \geq t^2) = \mathrm{P}(|X - \mu| \geq t)$; logo

$$\mathrm{P}(|X - \mu| \geq t) \leq \frac{\sigma^2}{t^2}.$$

□

A desigualdade de Chebyshev fornece um limite superior para a probabilidade de X se distanciar da sua média mais do que t unidades, e esse limite superior é justamente $\frac{\sigma^2}{t^2}$. Assim como fizemos para a Desigualdade de Markov, esse limite superior pode ser interpretado como um limite inferior, isto é, um limite inferior para a probabilidade de X não se distanciar da sua média mais do que t unidades. Veja o Corolário 6.5

Corolário 6.5 *Seja X variável aleatória qualquer tal que $\mathrm{E}(X) = \mu$ e $\mathrm{Var}(X) = \sigma^2$ existem e são finitas. Então,*

$$\mathrm{P}(|X - \mu| < t) \geq 1 - \frac{\sigma^2}{t^2}$$

Demonstração:

Pela Desigualdade de Chebyshev,

$$\mathrm{P}(|X - \mu| \geq t) \leq \frac{\sigma^2}{t^2} \Rightarrow 1 - \mathrm{P}(|X - \mu| \geq t) \geq 1 - \frac{\sigma^2}{t^2} \Rightarrow \mathrm{P}(|X - \mu| < t) \geq 1 - \frac{\sigma^2}{t^2}$$

□

Exemplo 6.9

Continuando o Exemplo 6.8, suponha que o desvio-padrão do número de usuários simultâneos da Internet seja 10. Use essa informação para melhorar as aproximações encontradas no Exemplo 6.8.

Solução:

Temos, agora, mais uma informação, o desvio-padrão. Com isso, podemos usar a Desigualdade Clássica de Chebyshev.

A probabilidade de um usuário ficar sem Internet quando há k linhas disponíveis é

$$\begin{aligned}\mathrm{P}(X > k) &= \mathrm{P}(X \geq k+1) = \mathrm{P}(X - 30 \geq k - 29) \leq \mathrm{P}(X - 30 \geq k - 29) + \mathrm{P}\left[X - 30 \leq -(k-29)\right] \\ &= \mathrm{P}(|X - 30| \geq k - 29) \leq \frac{\sigma^2}{(k-29)^2} = \frac{100}{(k-29)^2}.\end{aligned}$$

Logo,

$$\mathrm{P}(X \geq k+1) \leq \frac{100}{(k-29)^2}.$$

e podemos recalcular as cotas superiores.

Nº de linhas disponíveis	Desigualdade	Cota superior
30	$\mathrm{P}(X \geq 31) \leq 25$	100%
40	$\mathrm{P}(X \geq 41) \leq 0,8264$	83%
50	$\mathrm{P}(X \geq 51) \leq 0,2267$	23%
60	$\mathrm{P}(X \geq 61) \leq 0,1040$	11%
70	$\mathrm{P}(X \geq 71) \leq 0,0595$	6%
80	$\mathrm{P}(X \geq 81) \leq 0,0384$	4%

♦♦

Exemplo 6.10

Seja X é uma variável aleatória com média $\mu < \infty$ e variância $\sigma^2 < \infty$. Encontre uma cota superior para $P(|X - \mu| \geq 2\sigma)$ (ou uma cota inferior para $P(|X - \mu| \leq 2\sigma)$). Encontre, também, uma cota superior para $P(|X - \mu| \geq 3\sigma)$ (ou uma cota inferior para $P(|X - \mu| \leq 3\sigma)$).

Solução:

Podemos usar a Desigualdade de Chebyshev.

$$P(|X - \mu| \geq 2\sigma) \leq \frac{1}{2^2} = 0,25 \Rightarrow P(|X - \mu| \leq 2\sigma) \geq 0,75$$

ou seja, para qualquer variável aleatória com média e variância finitas, a porcentagem de valores a uma distância de 2 desvios-padrão da média é de, pelo menos, 75%.

$$P(|X - \mu| \geq 3\sigma) \leq \frac{1}{3^2} = 0,1111 \Rightarrow P(|X - \mu| \leq 3\sigma) \geq 0,8889$$

ou seja, para qualquer variável aleatória com média e variância finitas, a porcentagem de valores a uma distância de 3 desvios-padrão da média é de, pelo menos, $88,89\%$.

♦♦

Lista de exercícios da Seção 6.4

1. Seja X uma variável aleatória não negativa, com $E(X) = 10$. Mostre que, independente da distribuição de X,
(a) $P(X < 20) \geq 0,5$. (b) $P(X \geq 40) \leq 0,25$. (c) $P(X \geq 50) \leq 0,2$. (d) $P(X < 100) \geq 0,9$.

2. Seja X uma variável aleatória, com $E(X) = 10$ e $DP(X) = 5$. Mostre que, independente da distribuição de X,
(a) $P(X \leq 0) \leq 0,25$, (b) $P(X \geq 40) \leq \frac{1}{36} \approx 0,0278$, (c) $P(4 < X < 16) \geq \frac{11}{36} \approx 0,305$.

3. Em um restaurante, o consumo semanal médio de camarão é de 50 Kg. O proprietário, que faz compras uma vez por semana, quer fazer um planejamento de compras que garanta o consumo em, pelo menos, 95% das semanas. Como ele estoca o camarão congelado, é possível manter alguma sobra. Mas, por outro lado, por motivos financeiros, ele não gostaria de estocar uma quantidade exagerada, sem justificativa.

   (a) Com os dados informados, qual deve ser a quantidade mínima de camarão no estoque no início da semana para garantir o consumo em pelo menos 95% das semanas?

   (b) Se o proprietário fornecer a informação adicional de que o desvio-padrão do consumo semanal de camarão é de 10 Kg, qual deve ser a quantidade mínima de camarão no estoque no início da semana para garantir o consumo em, pelo menos, 95% das semanas?

   (c) Repita os itens (a) e (b), supondo que, em vez de 95%, o proprietário aceite garantir o consumo em apenas 90% das semanas.

Exercícios do Capítulo 6

1. Suponha o experimento de lançar uma moeda equilibrada e observar a face superior. Seja X a variável aleatória indicadora do evento "resultado é cara".

   (a) Determine uma expressão para a função de probabilidade de X.

   (b) Determine a função geradora de momentos de X.

   (c) A partir da função geradora de momentos, calcule: $\mathrm{E}(X)$, $\mathrm{Var}(X)$ e o coeficiente de assimetria de X.

2. Seja X variável aleatória cuja função de probabilidade é definida por

$$p_X(x) = 2\left(\frac{1}{3}\right)^x, \quad x = 1, 2, 3, \ldots$$

   (a) Mostre que $\sum_{x \in Im(X)} p_X(x) = 1$. (Dica: $\sum_{i=1}^{\infty} p^x = p/(1-p)$, sempre que $|p| < 1$)

   (b) Encontre a função geradora de momentos de X. (Dica: $e^{tx}q^x = \left(e^t q\right)^x$)

   (c) A partir da função geradora de momentos de X, calcule: $E[X]$, $Var(X)$ e o coeficiente de assimetria de X.

3. Seja X uma variável aleatória cuja função geradora de momentos é definida por

$$M_X(t) = \left(\frac{e^t + 2}{3}\right)^5, \text{ para } t \in \mathbb{R}.$$

   Qual o desvio-padrão de X?

4. Seja X uma variável aleatória contínua com função densidade dada por

$$f_X(x) = 3e^{-3(x-1)}, \quad \text{se } x > 1.$$

   Determine a função geradora de momentos de X e calcule $\mathrm{E}(X)$ a partir dela.

5. Seja X uma variável aleatória cuja função densidade é definida por $f_X(x) = e^{-2|x|}$, $x \in \mathbb{R}$.

   (a) Verifique que f_X é de fato uma função densidade.

   (b) Determine a função de distribuição de X.

   (c) Determine a função geradora de momentos de X.

   (d) Empregando a função encontrada no item anterior, calcule $E[X]$ e $Var(X)$.

   (e) Qual a função densidade de $Y = |X|$?

6. Qual o desvio-padrão de uma variável aleatória com função geradora de momentos

$$M_X(t) = \frac{2}{2-t}, \quad \text{para } t < 2\,?$$

7. Seja X a variável aleatória do Exercício 3 da Seção 5.1, cuja função de distribuição é definida por

$$F_X(x) = \begin{cases} 0 & , \text{se } x < -1 \\ \dfrac{x+1}{2} & , \text{se } -1 \leq x < 1 \\ 1 & , \text{se } x \geq 1 \end{cases}$$

e seja $Y = -\ln\left(\dfrac{X+1}{2}\right)$, a variável aleatória do Exercício 3 da Seção 5.2.

   (a) Encontre a função geradora de momentos de X e encontre $\mathrm{E}(X)$ e $\mathrm{Var}(X)$.

   (b) Encontre a função geradora de momentos de Y e encontre $\mathrm{E}(Y)$ e $\mathrm{Var}(Y)$.

8. Em um posto de saúde, são distribuídas, diariamente, 150 senhas e, assim, há indivíduos que não conseguem uma senha. Esses deverão voltar outro dia para tentar conseguir obter a senha. Suponha que se saiba, apenas, que, por dia, em média, 120 indivíduos tentam uma senha nesse posto.

   (a) Encontre uma cota superior para a probabilidade de mais de 50 indivíduos ficarem sem senha em determinado dia.

   (b) Encontre uma cota superior para a probabilidade de mais de 100 indivíduos ficarem sem senha em determinado dia.

   (c) Quantas senhas deveriam ser distribuídas para garantirmos, com a pouca informação que temos, que, em menos de 40% dos dias, mais de 80 pessoas ficarão sem senha?

9. Suponha que o diâmetro de certo tipo de parafuso produzido por uma fábrica seja uma variável aleatória de média 5mm e desvio-padrão de 1,5mm. Segundo as especificações técnicas, o diâmetro desse tipo de parafuso tem que estar entre 3mm e 7mm, caso contrário ele é descartado pela fábrica. Apenas com essas informações, encontre uma cota inferior para a probabilidade de um parafuso estar dentro das especificações técnicas.

10. (a) Seja X variável aleatória tal que $P(X \geq 0) = 1$ e $P(X \geq 20) = 1/4$. Prove que $E[X] \geq 5$.

    (b) Seja X variável aleatória tal que $E[X] = 12$ e $P(10 < X < 14) = 0,6$. Prove que $Var(X) \geq 8/5$.

Capítulo 7

Algumas Distribuições Discretas

Considere as seguintes situações:

1. (a) Lança-se uma moeda viciada e observa-se o resultado obtido;

   (b) Pergunta-se a um eleitor se ele vai votar no candidato A ou B.

2. (a) Lança-se uma moeda n vezes e observa-se o número de caras obtidas;

   (b) De uma grande população, extrai-se uma amostra de n eleitores e observa-se o número de eleitores que votarão no candidato A.

3. (a) De uma urna com P bolas vermelhas e Q bolas brancas, extraem-se n bolas sem reposição e conta-se o número de bolas brancas;

   (b) De uma população com P pessoas, sendo Q a favor do candidato A, extrai-se uma amostra sem reposição de tamanho n e conta-se o número de pessoas favoráveis ao candidato A na amostra.

Em cada uma das situações anteriores, os experimentos (a) e (b) citados têm algo em comum: em certo sentido, temos a "mesma situação", mas em contextos diferentes. Por exemplo, na situação 1, cada um dos experimentos tem dois resultados possíveis e observamos qual ocorreu. Na situação 3, temos uma população dividida em duas categorias e dela extraímos uma amostra sem reposição; o interesse está no número de elementos de uma categoria.

Na prática, existem muitas outras situações que podem se "encaixar" nos modelos acima ou, ainda, em outros modelos. O que veremos neste capítulo são alguns *modelos* de variáveis aleatórias discretas que podem descrever situações como as listadas anteriormente. Nesse contexto, um modelo será definido por uma variável aleatória e sua função de probabilidade, explicitando-se claramente as hipóteses de validade. De posse desses elementos, poderemos analisar diferentes situações práticas para tentar "encaixá-las" em algum dos modelos dados.

Neste capítulo, serão descritas as distribuições de probabilidade discretas mais usuais. A introdução de cada uma delas será feita através de um exemplo clássico (moeda, urna, baralho etc.) e, em seguida, serão explicitadas as características do experimento. Tais características são a ferramenta necessária para sabermos qual modelo se aplica a determinada situação prática. Definida a distribuição, calculam-se os momentos da distribuição.

7.1 Distribuição uniforme discreta

Suponha que seu professor de Estatística decida dar de presente a um dos alunos um livro de sua autoria. Não querendo favorecer qualquer aluno em especial, ele decide sortear aleatoriamente o ganhador, dentre os 45 alunos da turma. Para isso, ele numera os nomes dos alunos que constam do diário de classe de 1 a 45, escreve esses números em pedaços iguais de papel, dobrando-os ao meio para que o número não fique visível, e sorteia um desses papéis depois de bem misturados. Qual é a probabilidade de que você ganhe o livro? Qual é a probabilidade de que o aluno que tirou a nota mais baixa na primeira prova ganhe o livro? E o que tirou a nota mais alta?

O importante a notar nesse exemplo é o seguinte: o professor tomou todos os cuidados necessários para não favorecer qualquer aluno em especial. Isso significa que todos os alunos têm a mesma chance de ganhar o livro. Temos, assim, um exemplo da distribuição uniforme discreta.

Definição 7.1 ***Distribuição uniforme discreta***
*Uma variável aleatória X tem distribuição **uniforme discreta** com parâmetro n se $Im(X)$ é um conjunto finito com n elementos e a probabilidade de X assumir qualquer um dos n elementos é a mesma.*

Note que, se X tem distribuição uniforme discreta, todos os valores de $Im(X)$ são igualmente prováveis. O parâmetro n, por sua vez, é o número de valores que a variável aleatória pode assumir e por isso n pode ser qualquer valor no conjunto $\mathbb{N}^*$. Chamamos de **espaço paramétrico** o conjunto de valores que o parâmetro de uma distribuição pode assumir. Nesse caso, o espaço paramétrico para o parâmetro n é o conjunto dos números naturais positivos, isto é, $\mathbb{N}^*$.

Vamos denotar a distribuição uniforme discreta com parâmetro n por $Unif(n)$. Nesse caso, se quisermos indicar que uma variável aleatória X segue essa distribuição, podemos simplesmente escrever: $X \sim Unif(n)$ (lê-se: a variável aleatória X tem distribuição uniforme discreta com parâmetro n).

Função de probabilidade e função de distribuição

Seja $X \sim Unif(n)$ e suponha $Im(X) = \{x_1, x_2, \ldots, x_n\}$. Logo, a sua função de probabilidade é definida por

$$p_X(x_i) = \mathrm{P}(X = x_i) = \frac{1}{n} \qquad \forall\, i = 1, 2, \ldots, n. \tag{7.1}$$

Na Figura 7.1 a seguir estão os gráficos da função de probabilidade e da função de distribuição de uma variável aleatória uniforme discreta. Veja que, como a probabilidade associada a cada elemento x_i de $Im(X)$ é a mesmo $\forall\, i$, os degraus no gráfico da função de distribuição têm a mesma altura (Figura 7.1b).

Esperança e variância

Seja X uma variável aleatória discreta uniforme que assume valores $x_1, x_2, \ldots, x_n$. De acordo com a Definição 4.2,

$$\mathrm{E}(X) = \frac{1}{n}x_1 + \frac{1}{n}x_2 + \cdots + \frac{1}{n}x_n = \overline{x}, \tag{7.2}$$

ou seja, $\mathrm{E}(X)$ é a média aritmética dos valores possíveis de X.

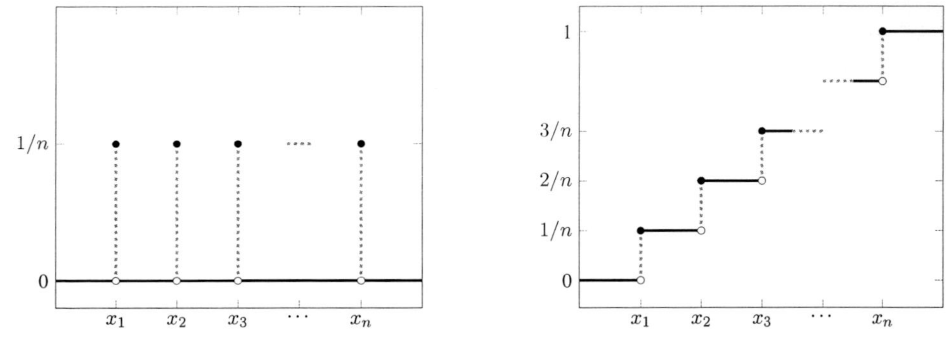

(a) Função de probabilidade **(b)** Função de distribuição

Figura 7.1 – Distribuição uniforme discreta

Com relação à variância, temos a Definição 4.3, de onde tiramos que

$$\mathrm{Var}(X) = \mathrm{E}\left([X - \mathrm{E}(X)]^2\right) = \frac{1}{n}(x_1 - \overline{x})^2 + \frac{1}{n}(x_2 - \overline{x})^2 + \cdots + \frac{1}{n}(x_n - \overline{x})^2 = \frac{1}{n}\sum_{i=1}^{n}(x_i - \overline{x})^2 = \sigma_X^2 \tag{7.3}$$

Função geradora de momentos

Não temos uma expressão geral para a função geradora de momentos de uma variável aleatória uniforme discreta qualquer. Mas, no caso particular de $X \sim Unif(n)$ com $Im(X) = \{1, 2, 3, \ldots, n\}$, podemos encontrar a sua função geradora de momentos.

$$M_X(t) = \mathrm{E}(e^{tX}) = \sum_{x=1}^{n} e^{tx}\frac{1}{n} = \frac{1}{n}\sum_{x=1}^{n}(e^t)^x = \frac{1}{n}\frac{e^t - (e^t)^{n+1}}{1 - e^t} = \frac{1}{n}\frac{e^t - e^{tn+t}}{1 - e^t} = \frac{e^t}{n}\frac{1 - e^{tn}}{1 - e^t}, \tag{7.4}$$

uma vez que

$$\sum_{x=1}^{n} p^x = \frac{p - p^{n+1}}{1 - p}, \tag{7.5}$$

quaisquer que sejam $p \in \mathbb{R}$ e $n \in \mathbb{N}$ tais que $p \neq 1$ e $n > 0$. Note que o somatório é a soma dos n primeiros termos de uma progressão geométrica de razão p. Fazendo $S_n = \sum_{x=1}^{n} p^x$, então

$$\begin{aligned}
S_n &= p + p^2 + p^3 + \ldots + p^n \\
pS_n &= p^2 + p^3 + p^4 + \ldots + p^{n+1} \\
S_n - pS_n &= p - p^{n+1} \\
S_n(1 - p) &= p - p^{n+1} \\
S_n &= \frac{p - p^{n+1}}{1 - p}.
\end{aligned}$$

Generalizando um pouco mais, suponha $X \sim Unif(n)$ com $Im(X) = \{a, a + 1, a + 2, \ldots, a + n - 1\}$.

Nesse caso, a função geradora de momentos é

$$M_X(x) = \mathrm{E}(e^{tX}) = \sum_{x=a}^{a+n-1} e^{tx}\frac{1}{n} = \frac{1}{n}\sum_{x=a}^{a+n-1}(e^t)^x = \frac{1}{n}\frac{(e^t)^a - (e^t)^{a+n}}{1-e^t} = \frac{1}{n}\frac{e^{at} - e^{at+nt}}{1-e^t} = \frac{e^{at}}{n}\frac{1-e^{tn}}{1-e^t}, \tag{7.6}$$

uma vez que

$$\sum_{x=a}^{b} p^x = \frac{p^a - p^{b+1}}{1-p}, \tag{7.7}$$

quaisquer que sejam $p \in \mathbb{R}$, $a, b \in \mathbb{N}$, sendo $a < b$. Como antes, considere $S_{ab} = \sum_{x=a}^{b} p^x$; então ,

$$\begin{aligned}
S_{ab} &= p^a + p^{a+1} + p^{a+2} + \ldots + p^b \\
pS_{ab} &= p^{a+1} + p^{a+2} + p^{a+3} + \ldots + p^{b+1} \\
S_{ab} - pS_{ab} &= p^a - p^{b+1} \\
S_{ab}(1-p) &= p^a - p^{b+1} \\
S_{ab} &= \frac{p^a - p^{b+1}}{1-p}.
\end{aligned}$$

Exemplo 7.1 ***Lançamento de uma moeda***

Considere o lançamento de uma moeda. Vamos definir a seguinte variável aleatória X associada a esse experimento:

$$X = \begin{cases} 0 & \text{, se ocorre coroa} \\ 1 & \text{, se ocorre cara} \end{cases}$$

Verifique se X é variável aleatória uniforme discreta e calcule sua média e variância.

Solução:

Para que essa variável aleatória tenha distribuição uniforme, é necessário supor que a moeda seja honesta e, nesse caso,

$$p = \frac{1}{2}, \quad \mathrm{E}(X) = \frac{0+1}{2} = \frac{1}{2} \text{ e } \mathrm{Var}(X) = \frac{1}{2}\times\left(0-\frac{1}{2}\right)^2 + \frac{1}{2}\times\left(1-\frac{1}{2}\right)^2 = \frac{1}{2}\times\frac{1}{4} + \frac{1}{2}\times\frac{1}{4} = \frac{1}{4}.$$

♦♦

Exemplo 7.2 ***Conserto de máquina***

Uma máquina pode apresentar 5 tipos diferentes de defeitos, que ocorrem aproximadamente na mesma frequência. Dependendo do tipo de defeito, o técnico leva 1, 2, 3, 4 ou 5 horas para consertar a máquina.

(a) Descreva o modelo probabilístico apropriado para representar a duração do tempo de reparo da máquina.

(b) Qual é o tempo médio de reparo dessa máquina? E o desvio-padrão desse tempo de reparo?

(c) São 15 horas e acaba de ser entregue uma máquina para reparo. A jornada normal de trabalho do técnico termina às 17 horas. Qual é a probabilidade de que o técnico não precise fazer hora extra para terminar o conserto dessa máquina?

Solução:

Seja T = "tempo de reparo, em horas".

(a) Como os defeitos ocorrem na mesma frequência, o modelo probabilístico apropriado é uma distribuição uniforme: $T \sim Unif(5)$ e assim $p_T(t) = 1/5$ para $t = 1, 2, 3, 4, 5$.

(b) $\mathrm{E}(T) = \dfrac{1+2+3+4+5}{5} = 3$ horas e $\mathrm{Var}(T) = \dfrac{1^2+2^2+3^2+4^2+5^2}{5} - 9 = 2$. Logo, $DP(T) = 1,41$ horas.

(c) Seja E o evento "técnico não terá que fazer hora extra". Então $\mathrm{P}(E) = \mathrm{P}(T \leq 2) = \frac{2}{5} = 0,4$, ou seja, a probabilidade de que ele não tenha que fazer hora extra é $0,4$.

♦♦

Lista de exercícios da Seção 7.1

1. Seja $X \sim Unif(4)$ com $Im(X) = \{1, 2, 3, 6\}$.

   (a) Apresente a função de probabilidade de X e esboce o seu gráfico.

   (b) Apresente a função de distribuição de X e esboce o seu gráfico.

   (c) Determine $\mathrm{E}(X)$ e marque esse valor na abscissa do gráfico do item (a).

   (d) Determine $\mathrm{Var}(X)$.

   (e) Encontre o coeficiente de assimetria de X e interprete o resultado.

   (f) Calcule $\mathrm{P}(X > 1)$.

2. Suponha que uma urna contenha 10 bolinhas numeradas de 1 até 10. Considere o experimento de se selecionar ao acaso uma bola dessa urna e observar-se o número da bola selecionada. Seja X a variável aleatória definida pelo número observado.

   (a) Descreva o modelo probabilístico apropriado para representar X.

   (b) Qual o valor médio do número observado?

   (c) Qual o desvio-padrão do número observado?

   (d) Qual a probabilidade de se observar um número menor que 7?

   (e) Qual a probabilidade de se observar um número menor que 7, sabendo que foi observado um número maior que 2?

3. A seguir, são apresentadas duas funções de probabilidade de variáveis aleatórias com distribuição uniforme discreta de parâmetro n. Para cada uma delas, apresente a $Im(X)$ e o valor de n.

(a) $p_X(x) = \begin{cases} \dfrac{1}{5} & , x = 1, 2, 3, 4, 5 \\ 0 & , \text{caso contrário.} \end{cases}$ (b) $p_X(x) = \begin{cases} 0,\overline{09} & , x = -5, -4, \ldots, 4, 5 \\ 0 & , \text{caso contrário.} \end{cases}$

4. A seguir, são apresentadas algumas funções geradoras de momentos de variáveis aleatórias com distribuição uniforme discreta, cuja imagem é $\{a, a+1, \ldots, a+n-1\}$, onde n é o parâmetro da distribuição. Para cada uma delas, determine a imagem de X e o valor do parâmetro n.

(a) $M(t) = \dfrac{e^t - e^{9t}}{8\,(1-e^t)}, t \in \mathbb{R}$ (b) $M(t) = \dfrac{e^{5t}}{3}\left(\dfrac{1-e^{3t}}{1-e^t}\right), t \in \mathbb{R}$

(c) $M(t) = \dfrac{e^{5t} - 1}{5(1-e^{-t})}, t \in \mathbb{R}$ (d) $M(t) = \left(\dfrac{e^{-2t} - e^{2t}}{4(1-e^t)}\right), t \in \mathbb{R}.$

7.2 Distribuição de Bernoulli

Considere o lançamento de uma moeda. A característica de tal experimento aleatório é que ele possui apenas dois resultados possíveis. Uma situação análoga surge quando da extração da carta de um baralho, em que o interesse está apenas na cor (preta ou vermelha) da carta extraída.

> **Definição 7.2** ***Experimento de Bernoulli***
> *Um* ***experimento de Bernoulli****, ou ensaio de Bernoulli, é um experimento aleatório com apenas dois resultados possíveis; por convenção, um deles é chamado "sucesso" e o outro, "fracasso".*

Suponha que seja realizado um ensaio de Bernoulli e, com base nesse experimento, seja definida a seguinte variável aleatória X:

$$X = \begin{cases} 1 & \text{, se ocorre sucesso} \\ 0 & \text{, se ocorre fracasso} \end{cases}$$

X é chamada de variável aleatória de Bernoulli, como mostra a Definição 7.3.

> **Definição 7.3** ***Distribuição de Bernoulli***
> *Uma variável aleatória X tem* ***distribuição de Bernoulli*** *com parâmetro p se ela é uma variável indicadora de algum evento, denominado "sucesso", que tem probabilidade p de ocorrência.*

Note que, para qualquer ensaio de Bernoulli, é sempre possível definir-se uma variável aleatória de Bernoulli. Além disso, $Im(X) = \{0, 1\}$, uma vez que X é variável aleatória indicadora (Proposição 3.1), $\mathrm{P}(X = 1) = p$, probabilidade de sucesso, e $\mathrm{P}(X = 0) = 1 - p$, probabilidade de fracasso. Como p é uma probabilidade, o espaço paramétrico é o intervalo $[0, 1]$. Note que, se $p = 0$ ou $p = 1$, então X é constante; assim, o espaço paramétrico de real interesse é $(0, 1)$. É comum denotar-se a probabilidade de fracasso por q, isto é, $q = 1 - p$ e $0 \leq q \leq 1$.

Vamos denotar a distribuição de Bernoulli com parâmetro p por $Bern(p)$. Assim, para indicar que uma variável aleatória X segue essa distribuição, escrevemos $X \sim Bern(p)$ (lê-se: a variável aleatória X tem distribuição de Bernoulli com parâmetro p).

Função de probabilidade e função de distribuição

A função de probabilidade de $X \sim Bern(p)$ pode também ser escrita da seguinte forma:

$$p_X(x) = \mathrm{P}(X = x) = p^x(1-p)^{1-x} \quad , \quad x = 0, 1. \tag{7.8}$$

Já a sua função de distribuição é dada por:

$$F_X(x) = \begin{cases} 0 & \text{se } x < 0 \\ 1-p & \text{se } 0 \leq x < 1 \\ 1 & \text{se } x \geq 1 \end{cases} \tag{7.9}$$

Na Figura 7.2, temos os gráficos da função de probabilidade e da função de distribuição de uma variável de Bernoulli. Como $Im(X)$ é um conjunto com apenas dois elementos, $Im(X) = \{0, 1\}$, a função de distribuição de X só tem dois pontos de descontinuidade, em 0 e em 1.

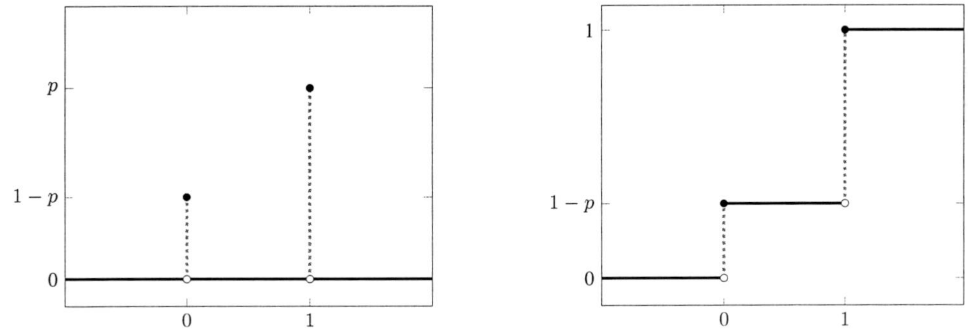

(a) Função de probabilidade (b) Função de distribuição

Figura 7.2 – Distribuição de Bernoulli

Esperança e variância

Seja $X \sim Bern(p)$. Então,

$$\begin{aligned} \mathrm{E}(X) &= 0 \times (1-p) + 1 \times p = p \\ \mathrm{E}(X^2) &= 0^2 \times (1-p) + 1^2 \times p = p \\ \mathrm{Var}(X) &= \mathrm{E}(X^2) - [\mathrm{E}(X)]^2 = p - p^2 = p(1-p) \end{aligned}$$

Em resumo, se $X \sim Bern(p)$, temos

$$\mathrm{E}(X) = p \tag{7.10}$$

$$\mathrm{Var}(X) = p(1-p) \tag{7.11}$$

Função geradora de momentos

Se $X \sim Bern(p)$, então sua função geradora de momentos é

$$M_X(t) = \mathrm{E}(e^{tX}) = \sum_{x=0}^{1} e^{tx} p^x (1-p)^{1-x} = \sum_{x=0}^{1} \left(pe^t\right)^x (1-p)^{1-x} = 1 - p + pe^t.$$

Logo,

$$\text{Se } X \sim Bern(p) \quad \Rightarrow \quad M_X(t) = 1 - p + pe^t. \tag{7.12}$$

Veja que $M_X(0) = 1$, como é esperado. Calculando as derivadas, obtemos que

$$M'_X(t) = M''_X(t) = M'''_X(t) = pe^t,$$

e, portanto, para $p \in (0,1)$, todos os momentos de $X \sim Bern(p)$ são iguais ao parâmetro p. Então

$$\mathrm{E}(X) = M'_X(0) = p\,, \quad \mathrm{E}(X^2) = M''_X(0) = p\,, \text{ e } \mathrm{E}(X^3) = M'''_X(0) = p.$$

Coeficiente de Assimetria

Com o que foi visto, fica fácil o cálculo do coeficiente de assimetria:

$$\alpha_3 = \frac{p - 3pp + 2p^3}{p(1-p)\sqrt{p(1-p)}} = \frac{1 - 3p + 2p^2}{(1-p)\sqrt{p(1-p)}} = \frac{2(1-p)(0,5-p)}{(1-p)\sqrt{p(1-p)}} = \frac{2(0,5-p)}{\sqrt{p(1-p)}}.$$

Assim, $X \sim Bern(p)$ será simétrica se $p = 0,5$ e será assimétrica, à direita ou à esquerda, se $p < 0,5$ ou $p > 0,5$, respectivamente.

Exemplo 7.3 ***Lançamento de uma moeda***

Considere, assim como no Exemplo 7.1, o lançamento de uma moeda e a seguinte variável aleatória X associada a esse experimento:

$$X = \begin{cases} 0 & \text{, se ocorre coroa} \\ 1 & \text{, se ocorre cara} \end{cases}$$

Seja p a probabilidade de cara, $0 < p < 1$. Já vimos que, se $p = 1/2$, então X é uniforme discreta. Encontre a distribuição de X qualquer que seja o valor de p.

Solução:

Como $Im(X) = \{0,1\}$, X tem distribuição de Bernoulli com parâmetro p, qualquer que seja p. Nesse caso, "sucesso" é definido como resultado cara, que ocorre com probabilidade p, e "fracasso" é o resultado coroa.

Note que a distribuição de Bernoulli com parâmetro $p = 1/2$ é equivalente a uma distribuição uniforme. ♦♦

Exemplo 7.4 ***Auditoria da Receita Federal***

Um auditor da Receita Federal examina declarações de Imposto de Renda de pessoas físicas cujas variações patrimoniais ficaram acima do limite considerado aceitável. De dados históricos, sabe-se que 10% dessas declarações são fraudulentas. Considere o experimento correspondente ao sorteio aleatório de uma dessas declarações e defina a variável aleatória indicadora do evento A = foi sorteada uma declaração fraudulenta (Proposição 3.1). Encontre o modelo probabilístico adequado para essa variável aleatória

Solução:

Primeiro, veja que o experimento correspondente ao sorteio aleatório de uma dessas declarações com observação do tipo de declaração (fraudulenta ou não) é um experimento de Bernoulli.

A variável aleatória indicadora do evento em questão pode ser definida por

$$I_A = \begin{cases} 1 & \text{, se a declaração sorteada é fraudulenta} \\ 0 & \text{, caso contrário.} \end{cases}$$

Como $Im(I_A) = \{0, 1\}$, podemos dizer que esta variável aleatória tem distribuição de Bernoulli. O parâmetro p é a probabilidade de "sucesso" que, por definição, é o evento associado ao valor 1 da variável aleatória. Da forma como I_A foi construída, o "sucesso" para esse ensaio de Bernoulli é encontrar-se uma declaração fraudulenta. Então, $p = 0,1$.

Esse exemplo ilustra o fato de que " sucesso", num contexto probabilístico, nem sempre significa uma situação feliz na vida real. Aqui, sucesso é definido de acordo com o interesse estatístico no problema. ♦♦

Lista de exercícios da Seção 7.2

1. Seja $X \sim Bern\left(\frac{1}{4}\right)$.

   (a) Apresente a função de probabilidade de X e esboce o seu gráfico.

   (b) Apresente a função de distribuição de X e esboce o seu gráfico.

   (c) Determine $\mathrm{E}(X)$ e marque esse valor na abscissa do gráfico do item (a).

   (d) Determine $\mathrm{Var}(X)$.

   (e) Apresente a função geradora de momentos de X.

   (f) Encontre o coeficiente de assimetria de X e interprete o resultado.

2. Em uma pequena cidade, planeja-se fazer uma pesquisa para saber se os moradores são favoráveis, ou não, a certo projeto da prefeitura. A prefeitura não sabe, mas $5/6$ dos moradores da cidade são favoráveis ao projeto. Suponha o experimento de se selecionar um morador ao acaso e de se perguntar a ele se é, ou não, favorável ao projeto. Seja X a variável indicadora do evento "resposta favorável ao projeto".

   (a) Descreva o modelo probabilístico apropriado para representar X.

   (b) Apresente a função de probabilidade de X e esboce o seu gráfico.

   (c) Apresente a função de distribuição de X e esboce o seu gráfico.

   (d) Determine $\mathrm{E}(X)$ e marque esse valor na abscissa do gráfico do item (a).

   (e) Determine $\mathrm{Var}(X)$.

   (f) Apresente a função geradora de momentos de X.

   (g) Encontre o coeficiente de assimetria de X e interprete o resultado.

3. A seguir, são apresentadas algumas funções geradoras de momentos de variáveis aleatórias com distribuição Bernoulli de parâmetro p. Para cada uma delas, determine o valor de p.

(a) $M(t) = \dfrac{2 + e^t}{3}, t \in \mathbb{R}$ (b) $M(t) = 1 - \dfrac{4}{5}\left(1 - e^t\right), t \in \mathbb{R}$ (c) $M(t) = \dfrac{1 - e^t}{4} + e^t, t \in \mathbb{R}$.

7.3 Distribuição binomial

Vamos introduzir a distribuição binomial, uma das mais importantes distribuições discretas, através de dois exemplos. Em seguida, discutiremos as hipóteses feitas e apresentaremos os resultados formais sobre tal distribuição e novos exemplos.

Exemplo 7.5 ***Lançamentos de uma moeda***

Considere o experimento de se lançar uma moeda 4 vezes. Seja $p = \mathrm{P}(\text{sair a face cara})$. Vamos definir a seguinte variável aleatória associada a esse experimento:

$$X = \text{número de caras nos quatro lançamentos da moeda.}$$

Encontre a função de probabilidade da variável aleatória X.

Solução:

Como visto antes, cada lançamento da moeda representa um experimento de Bernoulli, e como o interesse está no número de caras, vamos definir sucesso = cara.

Para encontrarmos a função de probabilidade de X, o primeiro fato a se notar é que os valores possíveis de X são: 0, que equivale à ocorrência de nenhuma cara e, portanto, de 4 coroas; 1, que equivale à ocorrência de apenas 1 cara e, portanto, 3 coroas; 2, que equivale à ocorrência de 2 caras e, portanto, 2 coroas; 3, que equivale à ocorrência de 3 caras e 1 coroa e, finalmente, 4, que equivale à ocorrência de 4 caras e nenhuma coroa. Assim, $Im(X) = \{0, 1, 2, 3, 4\}$. Vamos, agora, calcular a probabilidade de cada um desses valores, de modo a completar a especificação da função de probabilidade de X. Para isso, vamos representar por K_i o evento "cara no i-ésimo lançamento" e por C_i o evento "coroa no i-ésimo lançamento".

- $X = 0$

  Temos a seguinte equivalência de eventos:

  $$\{X = 0\} \equiv C_1 \cap C_2 \cap C_3 \cap C_4.$$

  É razoável supor-se que os lançamentos da moeda sejam eventos independentes, isto é, que o resultado de um lançamento não interfira no resultado de qualquer outro lançamento.

  Dessa forma, os eventos C_i e K_j são independentes para $i \neq j$. (Note que os eventos C_i e K_i são mutuamente exclusivos e, portanto, não são independentes – se um lançamento específico resultar em cara, não é possível que resulte coroa nesse mesmo lançamento e vice-versa).

Analogamente, os eventos C_i e C_j são independentes para $i \neq j$, bem como os eventos K_i e K_j, $i \neq j$. Pela regra da probabilidade da interseção de eventos independentes, resulta que

$$\begin{aligned} \mathrm{P}\left(C_1 \cap C_2 \cap C_3 \cap C_4\right) &= \mathrm{P}(C_1) \times \mathrm{P}(C_2) \times \mathrm{P}(C_3) \times \mathrm{P}(C_4) \\ &= (1-p) \times (1-p) \times (1-p) \times (1-p) \\ &= (1-p)^4. \end{aligned}$$

- $X = 1$

O evento $X = 1$ corresponde à ocorrência de 1 cara e, consequentemente, de 3 coroas. Uma sequência possível de lançamentos é

$$K_1 \cap C_2 \cap C_3 \cap C_4.$$

Vamos calcular a probabilidade desse resultado. Como antes, os lançamentos são eventos independentes e, portanto,

$$\begin{aligned} \mathrm{P}(K_1 \cap C_2 \cap C_3 \cap C_4) &= \mathrm{P}(K_1) \times \mathrm{P}(C_2) \times \mathrm{P}(C_3) \times \mathrm{P}(C_4) \\ &= p \times (1-p) \times (1-p) \times (1-p) \\ &= p(1-p)^3. \end{aligned}$$

Mas qualquer sequência com 1 cara resulta em $X = 1$, ou seja, a face cara pode estar em qualquer uma das quatro posições e todas essas sequências resultam em $X = 1$. Além disso, definida a posição da face cara, as posições das faces coroas já estão determinadas – são as posições restantes. Então, temos a seguinte equivalência:

$$\{X = 1\} \equiv \{K_1 \cap C_2 \cap C_3 \cap C_4\} \cup \{C_1 \cap K_2 \cap C_3 \cap C_4\} \cup \{C_1 \cap C_2 \cap K_3 \cap C_4\} \cup \{C_1 \cap C_2 \cap C_3 \cap K_4\}.$$

Mas os eventos que aparecem no lado direito da expressão anterior são eventos mutuamente exclusivos. Logo,

$$\begin{aligned} \mathrm{P}(X = 1) &= \mathrm{P}(K_1 \cap C_2 \cap C_3 \cap C_4) + \mathrm{P}(C_1 \cap K_2 \cap C_3 \cap C_4) \\ &+ \mathrm{P}(C_1 \cap C_2 \cap K_3 \cap C_4) + \mathrm{P}(C_1 \cap C_2 \cap C_3 \cap K_4) \\ &= p \times (1-p) \times (1-p) \times (1-p) + (1-p) \times p \times (1-p) \times (1-p) \\ &+ (1-p) \times (1-p) \times p \times (1-p) + (1-p) \times (1-p) \times (1-p) \times p \\ &= 4p(1-p)^3. \end{aligned}$$

- $X = 2$

O evento $X = 2$ corresponde à ocorrência de 2 caras e, consequentemente, de 2 coroas. Qualquer uma dessas sequências tem probabilidade $p^2(1-p)^2$.

As sequências de lançamentos com 2 caras e 2 coroas são as seguintes:

$$\begin{array}{ccccc} K_1K_2C_3C_4 & , & K_1C_2K_3C_4 & , & K_1C_2C_3K_4 \\ C_1C_2K_3K_4 & , & C_1K_2C_3K_4 & , & C_1K_2K_3C_4. \end{array}$$

Ou seja, temos a seguinte equivalência

$$\begin{aligned} \{X=2\} \equiv (K_1 \cap K_2 \cap C_3 \cap C_4) \cup (K_1 \cap C_2 \cap K_3 \cap C_4) \cup \\ (K_1 \cap C_2 \cap C_3 \cap K_4) \cup (C_1 \cap C_2 \cap K_3 \cap K_4) \cup \\ (C_1 \cap K_2 \cap C_3 \cap K_4) \cup (C_1 \cap K_2 \cap K_3 \cap C_4). \end{aligned}$$

Portanto,

$$\begin{aligned} P(X=2) &= P(K_1 \cap K_2 \cap C_3 \cap C_4) + P(K_1 \cap C_2 \cap K_3 \cap C_4) + \\ &\quad P(K_1 \cap C_2 \cap C_3 \cap K_4) + P(C_1 \cap C_2 \cap K_3 \cap K_4) + \\ &\quad P(C_1 \cap K_2 \cap C_3 \cap K_4) + P(C_1 \cap K_2 \cap K_3 \cap C_4) \\ &= 6p^2(1-p)^2. \end{aligned}$$

- $X = 3$ e $X = 4$

  Os casos $X = 3$ e $X = 4$ são análogos aos casos $X = 1$ e $X = 0$, respectivamente; basta trocar caras por coroas e vice-versa. Assim,

$$\begin{aligned} P(X=3) &= 4p^3(1-p) \\ P(X=4) &= p^4. \end{aligned}$$

Dessa forma, a função de probabilidade de X é

$$p_X(x) = \begin{cases} (1-p)^4 & \text{, se x = 0} \\ 4p(1-p)^3 & \text{, se x = 1} \\ 6p^2(1-p)^2 & \text{, se x = 2} \\ 4p^3(1-p) & \text{, se x = 3} \\ p^4 & \text{, se x = 4} \\ 0 & \text{, para qualquer outro valor de } x. \end{cases}$$

É importante notarmos que a hipótese de independência dos lançamentos da moeda foi absolutamente fundamental na solução do exemplo; foi ela que nos permitiu multiplicar as probabilidades dos resultados de cada lançamento para obtermos a probabilidade da sequência completa de n lançamentos. Embora essa hipótese seja muito razoável nesse exemplo, ainda assim é uma hipótese "subjetiva".

Outra propriedade utilizada foi a da probabilidade da união de eventos mutuamente exclusivos. Mas aqui essa propriedade é óbvia, ou seja, não há qualquer subjetividade: os eventos $C_1 \cap K_2$ e $K_1 \cap C_2$ são mutuamente exclusivos, pois no primeiro lançamento ou sai cara ou sai coroa; não pode sair cara e coroa no primeiro lançamento, ou seja, cada lançamento é um experimento de Bernoulli. ♦♦

Exemplo 7.6 ***Bolas em uma urna***

Uma urna contém quatro bolas brancas e seis bolas verdes. Três bolas são retiradas dessa urna, com reposição, isto é, depois de tirada a primeira bola, ela é recolocada na urna e sorteia-se a segunda, que também é recolocada na urna para, finalmente, ser sorteada a terceira bola. Vamos definir a seguinte variável aleatória associada a esse experimento:

$$X = \text{número de bolas brancas sorteadas.}$$

Encontre a função de probabilidade da variável aleatória X.

Solução:

É importante notar que cada bola sorteada é recolocada na urna antes da próxima extração. Por isso, a composição da urna é sempre a mesma e o resultado de uma extração não afeta o resultado de qualquer outra extração. Dessa forma, em todas as extrações, a probabilidade de bola branca (e também bola verde) é a mesma e podemos considerar as extrações como independentes. Veja que temos uma situação análoga à do exemplo anterior: três repetições de um experimento (sorteio de uma bola), essas repetições são independentes, em cada uma delas há dois resultados possíveis – bola branca (sucesso) ou bola verde (fracasso) – e as probabilidades de sucesso e fracasso são as mesmas em cada sorteio. Assim, cada extração equivale a um experimento de Bernoulli e, como o interesse está nas bolas brancas, vamos considerar o sucesso como o sorteio de uma bola branca. Logo,

$$\mathrm{P}(sucesso) = \frac{4}{10}.$$

Como são feitas três extrações, $Im(X) = \{0, 1, 2, 3\}$. Vamos calcular a probabilidade de X assumir cada um desses valores. Como antes, vamos denotar por V_i o evento "bola verde na i-ésima extração" e por B_i o evento "bola branca na i-ésima extração". Da discussão anterior, resulta que, para $i \neq j$, os eventos V_i e B_j são independentes, assim como os eventos B_i e B_j e os eventos V_i e V_j.

- $X = 0$

  Esse resultado equivale à extração de bolas verdes em todas as três extrações.

  $$\{X = 0\} \equiv \{V_1 \cap V_2 \cap V_3\}$$

  Logo,

  $$\mathrm{P}(X = 0) = \mathrm{P}(V_1 \cap V_2 \cap V_3) = \mathrm{P}(V_1) \times \mathrm{P}(V_2) \times \mathrm{P}(V_3) = \frac{6}{10} \times \frac{6}{10} \times \frac{6}{10} = \left(\frac{6}{10}\right)^3.$$

- $X = 1$

  Esse resultado equivale à extração de uma bola branca e, por consequência, duas bolas verdes. A bola branca pode sair em qualquer uma das três extrações e, definida a posição da bola branca, as posições das bolas verdes ficam totalmente estabelecidas. Logo,

$$P(X = 1) = 3\left(\frac{4}{10}\right)\left(\frac{6}{10}\right)^2.$$

- $X = 2$ e $X = 3$

  Os casos $X = 2$ e $X = 3$ são análogos aos casos $X = 1$ e $X = 0$, respectivamente; basta trocar bola branca por bola verde e vice-versa. Assim,

$$P(X = 2) = 3\left(\frac{4}{10}\right)^2\left(\frac{6}{10}\right) \qquad \text{e} \qquad P(X = 3) = \left(\frac{4}{10}\right)^3.$$

♦♦

Esses dois exemplos ilustram a *distribuição binomial*, que depende de dois parâmetros: o número de repetições n e a probabilidade de sucesso p de cada ensaio de Bernoulli.

Nos dois exemplos anteriores, tínhamos n repetições de um ensaio de Bernoulli, que eram independentes e, portanto, a probabilidade de sucesso p se mantinha constante ao longo de todas as repetições. Essas são as condições definidoras de um *experimento binomial*. No Exemplo 7.5, $n = 4$ e uma probabilidade de sucesso qualquer p. No Exemplo 7.6, $n = 3$ e $p = \frac{4}{10}$.

Definição 7.4 ***Experimento binomial***
Um ***experimento binomial*** *consiste em um número fixo de repetições independentes de um ensaio de Bernoulli com probabilidade p de sucesso.*

Note que, como as repetições são independentes, a probabilidade p de sucesso (e por consequência, a probabilidade $1 - p$ de fracasso) permanece constante.

Definição 7.5 ***Distribuição binomial***
Uma variável aleatória X tem ***distribuição binomial*** *com parâmetros n e p quando representa o número de sucessos em n repetições independentes de um experimento de Bernoulli com probabilidade p de sucesso.*

Se X tem distribuição binomial, então os valores possíveis de X são $0, 1, 2, \ldots, n$, isto é, $Im(X) = \{0, 1, 2, \ldots, n\}$. O espaço paramétrico para o parâmetro n é o conjunto $\mathbb{N}^*$ e para o parâmetro p, o intervalo $[0, 1]$. Como na distribuição de Bernoulli, o espaço paramétrico de real interesse é o intervalo $(0, 1)$.

Vamos denotar a distribuição binomial com parâmetros n e p por $Bin(n; p)$. Nesse caso, para indicar que uma variável aleatória X segue essa distribuição, basta escrever $X \sim Bin(n; p)$ (lê-se: a variável aleatória X tem distribuição binomial com parâmetros n e p).

Função de probabilidade

Para obtermos a função de probabilidade de $X \sim Bin(n, p)$ para todo $x \in Im(X)$, precisamos calcular $P(X = x)$ para $x = 0, 1, 2, \ldots, n$. Veja que o evento $\{X = x\}$ corresponde a todas as sequências de resultados com x sucessos e, portanto, $n-x$ fracassos. Como as repetições são independentes, cada uma dessas sequências tem probabilidade $p^x(1-p)^{n-x}$. O número total de tais sequências é dado pelo *coeficiente binomial*, definido a seguir.

Definição 7.6 ***Coeficiente binomial***

Para n e k inteiros define-se o ***coeficiente binomial*** $\binom{n}{k}$ *como o número de maneiras em que k elementos podem ser escolhidos dentro de um total de n elementos distintos. Para $k \leq n$, esse número pode ser calculado por:*

$$\binom{n}{k} = \frac{n!}{k!(n-k)!}.$$

Por convenção definimos $\binom{n}{k} = 0$ *quando $k > n$, pois não há como escolher mais elementos do que o total de elementos disponíveis.*

Veja que $\binom{n}{k}$ pode ser interpretado como o número de subconjuntos com k elementos de um conjunto com n elementos. Lembre-se que $n!$ representa o fatorial de n, definido como $n! = n\times(n-1)\times(n-2)\times\cdots\times 2\times 1$. Por definição, $0! = 1$.

Assim, chegamos à função de probabilidade para $X \sim Bin(n;p)$.

$$p_X(x) = \mathrm{P}(X=x) = \binom{n}{x}p^x(1-p)^{n-x}, \qquad x = 0,1,2,\ldots,n. \tag{7.13}$$

Vamos verificar que a expressão apresentada na Equação 7.13 realmente é uma função de probabilidade. Para isso temos que mostrar que $p_X(x) \geq 0$ para qualquer $x \in \mathbb{R}$ e $\sum_{\forall x \in Im(X)} p_X(x) = 1$.

Da Equação 7.13, segue imediatamente que $p_X(x) \geq 0\ \forall x \in Im(X)$, uma vez que $\binom{n}{x} > 0$, $p^x \geq 0$ e $(1-p)^{n-x} \geq 0$ para todo $p \in [0,1]$ e $n \in \mathbb{N}^*$. Se $x \notin Im(X)$, $p_X(x) = 0$. Logo, $p_X(x) \geq 0$ para qualquer $x \in \mathbb{R}$.

Para mostrarmos que a soma das probabilidades é 1, usaremos o Teorema 7.1, que apresenta o Binômio de Newton.

Teorema 7.1 ***Binômio de Newton***

Dados dois números reais quaisquer, x e a, e um inteiro qualquer n, então

$$(x+a)^n = \sum_{k=0}^{n}\binom{n}{k}a^k x^{n-k}.$$

Continuando a mostrar que a soma das probabilidades é 1,

$$\sum_{\forall x \in Im(X)} p_X(x) = \sum_{x=0}^{n}\binom{n}{x}p^x(1-p)^{n-x} \underbrace{=}_{\text{Teo. 7.1}} [p+(1-p)]^n = 1$$

Assim, a Equação 7.13 realmente define uma função de probabilidade.

Esperança e variância

Apresenta-se, a seguir, a demonstração clássica para obtenção da esperança e da variância de uma variável aleatória binomial. Porém, um pouco mais à frente, veremos que os cálculos ficam bem mais simples a partir da função geradora de momentos.

Se $X \sim Bin(n;p)$, então

$$\mathrm{E}(X) = \sum_{x=0}^{n} x\,\mathrm{P}(X=x) = \sum_{x=0}^{n} x\binom{n}{x}p^x(1-p)^{n-x} = \sum_{x=0}^{n} x\frac{n!}{x!(n-x)!}p^x(1-p)^{n-x}.$$

Quando $x = 0$, a parcela correspondente no somatório é nula. Logo, podemos escrever (note o índice do somatório):

$$\mathrm{E}(X) = \sum_{x=1}^{n} x\frac{n!}{x!(n-x)!}p^x(1-p)^{n-x} = \sum_{x=1}^{n} x\frac{n!}{x(x-1)!(n-x)!}p^x(1-p)^{n-x}$$

e como $x \neq 0$, podemos dividir o numerador e o denominador por x, o que resulta na simplificação

$$\begin{aligned}\mathrm{E}(X) &= \sum_{x=1}^{n} \frac{n!}{(x-1)!(n-x)!}p^x(1-p)^{n-x} = \sum_{x=1}^{n} \frac{n(n-1)!}{(x-1)!(n-x)!}p\,p^{x-1}(1-p)^{n-x}\\ &= np\sum_{x=1}^{n} \frac{(n-1)!}{(x-1)!(n-x)!}p^{x-1}(1-p)^{n-x} = np\sum_{x=1}^{n}\binom{n-1}{x-1}p^{x-1}(1-p)^{n-x}.\end{aligned}$$

Fazendo $y = x - 1$, temos que

$$\begin{aligned}&x = y+1\\ &x = 1 \Rightarrow y = 0\\ &x = n \Rightarrow y = n-1.\end{aligned}$$

Logo,

$$\mathrm{E}(X) = \underbrace{np\sum_{y=0}^{n-1}\binom{n-1}{y}p^y(1-p)^{n-1-y}}_{1} = np.$$

Veja que a expressão marcada com chave é igual a 1, pois é o somatório da função de probabilidade de uma distribuição binomial com parâmetros $(n-1)$ e p para todos os valores possíveis dessa variável aleatória. Portanto,

$$X \sim Bin(n;p) \quad \Rightarrow \quad \mathrm{E}(X) = np. \tag{7.14}$$

Vamos, agora, calcular $\mathrm{E}\left(X^2\right)$, usando raciocínio análogo ao usado no cálculo da esperança.

$$
\begin{aligned}
\mathrm{E}(X^2) &= \sum_{x=0}^{n} x^2 \binom{n}{x} p^x (1-p)^{n-x} = \sum_{x=1}^{n} x^2 \frac{n!}{x!(n-x)!} p^x (1-p)^{n-x} \\
&= \sum_{x=1}^{n} x^2 \frac{n!}{x(x-1)!(n-x)!} p^x (1-p)^{n-x} = \sum_{x=1}^{n} x \frac{n!}{(x-1)!(n-x)!} p^x (1-p)^{n-x} \\
&= \sum_{x=1}^{n} x \frac{n(n-1)!}{(x-1)!(n-x)!} p\, p^{x-1} (1-p)^{n-x} = np \sum_{x=1}^{n} x \frac{(n-1)!}{(x-1)!(n-x)!} p^{x-1} (1-p)^{n-x} \\
&\underbrace{=}_{y=x-1} np \sum_{y=0}^{n-1} (y+1) \frac{(n-1)!}{y!(n-1-y)!} p^y (1-p)^{n-1-y} = np \sum_{y=0}^{n-1} (y+1) \binom{n-1}{y} p^y (1-p)^{n-1-y}.
\end{aligned}
$$

Mas esse último somatório é a esperança de $Y+1$, em que $Y \sim Bin(n-1;p)$; portanto, usando o resultado apresentado na Equação 7.14 e as propriedades da esperança, obtemos

$$
\mathrm{E}(X^2) = np\,[\mathrm{E}(Y)+1] = np\,[(n-1)p+1] = n^2p^2 - np^2 + np.
$$

Logo,

$$
\mathrm{Var}\,(X) = \mathrm{E}(X^2) - [\mathrm{E}(X)]^2 = n^2p^2 - np^2 + np - (np)^2 = np - np^2,
$$

ou seja,

$$
X \sim Bin(n,p) \quad \Rightarrow \quad \mathrm{Var}\,(X) = np\,(1-p)\,. \tag{7.15}
$$

Note que a esperança e a variância da binomial são iguais à esperança e à variância da distribuição de Bernoulli, multiplicadas por n, o número de repetições. Pode-se ver que a distribuição de Bernoulli é uma distribuição binomial com parâmetros $n=1$ e p.

Função geradora de momentos

Seja $X \sim Bin(n,p)$. Sua função geradora de momentos é

$$
\begin{aligned}
M_X(t) &= \mathrm{E}(e^{tX}) = \sum_{x=0}^{n} e^{tx}\, \mathrm{P}(X=x) = \sum_{x=0}^{n} e^{tx} \binom{n}{x} p^x (1-p)^{n-x} \\
&= \sum_{x=0}^{n} \binom{n}{x} \left(pe^t\right)^x (1-p)^{n-x} = \left[pe^t + (1-p)\right]^n,
\end{aligned}
$$

pela fórmula do binômio de Newton.

Logo,

$$
X \sim Bin(n,p) \quad \Rightarrow \quad M_X(t) = \left(pe^t + 1 - p\right)^n. \tag{7.16}
$$

Veja que $M_X(0) = 1$.

Coeficiente de Assimetria

Para o cálculo do coeficiente de assimetria, precisamos dos três primeiros momentos e para encontrá-los, precisamos das três primeiras derivadas.

$$\begin{aligned} M'_X(t) &= npe^t\left[pe^t + (1-p)\right]^{n-1} \\ M''_X(t) &= M'_X(t) + n(n-1)p^2e^{2t}\left[pe^t + (1-p)\right]^{n-2} \\ M'''_X(t) &= M''_X(t) + 2n(n-1)p^2e^{2t}\left[pe^t + (1-p)\right]^{n-2} + n(n-1)(n-2)p^3e^{3t}\left[pe^t + (1-p)\right]^{n-3} \end{aligned}$$

e, portanto,

$$\begin{aligned} \mathrm{E}(X) &= M'_X(0) = np\,[p + (1-p)]^{n-1} = np \\ \mathrm{E}(X^2) &= M''_X(0) = M'_X(0) + n(n-1)p^2 = np + n^2p^2 - np^2 \\ \mathrm{E}(X^3) &= M'''_X(0) = M''_X(0) + 2n(n-1)p^2 + n(n-1)(n-2)p^3 = n^3p^3 - 3n^2p^3 + 2np^3 + 3n^2p^2 - 3np^2 + np \end{aligned}$$

Logo, $\mathrm{Var}(X) = \mathrm{E}(X^2) - [\mathrm{E}(X)]^2 = np - np^2 = np(1-p)$ e

$$\begin{aligned} \mathrm{E}\left((X-\mu)^3\right) &= n^3p^3 - 3n^2p^3 + 2np^3 + 3n^2p^2 - 3np^2 + np - 3np(np + n^2p^2 - np^2) + 2n^3p^3 \\ &= 2np^3 - 3np^2 + np = np(2p^2 - 3p + 1) = 2np(1-p)(0,5-p). \end{aligned}$$

Para $p \in (0,1)$, o coeficiente de assimetria é

$$\alpha_3 = \frac{2np(1-p)(0,5-p)}{np(1-p)\sqrt{np(1-p)}} = \frac{1-2p}{\sqrt{np(1-p)}}$$

e a distribuição será simétrica se $p = 0,5$, e assimétrica à direita ou à esquerda se $p < 0,5$ ou $p > 0,5$, respectivamente.

Note que o cálculo da esperança e da variância de uma binomial fica mais simples com o uso da função geradora de momentos.

Formas da distribuição binomial

Se $X \sim Bin(n;p)$, então, para $x = 0, 1, \ldots, n-1$, temos

$$\frac{\mathrm{P}(X = x+1)}{\mathrm{P}(X = x)} = \frac{\dfrac{n!}{(x+1)!(n-x-1)!}p^{x+1}(1-p)^{n-x-1}}{\dfrac{n!}{x!(n-x)!}p^x(1-p)^{n-x}} = \frac{(n-x)p}{(x+1)(1-p)},$$

ou seja,

$$\mathrm{P}(X = x+1) = \frac{(n-x)p}{(x+1)(1-p)}\,\mathrm{P}(X = x) \quad x = 0, 1, \ldots, n-1. \tag{7.17}$$

Temos, assim, uma forma recursiva de calcular probabilidades binomiais.

Suponhamos, agora, que a probabilidade máxima ocorra em x_0. Usando o resultado dado na Equação

(7.17), devemos ter

$$\frac{P(X = x_0 + 1)}{P(X = x_0)} \leq 1 \Rightarrow \frac{(n - x_0)p}{(x_0 + 1)(1 - p)} \leq 1 \Rightarrow np - x_0 p \leq x_0 - x_0 p + 1 - p \Rightarrow$$
$$np \leq x_0 + 1 - p \Rightarrow x_0 \geq p(n+1) - 1.$$

Analogamente, devemos ter

$$\frac{P(X = x_0)}{P(X = x_0 - 1)} \geq 1 \Rightarrow \frac{[n - (x_0 - 1)]\,p}{x_0(1-p)} \geq 1 \Rightarrow np - x_0 p + p \geq x_0 - x_0 p \Rightarrow x_0 \leq p(n+1).$$

Resulta que, se x_0 é ponto de máximo, então

$$p(n+1) - 1 \leq x_0 \leq p(n+1)$$

e, como x_0 tem que ser inteiro, devemos ter

$$x_0 = \lfloor p(n+1) \rfloor, \tag{7.18}$$

em que $\lfloor x \rfloor$ representa o maior inteiro menor ou igual a x. Por exemplo, se $n = 7$ e $p = 0,2$, devemos ter $0,2 \times 8 - 1 \leq k_0 \leq 0,2 \times 8$, ou seja, $0,6 \leq k_0 \leq 1,6$, e o ponto de máximo ocorre em $x_0 = 1$, que é o maior inteiro menor ou igual a 1,6.

Note que, se $p(n+1)$ for inteiro, então a distribuição será bimodal, com moda em $x_{01} = p(n+1)$ e $x_{02} = p(n+1) - 1$ pois

$$\begin{aligned}\frac{P\,[X = p(n+1)]}{P\,[X = p(n+1) - 1]} &= \frac{P(X = np + p)}{P(X = np + p - 1)} = \frac{[n - (np + p - 1)]\,p}{(np + p)(1 - p)} \\ &= \frac{(n - np - p + 1)p}{p(n+1)(1-p)} = \frac{(n+1) - p(n+1)}{(n+1)(1-p)} \\ &= \frac{(n+1)(1-p)}{(n+1)(1-p)} = 1.\end{aligned}$$

Por exemplo, se $p = 0,3$ e $n = 9$, então $p(n+1) = 3$ e a distribuição é bimodal com modas $x = 2$ e $x = 3$. Para o caso em que $p = 0,5$, esses resultados implicam que a distribuição será unimodal quando $n + 1$ for ímpar e bimodal quando $n + 1$ for par, ou seja, se $p = 0,5$, a distribuição é unimodal para n par e bimodal para n ímpar. Além disso, se $p = 0,5$,

$$\begin{aligned}P(X = x) &= \binom{n}{x} 0,5^x (1 - 0,5)^{n-x} \\ &= \binom{n}{n-x} 0,5^{n-x} (1 - 0,5)^{n-(n-x)} \\ &= P(X = n - x),\end{aligned}$$

confirmando que a distribuição é simétrica, conforme já visto.

Esses resultados estão ilustrados na Figura 7.3, onde temos gráficos da distribuição binomial para diferentes valores dos parâmetros n e p. Note que a distribuição é assimétrica quando $p \neq 0,5$ e a assimetria é positiva quando $p < 0,5$ e negativa quando $p > 0,5$.

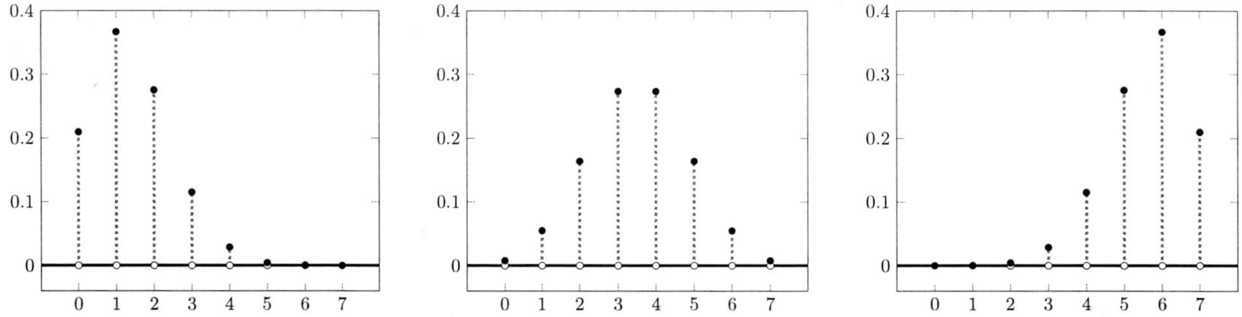

(a) $Bin(7;0,2)$ (b) $Bin(7;0,5)$ (c) $Bin(7;0,8)$

Figura 7.3 – Função de probabilidade da distribuição binomial

Exemplo 7.7 ***Tiro ao alvo***

Um atirador acerta, na mosca do alvo, 20% dos tiros. Se ele dá 10 tiros, qual a probabilidade de ele acertar na mosca no máximo uma vez? E se ele não acertou na mosca os 3 primeiros tiros, qual a probabilidade de ele acertar na mosca no máximo uma vez entre os 10 tiros?

Solução:

Podemos considerar os tiros como experimentos de Bernoulli independentes, em que o sucesso é acertar na mosca do alvo e ele ocorre com probabilidade 0,20. Defina

$$X = \text{número de acertos na mosca entre os 10 tiros}$$

e temos $X \sim Bin(10;0,20)$.

Na primeira pergunta do problema, pede-se $\mathrm{P}(X \leq 1)$:

$$\mathrm{P}(X \leq 1) = \mathrm{P}(X=0) + \mathrm{P}(X=1) = \binom{10}{0}(0,20)^0(0,80)^{10} + \binom{10}{1}(0,20)^1(0,80)^9 = 0,3758096.$$

Já na segunda pergunta pede-se $\mathrm{P}(X \leq 1 \mid X \leq 7)$:

$$\begin{aligned}
\mathrm{P}(X \leq 1 \mid X \leq 7) &= \frac{\mathrm{P}(\{X \leq 1\} \cap \{X \leq 9\})}{\mathrm{P}(X \leq 7)} = \frac{\mathrm{P}(\{X \leq 1\})}{1-\mathrm{P}(X > 7)} \\
&= \frac{\mathrm{P}(X=0)+\mathrm{P}(X=1)}{1-\mathrm{P}(X=8)-\mathrm{P}(X=9)-\mathrm{P}(X=10)} \\
&= \frac{\binom{10}{0}(0,20)^0(0,80)^{10} + \binom{10}{1}(0,20)^1(0,80)^9}{1-\binom{10}{8}(0,20)^8(0,80)^2 - \binom{10}{9}(0,20)^9(0,80)^1\binom{10}{10}(0,20)^{10}(0,80)^0} \\
&= \frac{0,3758096}{0,9999221} = 0,3758389.
\end{aligned}$$

♦♦

Exemplo 7.8 ***Partidas de um jogo***

Dois adversários, A e B, disputam uma série de oito partidas de um jogo. A probabilidade de A ganhar uma partida é 0,6 e não há empate. Qual é a probabilidade de A ganhar a série?

Solução:

Note que só podem ocorrer vitórias ou derrotas, o que significa que temos repetições de um experimento de Bernoulli com probabilidade 0,6 de sucesso (vitória do jogador A). Assumindo a independência das provas, se definimos $X =$ número de vitórias de A, então $X \sim Bin(8; 0,6)$ e o problema pede $\mathrm{P}\left(X \geq 5\right)$, isto é, probabilidade de A ganhar mais partidas que B.

$$
\begin{aligned}
\mathrm{P}\left(X \geq 5\right) &= \mathrm{P}\left(X = 5\right) + \mathrm{P}\left(X = 6\right) + \mathrm{P}\left(X = 7\right) + \mathrm{P}\left(X = 8\right) \\
&= \binom{8}{5}\left(0,6\right)^5\left(0,4\right)^3 + \binom{8}{6}\left(0,6\right)^6\left(0,4\right)^2 + \binom{8}{7}\left(0,6\right)^7\left(0,4\right)^1 + \binom{8}{8}\left(0,6\right)^8\left(0,4\right)^0 \\
&= 0,5940864.
\end{aligned}
$$

♦♦

Exemplo 7.9 ***Parâmetros da binomial***

Em uma distribuição binomial, sabe-se que a média é $4,5$ e a variância é $3,15$. Encontre os valores dos parâmetros da distribuição.

Solução:

Temos que

$$
\begin{aligned}
np &= 4,5 \\
np(1-p) &= 3,15
\end{aligned}
$$

A substituição da primeira equação na segunda resulta em

$$4,5(1-p) = 3,15 \Rightarrow 1 - p = 0,7 \Rightarrow p = 0,3.$$

Substituindo na primeira equação, obtemos

$$n = 4,5/0,3 = 15.$$

♦♦

Lista de exercícios da Seção 7.3

1. Seja $X \sim Bin\left(4, \dfrac{2}{3}\right)$.

   (a) Apresente a função de probabilidade de X e esboce o seu gráfico.

   (b) Apresente a função de distribuição de X e esboce o seu gráfico.

   (c) Determine $\mathrm{E}(X)$ e marque esse valor na abscissa do gráfico do item (a).

   (d) Determine $\mathrm{Var}(X)$.

(e) Apresente a função geradora de momentos de X.

(f) Encontre o coeficiente de assimetria de X e interprete o resultado.

(g) Calcule $\mathrm{P}(X > 1)$.

2. Em uma pequena cidade, planeja-se fazer uma pesquisa para se saber se os moradores são favoráveis, ou não, a certo projeto da prefeitura. A prefeitura não sabe, mas $5/6$ dos moradores da cidade são favoráveis ao projeto. Suponha o experimento de se selecionarem 10 moradores, de forma aleatória e com reposição, e de se perguntar a cada um deles se ele é, ou não, favorável ao projeto. Seja X a variável aleatória definida pelo número de respostas favoráveis entre os 10 selecionados.

   (a) Descreva o modelo probabilístico apropriado para representar X.

   (b) Em média, quantas respostas favoráveis teremos ao final do experimento?

   (c) Qual o desvio-padrão do número de respostas favoráveis?

   (d) Qual a probabilidade de termos mais de 6 repostas favoráveis?

   (e) Qual a probabilidade de termos mais de 6 repostas favoráveis, dado que o primeiro selecionado respondeu ser favorável ao projeto?

3. Sabe-se que 2% dos dispositivos eletrônicos produzidos em uma fábrica são defeituosos. A fábrica embala esse produto em caixas com 100 dispositivos. Para passar credibilidade, uma caixa com 5 ou mais dispositivos defeituosos pode ser devolvida à fábrica sem custo algum para o cliente.

   (a) Descreva o modelo probabilístico apropriado para representar o número de dispositivos defeituosos dentro de uma caixa distribuída por essa fábrica.

   (b) Quantos dispositivos com defeito esperamos encontrar em uma dessas caixas?

   (c) Qual o desvio-padrão do número de dispositivos com defeitos por caixa?

   (d) Qual a probabilidade de uma caixa distribuída por essa fábrica ser devolvida?

   (e) Um cliente abriu a sua caixa e, ao realizar um teste com 2 dos 100 dispositivos, verificou que ambos não eram defeituosos. Qual a probabilidade de essa caixa ser devolvida?

4. A seguir, são apresentadas algumas funções geradoras de momentos de variáveis aleatórias com distribuição Binomial de parâmetros n e p. Para cada uma delas, determine os valores de n e p.

(a) $M(t) = \left(\frac{3e^t}{5} + \frac{2}{5}\right)^{10}, t \in \mathbb{R}$ (b) $M(t) = \left(\frac{e^t + 1}{2}\right)^{8}, t \in \mathbb{R}$ (c) $M(t) = \frac{(3e^t + 7)^4}{10.000}, t \in \mathbb{R}$.

7.4 Distribuição geométrica

Considere as seguintes situações: (i) uma moeda, com probabilidade p de exibir cara, é lançada até que apareça cara pela primeira vez; (ii) em uma população muito grande (pense na população mundial), $p\%$ das pessoas sofrem de uma rara doença desconhecida e portadores precisam ser encontrados para estudos clínicos.

Quais são as semelhanças entre essas duas situações? No primeiro caso, matematicamente falando, poderíamos ter que fazer "infinitos" lançamentos. No segundo caso, "muito grande" pode ser uma aproximação para "infinito". Em ambos os casos, temos repetições de um experimento de Bernoulli. No primeiro caso, as repetições certamente podem ser consideradas independentes. No segundo caso, também podemos assumir independência, desde que se garanta, por exemplo, sorteio entre famílias distintas, de modo que fatores genéticos não interfiram. Dessa forma, temos repetições independentes de um experimento de Bernoulli e nosso interesse pode ser o *número de fracassos antes da ocorrência do primeiro sucesso* (cara, no caso da moeda, pessoa portadora, no estudo epidemiológico).

Vamos, agora, formalizar a definição de tal variável e obter sua função de probabilidade.

Definição 7.7 ***Distribuição geométrica***
Uma variável aleatória X tem ***distribuição geométrica*** *com parâmetro p quando representa o número de fracassos antes da ocorrência do primeiro sucesso em repetições independentes de um experimento de Bernoulli com probabilidade p de sucesso.*

Veja que os possíveis valores dessa variável aleatória são: 0 (nenhum fracasso e, portanto sucesso na primeira repetição), 1 (um fracasso antes do primeiro sucesso, que tem que ocorrer na segunda repetição), 2 (dois fracassos antes do primeiro sucesso, que tem que ocorrer na terceira repetição) etc. Logo, $Im(X) = \mathbb{N}$. Esse é um exemplo de variável aleatória discreta em que o espaço amostral, enumerável, é infinito.

O espaço paramétrico para o parâmetro p é o intervalo $[0, 1]$, uma vez que p é a probabilidade de sucesso no experimento de Bernoulli e nosso interesse estará no caso em que $p \in (0, 1)$.

As características definidoras desse modelo são: repetições independentes de um experimento de Bernoulli com probabilidade p de sucesso, o que significa que, em todas as repetições, a probabilidade de sucesso se mantém constante (e, portanto, também a de fracassos).

Vamos denotar a distribuição geométrica com parâmetro p por $Geo(p)$. Assim, para indicar que uma variável aleatória X segue essa distribuição, escrevemos $X \sim Geo(p)$ (lê-se: a variável aleatória X tem distribuição geométrica com parâmetro p).

Função de probabilidade

Para o cálculo da probabilidade de ocorrência do evento $\{X = x\}$, para $x = 0, 1, 2, \ldots$, devemos notar que tal evento corresponde à ocorrência de fracassos nas x primeiras repetições e o primeiro sucesso na $(x + 1)$-ésima repetição. Denotando por F_i e S_i a ocorrência de fracasso e sucesso na i-ésima repetição, respectivamente, temos a seguinte equivalência de eventos:

$$\{X = x\} = \{F_1 \cap F_2 \cap \cdots \cap F_x \cap S_{x+1}\}.$$

Como as repetições são independentes, segue que

$$\begin{aligned} \mathrm{P}(X = x) &= \mathrm{P}(F_1 \cap F_2 \cap \cdots \cap F_x \cap S_{x+1}) = \mathrm{P}(F_1) \times \mathrm{P}(F_2) \times \cdots \times \mathrm{P}(F_x) \times \mathrm{P}(S_{x+1}) \\ &= (1-p) \times (1-p) \times \cdots \times (1-p) \times p. \end{aligned}$$

Ou seja, se $X \sim Geo(p)$, a sua função de probabilidade é definida por:

$$p_X(x) = \mathrm{P}(X = x) = (1-p)^x p \qquad x = 0, 1, 2, \ldots \tag{7.19}$$

Vamos verificar que, de fato, a função p_X definida na Equação 7.19 é uma função de probabilidade. É imediato vermos que $p_X(x) \geq 0$. Então, só falta mostrar que $\sum_{x=0}^{\infty} p_X(x) = 1$. Para isso, vamos deduzir um resultado a partir da Equação 7.5, que nos dá que, para $p \in \mathbb{R}$ e $n \in \mathbb{N}^*$

$$\sum_{x=1}^{n} p^x = \frac{p - p^{n+1}}{1-p}$$

Logo (note o índice do somatório!),

$$\sum_{x=0}^{n} p^x = p^0 + \left(\sum_{x=1}^{n} p^x\right) = 1 + \frac{p - p^{n+1}}{1-p} = \frac{1 - p^{n+1}}{1-p},$$

ou seja,

$$\sum_{x=0}^{n} p^x = \frac{1 - p^{n+1}}{1-p} \tag{7.20}$$

para $p \in \mathbb{R}$ e $n \in \mathbb{N}^*$. Essa é a soma parcial da série $\sum_{x=0}^{\infty} p^x = \dfrac{1 - p^{n+1}}{1-p}$. Logo,

$$\sum_{x=0}^{\infty} p^x = \lim_{n\to\infty} \sum_{x=0}^{n} p^x = \lim_{n\to\infty} \frac{1 - p^{n+1}}{1-p} = \frac{1}{1-p}, \text{ somente se } |p| < 1.$$

Se $|p| > 1$, o limite acima não existe. Assim, obtemos

$$\sum_{x=0}^{\infty} p^x = \frac{1}{1-p}, \quad \text{se } |p| < 1. \tag{7.21}$$

Agora, podemos seguir para mostrar que $\sum_{x=0}^{\infty} p_X(x) = 1$. Vamos lá:

$$\sum_{x=0}^{\infty} p_X(x) = \sum_{x=0}^{\infty} (1-p)^x p = p \sum_{x=0}^{\infty} (1-p)^x \underbrace{=}_{\text{(Equação 7.21)}} \frac{1}{1-(1-p)} = 1.$$

Logo, a função p_X definida na Equação 7.19 realmente define uma função de probabilidade e indicaremos por $X \sim Geo(p)$ o fato de a variável aleatória X ter distribuição geométrica com parâmetro p.

Esperança e variância

Seja $X \sim Geo(p)$. Então

$$
\begin{aligned}
\mathrm{E}(X) &= \sum_{x=0}^{\infty} x \,\mathrm{P}(X=x) = \sum_{x=0}^{\infty} x(1-p)^x p = \sum_{x=1}^{\infty} x(1-p)^x p \\
&= (1-p)\sum_{x=1}^{\infty} x(1-p)^{x-1} p \underbrace{=}_{y=x-1} \underbrace{(1-p)\sum_{y=0}^{\infty}(y+1)(1-p)^y p}_{\mathrm{E}(X+1)} \\
&= (1-p)\,\mathrm{E}(X+1) = (1-p)\left(\mathrm{E}(X)+1\right) = (1-p)\,\mathrm{E}(X) + 1 - p.
\end{aligned}
$$

Assim, obtemos $\mathrm{E}(X) = (1-p)\,\mathrm{E}(X) + 1 - p$ e, portanto,

$$
\begin{aligned}
&\mathrm{E}(X) = (1-p)\,\mathrm{E}(X) + 1 - p \Rightarrow \mathrm{E}(X) - (1-p)\,\mathrm{E}(X) = 1 - p \Rightarrow \\
&\mathrm{E}(X)\,(1-(1-p)) = 1-p \Rightarrow \mathrm{E}(X)p = 1-p \Rightarrow \mathrm{E}(X) = \frac{1-p}{p}.
\end{aligned}
$$

Logo,

$$
X \sim Geo(p) \quad \Rightarrow \quad \mathrm{E}(X) = \frac{1-p}{p} \tag{7.22}
$$

Com argumentos análogos, vamos calcular $\mathrm{E}(X^2)$. Preste atenção nos índices dos somatórios!

$$
\begin{aligned}
\mathrm{E}(X^2) &= \sum_{x=0}^{\infty} x^2(1-p)^x p = \sum_{x=1}^{\infty} x^2(1-p)^x p \\
&= (1-p)\sum_{x=1}^{\infty} x^2(1-p)^{x-1} p = (1-p)\sum_{y=0}^{\infty}(y+1)^2(1-p)^y p \\
&= (1-p)\sum_{y=0}^{\infty}(y^2+2y+1)(1-p)^y p \\
&= (1-p)\left[\sum_{y=0}^{\infty} y^2(1-p)^y p + 2\sum_{y=0}^{\infty} y(1-p)^y p + \sum_{y=0}^{\infty}(1-p)^y p\right] \\
&= (1-p)\left[\mathrm{E}(X^2) + 2\,\mathrm{E}(X) + 1\right] \\
&= (1-p)\,\mathrm{E}(X^2) + (1-p)\left[\frac{2(1-p)}{p} + 1\right] \\
&= (1-p)\,\mathrm{E}(X^2) + \frac{(1-p)(2-p)}{p}
\end{aligned}
$$

Logo,

$$
[1-(1-p)]\,\mathrm{E}(X^2) = \frac{(1-p)(2-p)}{p} \quad \Rightarrow \quad \mathrm{E}(X^2) = \frac{(1-p)(2-p)}{p^2}
$$

e, portanto,

$$\mathrm{Var}(X) = \mathrm{E}(X^2) - [\mathrm{E}(X)]^2 = \frac{(1-p)(2-p)}{p^2} - \frac{(1-p)^2}{p^2} = \frac{(1-p)(2-p-1+p)}{p^2} = \frac{1-p}{p^2}.$$

Assim,

$$X \sim Geo(p) \quad \Rightarrow \quad \mathrm{Var}(X) = \frac{1-p}{p^2} \tag{7.23}$$

Função geradora de momentos

Seja $X \sim Geo(p)$ em que $p \in (0,1)$.

$$M_X(t) = \mathrm{E}(e^{tX}) = \sum_{x=0}^{\infty} e^{tx}(1-p)^x p = p \sum_{x=0}^{\infty} \left[e^t(1-p)\right]^x.$$

Essa série convergirá se

$$\left|e^t(1-p)\right| < 1 \Leftrightarrow e^t(1-p) < 1 \Leftrightarrow t < \ln\left(\frac{1}{1-p}\right) = -\ln(1-p)$$

e, pela Equação 7.21, convergirá para $\frac{1}{1-e^t(1-p)}$. Logo,

$$X \sim Geo(p) \quad \Rightarrow \quad M_X(t) = \frac{p}{1-e^t(1-p)}, \quad \text{se } t < -\ln(1-p). \tag{7.24}$$

Note que a função geradora de momentos de $X \sim Geo(p)$ não está definida para todo $t \in \mathbb{R}$, mas está bem definida para $t < -\ln(1-p)$, e como $-\ln(1-p) > 0$, a função geradora de momentos está bem definida para t em uma vizinhança de zero. Veja que $M_X(0) = 1$.

Coeficiente de Assimetria

Para encontrarmos o coeficiente de assimetria, precisamos dos três primeiros momentos. As derivadas de $M_X(t)$ são:

$$M_X'(t) = \frac{-p\left[-e^t(1-p)\right]}{\left[1-e^t(1-p)\right]^2} = \frac{pe^t(1-p)}{\left[1-e^t(1-p)\right]^2} = M_X(t)\frac{e^t(1-p)}{1-e^t(1-p)}.$$

$$\begin{aligned}
M''_X(t) &= M'_X(t)\frac{e^t(1-p)}{1-e^t(1-p)} + M_X(t)\left[\frac{e^t(1-p)[1-e^t(1-p)] - e^t(1-p)[-e^t(1-p)]}{[1-e^t(1-p)]^2}\right] \\
&= M'_X(t)\frac{e^t(1-p)}{1-e^t(1-p)} + M'_X(t) + M_X(t)\frac{e^{2t}(1-p)^2}{[1-e^t(1-p)]^2} \\
&= \frac{M'_X(t)}{1-e^t(1-p)} + M_X(t)\frac{e^{2t}(1-p)^2}{[1-e^t(1-p)]^2} \\
&= \frac{M'_X(t)}{1-e^t(1-p)} + M'_X(t)\frac{e^t(1-p)}{1-e^t(1-p)} \\
&= M'_X(t)\frac{1+e^t(1-p)}{1-e^t(1-p)}.
\end{aligned}$$

Logo,

$$\begin{aligned}
\mathrm{E}(X) &= M'_X(0) = \frac{1-p}{p}, \\
\mathrm{E}(X^2) &= M''_X(0) = M'_X(0)\frac{2-p}{p} = \frac{(1-p)(2-p)}{p^2}, \\
\mathrm{Var}(X) &= \frac{(1-p)(2-p)}{p^2} - \frac{(1-p)^2)}{p^2} = \frac{2-3p+p^2-1+2p-p^2}{p^2} = \frac{1-p}{p^2},
\end{aligned}$$

os mesmos resultados obtidos anteriormente.

Vamos, agora, calcular a terceira derivada, que nos dará $\mathrm{E}(X^3)$.

$$\begin{aligned}
M'''_X(t) &= M''_X(t)\frac{1+e^t(1-p)}{1-e^t(1-p)} + M'_X(t)\frac{[e^t(1-p)][1-e^t(1-p)] - [1+e^t(1-p)][-e^t(1-p)]}{[1-e^t(1-p)]^2} \\
&= M''_X(t)\frac{1+e^t(1-p)}{1-e^t(1-p)} + M'_X(t)\frac{[2e^t(1-p)]}{[1-e^t(1-p)]^2}.
\end{aligned}$$

Logo,

$$\begin{aligned}
\mathrm{E}(X^3) = M'''_X(0) &= M''_X(0)\frac{2-p}{p} + M'_X(0)\frac{2-2p}{p^2} \\
&= \frac{(1-p)(2-p)^2}{p^3} + \frac{2(1-p)^2}{p^3} \\
&= \frac{6-12p+7p^2-p^3}{p^3}
\end{aligned}$$

e

$$\begin{aligned}
\mathrm{E}(X-\mu)^3 &= \mathrm{E}(X^3) - 3\,\mathrm{E}(X^2)\,\mathrm{E}(X) + 2[\mathrm{E}(X)]^3 \\
&= \frac{6-12p+7p^2-p^3}{p^3} - 3\frac{(1-p)^2(2-p)}{p^3} + 2\frac{(1-p)^3}{p^3} \\
&= \frac{(1-p)(2-p)}{p^3}.
\end{aligned}$$

O coeficiente de assimetria é, então

$$\alpha_3 = \frac{\frac{(1-p)(2-p)}{p^3}}{\frac{1-p}{p^2}\frac{\sqrt{1-p}}{p}} = \frac{2-p}{\sqrt{1-p}}, \tag{7.25}$$

que é sempre positivo, ou seja, a distribuição geométrica é sempre assimétrica à direita. Quanto menor p, maior o coeficiente de assimetria, ou seja, mais a cauda direita da distribuição se prolonga. Veja a Figura 7.4. Note, também, que

$$\frac{\mathrm{P}(X = x+1)}{\mathrm{P}(X = x)} = (1-p), \tag{7.26}$$

e como $p < 1$, a distribuição geométrica é sempre decrescente.

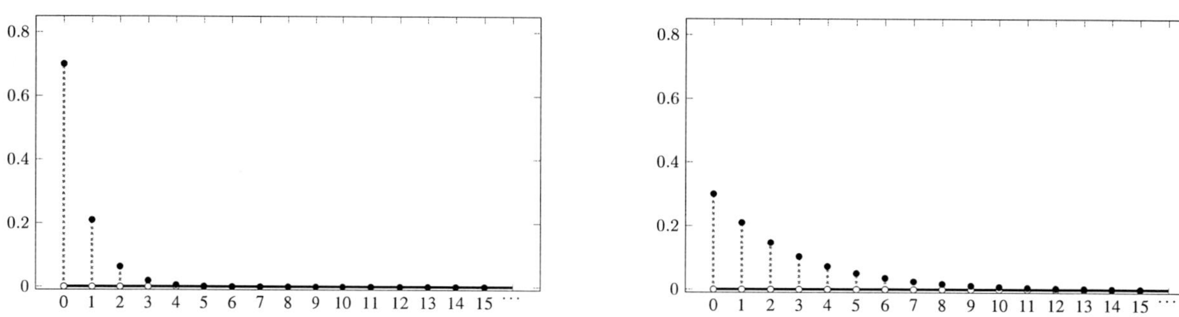

(a) $Geo(0,8)$ **(b)** $Geo(0,2)$

Figura 7.4 – Função de probabilidade da distribuição geométrica

Função de distribuição

A variável geométrica é uma das poucas variáveis aleatórias discretas para as quais existe uma forma fechada da sua função de distribuição. Para o seu cálculo, vamos usar novamente a notação $\lfloor x \rfloor$, que representa o maior inteiro menor ou igual a x. Então, para $x < 0$, $F(x) = 0$ e para $x \geq 0$ temos que

$$F(x) = \mathrm{P}(X \leq x) = \sum_{k=0}^{\lfloor x \rfloor} \mathrm{P}(X = k) = \sum_{k=0}^{\lfloor x \rfloor} (1-p)^k p = p \sum_{k=0}^{\lfloor x \rfloor} (1-p)^k \underbrace{=}_{\text{Equação 7.21}} p \frac{1-(1-p)^{\lfloor x \rfloor + 1}}{1-(1-p)}.$$

Resumindo:

$$F(x) = \begin{cases} 0 & , \text{ se } x < 0 \\ 1-(1-p)^{\lfloor x \rfloor + 1} & , \text{ se } x \geq 0. \end{cases} \tag{7.27}$$

Note que isso indica que F_X é constante entre dois números inteiros consecutivos e dá um "salto" em $x = 0, 1, 2, \ldots$.

Definição alternativa da distribuição geométrica

Em vez de definirmos a variável geométrica como "número de fracassos antes do primeiro sucesso", podemos usar a seguinte definição alternativa:

$$Y = \text{"número de repetições até o primeiro sucesso"}$$

Nesse caso, $Im(Y) = \mathbb{N}^*$ e $Y = y$ significa que foram feitas y repetições, sendo a última um sucesso, ou seja, ocorreram $y - 1$ fracassos antes do primeiro sucesso. Assim, temos a seguinte relação entre Y e a variável geométrica X apresentada anteriormente na Definição 7.7

$$X = Y - 1 \quad \Leftrightarrow \quad Y = X + 1$$

Essa distribuição de probabilidade é, às vezes, chamada distribuição geométrica deslocada (em inglês, *shifted geometric distribution*). Vamos usar a notação $Y \sim Geo^*(p)$ para denotar que a variável Y representa o número de repetições de um experimento de Bernoulli até o primeiro sucesso.

A distribuição de Y é

$$\mathrm{P}(Y = y) = (1-p)^{y-1}p \qquad y = 1, 2, \ldots \tag{7.28}$$

e da relação entre as duas variáveis, resulta que, se $Y \sim Geo^*(p)$,

$$M_Y(t) = e^t M_X(t) = \frac{pe^t}{1 - e^t(1-p)} \quad \text{se } t < -\ln(1-p) \tag{7.29}$$

$$\mathrm{E}(Y) = \mathrm{E}(X) + 1 = \frac{1-p}{p} + 1 = \frac{1}{p} \tag{7.30}$$

$$\mathrm{Var}(Y) = \mathrm{Var}(X) = \frac{1-p}{p^2} \tag{7.31}$$

$$\alpha_{3Y} = \alpha_{3X} = \frac{2-p}{\sqrt{1-p}} \tag{7.32}$$

A função de distribuição de Y é

$$F_Y(y) = \mathrm{P}(X + 1 \leq y) = \mathrm{P}(X \leq y - 1) = \begin{cases} 0 & \text{se } y - 1 < 0 \\ 1 - (1-p)^{\lfloor y-1 \rfloor + 1} & \text{se } y - 1 \geq 0 \end{cases}$$

ou seja,

$$F_Y(y) = \begin{cases} 0 & , \text{ se } y < 1 \\ 1 - (1-p)^{\lfloor y \rfloor} & , \text{ se } y \geq 1. \end{cases} \tag{7.33}$$

Propriedade de falta de memória

Nessa seção, vamos apresentar o conceito de falta de memória de uma variável aleatória e, em seguida, mostraremos que a distribuição geométrica satisfaz tal propriedade.

Definição 7.8 ***Propriedade da Falta de Memória***

Sejam X uma variável aleatória e t, s números reais quaisquer não negativos. Se,

$$P(X > t + s \mid X > t) = P(X > s)$$

ou

$$P(X \geq t + s \mid X \geq t) = P(X \geq s)$$

então dizemos que X tem a propriedade da ***falta de memória****.*

Vamos mostrar, agora, que uma variável aleatória com distribuição geométrica satisfaz a propriedade da falta de memória. Sejam, então, $X \sim Geo(p)$ e $m, n \in Im(X)$, isto é, $m, n \in \mathbb{N}$. Então,

$$\begin{aligned}
P(X \geq m + n \mid X \geq m) &= \frac{P(X \geq m+n)}{P(X \geq m)} = \frac{1 - P(X < m+n)}{1 - P(X < m)} \\
&= \frac{1 - P(X \leq m+n-1)}{1 - P(X \leq m-1)} \\
&= \frac{1 - F_X(m+n-1)}{1 - F_X(m-1)} = \frac{(1-p)^{m+n-1+1}}{(1-p)^{m-1+1}} = (1-p)^n = P(X > n-1) = P(X \geq n)
\end{aligned}$$

ou seja, se já ocorreram m ou mais fracassos sem qualquer sucesso, a probabilidade de ocorrerem n ou mais fracassos até o primeiro sucesso, a partir de agora, é igual à probabilidade de ocorrerem n ou mais fracassos até o primeiro sucesso numa nova sequência de tentativas de Bernoulli.

Se $Y \sim Geo^*(p)$, prova-se, de maneira análoga, que $P(X > m + n \mid X > m) = P(X > n)$. Então, a probabilidade de serem necessários mais de n repetições sabendo que já ocorreram mais de m tentativas é igual à probabilidade de ocorrerem mais n tentativas numa sequência nova de experimentos de Bernoulli.

Sendo assim, a variável "esquece" que já ocorreram fracassos ou, equivalentemente, que já foram realizadas algumas tentativas. Veja a Figura 7.5. Então, os experimentos de Bernoulli não têm memória. Uma implicação interessante de tal fato é que, em jogos de cassino como dados ou roleta, nenhuma estratégia baseada em resultados passados pode ajudar o apostador. Por exemplo, se jogamos uma moeda 5 vezes e não saiu nenhuma cara, não significa que há mais chance de sair cara nos próximos 3 lançamentos do que nos três primeiros lançamentos da moeda.

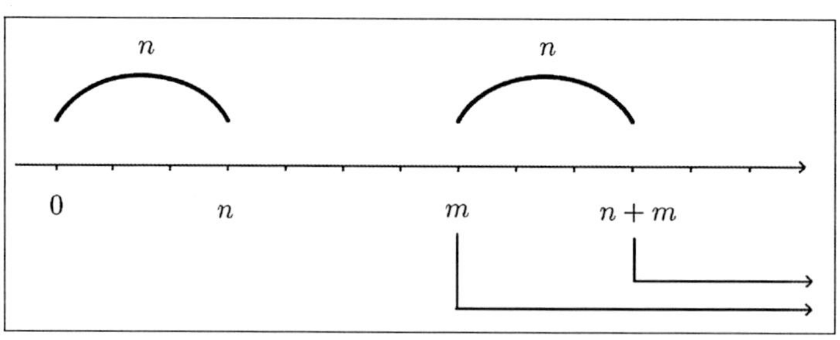

Figura 7.5 – Ilustração da propriedade da falta de memória da distribuição geométrica

Exemplo 7.10 ***Tiro ao alvo***

Um atirador acerta na mosca do alvo 20% dos tiros. Qual é a probabilidade de ele acertar na mosca pela primeira vez no 10º tiro? E quantos tiros serão dados, em média, até que o atirador acerte na mosca?

Solução:

Podemos considerar os tiros como experimentos independentes de Bernoulli (acerta ou não acerta). A probabilidade de sucesso (acertar na mosca do alvo) é $p = 0,20$. Seja X = número de tiros até primeiro acerto. Então, $X \sim Geo^*(0,20)$ e $\mathrm{P}(X = 10) = 0,8^9 \times 0,2 = 0,02684$.

O número médio de tiros até o primeiro acerto nada mais é que $\mathrm{E}(X)$. Pelo resultado da Equação 7.30 resulta

$$\mathrm{E}(X) = \frac{1}{p} = \frac{1}{0,20} = 5.$$

ou seja, em média, o atirador dará cinco tiros até acertar o alvo pela primeira vez. ♦♦

Exemplo 7.11 ***Lançamento de dado***

Joga-se um dado equilibrado. Qual é a probabilidade de serem necessários 10 lançamentos até a primeira ocorrência de um seis? E se o dado já foi jogado 2 vezes e nenhuma delas resultou em 6, qual a probabilidade de serem necessários mais 10 lançamentos até a primeira ocorrência de um seis?

Solução:

Nesse caso, sucesso é a ocorrência de face seis. Logo, $\mathrm{P}(\text{sucesso}) = p = \frac{1}{6}$ e $\mathrm{P}(\text{fracasso}) = 1 - p = \frac{5}{6}$.

Seja X = número de lançamentos até o primeiro seis. Então, $X \sim Geo^*\left(\frac{1}{6}\right)$.

Na primeira pergunta do problema, pede-se

$$\mathrm{P}(X = 10) = \left(\frac{5}{6}\right)^9 \left(\frac{1}{6}\right) = 0,03230.$$

Na segunda pergunta, se quer saber

$$\begin{aligned}
\mathrm{P}(X = 2 + 10 \mid X > 2) &= \frac{\mathrm{P}(\{X = 12\} \cap \{X > 2\})}{\mathrm{P}(X > 2)} = \frac{\mathrm{P}(X = 12)}{1 - \mathrm{P}(X \leq 2)} \\
&= \frac{\mathrm{P}(X = 12)}{1 - \mathrm{P}(X = 1) - \mathrm{P}(X = 2)} = \frac{\left(\frac{5}{6}\right)^{11}\left(\frac{1}{6}\right)}{1 - \frac{1}{6} - \frac{5}{6}\frac{1}{6}} \\
&= 0,03230.
\end{aligned}$$

♦♦

Lista de exercícios da Seção 7.4

1. Seja $X \sim Geo\left(\frac{2}{5}\right)$.

   (a) Apresente a função de probabilidade de X e esboce o seu gráfico.

   (b) Apresente a função de distribuição de X e esboce o seu gráfico.

(c) Determine $\mathrm{E}(X)$ e marque esse valor na abscissa do gráfico do item (a).

(d) Determine $\mathrm{Var}(X)$.

(e) Apresente a função geradora de momentos de X.

(f) Encontre o coeficiente de assimetria de X e interprete o resultado.

(g) Calcule $\mathrm{P}(X > 1)$.

2. Em uma pequena cidade, planeja-se fazer uma pesquisa para se saber se os moradores são favoráveis, ou não, a certo projeto da prefeitura. A prefeitura não sabe, mas $5/6$ dos moradores da cidade são favoráveis ao projeto. Suponha o experimento de se selecionarem moradores sequencialmente, de forma aleatória e com reposição, até que se encontre um contrário ao projeto. Seja X a variável aleatória definida pelo número de moradores favoráveis ao projeto entre os selecionados.

   (a) Descreva o modelo probabilístico apropriado para representar X.

   (b) Em média, quantos moradores favoráveis ao projeto serão encontrados antes que se encontre o primeiro morador contrário?

   (c) Qual o desvio-padrão do número de moradores favoráveis ao projeto antes que se encontre o primeiro morador contrário?

   (d) Qual a probabilidade de ser encontrado mais de 2 moradores favoráveis ao projeto antes que se encontre o primeiro contrário?

   (e) Qual a probabilidade de serem encontrados mais de 2 moradores favoráveis ao projeto antes que se encontre o primeiro contrário, sabendo-se que o primeiro selecionado respondeu ser favorável ao projeto?

3. Suponha o experimento do lançamento de um dado sequencialmente até que se observe a face 1.

   (a) Descreva o modelo probabilístico apropriado para representar o número de lançamentos realizados durante o experimento.

   (b) Em média, quantas vezes o dado será lançado até ser observada a face 1?

   (c) Qual o desvio-padrão do número de lançamentos do dado?

   (d) Qual a probabilidade de o dado ser lançado pelo menos 6 vezes até ser observada a face 1?

   (e) O dado já foi lançado 3 vezes e ainda não apareceu a face 1. Qual a probabilidade de serem necessários pelo menos mais 3 lançamentos do dado?

4. A seguir, são apresentadas algumas funções de probabilidade de variáveis aleatórias com distribuição geométrica ou geométrica deslocada, ambas com parâmetro p. Para cada uma delas, indique a distribuição da variável aleatória e determine o valor de p.

   (a) $p_X(x) = \left(\dfrac{5}{6}\right)^{x-1} \dfrac{1}{6}, \quad x = 1, 2, 3, \ldots$

   (b) $p_X(x) = \dfrac{2}{3}\left(\dfrac{1}{3}\right)^{x}, \quad x = 0, 1, 2, \ldots$

(c) $p_X(x) = \frac{4}{5^{x+1}}, \quad x = 0, 1, 2, \ldots$

(d) $p_X(x) = \frac{1}{2^x}, \quad x = 1, 2, 3, \ldots$

5. A seguir, são apresentadas algumas funções geradoras de momentos de variáveis aleatórias com distribuição geométrica ou geométrica deslocada, ambas com parâmetro p. Para cada uma delas, indique a distribuição da variável aleatória e determine o valor de p.

   (a) $M(t) = \frac{1}{3 - 2e^t}, t < \ln(1,5)$

   (b) $M(t) = \frac{3e^t}{4 - e^t}, t < \ln(4)$

   (c) $M(t) = \frac{1}{2 - e^t}, t < \ln(2)$

   (d) $M(t) = \frac{2}{5e^{-t} - 3}, t < -\ln(0,6)$

7.5 Distribuição binomial negativa

Consideremos, novamente, repetições independentes de um experimento de Bernoulli com probabilidade p de sucesso. Vamos considerar, agora, uma generalização da distribuição geométrica, no seguinte sentido: em vez de fixarmos o primeiro sucesso, vamos fixar um número qualquer r de sucessos, ou seja, definimos

$$X = \text{número de fracassos antes da ocorrência do } r\text{-ésimo sucesso}, \ r \geq 1.$$

Note que $r = 1$ corresponde à distribuição geométrica.

Definição 7.9 ***Distribuição binomial negativa***

Uma variável aleatória X tem ***distribuição binomial negativa*** *com parâmetros r e p quando representa o número de fracassos antes da ocorrência do r-ésimo sucesso em repetições independentes de um experimento de Bernoulli com probabilidade p de sucesso.*

Note que os possíveis valores de X são: 0 (nenhum fracasso, e, portanto, sucessos nas r primeiras repetições), 1 (um fracasso antes do r-ésimo sucesso), 2 (dois fracassos antes do r-ésimo sucesso) etc. Logo, $Im(X) = \mathbb{N}$. Este é mais um exemplo de variável aleatória discreta cuja imagem é um conjunto infinito.

Veja que o parâmetro r pode assumir qualquer valor inteiro positivo, logo seu espaço paramétrico é o conjunto $\mathbb{N}^*$. Já para o parâmetro p, o espaço paramétrico é o intervalo $[0, 1]$, uma vez que p é a probabilidade de sucesso do ensaio de Bernoulli.

Vamos denotar a distribuição binomial negativa com parâmetros r e p por $BinNeg(r; p)$. Assim, para indicar que uma variável aleatória X segue essa distribuição, escrevemos simplesmente $X \sim BinNeg(r; p)$ (lê-se: a variável aleatória X tem distribuição binomial negativa com parâmetros r e p).

Função de probabilidade

Seja $X \sim BinNeg(r;p)$; para qualquer $x \in Im(X)$, o evento $\{X = x\}$ indica que foram obtidos x fracassos antes de se obterem r sucessos, ou seja, foram realizadas $x + r$ repetições, sendo a última um sucesso e $r - 1$ sucessos nas $x + r - 1$ repetições. Veja a Figura 7.6).

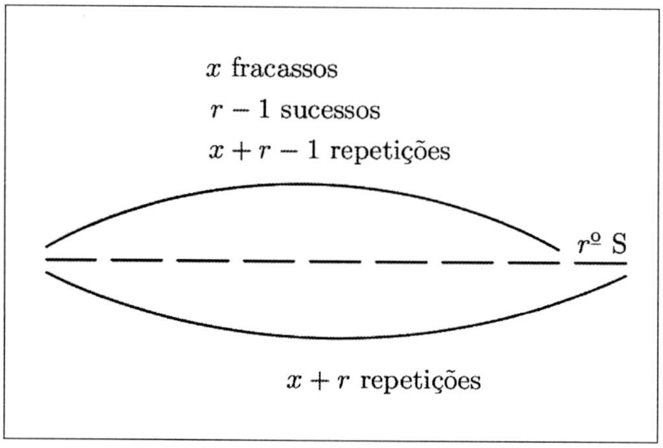

Figura 7.6 – Ilustração dos resultados da binomial negativa

Uma sequência possível de resultados consiste em fracassos nas x primeiras repetições e sucesso nas próximas $r - 1$ repetições seguintes e o último sucesso na última repetição:

$$F_1, \ldots, F_x, S_{x+1}, \ldots, S_{x+r-1}, S_{x+r}$$

A probabilidade de tal sequência é dada pelo produto das probabilidades, já que as repetições são independentes, isto é:

$$\mathrm{P}(F_1 \cap \ldots \cap F_x \cap S_{x+1} \cap \ldots, \cap S_{x+r-1} \cap S_{x+r}) = (1-p)^x \cdot p^{r-1} \cdot p$$

Mas existem $\binom{x+r-1}{x}$ maneiras de se arrumarem x fracassos em $x + r - 1$ posições e as sequências resultantes têm todas a mesma probabilidade acima. Como elas constituem eventos mutuamente exclusivos, a probabilidade da união delas, que é $\mathrm{P}(X = x)$, é a soma das probabilidades, ou seja:

$$p_X(x) = \mathrm{P}(X = x) = \binom{x+r-1}{x} p^r (1-p)^x \qquad x = 0, 1, 2, \ldots \tag{7.34}$$

Como nas seções anteriores, precisamos mostrar que a Equação (7.34) realmente define uma função de probabilidade. Como $\mathrm{P}(X = x) \geq 0$ para todo $x \in \mathbb{R}$, temos que mostrar apenas que $\sum_{\forall x \in Im(X)} p_X(x) = 1$. Vamos aos cálculos:

$$\sum_{\forall x \in Im(X)} p_X(x) = \sum_{x=0}^{\infty} \binom{x+r-1}{x} p^r (1-p)^x = p^r \sum_{x=0}^{\infty} \binom{r-1+x}{x} (1-p)^x.$$

Continuando, faremos uso do resultado da Equação 7.35:

$$\sum_{i=0}^{\infty}\binom{k+i}{i}r^i = \sum_{i=0}^{\infty}\binom{k+i}{k}r^i = \frac{1}{(1-r)^{k+1}}, \quad \text{se } |r|<1. \tag{7.35}$$

Fazendo $k = r-1$, $i = x$ e $r = 1-p$ na Equação 7.35, obtemos:

$$\sum_{x=0}^{\infty}\binom{r-1+x}{x}(1-p)^x = \frac{1}{[1-(1-p)]^{r-1+1}} = \frac{1}{p^r}.$$

Voltando para o objetivo de encontrarmos $\sum_{\forall x \in Im(X)} p_X(x)$, resulta

$$\sum_{\forall x \in Im(X)} p_X(x) = p^r \underbrace{\sum_{x=0}^{\infty}\binom{r-1+x}{x}(1-p)^x}_{1/p^r} = p^r\frac{1}{p^r} = 1.$$

A distribuição binomial negativa depende de dois parâmetros: p, a probabilidade de sucesso, e r, o número total de sucessos e indicaremos por $X \sim BinNeg(r;p)$ o fato de a variável aleatória X ter distribuição binomial negativa com parâmetros r e p.

Esperança e variância

Seguem as demonstrações clássicas para o cálculo da esperança e da variância de uma variável aleatória com distribuição binomial negativa, a partir da sua função de probabilidade. Porém, quando a função geradora de momentos for apresentada, você verá que os cálculos se tornam bem mais simples a partir dela.

Seja $X \sim BinNeg(r;p)$. Então,

$$\begin{aligned}
\mathrm{E}(X) &= \sum_{x=0}^{\infty} x\binom{x+r-1}{x}p^r(1-p)^x = \sum_{x=1}^{\infty} x\frac{(x+r-1)!}{x!(r-1)!}p^r(1-p)^x \\
&= \sum_{x=1}^{\infty}\frac{(x+r-1)!}{(x-1)!(r-1)!}p^r(1-p)^x = (1-p)\sum_{x=1}^{\infty}\frac{(x+r-1)!}{(x-1)!(r-1)!}p^r(1-p)^{x-1} \\
&= (1-p)\sum_{y=0}^{\infty}\frac{(y+r)!}{y!(r-1)!}p^r(1-p)^y = (1-p)\sum_{y=0}^{\infty} r\frac{(y+r)!}{y!r!}p^r(1-p)^y \\
&= \frac{r(1-p)}{p}\sum_{y=0}^{\infty}\frac{(y+r)!}{y!r!}p^{r+1}(1-p)^y = \frac{r(1-p)}{p}\underbrace{\sum_{y=0}^{\infty}\binom{y+(r+1)-1}{y}p^{r+1}(1-p)^y}_{S_1}.
\end{aligned}$$

Como S_1 é o somatório das probabilidades de todos os valores de uma variável $BinNeg(r+1;p)$, $S_1 = 1$. Logo,

$$X \sim BinNeg(r;p) \quad \Rightarrow \quad \mathrm{E}(X) = \frac{r(1-p)}{p}. \tag{7.36}$$

Obviamente, se $r = 1$ temos a esperança de uma geométrica, conforme Equação 7.22.

De maneira análoga, vamos calcular $\mathrm{E}(X^2)$, para, em seguida, obtermos $\mathrm{Var}(X)$.

$$\begin{aligned}
\mathrm{E}(X^2) &= \sum_{x=0}^{\infty} x^2 \binom{x+r-1}{x} p^r (1-p)^x = \sum_{x=1}^{\infty} x^2 \frac{(x+r-1)!}{x!(r-1)!} p^r (1-p)^x \\
&= \sum_{x=1}^{\infty} x \frac{(x+r-1)!}{(x-1)!(r-1)!} p^r (1-p)^x = (1-p) \sum_{x=1}^{\infty} x \frac{(x+r-1)!}{(x-1)!(r-1)!} p^r (1-p)^{x-1} \\
&= (1-p) \sum_{y=0}^{\infty} (y+1) \frac{(y+r)!}{y!(r-1)!} p^r (1-p)^y \\
&= \frac{r(1-p)}{p} \sum_{y=0}^{\infty} (y+1) \underbrace{\binom{y+(r+1)-1}{r} p^{r+1} (1-p)^y}_{(*)} .
\end{aligned}$$

Mas $(*)$ é a função de probabilidade de uma variável aleatória $Y \sim BinNeg(r+1;p)$ e, portanto

$$\begin{aligned}
\mathrm{E}(X^2) &= \frac{r(1-p)}{p} \sum_{y=0}^{\infty} (y+1)\, \mathrm{P}(Y=y) = \frac{r(1-p)}{p} \mathrm{E}(Y+1) = \frac{r(1-p)}{p} \left(\frac{(r+1)(1-p)}{p} + 1 \right) \\
&= \frac{r(1-p)}{p} \cdot \frac{r - rp + 1 - p + p}{p} = \frac{r(1-p)}{p} \cdot \frac{r(1-p)+1}{p} = \frac{r^2(1-p)^2 + r(1-p)}{p^2}.
\end{aligned}$$

Segue então que,

$$\mathrm{Var}(X) = \mathrm{E}(X^2) - \mathrm{E}(X)^2 = \frac{r^2(1-p)^2 + r(1-p)}{p^2} - \frac{r^2(-p)^2}{p^2},$$

ou seja,

$$X \sim BinNeg(r;p) \quad \Rightarrow \quad Var(X) = r\frac{1-p}{p^2}. \tag{7.37}$$

Novamente, se $r = 1$, temos a variância de uma distribuição geométrica, conforme Equação 7.23.

Função geradora de momentos

Se $X \sim BinNeg(r;p)$, sua função geradora de momentos é

$$M_X(t) = \mathrm{E}(e^{tX}) = \sum_{x=0}^{\infty} e^{tx} \binom{x+r-1}{x} p^r (1-p)^x = p^r \sum_{x=0}^{\infty} \binom{r-1+x}{x} \left[e^t(1-p)\right]^x .$$

Fazendo novamente o uso da Equação 7.35, concluímos que o somatório acima converge somente se $e^t(1-p) < 1$, ou seja, se $t < -\ln(1-p)$. Concluímos, assim, que

$$X \sim BinNeg(r,p) \quad \Rightarrow \quad M_X(t) = \frac{p^r}{[1-e^t(1-p)]^r}, \quad \text{se } t < -\ln(1-p), \tag{7.38}$$

o que garante que $M_X(t)$ está bem definida numa vizinhança de $t = 0$. Veja que $M_X(0) = 1$.

Coeficiente de Assimetria

Novamente vamos encontrar as derivadas de $M_X(t)$ para depois calcular os três primeiros momentos.

$$M'_X(t) = \frac{-p^r r[1 - e^t(1-p)]^{r-1}[-e^t(1-p)]}{[1-e^t(1-p)]^{2r}} = \frac{p^r}{[1-e^t(1-p)]^r}\frac{re^t(1-p)}{1-e^t(1-p)} = M_X(t)\frac{re^t(1-p)}{1-e^t(1-p)}$$

$$\begin{aligned}
M''_X(t) &= M'_X(t)\frac{re^t(1-p)}{1-e^t(1-p)} + M'_X(t) - M_X(t)\frac{re^t(1-p)[-e^t(1-p)]}{[1-e^t(1-p)]^2} \\
&= M'_X(t)\frac{re^t(1-p)+1-e^t(1-p)}{1-e^t(1-p)} + M'_X(t)\frac{e^t(1-p)}{1-e^t(1-p)} \\
&= M'_X(t)\frac{1+re^t(1-p)}{1-e^t(1-p)}.
\end{aligned}$$

Logo,

$$\begin{aligned}
\mathrm{E}(X) &= M'_X(0) = \frac{r(1-p)}{p} \\
\mathrm{E}(X^2) &= M''_X(0) = M'_X(0)\frac{r-rp}{p} = \frac{r^2(1-p)^2 + r(1-p)}{p^2} \\
\mathrm{Var}(X) &= \frac{r^2(1-p)^2 + r(1-p)}{p^2} - \frac{r^2(1-p)^2)}{p^2} = \frac{r(1-p)}{p^2},
\end{aligned}$$

os mesmos resultados obtidos anteriormente.

Vamos, agora, calcular a terceira derivada, que nos dará $\mathrm{E}(X^3)$.

$$\begin{aligned}
M'''_X(t) &= M''_X(t)\frac{1+re^t(1-p)}{1-e^t(1-p)} + M'_X(t)\frac{[re^t(1-p)][1-e^t(1-p)] - [1+re^t(1-p)][-e^t(1-p)]}{[1-e^t(1-p)]^2} \\
&= M''_X(t)\frac{1+re^t(1-p)}{1-e^t(1-p)} + M'_X(t)\frac{[(r+1)e^t(1-p)]}{[1-e^t(1-p)]^2} \\
&= M'_X(t)\left[\frac{1+re^t(1-p)}{1-e^t(1-p)}\right]^2 + M'_X(t)\frac{[(r+1)e^t(1-p)]}{[1-e^t(1-p)]^2} \\
&= \frac{M'_X(t)}{[1-e^t(1-p)]^2}\left[1 + 3re^t(1-p) + r^2e^{2t}(1-p)^2 + e^t(1-p)\right].
\end{aligned}$$

Logo,

$$\mathrm{E}(X^3) = M'''_X(0) = \frac{r(1-p)}{p^3}\left[1 + 3r(1-p) + r^2(1-p)^2 + (1-p)\right]$$

e

$$\begin{aligned}
\mathrm{E}\left((X-\mu)^3\right) &= \frac{r(1-p)}{p^3}\left[1 + 3r(1-p) + r^2(1-p)^2 + (1-p)\right] - 3\frac{r^2(1-p)^2 + r(1-p)}{p^2}\cdot\frac{r(1-p)}{p} + 2\frac{r^3(1-p}{p^3} \\
&= \frac{r(1-p) + \cancel{3r^2(1-p)^2} + \cancel{r^3(1-p)^3} + r(1-p)^2) - \cancel{3r^3(1-)^3} - \cancel{3r^2(1-p)^2} + \cancel{2r^3(1-p)^2}}{p^3}.
\end{aligned}$$

O coeficiente de assimetria é, então

$$\alpha_3 = \frac{\frac{r(1-p)(2-p)}{p^3}}{\frac{r(1-p)}{p^2}\frac{\sqrt{r(1-p)}}{p}} = \frac{2-p}{\sqrt{r(1-p)}}, \tag{7.39}$$

e, assim, a distribuição binomial negativa é sempre assimétrica à direita.

Definição alternativa da distribuição binomial negativa

Assim como no caso da distribuição geométrica, podemos definir a variável binomial negativa como

$$Y = \text{“número de repetições até o } r\text{-ésimo sucesso”} \tag{7.40}$$

Para que haja r sucessos são necessárias pelo menos r repetições. Logo, $Im(Y) = r, r+1, r+2, \ldots$.

Para $y \in Im(Y)$, o evento $\{Y = y\}$ indica que foram necessárias y repetições para a obtenção de r sucessos, o $r-$ésimo sucesso acontece na última repetição e os $r-1$ sucessos restantes ocorrem entre as $y-1$ primeiras repetições. Veja a Figura 7.7.

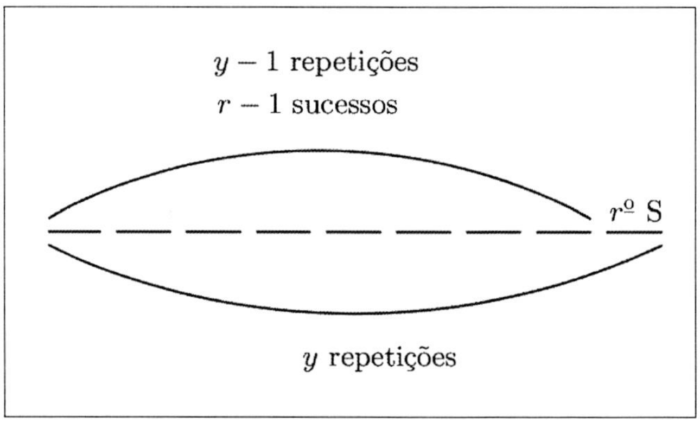

Figura 7.7 – Ilustração dos resultados da binomial negativa deslocada

Resulta, então, que

$$\mathrm{P}(Y = y) = \binom{y-1}{r-1} p^r (1-p)^{y-r} \qquad y = r, r+1, r+2, \ldots \tag{7.41}$$

Essa distribuição é também conhecida como *distribuição de Pascal.* Para indicar que uma variável aleatória Y segue essa distribuição, escrevemos simplesmente $Y \sim BinNeg^*(r; p)$.

Analisando as Figuras 7.6 e 7.7 obtemos a seguinte relação:

$$Y = X + r, \tag{7.42}$$

o que dá origem ao nome distribuição binomial negativa deslocada.

Com essa forma alternativa, temos

$$M_Y(t) = e^{rt}M_X(t) = \left[\frac{pe^t}{1-e^t(1-p)}\right]^r \quad \text{se } t < -\ln(1-p), \tag{7.43}$$

$$\mathrm{E}(Y) = \mathrm{E}(X) + r = \frac{r(1-p)}{p} + r = \frac{r}{p}, \tag{7.44}$$

$$\mathrm{Var}(Y) = \mathrm{Var}(X) = \frac{r(1-p)}{p^2}, \tag{7.45}$$

$$\alpha_{3Y} = \alpha_{3X} = \frac{2-p}{\sqrt{r(1-p)}}. \tag{7.46}$$

Na distribuição binomial negativa deslocada, o número de repetições do experimento de Bernoulli é aleatório e o número de sucessos é um número fixo (pré-determinado); note o contraste com a distribuição binomial, em que o número de repetições é fixo e o número de sucessos é aleatório.

Parâmetro	Distribuição	
	Binomial	Binomial negativa deslocada
Número de repetições	fixo	variável aleatória
Número de sucessos	variável aleatória	fixo

Exemplo 7.12 ***Fabricação de peças***

Deseja-se produzir 5 peças boas, em uma máquina que dá 20% de peças defeituosas. Qual é a probabilidade de ser necessário fabricar 8 peças para se conseguir as 5 peças boas?

Solução:

Seja X = número de peças fabricadas até a obtenção de 5 boas (sucesso). Temos que $\mathrm{P}(\text{peça boa}) = 0,80$ e $\mathrm{P}(\text{peça defeituosa}) = 0,20$. Logo, $X \sim BinNeg(5; 0,80)$. O problema pede $\mathrm{P}(X = 8) = \binom{7}{4}(0,80)^5(0,20)^3 = 0,0917504$. ♦♦

Por que binomial negativa?

Quando definimos o número binomial $\binom{n}{k}$, supusemos que $n > 0$ e $0 < k < n$ e vimos que

$$\binom{n}{k} = \frac{n!}{k!(n-k)!} = \frac{n(n-1)\cdots[n-(k-1)](n-k)!}{k!(n-k)!} = \frac{n(n-1)\cdots(n-k+1)}{k!}$$

De forma análoga, definimos

$$\binom{-n}{k} = \frac{(-n)(-n-1)\cdots(-n-k+1)}{k!},$$

que pode ser escrito como

$$\binom{-n}{k} = \frac{[(-1)(n)][(-1)(n+1)]\cdots[(-1)(n+k-1)]}{k!}$$
$$= \frac{(-1)^k n(n+1)\cdots(n+k-1)}{k!}.$$

Vamos, agora, analisar o coeficiente binomial que aparece na expressão (7.34):

$$
\begin{aligned}
\binom{x+r-1}{x} &= \frac{(x+r-1)!}{x!(r-1)!} \\
&= \frac{(x+r-1)(x+r-1-1)\cdots[x+r-1-(x-2)]\,[x+r-1-(x-1)]\,\cancel{[x+r-1-x)]!}}{x!\cancel{(r-1)!}} \\
&= \frac{(x+r-1)(x+r-2)\cdots(r+1)(r)}{x!} \\
&= \frac{r(r+1)\cdots(r+x-2)(r+x-1)}{x!} \\
&= \frac{[(-1)(-r)]\,[(-1)(-r-1)]\cdots[(-1)(-r-x+1]}{x!} \\
&= (-1)^x\binom{-r}{x}.
\end{aligned}
$$

Logo, uma outra forma de escrever a função de probabilidade da distribuição binomial negativa é

$$
\mathrm{P}(X=x) = (-1)^x\binom{-r}{x}p^r(1-p)^x \qquad k=0,1,2,\ldots
$$

daí o nome binomial negativa.

Lista de exercícios da Seção 7.5

1. Seja $X \sim BinNeg\left(3, \frac{1}{4}\right)$.
   (a) Apresente a função de probabilidade de X e esboce o seu gráfico.
   (b) Determine $\mathrm{E}(X)$ e marque esse valor na abscissa do gráfico do item (a).
   (c) Determine $\mathrm{Var}(X)$.
   (d) Apresente a função geradora de momentos de X.
   (e) Encontre o coeficiente de assimetria de X e interprete o resultado.
   (f) Calcule $\mathrm{P}(X > 1)$.

2. Em uma pequena cidade, planeja-se fazer uma pesquisa para saber se os moradores são favoráveis, ou não, a certo projeto da prefeitura. A prefeitura não sabe, mas $5/6$ dos moradores da cidade são favoráveis ao projeto. Considere o experimento de se selecionarem moradores sequencialmente, de forma aleatória e com reposição, até que se encontrem 10 moradores favoráveis ao projeto. Seja X a variável aleatória definida pelo número de moradores contrários ao projeto entre os selecionados.
   (a) Descreva o modelo probabilístico apropriado para representar X.
   (b) Em média, quantos moradores contrários ao projeto serão encontrados antes de se encontrar o 10º morador favorável?
   (c) Qual o desvio-padrão do número de moradores contrários ao projeto antes de o 10º morador favorável ser encontrado?

(d) Qual a probabilidade de não ser encontrado qualquer morador contrário ao projeto antes de o $10^{\underline{o}}$ morador favorável ser encontrado?

(e) Qual a probabilidade de não ser encontrado qualquer morador contrário ao projeto antes de o $10^{\underline{o}}$ morador favorável ser encontrado, dado que o primeiro selecionado respondeu ser favorável ao projeto?

3. Considere o experimento de se lançar um dado sequencialmente até que se observe 3 vezes a face 1.

   (a) Descreva o modelo probabilístico apropriado para representar o número de lançamentos realizados durante o experimento.

   (b) Em média, quantas vezes o dado será lançado até ser observada a face 1 pela terceira vez?

   (c) Qual o desvio-padrão do número de lançamentos do dado?

   (d) Qual a probabilidade de ser necessário lançar o dado mais de 4 vezes até se observar a face 1 pela terceira vez?

   (e) O dado já foi lançado 3 vezes e a face 1 já apareceu em 2 lançamentos. Qual a probabilidade de ser necessário mais de 1 lançamento do dado?

4. A seguir, são apresentadas algumas funções de probabilidade de variáveis aleatórias com distribuição Binomial Negativa ou Binomial Negativa deslocada, ambas com parâmetros r e p. Para cada uma delas, indique qual a distribuição da variável aleatória e determine os valores de r e p.

   (a) $p_X(x) = \binom{x+4}{x}\left(\frac{1}{3}\right)^5\left(\frac{2}{3}\right)^x, \quad x = 0, 1, 2, \ldots$

   (b) $p_X(x) = \binom{x+7}{7}\left(\frac{1}{2}\right)^{x+8}, \quad x = 0, 1, 2, \ldots$

   (c) $p_X(x) = \binom{x-1}{3}\left(\frac{2}{3}\right)^4\left(\frac{1}{3}\right)^{x-4}, \quad x = 4, 5, 6, \ldots$

   (d) $p_X(x) = \binom{x-1}{x-10}\frac{5^{10}}{6^x}, \quad x = 10, 11, 12, \ldots$

5. A seguir, são apresentadas algumas funções geradoras de momentos de variáveis aleatórias com distribuição Binomial Negativa ou Binomial Negativa deslocada, ambas com parâmetro p. Para cada uma delas, indique qual a distribuição da variável aleatória e determine os valores de r e p.

   (a) $M(t) = \left(\frac{1}{2-e^t}\right)^3, \quad t < \ln(2)$ (b) $M(t) = \left(\frac{4e^t}{5-e^t}\right)^5, \quad t < \ln(5)$

   (c) $M(t) = \left(\frac{3}{5-2e^t}\right)^8, \quad t < \ln(2,5)$ (d) $M(t) = \left(\frac{3}{4e^{-t}-1}\right)^4, \quad t < \ln(4)$

7.6 Distribuição hipergeométrica

Vamos começar esta seção com um exemplo, antes de apresentar a formalização de uma nova distribuição.

Exemplo 7.13 ***Bolas em uma urna***

Consideremos novamente a situação do Exemplo 7.6, em que 3 bolas são retiradas de uma urna composta por 4 bolas brancas e 6 bolas verdes e nossa variável aleatória de interesse é

$$X = \text{número de bolas brancas sorteadas}$$

Naquele exemplo, consideramos extrações com reposição. Vamos analisar, agora, a função de probabilidade de X no caso em que as extrações são feitas *sem* reposição.

Solução:

A diferença fundamental entre os dois exemplos é que, sem reposição, a probabilidade em cada extração depende das extrações anteriores, ou seja, não temos mais independência ou probabilidades constantes. No entanto, como as extrações são aleatórias, todos os subconjuntos de 3 bolas são igualmente prováveis. O número total de subconjuntos de 3 bolas retiradas das 10 bolas da urna é $\binom{10}{3}$ e, portanto, cada subconjunto tem probabilidade $\frac{1}{\binom{10}{3}}$.

Vamos determinar, agora, os possíveis valores de X, ou seja, $Im(X)$. Como há 6 bolas verdes na urna, é possível que todas as três bolas extraídas sejam verdes, isto é, $X = 0$ é o valor mínimo. No outro extremo, como há 4 brancas na urna, é possível que todas as bolas extraídas sejam brancas, ou seja, $X = 3$ é o valor máximo. É possível obter, também, 1 ou 2 bolas brancas. Logo, $Im(X) = \{0, 1, 2, 3\}$. Vamos calcular a probabilidade de cada um desses valores.

- $X = 0$

  Ter 0 bola branca na amostra, significa que todas as 3 bolas são verdes. Como há 6 bolas verdes, o número de maneiras que podemos retirar 3 bolas verdes é dado por $\binom{6}{3}$. Logo,

$$\mathrm{P}(X = 0) = \frac{\binom{6}{3}}{\binom{10}{3}}$$

- $X = 1$

  Ter 1 bola branca na amostra significa que as outras 2 são verdes. Como há 4 bolas brancas, o número de maneiras que podemos retirar 1 bola branca é dado por $\binom{4}{1}$. Analogamente, como há 6 bolas verdes, o número de maneiras que podemos retirar 2 bolas verdes é $\binom{6}{2}$. Pelo Princípio Fundamental da Multiplicação, o número de maneiras que podemos retirar 1 bola branca *e* 2 bolas verdes é $\binom{4}{1} \times \binom{6}{2}$. Logo,

$$\mathrm{P}(X = 1) = \frac{\binom{4}{1} \times \binom{6}{2}}{\binom{10}{3}}$$

- $X = 2$ e $X = 3$

  Analogamente,

$$\mathrm{P}(X = 2) = \frac{\binom{4}{2} \times \binom{6}{1}}{\binom{10}{3}} \qquad \text{e} \qquad \mathrm{P}(X = 3) = \frac{\binom{4}{3} \times \binom{6}{0}}{\binom{10}{3}}$$

♦♦

Suponhamos que nossa amostra seja, agora, de 5 bolas. Como só há 4 bolas brancas, não é possível obter uma amostra formada apenas por bolas brancas. Mas, vamos pensar, por um momento, que pudéssemos ter $X = 5$. Seguindo o raciocínio anterior, teríamos

$$\mathrm{P}(X = 5) = \frac{\binom{4}{5} \times \binom{6}{0}}{\binom{10}{5}} = 0$$

uma vez que $\binom{4}{5} = 0$, segundo a Definição 7.6 do coeficiente binomial. Isso resulta em uma probabilidade nula para o evento impossível $X = 5$. A generalização do contexto do exemplo anterior é a seguinte: temos uma população de tamanho N (a urna com as bolas) dividida em 2 classes (duas cores). Uma das classes é considerada "sucesso" e a outra "fracasso". Seja r o número de elementos da classe sucesso entre os N elementos da população; logo a classe fracasso possui $N - r$ elementos. Dessa população vamos extrair uma amostra de tamanho n ***sem reposição***. A variável aleatória de interesse é

$$X = \text{número de sucessos na amostra}$$

Essa variável aleatória tem distribuição hipergeométrica, como mostra a Definição 7.10 abaixo.

Definição 7.10 ***Distribuição hipergeométrica***

Uma variável aleatória X tem ***distribuição hipergeométrica*** *com parâmetros N, r e n quando esta representa o número de sucessos em uma amostra de tamanho n extraída, sem reposição, de uma população de tamanho N formada por r sucessos e $N - r$ fracassos.*

Vamos primeiro analisar o espaço paramétrico para os parâmetros N, r e n. Como N é o tamanho da população, então $N \in \mathbb{N}$. Sendo n o tamanho da amostra retirada da população de tamanho N, então $0 \leq n \leq N$. O parâmetro r indica o número de sucessos dentro da população de tamanho N, então $0 \leq r \leq N$.

Para determinar os valores possíveis de X, isto é, $Im(X)$, temos que considerar diferentes possibilidades para a composição da população em termos dos números de sucessos e fracassos relativos ao tamanho da amostra.

- Se for possível ter uma amostra só com sucessos ou só com fracassos, isto é, se $r \geq n$ e $N - r \geq n$, então os possíveis valores de X variam de 0 (amostra formada só por fracassos) a n (amostra formada só por sucessos), ou seja, $Im(X) = \{0, \ldots, n\}$.

  ⋆ Exemplo: $N = 6, n = 3, r = 3$

  $r \geq n$ e $N - r = 6 - 3 = 3 \geq n = 3$. Então podemos ter uma amostra só com sucessos ou só com fracassos. Nesse caso $Im(X) = \{0, 1, 2, 3\}$.

- Se for possível ter uma amostra só com sucessos, mas não só com fracassos, isto é, se $r \geq n$ e $N - r < n$, então o número máximo de fracassos na amostra é $N - r$ e, portanto, o número mínimo de sucessos é $n - (N - r)$. Logo, os valores de X variam de $n - (N - r)$ a n, ou seja, $Im(X) = \{n - (N - r), \ldots, n\}$.

- ⋆ Exemplo: $N = 6$, $n = 3$, $r = 4$

  $N - r = 6 - 4 = 2 < n$. Então o número máximo de fracassos na amostra é $N - r = 2$ e, portanto, o número mínimo de sucessos é $n - (N - r) = 1$.

  $r \geq n$. Podemos ter uma amostra só com sucessos, ou seja, o número máximo de sucessos é 3.

  Assim, $Im(X) = \{1, 2, 3\}$.

- Se for possível ter uma amostra só com fracassos, mas não só com sucessos, isto é, se $N - r > n$ e $r < n$, então o número mínimo de sucessos na amostra é 0 e o número máximo é r, ou seja, $Im(X) = \{0, \ldots, r\}$.

  ⋆ Exemplo: $N = 6$, $n = 3$, $r = 2$

  $N - r = 6 - 2 = 4 \geq n$. Podemos ter uma amostra só de fracassos, ou seja, o número mínimo de sucessos é 0.

  $r = 2 < n$. O número máximo de sucessos na amostra é $r = 2$.

  Assim, $Im(X) = \{0, 1, 2\}$.

Então, de forma geral,

$$Im(X) = \{x \in \mathbb{N} \mid \max\{0, n - (N - r)\} \leq x \leq \min\{n, r\}\}.$$

Vamos denotar a distribuição Hipergeométrica com parâmetros N, r e n por $X \sim HGeo(N; r; n)$, ou seja, para indicar que uma variável aleatória X segue essa distribuição, escrevemos $X \sim HGeo(N; r; n)$ (lê-se: a variável aleatória X tem distribuição hipergeométrica com parâmetros N, r e n). Alguns livros usam letras diferentes para representar cada parâmetro.

Função de probabilidade

O número total de amostras de tamanho n que podem ser extraídas de uma população de tamanho N, sem reposição, é $\binom{N}{n}$. Note que isso equivale ao número de subconjuntos de tamanho n do conjunto universo de tamanho N.

Para calcular a probabilidade de k sucessos na amostra, $P(X = k)$, vamos considerar as 3 situações anteriores:

- Sucessos e fracassos suficientes: $r \geq n$ e $N - r \geq n$.

  Há $\binom{r}{k}$ maneiras de tirarmos k sucessos e $\binom{N-r}{n-k}$ maneiras de tirar os fracassos que completam a amostra. Logo,

$$P(X = k) = \frac{\binom{r}{k}\binom{N-r}{n-k}}{\binom{N}{n}} \quad k = 0, 1, \ldots, n \tag{7.47}$$

- Sucessos suficientes, mas não fracassos: $r \geq n$ e $N - r < n$.

Vimos que os valores de X variam de $n-(N-r)$ a n. Se $k \geq 0$ é tal que $k < n-(N-r)$, então $N-r < n-k$ e, pela Definição 7.6, $\binom{N-r}{n-k} = 0$ e a probabilidade dada pela Equação (7.47) será 0 para esses valores impossíveis de k. Sendo assim, ainda podemos usar essa equação para o cálculo das probabilidades.

- Fracassos suficientes, mas não sucessos: $N-r > n$ e $r < n$.

  Vimos que os valores X variam de 0 a r. Se $k \leq n$ é tal que $k > r$, o coeficiente binomial $\binom{r}{k}$ será 0, pela Definição 7.6 e a probabilidade dada pela Equação (7.47) será 0 para esses valores impossíveis de k. Então, ainda podemos usar essa equação para calcular as probabilidades.

Resumindo, se $X \sim HGeo(N; r; n)$ então a sua função de probabilidade é definida por:

$$p_X(x) = \mathrm{P}(X = x) = \frac{\binom{r}{x}\binom{N-r}{n-x}}{\binom{N}{n}} \qquad x = 0, \ldots, n. \tag{7.48}$$

Para provar que a Equação 7.48 realmente define uma função de probabilidade, faremos uso da Fórmula de Euler apresentada na Proposição 7.1 a seguir.

Proposição 7.1 ***Fórmula de Euler***
Sejam m, n e s inteiros tais que $s < n + m$. Então é verdade que:

$$\sum_{k=0}^{s} \binom{m}{k}\binom{n}{s-k} = \binom{m+n}{s}$$

Demonstração:
Se $m = 0$ e $n = 0$ a igualdade é trivialmente satisfeita. Seja, então, $m > 0$ ou $n > 0$.

Seja C um conjunto não vazio com $m + n$ elementos. Veja que C pode ser partido em dois conjuntos disjuntos com m e n elementos, respectivamente. Vamos denotar tais conjuntos por C_n e C_m, onde C_n tem n elementos, C_m tem m elementos, $C_n \cap C_m = \varnothing$ e $C_n \cup C_m = C$.

Fixando $0 \leq k \leq s$, veja que $\binom{m}{k}$ representa o número de subconjuntos de C_m com k elementos e $\binom{n}{s-k}$ representa o número de subconjuntos de C_n com $s-k$ elementos. Logo, $\binom{m}{k}\binom{n}{s-k}$ representa o número de subconjuntos de C com s elementos tais que k elementos pertencem à C_m e os outros $s-k$ elementos pertencem à C_m.

Então, $\displaystyle\sum_{k=0}^{s} \binom{m}{k}\binom{n}{s-k}$ representa o número de subconjuntos de C com s elementos, isto é, $\displaystyle\binom{m+n}{s}$.

□

Vamos às contas. Note inicialmente que $\mathrm{P}(X = x) \geq 0 \; \forall \; x \in \mathbb{R}$. Além disso,

$$\sum_{\forall x \in \mathbb{N}} p_X(x) = \sum_{x=0}^{n} \frac{\binom{r}{x}\binom{N-r}{n-x}}{\binom{N}{n}} = \frac{\sum_{x=0}^{n}\binom{r}{x}\binom{N-r}{n-x}}{\binom{N}{n}}.$$

Veja que o numerador trata-se da fórmula de Euler com $k = x$, $m = r$, $n = N - r$ e $s = n$, o que resulta em

$$\sum_{k=0}^{n}\binom{r}{k}\binom{N-r}{n-k} = \binom{r+N-r}{n} = \binom{N}{n}.$$

Com isso completa prova de que a Equação 7.48 realmente define uma função de probabilidade.

Esperança e variância

No cálculo da esperança e variância de $X \sim HGeo(N;r;n)$, faremos uso da seguinte identidade, que pode ser facilmente verificada:

$$k\binom{n}{k} = n\binom{n-1}{k-1}. \tag{7.49}$$

Primeiro as contas para encontrar a esperança.

$$\mathrm{E}(X) = \sum_{x=0}^{n} x\frac{\binom{r}{x}\binom{N-r}{n-x}}{\binom{N}{n}} = \sum_{x=1}^{n} x\frac{\binom{r}{x}\binom{N-r}{n-x}}{\binom{N}{n}} = \frac{1}{\binom{N}{n}}\sum_{x=1}^{n} x\binom{r}{x}\binom{N-r}{n-x}.$$

Considere na Equação 7.49 $k = x$ e $n = r$, assim temos $x\binom{r}{x} = r\binom{r-1}{x-1}$ e podemos seguir da seguinte maneira,

$$\mathrm{E}(X) = \frac{1}{\binom{N}{n}}\sum_{x=1}^{n} r\binom{r-1}{x-1}\binom{N-r}{n-x} = \frac{r}{\binom{N}{n}}\sum_{x=1}^{n}\binom{r-1}{x-1}\binom{N-r}{n-x}.$$

Agora é feita a mudança de variável $y = x - 1$ no somatório acima e em seguida aplicada a Fórmula de Euler na expressão destacada por $\star$ abaixo. Na Fórmula de Euler é considerado $n = N - r$, $m = r - 1$, $s = n - 1$,

$$\mathrm{E}(X) = \frac{r}{\binom{N}{n}}\underbrace{\sum_{y=0}^{n-1}\binom{r-1}{y}\binom{N-r}{n-1-y}}_{\star} = \frac{r}{\binom{N}{n}}\binom{N-1}{n-1} = \frac{r}{\binom{N}{n}}\frac{n}{N}\binom{N}{n} = \frac{rn}{N}.$$

Logo,

$$X \sim HGeo(N;r;n) \quad \Rightarrow \quad \mathrm{E}(X) = n\frac{r}{N}. \tag{7.50}$$

De maneira análoga, vamos calcular o segundo momento para então encontrar a variância.

$$\mathrm{E}\left(X^2\right) = \sum_{x=0}^{n} x^2 \frac{\binom{r}{x}\binom{N-r}{n-x}}{\binom{N}{n}} = \sum_{x=1}^{n} x^2 \frac{\binom{r}{x}\binom{N-r}{n-x}}{\binom{N}{n}} = \frac{1}{\binom{N}{n}} \sum_{x=1}^{n} x^2 \binom{r}{x}\binom{N-r}{n-x}.$$

Considere novamente a Equação 7.49 temos $x\binom{r}{x} = r\binom{r-1}{x-1}$ e podemos seguir da seguinte maneira,

$$\mathrm{E}\left(X^2\right) = \frac{1}{\binom{N}{n}} \sum_{x=1}^{n} xr \binom{r-1}{x-1}\binom{N-r}{n-x} = \frac{r}{\binom{N}{n}} \sum_{x=1}^{n} x \binom{r-1}{x-1}\binom{N-r}{n-x}.$$

Faremos a mesma mudança de variável: $y = x - 1$.

$$\mathrm{E}\left(X^2\right) = \frac{r}{\binom{N}{n}} \sum_{y=0}^{n-1} (y+1) \binom{r-1}{y}\binom{N-r}{n-1-y} = \frac{r\binom{N-1}{n-1}}{\binom{N}{n}} \underbrace{\sum_{y=0}^{n-1} (y+1) \frac{\binom{r-1}{y}\binom{N-r}{n-1-y}}{\binom{N-1}{n-1}}}_{\mathrm{E}(Y+1),\ Y\sim HGeo(N-1,r-1,n-1)}$$

Veja que o último somatório é $\mathrm{E}(Y+1),\ Y \sim HGeo(N-1, r-1, n-1)$. Como $\mathrm{E}(Y+1) = \mathrm{E}(Y) + 1 = (n-1)\frac{(r-1)}{N-1} + 1$, seguimos com

$$\mathrm{E}\left(X^2\right) = \frac{r\binom{N-1}{n-1}}{\binom{N}{n}} \left[(n-1)\frac{r-1}{N-1} + 1\right] = \frac{rn}{N} \times \frac{(n-1)(r-1) + N - 1}{N-1}.$$

Logo,

$$\begin{aligned}
\mathrm{Var}\left(X\right) &= \mathrm{E}(X^2) - [\mathrm{E}(X)]^2 = \frac{rn}{N} \times \frac{(n-1)(r-1) + N - 1}{N-1} - \frac{n^2r^2}{N^2} \\
&= \frac{rn}{N} \times \left[\frac{(n-1)(r-1) + N - 1}{N-1} - \frac{nr}{N}\right] = \frac{rn}{N} \times \left[\frac{nr - n - r + 1 + N - 1}{N-1} - \frac{nr}{N}\right] \\
&= \frac{rn}{N} \times \left[\frac{nr - n - r + N}{N-1} - \frac{nr}{N}\right] = \frac{rn}{N} \times \left[\frac{Nnr - nN - Nr + N^2 - Nnr + nr}{N(N-1)}\right] \\
&= \frac{rn}{N} \times \left[\frac{-nN - Nr + N^2 + nr}{N(N-1)}\right] = n\frac{r}{N}\frac{N(N-n) - r(N-n)}{N(N-1)} = n\frac{r}{N}\frac{(N-n)(N-r)}{N(N-1)}.
\end{aligned}$$

Ou seja,

$$X \sim HGeo(N; r; n) \quad \Rightarrow \quad \mathrm{Var}(X) = n\frac{r}{N}\frac{N-r}{N}\frac{N-n}{N-1}. \tag{7.51}$$

Nesse livro não apresentamos a função geradora de momentos para a distribuição hipergeométrica, pois trata-se de uma função complexa e com pouca aplicação prática.

Exemplo 7.14 ***Equipe de programadores***

Entre os 16 programadores de uma empresa, 12 são do sexo masculino. A empresa decide sortear 5 programadores para fazer um curso avançado de programação. Qual é a probabilidade de que os 5 sorteados sejam do sexo masculino?

Solução:

Vamos definir sucesso = sexo masculino. Se X = número de homens sorteados, então $X \sim HGeo(16; 12; 5)$ e o problema pede

$$\mathrm{P}(X = 5) = \frac{\binom{12}{5}}{\binom{16}{5}} = \frac{12 \times 11 \times 10 \times 9 \times 8}{16 \times 15 \times 14 \times 13 \times 12} = \frac{33}{14 \times 13} = 0,181319.$$

♦♦

Distribuição binomial *versus* distribuição hipergeométrica

Vamos fazer agora algumas comparações entre as distribuições binomial e hipergeométrica, considerando que elas descrevem a extração de uma amostra de tamanho n. No contexto da binomial, a amostra é retirada *com* reposição, enquanto na hipergeométrica as extrações são feitas *sem* reposição.

A esperança da binomial é igual ao produto do tamanho da amostra pela probabilidade de sucesso; na hipergeométrica também. Veja que mesmo no experimento com reposição a probabilidade de ocorrer um sucesso na $i-$ésima retirada é igual a r/N, independente do valor de i. Segue as contas para $i = 2$.

Considere S_2 = sucesso na 2ª retirada em um experimento sem reposição,

$$\begin{aligned}
\mathrm{P}(S_2) &= \mathrm{P}(S_1 \cap S_2) + \mathrm{P}(S_1^c \cap S_2) = \mathrm{P}(S_2 \mid S_1)\,\mathrm{P}(S_1) + \mathrm{P}(S_2 \mid S_1^c)\,\mathrm{P}(S_1^c) \\
&= \frac{r-1}{N-1}\frac{r}{N} + \frac{r}{N-1}\frac{N-r}{N} = \frac{(r-1)r + r(N-r)}{(N-1)N} = \frac{r^2 - r + rN - r^2}{(N-1)N} = \frac{r(N-1)}{(N-1)N} = \frac{r}{N}.
\end{aligned}$$

A diferença entre o experimento com ou sem reposição está na independência dos eventos. Considere os eventos $\{$ocorrer um sucesso na $i-$ésima$\}$ e $\{$ocorrer um sucesso na $j-$ésima$\}$, sendo $i \neq j$. No experimento com reposição (binomial) esses eventos são independentes, já no experimento sem reposição (hipergeométrica) não.

A variância da binomial é igual ao produto do tamanho da amostra pelas probabilidades de sucesso e fracasso. Na hipergeométrica, considerando apenas a primeira extração, a variância é igual a esse produto, mas corrigido pelo fator $\dfrac{N-n}{N-1}$.

Em pesquisas estatísticas por amostragem, normalmente lidamos com amostragem sem reposição. No entanto, os resultados teóricos sobre amostragem com reposição são bem mais simples, pois envolvem variáveis independentes. Assim, costuma-se usar uma aproximação, sempre que possível. Ou seja, quando a população (tamanho N) é suficientemente grande (de modo que podemos encará-la como uma população infinita) e o tamanho da amostra é relativamente pequeno, podemos "ignorar" o fato de as extrações serem feitas sem reposição. Lembre-se que a probabilidade em extrações sucessivas são $\frac{1}{N}, \frac{1}{N-1}, \ldots, \frac{1}{N-n}$. Então, se N é "grande" e n é pequeno, temos que $N \approx N-1 \approx \cdots \approx N-n$. Nessas condições, extrações com e sem reposição podem ser consideradas como equivalentes. O termo que aparece na variância da hipergeométrica,

$\frac{N-n}{N-1}$, é chamado correção para populações finitas, exatamente porque, se a população é pequena, não podemos ignorar o fato de as extrações estarem sendo feitas sem reposição.

Lista de exercícios da Seção 7.6

1. Seja $X \sim HGeo\,(N = 12, r = 9, n = 4)$.

   (a) Apresente a função de probabilidade de X e esboce o seu gráfico.

   (b) Determine $\mathrm{E}(X)$ e marque esse valor na abscissa do gráfico do item (a).

   (c) Determine $\mathrm{Var}(X)$.

   (d) Calcule $\mathrm{P}(X > 1)$.

2. Em uma pequena cidade, com 54.300 moradores, planeja-se fazer uma pesquisa para se saber se os moradores são favoráveis, ou não, a certo projeto da prefeitura. A prefeitura não sabe, mas $5/6$ dos moradores da cidade são favoráveis ao projeto. Suponha o experimento de se selecionarem 100 moradores, sem reposição, e se perguntar para cada um deles se são favoráveis, ou não, ao projeto. Seja X a variável aleatória definida pelo número de moradores favoráveis ao projeto entre os selecionados.

   (a) Descreva o modelo probabilístico apropriado para representar X.

   (b) Em média, quantos moradores favoráveis ao projeto serão encontrados entre os selecionados?

   (c) Veja que é bem difícil calcular probabilidades para a variável aleatória X, até mesmo com o uso do computador. Por exemplo, use o computador e tente calcular a probabilidade de serem encontrados 80 moradores favoráveis entre os 100 selecionados.

3. Suponha que você comprou um bilhete simples da Mega Sena, com os números $\{08, 10, 21, 34, 44, 54\}$. Considere o experimento definido por um sorteio da Mega Sena, isto é, um sorteio aleatório, sem reposição, de 6 entre as 60 dezenas disponíveis.

   (a) Descreva o modelo probabilístico apropriado para representar o número de acertos em seu bilhete. Um acerto é um número do seu bilhete igual a um dos 6 números sorteados.

   (b) Em média, quantos acertos você espera fazer com esse bilhete?

   (c) Qual a probabilidade de você acertar os 6 números da Mega Sena com esse bilhete?

   (d) O primeiro número foi sorteado e você fez um acerto. Ainda faltam 5 números para serem sorteados. Qual a probabilidade de você acertar os 6 números da Mega Sena?

   (e) Você acha que as respostas dos itens (a) a (d) mudariam se o seu bilhete fosse um outro bilhete de 6 números, por exemplo, com os números $\{01, 02, 03, 04, 05, 06\}$?

   (f) Refaça os itens (a) a (d), supondo que você comprou um bilhete com 7 números e não 6.

4. A seguir, são apresentadas algumas funções de probabilidade de variáveis aleatórias com distribuição hipergeométrica com parâmetros N, r e n. Para cada uma delas, indique os valores de N, r e n.

$$\text{(a) } p_X(x) = \frac{\binom{12}{x}\binom{18}{8-x}}{\binom{30}{8}}, \; x = 0, \ldots, 8 \quad \text{(b) } p_X(x) = \frac{\binom{96}{10-x}\binom{4}{x}}{\binom{100}{10}}, \; x = 0, \ldots, 4.$$

7.7 Distribuição de Poisson

Suponhamos que estejamos observando um determinado fenômeno de interesse, por um certo período de tempo de comprimento $T = 1$ com o interesse de contar o número de vezes X que um determinado evento ocorre.

Vamos fazer as seguintes hipóteses sobre a forma de ocorrência desse evento:

H_1. Em um intervalo de tempo suficientemente curto, apenas 0 ou 1 evento ocorre, ou seja, 2 ou mais ocorrências não podem acontecer simultaneamente. Então, em cada um desses intervalos temos um *experimento de Bernoulli.*

H_2. A probabilidade de exatamente 1 ocorrência nesse pequeno intervalo de tempo, de comprimento Δt, é proporcional a esse comprimento, ou seja, é $\lambda\Delta t$. Logo, a probabilidade de nenhuma ocorrência é $1 - \lambda\Delta t$.

H_3. As ocorrências em intervalos pequenos e disjuntos são experimentos de Bernoulli *independentes.*

Estamos interessados na variável aleatória X = número de ocorrências do evento no intervalo $(0, 1]$. Particionando esse intervalo em n pequenos subintervalos de comprimento Δt, temos que o número total de ocorrências será a soma do número de ocorrências em cada subintervalo.

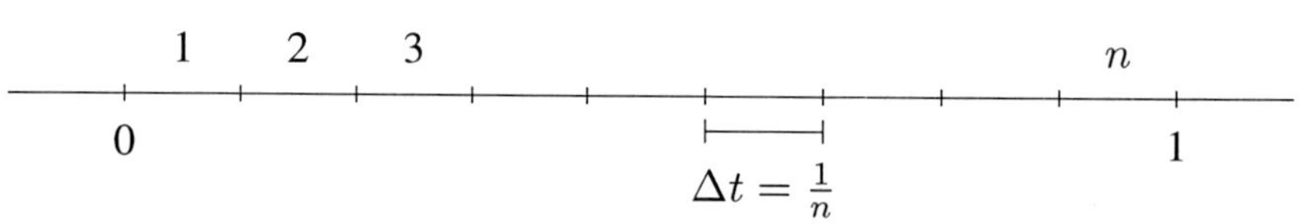

Mas em cada subintervalo podemos aplicar as hipóteses H_1, H_2 e H_3. Logo, X é uma variável binomial com parâmetros $n = \frac{1}{\Delta t}$ (note que $\Delta t = 1/n$) e probabilidade de sucesso $p = \lambda\Delta t$ pela hipótese H_2. Resulta, então, que $np = \lambda$. Pela definição de X, temos que $Im(X) = 0, 1, \ldots, n$. Vamos calcular a probabilidade de cada um desses valores. Seja, então, $x \in Im(X)$.

$$\begin{aligned}
\mathrm{P}(X=x) &= \binom{n}{x}(\lambda\Delta t)^x(1-\lambda\Delta t)^{n-x} = \binom{n}{x}\left(\frac{\lambda}{n}\right)^x\left(1-\frac{\lambda}{n}\right)^{n-x}\\
&= \frac{n!}{x!(n-x)!}\times\frac{1}{n^x}\times\lambda^x\times\left(1-\frac{\lambda}{n}\right)^n\times\left(1-\frac{\lambda}{n}\right)^{-x}\\
&= \frac{n(n-1)\cdots(n-x+1)(n-x)!}{(n-x)!}\times\frac{1}{n^x}\times\frac{\lambda^x}{x!}\times\left(1-\frac{\lambda}{n}\right)^n\times\left(1-\frac{\lambda}{n}\right)^{-x}\\
&= \frac{n(n-1)\cdots(n-x+1)}{n^x}\times\frac{\lambda^x}{x!}\times\left(1-\frac{\lambda}{n}\right)^n\times\left(1-\frac{\lambda}{n}\right)^{-x} =\\
&= \frac{n}{n}\times\frac{n-1}{n}\times\cdots\times\frac{n-x+1}{n}\times\frac{\lambda^x}{x!}\times\left(1-\frac{\lambda}{n}\right)^n\times\left(1-\frac{\lambda}{n}\right)^{-x}.
\end{aligned}$$

Consideremos, agora, a situação em que $\Delta t \to 0$, ou equivalentemente, $n \to \infty$. Nesse caso $p \to 0$, uma vez que $p = \lambda\Delta t$. Vamos supor que $\lambda = np$ não divirja e nem convirja para 0, ou seja, vamos supor que λ permaneça uma constante não nula quando $n \to \infty$. Nesse caso, a variável aleatória X pode assumir qualquer valor inteiro não negativo e

$$\begin{aligned}
\lim_{n\to\infty}\mathrm{P}(X=x) &= \lim_{n\to\infty}\left[\frac{n}{n}\times\frac{n-1}{n}\times\cdots\times\frac{n-x+1}{n}\times\frac{\lambda^x}{x!}\times\left(1-\frac{\lambda}{n}\right)^n\times\left(1-\frac{\lambda}{n}\right)^{-x}\right]\\
&= 1\times 1\times\cdots\times 1\times\frac{\lambda^x}{x!}\times\lim_{n\to\infty}\left(1-\frac{\lambda}{n}\right)^n\times 1 \underbrace{=}_{\text{Equação 7.52}} \frac{\lambda^x}{x!}e^{-\lambda},
\end{aligned}$$

sendo a última igualdade é consequência do seguinte resultado:

$$\lim_{n\to\infty}\left(1+\frac{x}{n}\right)^n = e^x. \tag{7.52}$$

A demonstração para a Equação 7.52 pode ser encontrada em livros de Cálculo.

Temos, assim, uma aproximação para a função de probabilidade binomial. Ou seja, se $X \sim Bin(n,p)$ com n muito grande, $p \approx 0$ e $\lambda = np$ limitado, isto é, um número real, então

$$\mathrm{P}(X=x) \approx \frac{\lambda^x}{x!}e^{-\lambda}.$$

A expressão acima também é uma função de probabilidade, como veremos mais adiante. A variável aleatória com essa função de probabilidade leva o nome de Poisson, como mostra a Definição 7.11 a seguir.

Definição 7.11 ***Distribuição de Poisson***

Diz-se que uma variável aleatória X tem ***distribuição de Poisson*** *com parâmetro $\lambda > 0$ se sua função de probabilidade é dada por*

$$\mathrm{P}(X=x) = p_X(x) = \frac{\lambda^x}{x!}e^{-\lambda}, \qquad x = 0,1,2,\ldots$$

O único parâmetro de uma variável aleatória de Poisson é o λ, que pode assumir qualquer valor real positivo. Veja que, de acordo com a hipótese H_2, a probabilidade de ocorrer uma vez o evento em questão dentro de um intervalo de comprimento Δt é $\lambda\Delta t$. Então, o espaço paramétrico para λ é $\mathbb{R}^+$.

Como X representa o número de ocorrências de um certo evento no intervalo $(0,1]$, então X pode assumir os valores $0, 1, 2, \ldots$. Logo, $Im(X) = \mathbb{N}$. Esse é mais um exemplo de variável aleatória discreta cuja imagem é um conjunto infinito.

Vamos denotar a distribuição de Poisson com parâmetro λ por $Poi(\lambda)$. Assim, para indicar que uma variável aleatória X segue essa distribuição, escrevemos simplesmente $X \sim Poi(\lambda)$ (lê-se: a variável aleatória X tem distribuição de Poisson com parâmetro λ).

Relação entre as distribuições binomial e Poisson

A função de probabilidade de uma variável aleatória binomial converge para a função de probabilidade de uma Poisson sempre que $n \to \infty$, $p \to 0$ e $np \to \lambda$, com λ constante não nula, isto é, $\lambda = np$ não diverge e nem converge para 0. Na prática, isso significa que, se $X \sim Bin(n,p)$ com n muito grande, maior que 100 em geral, e $p \approx 0$, então podemos usar a seguinte aproximação

$$P(X = x) \approx \frac{\lambda^x}{x!}e^{-\lambda} \quad \text{com } \lambda = np. \tag{7.53}$$

Se tais condições não forem satisfeitas, isto é, se n não for grande ou se p não for pequeno, a aproximação não será boa.

Exemplo 7.15 ***Aproximação da Binomial pela Poisson***
Sabe-se que 5% das lâmpadas pisca-pisca para árvore de Natal são produzidas com defeito. O setor de qualidade de um fabricante seleciona uma amostra com 150 lâmpadas pisca-pisca, vindas direto da linha de produção. Qual é a probabilidade de a amostra recolhida pelo setor de qualidade conter mais de 10 lâmpadas com defeito?

Solução:
Defina X = número de lâmpadas pisca-pisca com defeito dentro da amostra de 150 lampadas. Então $X \sim Bin(n = 150, p = 0,05)$. Queremos encontrar $P(X \geq 10)$. Para isso é mais fácil encontrar $P(X < 10)$ e depois fazer $P(X \geq 10) = 1 - P(X < 10)$.

Pela fórmula exata da distribuição binomial, temos que

$$\begin{aligned} P(X < 10) &= \sum_{x=0}^{9} \binom{150}{x} 0,05^x 0,95^{150-x} \\ &= \binom{150}{0} 0,05^0 0,95^{150-0} + \ldots + \binom{150}{8} 0,05^8 0,95^{150-8} + \binom{150}{9} 0,05^9 0,95^{150-9}. \end{aligned}$$

Veja que as combinações acima são bem custosas de serem encontradas. Por exemplo, para chegar à resposta precisamos encontrar

$$\binom{150}{9} = \frac{150!}{141!9!} = \frac{150 \times 149 \times \ldots \times 142}{9 \times 8 \times \ldots \times 1}.$$

Com a ajuda de um computador chegamos à resposta final $\mathrm{P}(X < 10) = 0,7808835$.

Vejamos, agora, como usar a aproximação da binomial pela Poisson para encontrar a resposta do problema. Para isso vamos usar a expressão apresentada na Equação 7.53 considerando $\lambda = np = 150 \times 0,05 = 7,5$.

$$\mathrm{P}(X < 10) \approx \sum_{x=0}^{9} \frac{7,5^x}{x!} e^{-7,5} = \frac{7,5^0}{0!} e^{-7,5} + \ldots + \frac{7,5^8}{8!} e^{-7,5} + \frac{7,5^9}{9!} e^{-7,5} = 0,7764076.$$

A partir da distribuição exata, obtemos $\mathrm{P}(X \geq 10) = 1 - 0,7808835 = 0,2191165$. Usando a aproximação de Poisson, obtemos $\mathrm{P}(X \geq 10) = 1 - 0,7764076 = 0,2235924$. Veja quão próximos são os dois resultados. ♦♦

Função de probabilidade

A própria definição de distribuição de Poisson já nos dá que, se $X \sim Poi(\lambda)$, a sua função de probabilidade é definida por:

$$p_X(x) = \mathrm{P}(X = x) = \frac{\lambda^x}{x!} e^{-\lambda}, \qquad x = 0, 1, 2, \ldots \tag{7.54}$$

Como a função exponencial de qualquer base é sempre positiva, resulta que $\mathrm{P}(X = x) \geq 0 \quad \forall x \in \mathbb{R}$. Além disso,

$$\sum_{\forall x \in \mathbb{N}} p_X(x) = \sum_{x=0}^{\infty} \frac{\lambda^x}{x!} e^{-\lambda} = e^{-\lambda} \sum_{x=0}^{\infty} \frac{\lambda^x}{x!}.$$

Esse último somatório pode ser resolvido pela série de Taylor de $f(x) = e^x$ em torno de $x_0 = 0$, que é apresentada na Equação 7.55.

$$e^x = \sum_{k=0}^{\infty} \frac{x^k}{k!} \tag{7.55}$$

Assim,

$$\sum_{\forall x \in \mathbb{N}} p_X(x) = e^{-\lambda} \sum_{x=0}^{\infty} \frac{\lambda^x}{x!} = e^{-\lambda} e^{\lambda} = 1.$$

Esperança e variância

Vamos agora calcular a esperança e a variância da distribuição de Poisson.

$$\mathrm{E}(X) = \sum_{x=0}^{\infty} x \frac{\lambda^x}{x!} e^{-\lambda} = 0 + \sum_{x=1}^{\infty} x \frac{\lambda^x}{x!} e^{-\lambda} = \sum_{x=1}^{\infty} x \frac{\lambda \lambda^{x-1}}{x(x-1)!} e^{-\lambda} \tag{7.56}$$

$$\underbrace{=}_{x \neq 0} \lambda \sum_{x=1}^{\infty} \frac{\lambda^{x-1}}{(x-1)!} e^{-\lambda} \underbrace{=}_{y=x-1} \lambda \underbrace{\sum_{y=0}^{\infty} \frac{\lambda^y}{y!} e^{-\lambda}}_{1} = \lambda \tag{7.57}$$

Portanto,

$$X \sim Poi(\lambda) \quad \Rightarrow \quad \mathrm{E}(X) = \lambda. \tag{7.58}$$

Veja que o parâmetro λ da distribuição de Poisson é também a média dessa variável aleatória. Isso significa que, durante um intervalo de tempo de tamanho 1, acontecem, em média, λ ocorrências do evento em questão.

A unidade de tempo não foi definida, pois pode ser qualquer uma. O importante é que o valor de λ esteja de acordo com a unidade de tempo adotada. Veja alguns exemplos nos itens a seguir.

- Se $X =$ número de ocorrências de um certo evento em 1 dia, então a unidade de tempo é 1 dia e λ será o número médio de ocorrências em 1 dia;

- Se $X =$ número de ocorrências de um certo evento em 1 semana, então a unidade de tempo é 1 semana e λ será o número médio de ocorrências em 1 semana;

- Se $X =$ número de ocorrências de um certo evento em 2 horas, então a unidade de tempo é 2 horas e λ será o número médio de ocorrências em 2 horas.

Vamos, agora, calcular $\mathrm{Var}(X)$, calculando inicialmente $\mathrm{E}(X^2)$.

$$\begin{aligned}
\mathrm{E}(X^2) &= \sum_{x=0}^{\infty} x^2 \frac{\lambda^x}{x!} e^{-\lambda} = 0 + \sum_{x=1}^{\infty} x^2 \frac{\lambda^x}{x!} e^{-\lambda} = \sum_{x=1}^{\infty} x^2 \frac{\lambda\lambda^{x-1}}{x(x-1)!} e^{-\lambda} \\
&\underbrace{=}_{x\neq 0} \lambda \sum_{x=1}^{\infty} x \frac{\lambda^{x-1}}{(x-1)!} e^{-\lambda} \underbrace{=}_{y=x-1} \lambda \underbrace{\sum_{y=0}^{\infty} (y+1) \frac{\lambda^y}{y!} e^{-\lambda}}_{\star}.
\end{aligned}$$

A expressão marcada com $\star$ é $\mathrm{E}(Y+1)$, para $Y \sim Poi(\lambda)$. Aplicando as propriedades de linearidade da esperança, $\mathrm{E}(Y+1) = \mathrm{E}(Y) + 1 = \lambda + 1$. Logo, $\mathrm{E}(X^2) = \lambda(\lambda+1) = \lambda^2 + \lambda$ e

$$\mathrm{Var}(X) = \mathrm{E}(X^2) - \mathrm{E}(X)^2 = \lambda^2 + \lambda - \lambda^2 = \lambda,$$

ou seja,

$$X \sim Poi(\lambda) \quad \Rightarrow \quad Var(X) = \lambda \tag{7.59}$$

A variável aleatória de Poisson tem média e variância iguais à λ.

Função geradora de momentos

Vamos, agora, calcular a função geradora de momentos da distribuição de Poisson.

$$M_X(t) = \sum_{x=0}^{\infty} e^{tx} \frac{\lambda^x}{x!} e^{-\lambda} = e^{-\lambda} \sum_{x=0}^{\infty} e^{tx} \frac{\lambda^x}{x!} = e^{-\lambda} \sum_{x=0}^{\infty} \frac{(\lambda e^t)^x}{x!} = e^{-\lambda} e^{\lambda e^t}.$$

Logo,

$$X \sim Poisson(\lambda) \quad \Rightarrow \quad M_X(t) = e^{\lambda(e^t - 1)} \tag{7.60}$$

Veja que $M_X(0) = 1$.

Coeficiente de Assimetria

Vamos calcular as derivadas primeira, segunda e terceira para calcular os respectivos momentos:

$$M'_X(t) = e^{\lambda(e^t-1)}\lambda e^t = \lambda e^t M_X(t)$$
$$M''_X(t) = M'_X(t)\lambda e^t + M'_X(t) = M'_X(t)[\lambda e^t + 1] = M_X(t)[\lambda^2 e^{2t} + \lambda e^t]$$
$$M'''_X(t) = M'_X(t)[\lambda^2 e^{2t} + \lambda e^t] + M_X(t)[2\lambda^2 e^{2t} + \lambda e^t] = M_X(t)[\lambda^3 e^{3t} + 3\lambda^2 e^{2t} + \lambda e^t]$$

Logo,

$$\begin{aligned} \mathrm{E}(X) &= M'_X(0) = \lambda e^0 M_X(0) = \lambda, \\ \mathrm{E}(X^2) &= \lambda^2 + \lambda, \\ \mathrm{Var}(X) &= \lambda^2 + \lambda - \lambda^2 = \lambda. \end{aligned}$$

Além disso,

$$\mathrm{E}(X^3) = \lambda^3 + 3\lambda^2 + \lambda \quad \Rightarrow \quad \alpha_3 = \frac{\lambda^3 + 3\lambda^2 + \lambda - 3(\lambda^2+\lambda)\lambda + 2\lambda^3}{\lambda\sqrt{\lambda}} = \frac{1}{\sqrt{\lambda}}.$$

Ou seja, se $X \sim Poi(\lambda)$,

$$\alpha_3 = \frac{1}{\sqrt{\lambda}} \tag{7.61}$$

e a distribuição de Poisson é, então, sempre assimétrica à direita.

Apesar de a motivação da distribuição de Poisson ter sido a contagem do número de ocorrências de um evento ao longo do tempo, como citado anteriormente, tal distribuição também pode ser usada para modelar situações que não necessariamente envolvam tempo, como mostra o Exemplo 7.17 a seguir. Mas o importante é saber que as características dessa distribuição são adequadas para modelar variáveis aleatórias de contagem.

Exemplo 7.16 ***Central telefônica***

Uma central telefônica recebe uma média de 5 chamadas por minuto. Supondo que as chamadas cheguem segundo uma distribuição de Poisson, qual é a probabilidade de a central telefônica

(a) não receber qualquer chamada em um minuto?

(b) receber no máximo 2 chamadas em 2 minutos?

Solução:

(a) Nesse item estamos interessados em saber o número de chamadas no intervalo de 1 minuto. Então a unidade de tempo será 1 minuto e vamos definir X = número de chamadas por minuto. De acordo com o enunciado, $X \sim Poi(\lambda)$, onde λ é o número médio de chamadas durante 1 minuto, ou seja, $\lambda = 5$. Queremos encontrar $\mathrm{P}(X = 0)$.

$$\mathrm{P}(X = 0) = \frac{5^0}{0!}e^{-5} = e^{-5} \approx 0,006737947.$$

(b) Agora o nosso interesse é no número de ligações no intervalo de 2 minutos. Então a unidade de tempo adotada será 2 minutos. Vamos definir Y = número de chamadas em 2 minutos. De acordo com o enunciado, $Y \sim Poi(\lambda)$, onde λ é o número médio de chamadas em 2 minutos, ou seja, $\lambda = 2 \cdot 5 = 10$. Queremos encontrar $\mathrm{P}(Y \leq 2)$.

$$\begin{aligned}\mathrm{P}(Y \leq 2) &= \mathrm{P}(Y=0) + \mathrm{P}(Y=1) + \mathrm{P}(Y=2) \\ &= \frac{10^0}{0!}e^{-10} + \frac{10^1}{1!}e^{-10} + \frac{10^2}{2!}e^{-10} = 0,002769396\end{aligned}$$

♦♦

Exemplo 7.17 ***Fabricação de fita magnética***

Em um certo tipo de fabricação de fita magnética, ocorrem cortes a uma taxa média de um corte a cada 600 metros. Qual é a probabilidade de que um rolo com comprimento de 1.200 metros apresente

(a) no máximo dois cortes?

(b) pelo menos dois cortes?

Solução:

Seja Y = número de cortes num rolo de 1.200 metros. Então a unidade usada é 1.200 metros . Como ocorre, em média, 1 corte a cada 600 metros, a cada 1.200 metros ocorrem, em média, 2 cortes. Logo, $Y \sim Poi(2)$.

(a) Nesse item queremos $\mathrm{P}(Y \leq 2)$.

$$\mathrm{P}(Y \leq 2) = \mathrm{P}(Y=0) + \mathrm{P}(Y=1) + \mathrm{P}(Y=2) = \frac{2^0}{0!}e^{-2} + \frac{2^1}{1!}e^{-2} + \frac{2^2}{2!}e^{-2} = 0,676676.$$

(b) Nesse item queremos $\mathrm{P}(Y \geq 2)$.

$$\mathrm{P}(Y \geq 2) = 1 - \mathrm{P}(Y < 2) = 1 - (\mathrm{P}(Y=0) + \mathrm{P}(Y=1)) = 1 - \left(\frac{2^0}{0!}e^{-2} + \frac{2^1}{1!}e^{-2}\right) = 0,593994.$$

♦♦

Formas da distribuição de Poisson

Se $X \sim Poi(\lambda)$, então temos

$$\frac{\mathrm{P}(X=k+1)}{\mathrm{P}(X=k)} = \frac{\dfrac{\lambda^{k+1}}{(k+1)!}e^{-\lambda}}{\dfrac{\lambda^k}{k!}e^{-\lambda}} = \frac{\lambda}{k+1} \qquad k = 0,1,2,\ldots \tag{7.62}$$

Temos, assim, uma forma recursiva para calcular probabilidades de Poisson.

Suponhamos, agora, que a probabilidade máxima ocorra em k_0. Usando o resultado acima, temos que ter

$$\frac{\mathrm{P}(X=k_0+1)}{\mathrm{P}(X=k_0)} \leq 1 \Rightarrow \frac{\lambda}{k_0+1} \leq 1 \Rightarrow k_0 \geq \lambda - 1$$

e também

$$\frac{\mathrm{P}(X = k_0)}{\mathrm{P}(X = k_0 - 1)} \geq 1 \Rightarrow \frac{\lambda}{k_0} \geq 1 \Rightarrow k_0 \leq \lambda.$$

Resulta, então, que se k_0 é ponto de máximo, então

$$\lambda - 1 \leq k_0 \leq \lambda \Longrightarrow k_0 = \lfloor \lambda \rfloor \tag{7.63}$$

pois k_0 tem que ser inteiro. Assim, a moda ocorre no maior inteiro menor ou igual a λ.

Se λ for inteiro, então a distribuição é bimodal, com moda em $k_{01} = \lambda$ e $k_{02} = \lambda - 1$ pois, nesse caso,

$$\mathrm{P}(X = \lambda) = \frac{\lambda^\lambda}{\lambda!}e^{-\lambda} = \frac{\lambda \cdot \lambda^{\lambda-1}}{\lambda \cdot (\lambda-1)!}e^{-\lambda} = \mathrm{P}(X = \lambda - 1).$$

Nas Figuras 7.8a e 7.8b ilustra-se a distribuição de Poisson para dois valores do parâmetro: $\lambda = 2$ (distribuição bimodal, com modas 1 e 2) e $\lambda = 4,3$ (distribuição unimodal, com moda 4)

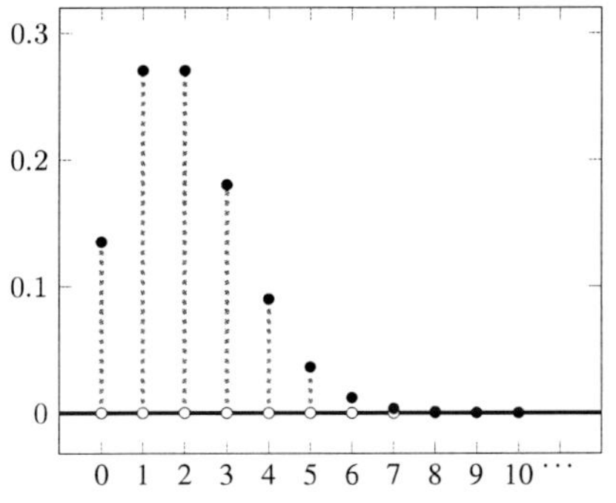

(a) $\lambda = 2$

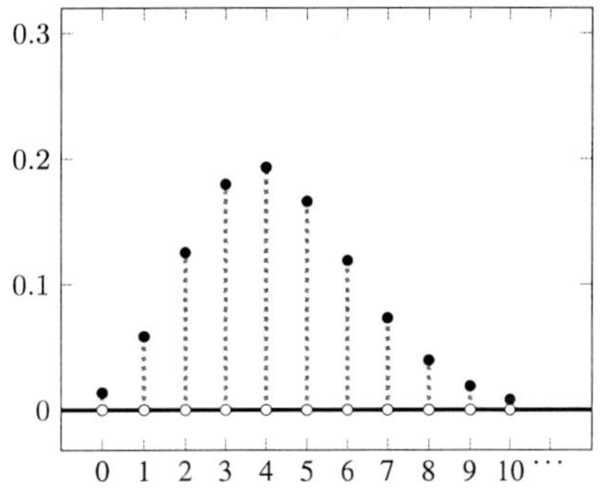

(b) $\lambda = 4,3$

Figura 7.8 – Função de Probabilidade da Distribuição de Poisson.

Lista de exercícios da Seção 7.7

1. Seja $X \sim Poi(2)$.

   (a) Apresente a função de probabilidade de X e esboce o seu gráfico.

   (b) Determine $\mathrm{E}(X)$ e marque esse valor na abscissa do gráfico do item (a).

   (c) Determine $\mathrm{Var}(X)$.

   (d) Apresente a função geradora de momentos de X.

   (e) Encontre o coeficiente de assimetria de X e interprete o resultado.

   (f) Calcule $\mathrm{P}(X > 1)$.

2. A polícia rodoviária, após um estudo, concluiu que, em certo ponto de uma estrada, ocorrem, em média, 3 acidentes a cada 2 dias.

(a) Descreva um modelo probabilístico apropriado para representar o número de acidentes em um dia nesse ponto da estrada.

(b) Em média, quantos acidentes por dia ocorrem nesse ponto da estrada?

(c) Qual o desvio-padrão do número de acidentes por dia nesse ponto da estrada?

(d) Qual a probabilidade de ocorrer mais de 1 acidente em um mesmo dia nesse ponto da estrada?

(e) Sabe-se que, em determinado dia, ocorreram menos de 3 acidentes nesse ponto da estrada. Qual a probabilidade de ter ocorrido mais de um acidente nesse dia, nesse ponto da estrada?

3. Uma doença rara afeta 65 a cada 100.000 pessoas de uma população. A fim de estudar essa doença, pesquisadores sortearam, de forma aleatória e com repetição, 10.000 indivíduos e fizeram o teste para diagnosticar a doença.

   (a) Qual o modelo probabilístico exato para representar o número de diagnósticos positivos entre os 10.000 indivíduos que participaram do estudo?

   (b) Qual o modelo probabilístico aproximado para representar o número de diagnósticos positivos entre os 10.000 indivíduos que participaram do estudo? Por que podemos fazer essa aproximação?

   Faça os itens a seguir, tanto pela forma exata, quanto pela forma aproximada.

   (c) Quantos diagnósticos positivos esperamos encontrar no estudo?

   (d) Qual o desvio-padrão do número de diagnósticos positivos nesse estudo?

   (e) Qual a probabilidade de encontrarmos menos de 5 diagnósticos positivos nesse estudo?

   (f) Fomos informados que não ocorreram mais de 6 diagnósticos positivos. Qual a probabilidade de terem ocorrido menos de 5 diagnósticos positivos?

4. A seguir, são apresentadas algumas funções de probabilidade de variáveis aleatórias com distribuição de Poisson com parâmetro λ. Para cada uma delas, indique o valor de λ.

   (a) $p_X(x) = \frac{5^x}{x!}e^{-5}, \ x \in \mathbb{N}$ (b) $p_X(x) = \frac{4^x}{3^x x!}e^{-4/3}, \ x \in \mathbb{N}$ (c) $p_X(x) = \frac{1}{3^x e^{1/3} x!}, \ x \in \mathbb{N}$.

5. A seguir, são apresentadas algumas funções geradoras de momentos de variáveis aleatórias com distribuição Poisson com parâmetro λ. Para cada uma delas, indique o valor de λ.

   (a) $M_X(t) = e^{e^t - 1}$ (b) $M_X(t) = e^{-2(1-e^t)}$ (c) $M_X(t) = e^{(e^t-1)/5}$.

7.8 Mais exemplos

Exemplo 7.18

Um grupo de 30 políticos, sendo 12 do partido de esquerda, resolve formar, de forma aleatória, uma comissão com 5 políticos. Qual é a probabilidade de que políticos de esquerda sejam maioria na comissão?

Solução:

Defina X = número de políticos de esquerda na comissão. Veja que $X \sim HGeo(N = 30, r = 12, n = 5)$. Queremos $\mathrm{P}(X \geq 3) = \mathrm{P}(X = 3) + \mathrm{P}(X = 4) + \mathrm{P}(X = 5)$.

$$\mathrm{P}(X = x) = \frac{\binom{12}{x}\binom{30-12}{5-x}}{\binom{30}{5}} = \frac{\binom{12}{x}\binom{18}{5-x}}{\binom{30}{5}}$$

$$\mathrm{P}(X = 3) = \frac{\binom{12}{3}\binom{18}{5-3}}{\binom{30}{5}} = \frac{\frac{12!}{3!9!}\frac{18!}{2!16!}}{\frac{30!}{5!25!}} = \ldots = 0,2362$$

$$\mathrm{P}(X = 4) = \frac{\binom{12}{4}\binom{18}{5-4}}{\binom{30}{5}} = \frac{\frac{12!}{4!8!}\frac{18!}{1!17!}}{\frac{30!}{5!25!}} = \ldots = 0,0625$$

$$\mathrm{P}(X = 5) = \frac{\binom{12}{5}\binom{18}{5-5}}{\binom{30}{5}} = \frac{\frac{12!}{5!7!}\frac{18!}{0!18!}}{\frac{30!}{5!25!}} = \ldots = 0,0055$$

Logo, $\mathrm{P}(X \geq 3) = 0,2362 + 0,0625 + 0,0055 = 0,3042$.

♦♦

Exemplo 7.19

Sabe-se que a eficácia de uma vacina para uma certa doença é de 92%. Isso significa que a probabilidade de um indivíduo que tomou a vacina ser imunizado é de 0,92.

(a) Qual é a probabilidade de que, entre 10 pacientes vacinados, no máximo 1 não tenha sido imunizado?

(b) Quantos indivíduos, em média, devem ser vacinados até que seja encontrado um que não tenha sido imunizado?

(c) Suponha que queremos reunir 100 pacientes imunizados pela vacina para um estudo. Qual a probabilidade de encontrarmos pelo menos 3 pacientes não imunizados antes de conseguirmos completar o grupo de 100 imunizados?

Solução:

(a) Nesse item queremos a probabilidade de 0 ou 1 paciente não ter sido imunizado, entre 10 vacinados. Definindo X = número de pacientes não imunizados entre os 10 que tomaram a vacina resulta que

$X \sim Bin(n = 10, p = 0,08)$.

$$P(X \leq 1) = P(X = 0) + P(X = 1) = \binom{10}{0} 0,08^0 0,92^{10} + \binom{10}{1} 0,08^1 0,92^9$$
$$= 1 \times 0,4343885 + 10 \times 0,1 \times 0,4721614 = 0,9065.$$

(b) Já nesse item queremos o número médio de pacientes vacinados até encontrar o 1º que não foi imunizado. Definindo Y = número de pacientes vacinados até encontrarmos 1 não imunizado, resulta que $Y \sim Geo^*(p = 0,08)$ e $E(Y) = 1/p = 12,5$. Ou seja, em média são vacinados 12,5 pacientes até que se encontre o 1º não imunizado.

(c) No último item a variável de interesse é W = número de não imunizados até que se encontre o 100º imunizado, logo $W \sim BinNeg(r = 100; p = 0,92)$. Queremos $P(W \geq 3)$.

$$\begin{aligned} P(W \geq 3) &= 1 - P(W < 3) = 1 - P(W = 0) - P(W = 1) - P(W = 2) \\ &= 1 - \binom{99}{0} 0,92^{100} 0,08^0 - \binom{100}{1} 0,92^{100} 0,08^1 - \binom{101}{2} 0,92^{100} 0,08^2 \\ &= 1 - 0,92^{100} 0,08^0 - 100 \times 0,92^{100} 0,08^1 - 5050 \times 0,92^{100} 0,08^2 \\ &= 1 - 0,000239 - 0,001914 - 0,007731 = 0,990116. \end{aligned}$$

♦♦

Exemplo 7.20

Uma rodovia registra, em média, 2 acidentes por dia.

(a) Considere a variável aleatória X = número de acidentes na rodovia em um certo intervalo de tempo de observação. Indique uma distribuição adequada para a variável aleatória X. Justifique sua resposta.

(b) Qual é a probabilidade de acontecer pelo menos 1 acidente nas próximas 6 horas?

(c) Qual a probabilidade de não acontecer acidente algum em 2 dias seguidos?

Solução:

(a) A distribuição de Poisson é adequada para dados de contagem. No caso estamos contando o número de acidentes em um intervalo de tempo de observação, então é razoável considerar $X \sim Poi(\lambda)$ onde λ é o número médio de ocorrências no intervalo de tempo de observação.

(b) Estamos interessados no número de acidentes no período de 6 horas. Vamos definir então X = número de acidentes na rodovia no período de 6 horas e assim temos $X \sim Poi(\lambda)$, onde λ é o número médio de acidentes em 6 horas, no caso, $\lambda = 6 \times \frac{2}{24} = 0,5$. Queremos $P(X \geq 1)$.

$$P(X \geq 1) = 1 - P(X < 1) = 1 - P(X = 0) = 1 - \frac{0,5^0}{0!} e^{-0,5} = 1 - 0,6065 = 0,3935,$$

ou seja, a probabilidade de ocorrer pelo menos 1 acidente em 6 horas é de $39,35\%$.

(c) Estamos interessados no número de acidentes no período de 2 dias, ou seja, 48 horas. Vamos definir então $Y =$ número de acidentes na rodovia no período de 48 horas e assim temos $Y \sim Poi(\lambda)$, onde λ é o número médio de acidentes em 48 horas, no caso, $\lambda = 4$. Queremos $\mathrm{P}(Y = 0)$.

$$\mathrm{P}(Y = 0) = \frac{4^0}{0!}e^{-4} = 0,0183,$$

ou seja, a probabilidade de não ser observado acidente algum em dois dias seguidos é de $1,83\%$.

♦♦

Exemplo 7.21

O vereador João foi eleito em sua cidade com 1.848 votos dos 12.320 eleitores. A fim de avaliar a satisfação de seus eleitores, João decide fazer uma pesquisa direcionada. Para isso, João aborda, de forma aleatória e com reposição, cidadãos na rua a fim de encontrar seus eleitores e realizar a pesquisa.

(a) Qual é a probabilidade de que João não encontre qualquer eleitor seu nas 10 primeiras abordagens?

(b) Se João planeja entrevistar 20 dos seus eleitores, em média, quantos cidadãos serão abordados?

(c) Repita o item (a) supondo agora que as abordagens serão feitas sem reposição, isto é, não será permitido que um mesmo eleitor seja abordado mais de uma vez.

Solução:

(a) Podemos resolver esse item de duas maneiras diferentes.

Primeira solução. Seja $Y =$ número de eleitores de João entre os 10 primeiros cidadãos abordados. Veja que $Y \sim Bin(10; 0,15)$, uma vez que a probabilidade de selecionar um eleitor de João é $p = 1.848/12.320 = 0,15$. Queremos $\mathrm{P}(Y = 0)$.

$$\mathrm{P}(Y = 0) = \binom{10}{0} 0,15^0 0,85^{10-0} = 0,85^{10} = 0,1969.$$

Segunda solução. Considere $X =$ número de cidadãos abordados até encontrar o primeiro eleitor de João. Então $X \sim Geo^*(p = 0,15)$. Queremos $\mathrm{P}(X > 10) = 1 - \mathrm{P}(X \leq 10)$.

$$\begin{aligned}\mathrm{P}(X > 10) &= 1 - \mathrm{P}(X \leq 10) = 1 - (\mathrm{P}(X = 1) + \mathrm{P}(X = 2) + \cdots + \mathrm{P}(X = 10)) \\ &= 1 - \sum_{x=1}^{10} \mathrm{P}(X = x) = 1 - 0,15 \sum_{x=1}^{10} (0,85)^x = 1 - 0,15 \frac{1 - 0,85^{10}}{0,15} = 0,85^{10} = 0,1969.\end{aligned}$$

(b) Definindo $W =$ número de abordagens até João encontrar 20 de seus eleitores, resulta que $W \sim BinNeg^*(r = 20, p = 0,15)$ e $\mathrm{E}(W) = r/p = 20/0,15 = 133,33$. Ou seja, em média, João vai precisar abordar em torno de 134 indivíduos para conseguir encontrar 20 de seus eleitores.

(c) Nesse caso $Y =$ número de eleitores de João entre os 10 primeiros cidadãos abordados é tal que $Y \sim hiper(N = 12.320; r = 1.848; n = 10)$, já que será recolhida uma amostra de eleitores de tamanho 10 sem reposição. Queremos $\text{P}(Y=0)$.

$$\text{P}(Y=0)=\frac{\binom{1.848}{0}\binom{12.320-1.848}{10-0}}{\binom{12.320}{10}}=\frac{\binom{10.472}{10}}{\binom{12.320}{10}}=0,1967.$$

♦♦

Exemplo 7.22 ***Problema dos pontos - Exemplo 2.16 de Magalhães (2011)***
Ensaios do tipo sucesso-fracasso são realizados de forma independente, sendo p a probabilidade de sucesso. Qual é a probabilidade de ocorrerem n sucessos antes de m fracassos?

Solução:
Primeira solução:

Seja X = número de fracassos antes do n-ésimo sucesso. Então $X \sim BinNeg(n;p)$ e $\text{P}(X=x)$ é dada pela Equação 7.9. Para que ocorram n sucessos antes de m fracassos, temos que ter, no máximo, $m-1$ fracassos antes do $n-$ésimo sucesso, ou seja, o problema pede

$$\text{P}(X\leq m-1)=\sum_{x=0}^{m-1}\binom{x+n-1}{x}p^n(1-p)^x.$$

Segunda solução:

Seja Y = número de tentativas até o $n-$ésimo sucesso. Então Y tem distribuição binomial negativa deslocada com parâmetros n e p.

Para termos n sucessos antes de m fracassos é necessário que os n tenham ocorrido antes da $n+m$-ésima tentativa, ou seja, o problema pede

$$\text{P}(Y<n+m)=\sum_{y=n}^{n+m-1}\binom{y-1}{n-1}p^n(1-p)^{y-n}.$$

Vejamos um caso numérico em que os ensaios são lançamentos de uma moeda honesta, ou seja, $p=1/2$. Vamos definir a ocorrência de cara como sucesso e calcular a probabilidade de saírem 5 caras antes de 3 coroas. Temos $n=5$, $m=3$ e $p=1/2$.

Pela primeira solução temos,

$$\begin{aligned}\text{P}(X\leq 2)&=\sum_{x=0}^{2}\binom{x+5-1}{x}\left(\frac{1}{2}\right)^5\left(\frac{1}{2}\right)^x\\&=\binom{4}{0}\left(\frac{1}{2}\right)^5\left(\frac{1}{2}\right)^0+\binom{5}{1}\left(\frac{1}{2}\right)^5\left(\frac{1}{2}\right)^1+\binom{6}{2}\left(\frac{1}{2}\right)^5\left(\frac{1}{2}\right)^2\\&=\frac{1}{32}+5\times\frac{1}{64}+15\times\frac{1}{128}=\frac{29}{128}\end{aligned}$$

Pela segunda solução:

$$
\begin{aligned}
P(Y < 8) &= \sum_{y=5}^{7} \binom{y-1}{y} \left(\frac{1}{2}\right)^5 \left(\frac{1}{2}\right)^{y-5} \\
&= \binom{4}{4}\left(\frac{1}{2}\right)^5\left(\frac{1}{2}\right)^0 + \binom{5}{4}\left(\frac{1}{2}\right)^5\left(\frac{1}{2}\right)^1 + \binom{6}{4}\left(\frac{1}{2}\right)^5\left(\frac{1}{2}\right)^2 \\
&= \frac{1}{32} + 5 \times \frac{1}{64} + 15 \times \frac{1}{128} = \frac{29}{128}
\end{aligned}
$$

♦♦

Exercícios do Capítulo 7

1. Considere uma urna com 10 bolas, entre as quais 4 são brancas. Para cada item a seguir, determine a variável aleatória em questão, identifique o modelo probabilístico adequado para essa variável aleatória e calcule a probabilidade pedida.

   (a) Se forem retiradas 8 bolas, com reposição, qual a probabilidade de saírem pelo menos 3 bolas brancas?

   (b) Se forem retiradas 8 bolas, sem reposição, qual a probabilidade de saírem mais de 3 bolas brancas?

   (c) Se as bolas forem retiradas com reposição, qual a probabilidade de a terceira bola branca sair na $8^{\underline{a}}$ retirada?

   (d) Se as bolas forem retiradas com reposição, qual a probabilidade de a primeira bola branca sair depois da $8^{\underline{a}}$ retirada?

   (e) Suponha, agora, que a urna contenha 1.000 bolas, das quais 4 são brancas. Qual é a probabilidade aproximada de saírem 3 bolas brancas entre 80 retiradas com reposição?

2. Um comércio popular decide fazer uma promoção para aumentar as vendas. Cada cliente que chegar ao caixa vai poder lançar um dado e, se o lançamento resultar na face de número i, o cliente ganha $5i$ % de desconto. Ou seja, se o resultado for a face 6, ele ganha 30% de desconto, e se for a face 1, ele ganha 5%. Seja X a variável aleatória definida pelo valor do desconto ganho pelo cliente (em %).

   (a) Descreva o modelo probabilístico apropriado para a variável aleatória X. Identifique os parâmetros desse modelo e $Im(X)$.

   (b) Calcule o desconto médio concedido nessa promoção.

   (c) Calcule a probabilidade de que, em um grupo com 5 clientes, pelo menos dois consigam um desconto maior que 20%.

   (d) Calcule a probabilidade de o quarto cliente a passar pelo caixa ser o primeiro a receber 30% de desconto.

3. Determinado dispositivo é produzido em uma fábrica. Sabe-se que 5% dos dispositivos são produzidos com defeito. Antes de serem liberados para o comércio, cada dispositivo é inspecionado e aqueles

identificados como defeituosos são descartados. Porém, 10% dos dispositivos com defeitos não são detectados nessa inspeção, e acabam indo para o comércio.

(a) Qual a probabilidade de um dispositivo inspecionado ser identificado como defeituoso?

(b) Qual a probabilidade de um dispositivo que chegou ao comércio ser defeituoso?

(c) Qual é a quantidade esperada de dispositivos que passam na inspeção antes que um seja descartado?

(d) Se 20 dispositivos já passaram na inspeção, qual é a probabilidade de o terceiro dispositivo ser o primeiro descartado nos próximos testes?

(e) Se 10 dispositivos passaram na inspeção e foram para o comércio, qual a probabilidade de entre eles existir mais de 1 defeituoso?

4. Na Lotofácil, são sorteados 15 entre os 25 números existentes. O apostador pode escolher 15, 16, 17 ou 18 números para apostar. O apostador ganha o prêmio máximo se, entre os números escolhidos por ele, estiverem os 15 números sorteados. Calcule a probabilidade de um apostador ganhar o prêmio máximo apostando em:
(a) 15 números (b) 16 números (c) 17 números (d) 18 números.

5. Considere o jogo da Lotofácil descrito no exercício anterior. Nesse tipo de jogo, o apostador gasta R$ 1,50, R$ 24,00, R$ 204,00 ou R$ 1.224,00 para apostar, respectivamente, em 15, 16, 17 ou 18 números. Desconsiderando ganhos diferentes do prêmio máximo, calcule o ganho médio do apostador para cada tipo de aposta, supondo que o prêmio máximo para o próximo sorteio seja de R$ 1.700.000,00.

6. (a) Se $X \sim Bin(n, p)$, qual é o modelo probabilístico de $Y = n - X$?

   (b) Se $X \sim Geo(p)$, qual é o modelo probabilístico de $Y = X + 1$?

7. Determinado setor de uma empresa tem 5 funcionários, entre eles, Pedro. O gerente desse setor organiza sorteios aleatórios para premiar um dos funcionários com um dia de treinamento fora da sede. Suponha que, em um ano, esse sorteio seja feito 8 vezes e, em todas elas, os 5 funcionários participam, independente de já ter sido contemplado, ou não, anteriormente.

   (a) Descreva o modelo probabilístico apropriado para representar o número de vezes em que Pedro é contemplado com o prêmio.

   (b) Qual a probabilidade de Pedro nunca ganhar o prêmio?

8. A fim de se testar a taxa de imunização de uma vacina, que, segundo o fabricante, é de 92%, a secretaria de saúde vacinou 15 crianças e, dias depois, realizou testes para avaliar a sua imunização. Se de fato a taxa de imunização for de 92%, responda às perguntas dos itens (a) e (b).

   (a) Entre as 15 crianças, quantas não serão imunizadas, em média?

   (b) Qual a probabilidade de serem encontradas exatamente 4 crianças não imunizadas no grupo de 15?

(c) Suponha que, entre as 15 crianças testadas, 10 não estavam imunizadas. O que você diria sobre a taxa de imunização? Você acredita que realmente seja 92%? E se forem 4 não imunizadas, entre as 15 testadas, você continuaria acreditando? Estabeleça um critério para decidir se a taxa de imunização de 92% deve,ou não, ser aceita.

9. O número de ligações para uma central telefônica é modelado por uma distribuição de Poisson com taxa de uma ligação a cada 2 minutos.

   (a) Durante o intervalo de tempo de 2 minutos, qual a probabilidade de chegar pelo menos uma ligação na central?

   (b) Se a única funcionária de plantão sair do posto por 5 minutos, qual a probabilidade de haver alguma ligação na espera quando ela voltar?

   (c) A única funcionária saiu por 5 minutos e, ao voltar, recebe a informação do sistema de que há pelo menos uma ligação na espera. Qual a probabilidade de, na verdade, ter mais de duas ligações em espera?

10. Uma moeda não equilibrada é tal que, em média, para aparecer a 2ª cara, ela tem que ser jogada 5 vezes. Determine, para essa moeda, a probabilidade de aparecer cara quando ela é jogada uma única vez.

11. Um distribuidor recebe um lote de 100 peças de um fornecedor. Como não é possível a verificação de todas as 100 peças, o distribuidor realiza uma inspeção por amostragem, isto é, o distribuidor seleciona aleatoriamente 10 peças do lote e verifica se cada uma delas apresenta defeito. O lote será aceito pelo distribuidor se não houver peças com defeito na amostra.

    (a) Considerando que a amostra é recolhida com reposição, calcule a probabilidade de um lote com 6 peças com defeito ser aceito pelo distribuidor.

    (b) Considerando que a amostra é recolhida sem reposição, calcule a probabilidade de um lote com 6 peças com defeito ser aceito pelo distribuidor.

    (c) Para cada um dos itens acima, qual deve ser o tamanho da amostra (menor possível) para se garantir que a probabilidade de o distribuidor aceitar um lote com 6 peças defeituosas seja menor que 0,10?

12. Na impressão de livros, ocorrem erros, e o número de erros é contado pelo número de caracteres impressos de forma incorreta. Em uma editora, uma impressora comete erros segundo um modelo de Poisson com taxa de 3 erros por página.

    (a) Qual a probabilidade de se encontrar pelo menos um erro em uma página escolhida ao acaso de um dos livros impressos por essa impressora?

    (b) Se 8 páginas desse livro forem selecionadas ao acaso, permitindo reposição, qual é a probabilidade de, em pelo menos uma delas, haver pelo menos 1 erro?

    (c) Dentro das condições de (b), considere a variável que conta o número de páginas com pelo menos um erro. Você identifica o modelo dessa variável?

13. Para cada item a seguir, primeiro mostre que p_X é função de probabilidade e, em seguida, identifique a distribuição de probabilidade da varável aleatória X.

    (a) $p_X(x) = \frac{1}{e^2}\frac{2^x}{x!}, \quad x = 0, 1, 2, \ldots$

    (b) $p_X(x) = \frac{3}{2}\left(\frac{2}{5}\right)^x, \quad x = 1, 2, 3, \ldots$

    (c) $p_X(x) = \binom{10}{x}\frac{1}{3^x}\left(\frac{3}{4}\right)^{10}, \quad x = 0, 1, \ldots, 10.$

    (d) $p_X(x) = 4(x-1)\left(\frac{1}{3}\right)^x, \quad x = 2, 3, \ldots$

14. Em cada item a seguir, identifique o modelo probabilístico da variável aleatória X cuja função geradora de momentos é M_X.

    (a) $M_X(t) = \frac{2}{3-e^t}, \; t < \ln(3)$

    (b) $M_X(t) = \frac{1}{8}\left(e^t + 1\right)^3$

    (c) $M_X(t) = e^{e^t}e^{-1}$

    (d) $M_X(t) = \frac{1}{(4-3e^t)^3}, \; t < \ln(4)$

Capítulo 8

Algumas Distribuições Contínuas

Assim como no caso discreto, algumas distribuições de variáveis aleatórias contínuas são bastante usadas e, por isso, merecem um estudo mais detalhado. Este é o objetivo deste capítulo – estudar algumas distribuições contínuas.

8.1 Distribuição uniforme

A motivação principal da distribuição uniforme é definir a função densidade de uma variável aleatória X, de forma que $\mathrm{P}(X \in I)$ dependa apenas do comprimento do intervalo I. Considere a função densidade f_X apresentada na Figura 8.1, em que a e b são números conhecidos.

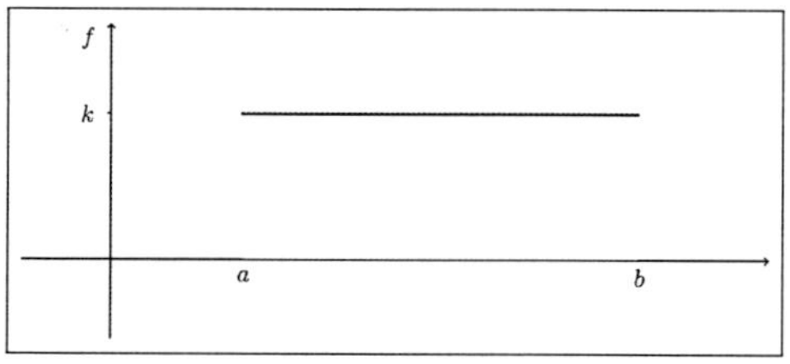

Figura 8.1 – Função densidade uniforme

Note que, para dois subintervalos de mesmo comprimento contidos em $[a, b]$, a área será igual, uma vez que temos áreas de retângulos com mesma altura. Assim, intervalos de mesmo comprimento têm a mesma probabilidade. Esse fato leva à denominação de tal densidade como *densidade uniforme*.

Qual deve ser o valor de k para que f_X seja função densidade? A primeira condição é que a função densidade deve ser não negativa e isso implica em $k \geq 0$. A segunda condição é que a área sob a curva de f_X tem que ser 1, o que resulta em

$$\int_a^b k\mathrm{d}x = 1 \Rightarrow kx|_a^b = 1 \Rightarrow k = \frac{1}{b-a}.$$

Definição 8.1 ***Distribuição Uniforme***

Uma variável aleatória contínua X tem distribuição uniforme no intervalo (a, b) se sua função densidade for dada por

$$f(x) = \begin{cases} \dfrac{1}{b-a} & \text{, se } x \in (a,b)\} \\ \\ 0 & \text{, caso contrário.} \end{cases}$$

Os valores a e b são chamados parâmetros da distribuição uniforme.

Note que ambos os parâmetros da densidade uniforme devem ser finitos, para que a integral seja igual a 1. Além disso, $a \leq b$. Dessa forma, o espaço paramétrico para o vetor de parâmetros (a, b) é $\{a \in \mathbb{R}, b \in \mathbb{R}, a \leq b\}$.

Usaremos a notação $X \sim \mathcal{U}(a, b)$ para indicar que uma variável aleatória contínua X tem distribuição uniforme no intervalo (a, b).

Quando $a = 0$ e $b = 1$, temos a distribuição uniforme padrão, denotada por $\mathcal{U}(0, 1)$.

Função densidade e função de distribuição

A função densidade da uniforme foi apresentada na própria definição. Quanto à função de distribuição, por definição, é $F_X(x) = P(X \leq x)$ e, para $x \in (a, b)$, essa probabilidade é a área de um retângulo com base $(x - a)$ e altura $\dfrac{1}{b-a}$, conforme ilustrado na Figura 8.2.

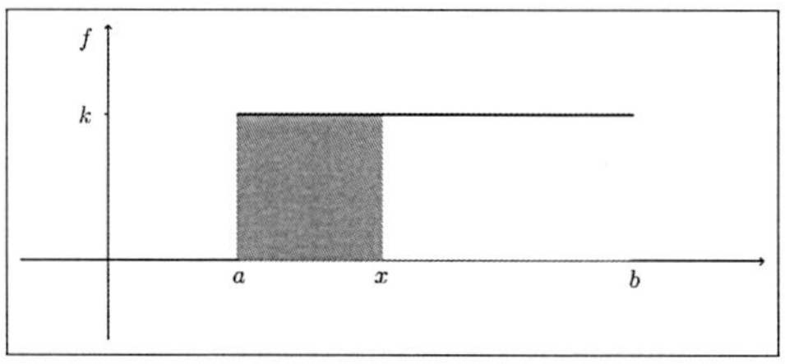

Figura 8.2 – $X \sim \mathcal{U}(a, b)$ – função de distribuição como área

Logo,

$$F_X(x) = \begin{cases} 0 & \text{, se } x < a \\ \frac{x-a}{b-a} & \text{, se } a \leq x < b \\ 1 & \text{, se } x \geq b \end{cases}$$

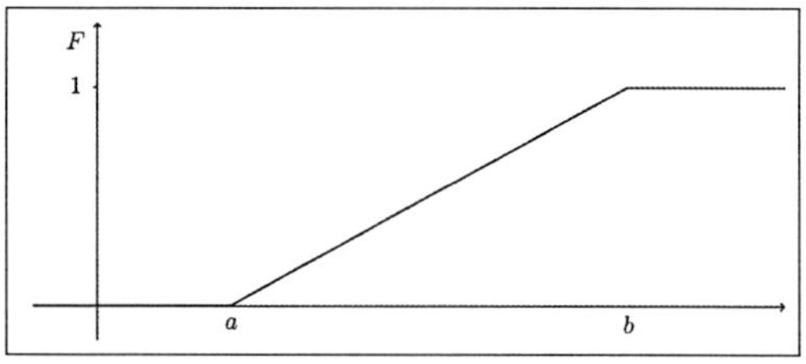

Esperança e variância

Das propriedades da esperança e das características da densidade uniforme (função simétrica), sabemos que $E(X)$ é o ponto médio do intervalo (a, b). Logo

$$X \sim \mathcal{U}(a, b) \quad \Rightarrow \quad E(X) = \frac{a+b}{2} \tag{8.1}$$

Vamos, agora, calcular $\mathrm{E}(X^2)$.

$$\mathrm{E}(X^2) = \int_a^b x^2 f(x)\mathrm{d}x = \int_a^b x^2 \frac{1}{b-a}\mathrm{d}x = \frac{b^3-a^3}{3(b-a)} = \frac{a^2+b^2+ab}{3}.$$

Logo,

$$\begin{aligned}\mathrm{Var}(X) &= \frac{a^2+b^2+ab}{3} - \left(\frac{a+b}{2}\right)^2 = \frac{4a^2+4b^2+4ab-3a^2-6ab-3b^2}{12}\\ &= \frac{b^2-2ab+a^2}{12} = \frac{(b-a)^2}{12}.\end{aligned}$$

ou seja,

$$X \sim \mathcal{U}(a,b) \quad \Rightarrow \quad \mathrm{Var}\,(X) = \frac{(b-a)^2}{12} \tag{8.2}$$

Função geradora de momentos

Vamos encontrar, agora, a função geradora de momentos para $X \sim \mathcal{U}(a,b)$.

$$\begin{aligned} M_X(t) &= \mathrm{E}(e^{tX}) = \int_{-\infty}^{\infty} e^{tx} f_X(x)\mathrm{d}x = \int_a^b \frac{e^{tx}}{b-a}\mathrm{d}x \\ &= \begin{cases} \left.\dfrac{e^{tx}}{t(b-a)}\right|_a^b & , \text{ se } t \neq 0 \\[2ex] \left.\dfrac{x}{b-a}\right|_a^b & , \text{ se } t = 0 \end{cases} = \begin{cases} \dfrac{e^{tb}-e^{ta}}{t(b-a)} & , \text{ se } t \neq 0 \\[2ex] \dfrac{b-a}{b-a} & , \text{ se } t = 0. \end{cases}\end{aligned}$$

Logo,

$$\text{Se } X \sim \mathcal{U}(a,b) \quad \Rightarrow \quad M_X(t) = \begin{cases} \dfrac{e^{tb}-e^{ta}}{t(b-a)} & , \text{ se } t \neq 0 \\[2ex] 1 & , \text{ se } t = 0. \end{cases} \tag{8.3}$$

Note que a função geradora de momentos de uma variável aleatória uniforme contínua não tem derivadas em 0.

Exemplo 8.1 ***Latas de refrigerante***

Latas de refrigerante são enchidas num processo automático, de modo que o volume do líquido (em ml) segue uma distribuição uniforme no intervalo $(345, 355)$.

(a) Qual é a probabilidade de uma lata conter mais de 353 ml?

(b) Qual é a probabilidade de uma lata conter menos de 346 ml?

(c) Qualquer lata com volume 4 ml abaixo da média pode gerar reclamação do consumidor, e com volume 4 ml acima da média pode transbordar no momento de abertura, devido à pressão interna. Qual é a proporção de latas problemáticas?

(d) Em uma caixa com 12 latas, qual a probabilidade de haver alguma lata problemática?

Solução:

Seja X = "conteúdo da lata de refrigerante". Então, $X \sim \mathcal{U}(345, 355)$

(a) $\mathrm{P}(X > 353) = \dfrac{355 - 353}{355 - 345} = 0,2$

(b) $\mathrm{P}(X < 346) = \dfrac{346 - 345}{355 - 345} = 0,1$

(c) Pede-se

$$\mathrm{P}(X < 350 - 4) + \mathrm{P}(X > 350 + 4) = \frac{346 - 345}{355 - 345} + \frac{355 - 354}{355 - 345} = 0,2$$

Logo, a proporção de latas problemáticas é de 20%. Note que essa é uma proporção bastante alta!

(d) Nesse item, a variável de interesse não é mais X definida anteriormente, e, sim, Y = número de latas problemáticas em uma caixa com 12 latas. Entendendo que cada lata ser problemática ou não é um experimento de sucesso ou fracasso, e que estamos contando o número de latas problemáticas (sucessos) em 12 tentativas, resulta que $Y \sim Bin(n = 12; p = 0,2)$. Queremos $\mathrm{P}(Y \geq 1)$.

$$\mathrm{P}(Y \geq 1) = 1 - \mathrm{P}(Y < 1) = 1 - \mathrm{P}(Y = 0) = 1 - \binom{12}{0} 0,2^0 0,8^{12} = 1 - 0,8^{12} = 0,9313.$$

♦♦

Exemplo 8.2 ***Determinação dos parâmetros***

Uma variável aleatória X tem distribuição uniforme no intervalo (a, b) com média 7,5 e variância 6,75. Determine os valores de a e b, sabendo que $b > a > 0$.

Solução:

$$\begin{cases} \frac{a+b}{2} = 7,5 \\ \frac{(b-a)^2}{12} = 6,75 \end{cases}$$

Da segunda equação, resulta que $(b - a)^2 = 81$ e, portanto, $|b - a| = \sqrt{81}$. Como estamos supondo que $a < b$, resulta que $b - a = 9$, o que nos leva ao sistema

$$\begin{cases} a + b = 15 \\ b - a = 9 \end{cases}$$

cuja solução é $a = 3$ e $b = 12$, ou seja, $X \sim \mathcal{U}(3, 12)$.

♦♦

Lista de exercícios da Seção 8.1

1. Seja $X \sim \mathcal{U}(5, 10)$.

   (a) Apresente a função densidade de X e esboce seu gráfico.

   (b) Apresente a função de distribuição de X e esboce seu gráfico.

   (c) Determine $\mathrm{E}(X)$ e marque o seu valor na abscissa do item (a).

   (d) Determine $\mathrm{Var}(X)$.

   (e) Calcule $\mathrm{P}(X > 8)$ e $\mathrm{P}(X < 8 \mid X > 6)$.

2. Considere um segmento de reta de tamanho L e que nele um ponto seja selecionado ao acaso. A localização desse ponto pode ser considerada uma variável aleatória uniforme contínua em todo segmento de reta de tamanho L.

   (a) Qual é a probabilidade de o ponto selecionado estar no primeiro quarto do segmento de reta?

   (b) Dado que o ponto selecionado não está no primeiro quarto, qual é a probabilidade de ele estar na primeira metade do segmento de reta?

   (c) Suponha que 10 pontos sejam selecionados de forma aleatória no segmento de reta de tamanho L e que possamos considerar independência entre suas localizações. Qual é a probabilidade de pelo menos 2 ficarem no primeiro quarto desse segmento?

3. A seguir, são apresentadas algumas funções densidade de variáveis aleatórias com distribuição uniforme de parâmetros a e b. Para cada uma delas, determine os valores dos parâmetros a e b.

   (a) $f_X(x) = \begin{cases} 0,25 & \text{, se } 3 < x < 7; \\ 0 & \text{, caso contrário.} \end{cases}$

   (b) $f_X(x) = \begin{cases} 2 & \text{, se } 0 < x < 0,5; \\ 0 & \text{, caso contrário.} \end{cases}$

   (c) $f_X(x) = \begin{cases} 1 & \text{, se } -10 < x < -9; \\ 0 & \text{, caso contrário.} \end{cases}$

4. A seguir, são apresentadas algumas funções geradoras de momentos de variáveis aleatórias com distribuição uniforme de parâmetros a e b. Para cada uma delas, determine os valores dos parâmetros a e b.

   (a) $M_X(t) = \begin{cases} \dfrac{e^{8t} - e^{2t}}{6t} & , t \neq 0 \\ 1 & , t = 0. \end{cases}$

   (b) $M_X(t) = \begin{cases} \dfrac{e^{t} - e^{-t}}{2t} & , t \neq 0 \\ 1 & , t = 0. \end{cases}$

(c) $M_X(t) = \begin{cases} \dfrac{e^{3t}-1}{3t} & , t \neq 0 \\ 1 & , t = 0. \end{cases}$

5. Seja $X \sim \mathcal{U}(0,1)$.

   (a) Mostre que, se $Y = aX + b$, então $Y \sim \mathcal{U}(b, a+b)$.

   (b) Aplicando o resultado do item anterior, quais os valores de a e b para que $Y = aX + b$ seja tal que $Y \sim \mathcal{U}(-1,1)$?

8.2 Distribuição exponencial

Uma das motivações para uma nova distribuição de probabilidade, chamada distribuição exponencial, vem do estudo do tempo até a primeira ocorrência do evento em um processo de Poisson. Suponha, então, que temos ocorrências de um determinado evento ao longo do tempo e que o número de ocorrências em um intervalo de tempo unitário possa ser considerado uma variável aleatória com distribuição de Poisson de média λ, ou seja, em média, temos λ ocorrências do evento em um intervalo de tempo unitário.

Seja T o instante da primeira ocorrência. Então, T é uma variável aleatória cuja imagem é $Im(T) = (0, \infty)$. Vamos analisar a função de distribuição de T.

Se $t \leq 0$, $F_T(t) = \mathrm{P}(T \leq t) = 0$, pois o tempo é uma variável positiva.

Se $t > 0$, $F_T(t) = \mathrm{P}(T \leq t) = 1 - \mathrm{P}(T > t) = 1 - \mathrm{P}(\text{não ocorrer evento algum em } (0,t])$.

Seja X = número de ocorrências dentro do intervalo $(0,t]$. Sabemos que $X \sim Poi(\lambda t)$ e $p_X(x) = \dfrac{(\lambda t)^x}{x!} e^{-\lambda t}$. Assim, $\mathrm{P}(\text{não ocorrer evento algum em } (0,t]) = \mathrm{P}(X = 0) = e^{-\lambda t}$. Logo,

$$F_T(t) = 1 - e^{-\lambda t}, \quad t > 0,$$

o que nos leva à seguinte função densidade

$$f_T(t) = \frac{d}{\mathrm{d}t} F_T(t) = \lambda e^{-\lambda t}, \quad t > 0.$$

Definição 8.2 ***Distribuição exponencial***

Uma variável aleatória X contínua tem distribuição exponencial com parâmetro $\lambda > 0$ se sua função densidade de probabilidade é dada por

$$f(x) = \begin{cases} \lambda e^{-\lambda x} & , x > 0 \\ 0 & , x \leq 0. \end{cases}$$

Como λ representa o número médio de ocorrências em um intervalo de tempo unitário, o espaço paramétrico para λ é $(0, \infty)$.

Usaremos a seguinte notação para indicar que uma variável aleatória tem distribuição exponencial com parâmetro λ: $X \sim Exp(\lambda)$.

Função densidade e função de distribuição

Conforme visto no início desta seção, a função densidade e a função de distribuição de uma variável aleatória $X \sim Exp(\lambda)$ são dadas por

$$f_X(x) = \begin{cases} \lambda e^{-\lambda x} & \text{, se } x > 0 \\ 0 & \text{, se } x \leq 0 \end{cases} \quad \text{e} \quad F_X(x) = \begin{cases} 1 - e^{-\lambda x} & \text{, se } x > 0 \\ 0 & \text{, se } x \leq 0. \end{cases}$$

Nas Figuras 8.3a e 8.3b são exibidos os gráficos das funções densidade e de distribuição, respectivamente, para $X \sim Exp(2)$.

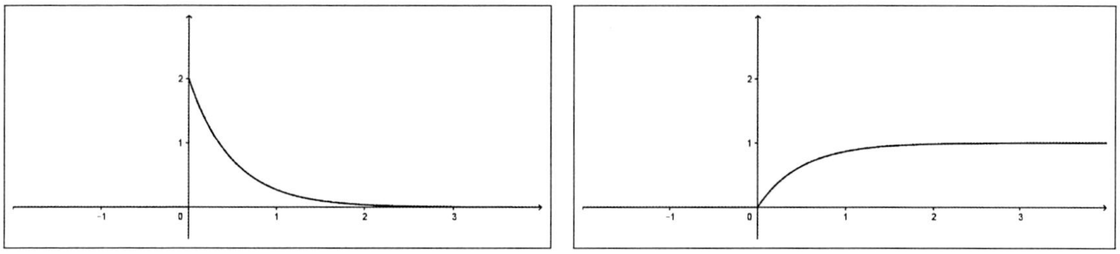

(a) Função densidade **(b)** Função de distribuição

Figura 8.3 – Distribuição exponencial com $\lambda = 2$.

Esperança e variância

Os cálculos de $\mathrm{E}(X)$ e $\mathrm{Var}(X)$ para $X \sim Exp(\lambda)$ se fazem com auxílio de integração por partes.

$$\mathrm{E}(X) = \int_0^\infty x\lambda e^{-\lambda x} \mathrm{d}x.$$

Fazendo $u = x$ e $\mathrm{d}v = \lambda e^{-\lambda x}\mathrm{d}x$ (o que significa que $v = -e^{-\lambda x}$), obtemos

$$\mathrm{E}(X) = \int_0^\infty x\lambda e^{-\lambda x} \mathrm{d}x = -xe^{-\lambda x}\Big|_0^\infty + \int_0^\infty e^{-\lambda x}\mathrm{d}x = \lim_{x\to\infty} xe^{-\lambda x} + 0 - \frac{e^{-\lambda x}}{\lambda}\Big|_0^\infty = \frac{1}{\lambda}.$$

Portanto,

$$X \sim Exp(\lambda) \quad \Rightarrow \quad \mathrm{E}(X) = \frac{1}{\lambda}. \tag{8.4}$$

Para o cálculo do segundo momento, usaremos novamente a integração por partes, agora com $u = x^2$ e $\mathrm{d}v = \lambda e^{-\lambda x}\mathrm{d}x$. Assim, obtemos

$$\begin{aligned}\mathrm{E}(X^2) &= \int_0^\infty x^2\lambda e^{-\lambda x}\mathrm{d}x = -x^2e^{-\lambda x}\Big|_0^\infty + \int_0^\infty 2xe^{-\lambda x}\mathrm{d}x \\ &= -\lim_{x\to\infty} x^2e^{-\lambda x} + 0 + 2\int_0^\infty xe^{-\lambda x}\mathrm{d}x = \frac{2}{\lambda}\int_0^\infty x\lambda e^{-\lambda x}\mathrm{d}x = \frac{2}{\lambda}\mathrm{E}(X) = \frac{2}{\lambda^2}.\end{aligned}$$

Logo,

$$\mathrm{Var}(X) = \mathrm{E}(X^2) - \mathrm{E}(X)^2 = \frac{2}{\lambda^2} - \frac{1}{\lambda^2} = \frac{1}{\lambda^2}.$$

ou seja,

$$X \sim Exp(\lambda) \quad \Rightarrow \quad \mathrm{Var}\,(X) = \frac{1}{\lambda^2}. \tag{8.5}$$

Função geradora de momentos

Se $X \sim Exp(\lambda)$, sua função geradora de momentos é

$$M_X(t) = \mathrm{E}(e^{tX}) = \int_0^\infty e^{tx}\lambda e^{-\lambda x}\mathrm{d}x = \int_0^\infty \lambda e^{-(\lambda-t)x}\mathrm{d}x = \lambda \frac{e^{-(\lambda-t)x}}{-(\lambda-t)}\Bigg|_0^\infty = -\frac{\lambda}{\lambda-t}\lim_{x\to\infty} e^{-(\lambda-t)x} + \frac{\lambda}{\lambda-t}.$$

O limite acima só será finito se $\lambda - t > 0$, quando, então, o limite será zero. Logo,

$$X \sim Exp(\lambda) \quad \Rightarrow \quad M_X(t) = \frac{\lambda}{\lambda-t}, \quad t < \lambda, \tag{8.6}$$

o que garante que $M_X(t)$ está bem definida numa vizinhança de $t = 0$.

Coeficiente de Assimetria

Para o cálculo do coeficiente de assimetria, vamos usar a função geradora de momentos para encontrar os três primeiros momentos. As derivadas primeira, segunda e terceira são:

$$M_X'(t) = \frac{\lambda}{(\lambda-t)^2}, \quad M_X''(t) = 2(\lambda-t)\frac{\lambda}{(\lambda-t)^4} = \frac{2\lambda}{(\lambda-t)^3} \quad \text{e} \quad M_X'''(t) = \frac{-2\lambda\cdot 3(\lambda-t)^2(-1)}{(\lambda-t)^6} = \frac{6\lambda}{(\lambda-t)^4}$$

Logo, os respectivos momentos de ordem 1, 2 e 3 são:

$$M_X'(0) = \mathrm{E}(X) = \frac{1}{\lambda}, \quad M_X''(0) = \mathrm{E}(X^2) = \frac{2}{\lambda^2} \quad \text{e} \quad M_X'''(0) = \mathrm{E}(X^3) = \frac{6}{\lambda^3}.$$

Como antes, $\mathrm{Var}(X) = \frac{2}{\lambda^2} - \frac{1}{\lambda^2} = \frac{1}{\lambda^2}$ e o coeficiente de assimetria é

$$\alpha_3 = \frac{\frac{6}{\lambda^3} - 3\frac{2}{\lambda^2}\frac{1}{\lambda} + 2\left(\frac{1}{\lambda}\right)^3}{\frac{1}{\lambda^3}} = 2,$$

qualquer que seja λ. Assim, resulta que a distribuição exponencial é sempre assimétrica à direita.

Exemplo 8.3

Seja X uma variável aleatória exponencial com média 4. Calcule $\mathrm{P}(X > 1)$ e $\mathrm{P}(1 \leq X \leq 2)$.

Solução:

Como $\mathrm{E}(X) = \lambda = 4$, concluímos que $X \sim Exp(1/4)$. Assim, a função densidade de X é $f_X(x) = \frac{1}{4}e^{-x/4}$ e a função de distribuição é $F(x) = 1 - e^{-x/4}$. Podemos, então, encontrar os valores das duas probabilidades a partir da integração da função densidade, ou pelo uso direto da função de distribuição. Veja como.

Primeiro, vamos calcular $\mathrm{P}(X > 1)$ e $\mathrm{P}(1 \leq X \leq 2)$ integrando a função densidade.

$$\mathrm{P}(X > 1) = \int_1^\infty f(x)\mathrm{d}x = \int_1^\infty \frac{1}{4}e^{-x/4}\mathrm{d}x = -e^{-x/4}\Big|_1^\infty = 0 - \left(-e^{-0,25}\right) = e^{-0,25} = 0,7788.$$

$$\mathrm{P}(1 \leq X \leq 2) = \int_1^2 f(x)\mathrm{d}x = \int_1^2 \frac{1}{4}e^{-x/4}\mathrm{d}x = -e^{-x/4}\Big|_1^2 = -e^{-0,5} - (-e^{-0,25})$$
$$= e^{-0,25} - e^{-0,5} = 0,1723.$$

Agora, vamos fazer os cálculos a partir da função de distribuição.

$$\mathrm{P}(X > 1) = 1 - \mathrm{P}(X \leq 1) = 1 - F(1) = 1 - \left(-e^{-1/4}\right) = e^{-0,25} = 0,7788.$$

$$\mathrm{P}(1 \leq X \leq 2) = \mathrm{P}(X \leq 2) - \mathrm{P}(X < 1) \underbrace{=}_{\text{cont.}} \mathrm{P}(X \leq 2) - \mathrm{P}(X \leq 1) = F(2) - F(1)$$
$$= (1 - e^{-2/4}) - (1 - e^{-1/4}) = e^{-0,25} - e^{-0,5} = 0,1723.$$

♦♦

Exemplo 8.4 ***Relação entre as distribuições de Poisson e Exponencial***

Suponha que o número de acidentes em uma rodovia seja uma variável aleatória de Poisson, com média de 1 acidente a cada 3 dias.

(a) Qual é a probabilidade de o primeiro acidente do mês acontecer antes do terceiro dia?

(b) Qual é a probabilidade de não ser registrado acidente algum na primeira semana do mês?

Solução:

Cada um dos dois itens pode ser resolvido usando-se a distribuição de Poisson – número de acidentes em um intervalo de tempo – ou a distribuição exponencial – tempo até o primeiro acidente. Veremos as duas resoluções.

(a) Seja X = número de acidentes nos primeiros 2 dias do mês. Então, $X \sim Poi(2/3)$ e queremos

$$\mathrm{P}(X > 0) = 1 - \mathrm{P}(X = 0) = 1 - e^{-2/3} = 0,4866.$$

Seja Y = intervalo de tempo (em dias) até o primeiro acidente. Então $Y \sim Exp(1/3)$ e queremos

$$\mathrm{P}(Y \leq 2) = F_Y(2) = 1 - e^{-2/3} = 0,4866.$$

Assim, a probabilidade de o primeiro acidente do mês acontecer antes do terceiro dia é $0,4866$.

(b) Seja W = número de acidentes na primeira semana. Então $W \sim Poi(7/3)$ e queremos

$$\mathrm{P}(W = 0) = e^{-7/3} = 0,09697.$$

Considere a mesma variável Y do exercício anterior, $Y =$ intervalo de tempo (em dias) até o primeiro acidente, sendo $Y \sim Exp(1/3)$. Queremos agora

$$P(Y > 7) = 1 - F_Y(7) = 1 - (1 - e^{-7/3}) = e^{-7/3} = 0,09697.$$

Assim, a probabilidade de não ser registrado acidente algum na primeira semana é $0,09697$.

♦♦

Parametrização alternativa

Muitos livros apresentam a distribuição exponencial em termos do parâmetro $\beta = \frac{1}{\lambda} > 0$. Nesse caso, as funções densidade e de distribuição passam a ser:

$$f_X(x) = \frac{1}{\beta} e^{-x/\beta}, \quad x > 0 \qquad \text{e} \qquad F_X(x) = \begin{cases} 0 & x \leq 0 \\ 1 - e^{-x/\beta} & , x > 0. \end{cases}$$

e a função geradora de momentos se torna

$$M_X(t) = \frac{1}{1 - \beta t}, \qquad \text{se } t < \frac{1}{\beta}.$$

A partir dela podemos encontrar a média, a variância e o coeficiente de assimetria dados por

$$E(X) = \beta, \quad Var(X) = \beta^2 \quad \text{e} \quad \alpha_3 = 2.$$

Ou seja, com essa parametrização, o parâmetro β é a média da distribuição, uma interpretação mais intuitiva para o parâmetro.

Exemplo 8.5

Seja X variável aleatória com distribuição exponencial. Calcule $P(X > E(X))$.

Solução:

Usando a parametrização alternativa (mas poderia ser pela padrão), temos que

$$P(X > E(X)) = 1 - P(X \leq E(X)) = 1 - F_X(E(X)) = 1 - \left(1 - e^{-\beta/\beta}\right) = e^{-1} = 0,3679,$$

independente de qual seja o valor do parâmetro β (ou λ) da distribuição.

♦♦

Propriedade de falta de memória

No Capítulo 7, vimos que a variável geométrica satisfaz a propriedade de falta de memória. Veremos, agora, que a variável exponencial também satisfaz essa, de acordo com a seguinte definição, reapresentada aqui para facilidade de acompanhamento.

Definição 8.3 ***Propriedade de falta de memória para variáveis aleatórias contínuas***
Seja X variável aleatória contínua. Dizemos que a distribuição de X satisfaz a propriedade da falta de memória se

$$\mathrm{P}(X > s + t \mid X > t) = \mathrm{P}(X > s)$$

quaisquer que sejam $s, t \in Im(X)$.

Vamos mostrar, agora, que a distribuição exponencial satisfaz essa propriedade. Seja, então, $X \sim Exp(\lambda)$. Vimos que $f_X(x) = \lambda e^{-\lambda x}$, para $x > 0$ e $F_X(x) = 1 - e^{-\lambda x}$, para $x > 0$.

$$\begin{aligned}\mathrm{P}(X > t + s \mid X > t) &= \frac{\mathrm{P}(X > t + s)}{\mathrm{P}(X > t)} = \frac{1 - \mathrm{P}(X \leq t + s)}{1 - \mathrm{P}(X \leq t)} = \frac{1 - \left(1 - e^{-\lambda(t+s)}\right)}{1 - (1 - e^{-\lambda t})} \\ &= \frac{e^{-\lambda(t+s)}}{e^{-\lambda t}} = e^{-\lambda s} = \mathrm{P}(X > s).\end{aligned}$$

Exemplo 8.6

Ao comprar um carro usado, você não perguntou ao antigo dono quando ele fez a última troca da bateria. O fabricante da bateria diz que o tempo de vida de cada bateria pode ser considerado uma variável aleatória exponencial, com média de 4 anos. Sabendo que a bateria estava funcionando quando o carro foi comprado, qual a probabilidade de você não precisar trocar essa bateria nos próximos 2 anos?

Solução:

Considere X = tempo de vida (em anos) da bateria e a = tempo (em anos) desde que a bateria atual foi instalada até a compra do carro. O que queremos encontrar é

$$\mathrm{P}(X > a + 2 \mid X > a).$$

Sabemos que $X \sim Exp(1/4)$, mas não conhecemos o valor de a. Porém, essa informação não é necessária, pois, pela propriedade da falta de memória,

$$\mathrm{P}(X > a + 2 | X > a) = \mathrm{P}(X > 2) = 1 - \mathrm{P}(X \leq 2) = 1 - F_X(2) = e^{-\frac{1}{4}2} = e^{-\frac{1}{2}} = 0,6065.$$

Note que isso significa que a bateria "esquece" que já funcionou a anos; esse não é um modelo muito razoável para o tempo de vida da bateria, pois há um desgaste com o tempo.

♦♦

Lista de exercícios da Seção 8.2

1. Seja $X \sim Exp(2)$.

   (a) Apresente a função densidade de X e esboce seu gráfico.

   (b) Apresente a função de distribuição de X e esboce seu gráfico.

(c) Determine $\mathrm{E}(X)$ e marque o seu valor no eixo das abscissas do item (a).

(d) Determine $\mathrm{Var}(X)$.

(e) Calcule $\mathrm{P}(X > 3)$ e $\mathrm{P}(X < 4 \mid X > 1)$.

2. Considere que o tempo de vida de um dispositivo eletrônico seja uma variável aleatória com distribuição exponencial. Sabe-se que, em média, esse dispositivo funciona por 2 anos.

   (a) Qual é a probabilidade de esse dispositivo durar menos de 6 meses?

   (b) Dado que o dispositivo está funcionando há 1 ano, qual é a probabilidade de ele funcionar por mais 6 meses?

   (c) Se dispositivos são testados de forma sequencial até que se encontre um que dure mais de 6 meses, quantos dispositivos, em média, serão testados?

3. A seguir, são apresentadas algumas funções densidade de variáveis aleatórias com distribuição exponencial de parâmetro λ. Para cada uma delas, determine o valor de λ.

   (a) $f_X(x) = 2e^{-2x}$, $x > 0$ (b) $f_X(x) = \dfrac{e^{-x/2}}{2}$, $x > 0$ (c) $f_X(x) = e^{-x}$, $x > 0$.

4. A seguir, são apresentadas algumas funções geradoras de momentos de variáveis aleatórias com distribuição exponencial de parâmetro λ. Para cada uma delas, determine o valor de λ.

   (a) $M_X(t) = \dfrac{3}{3-t}$, $t < 3$ (b) $M_X(t) = \dfrac{1}{1-t}$, $t < 1$ (c) $M_X(t) = \dfrac{1}{1-4t}$, $t < 1/4$.

5. Sejam X variável aleatória exponencial com média $1/\lambda$ e k um inteiro positivo. Mostre que $\mathrm{E}(X^k) = \frac{k!}{\lambda^k}$.

6. Seja $X \sim \mathcal{U}(0,1)$.

   (a) Mostre que, se $Y = -\dfrac{\ln(X)}{\lambda}$, então $Y \sim Exp(\lambda)$.

   (b) Aplicando o resultado do exercício anterior, qual é a distribuição de $Y = -3\ln(X)$?

8.3 Distribuição gama

A distribuição gama é uma generalização da distribuição exponencial, como veremos nesta seção. Mas, antes de apresentar essa nova distribuição, precisamos, primeiro, conhecer a função gama e suas propriedades.

Definição 8.4 ***Função gama***

Chama-se função gama a função de variável real estritamente positiva definida por:

$$\Gamma(\alpha) = \int_0^\infty x^{\alpha-1}e^{-x}\mathrm{d}x \qquad ,\alpha > 0.$$

É importante notar-se que a função Γ está perfeitamente definida, ou seja, a integral que a define é um número real sempre que $\alpha > 0$. A demonstração desse resultado não será apresentada aqui. Além disso, como $x^{\alpha-1}e^{-x} \geq 0$ quando $x \geq 0$, a função Γ é uma função não negativa.

Outras propriedades interessantes e úteis da função gama são dadas a seguir.

Proposição 8.1

São válidas as seguintes propriedades da função gama:

(G_1) *Dados* $\alpha > 0$ *e* $\lambda > 0$, $\int_0^\infty x^{\alpha-1}e^{-\lambda x}\mathrm{d}x = \frac{\Gamma(\alpha)}{\lambda^\alpha}$.

(G_2) *Dado* $\alpha > 1$, $\Gamma(\alpha) = (\alpha - 1)\Gamma(\alpha - 1)$.

(G_3) *Dado* $n \in \mathbb{N}^*$, $\Gamma(n) = (n-1)!$

Demonstração:

(G_1) Fazendo a mudança de variável $y = \lambda x$, temos que

$$\int_0^\infty x^{\alpha-1}e^{-\lambda x}\mathrm{d}x = \int_0^\infty \left(\frac{y}{\lambda}\right)^{\alpha-1} e^{-y}\frac{\mathrm{d}y}{\lambda} = \frac{1}{\lambda^\alpha}\int_0^\infty y^{\alpha-1}e^{-y}\mathrm{d}y = \frac{\Gamma(\alpha)}{\lambda^\alpha}.$$

(G_2) Usando integração por partes com $u = x^{\alpha-1} \Rightarrow du = (\alpha-1)x^{\alpha-2}dx$ e $dv = e^{-x}dx \Rightarrow v = -e^{-x}$, obtemos

$$\begin{aligned}\Gamma(\alpha) &= \int_0^\infty x^{\alpha-1}e^{-x}\mathrm{d}x = -x^{\alpha-1}e^{-x}\Big|_0^\infty - \int_0^\infty -e^{-x}(\alpha-1)x^{\alpha-2}\mathrm{d}x \\ &= 0 + \int_0^\infty e^{-x}(\alpha-1)x^{\alpha-2}\mathrm{d}x = (\alpha-1)\int_0^\infty x^{\alpha-2}e^{-x}\mathrm{d}x = (\alpha-1)\Gamma(\alpha-1).\end{aligned}$$

(G_3) Vamos considerar $\alpha = n$ inteiro positivo. Usando o resultado da Propriedade (G_2), podemos demonstrar, por indução, que $\Gamma(n) = (n-1)!$.

Primeiro, veja que a afirmação é verdadeira para $n = 1$, isto é, que $\Gamma(1) = 0! = 1$, pois

$$\Gamma(1) = \int_0^\infty x^{1-1}e^{-x}\mathrm{d}x = \int_0^\infty e^{-x}\mathrm{d}x = 1.$$

Agora, suponhamos verdadeiro para $n = k$ qualquer, isto é, $\Gamma(k) = (k-1)!$. Pela Propriedade (G_2),

$$\Gamma(k+1) = k\Gamma(k) = k(k-1)! = k!$$

ou seja, o resultado vale para $n = k+1$, o que completa a prova por indução.

□

Função densidade e função de distribuição

Segue a definição de uma variável aleatória com distribuição gama e sua função densidade.

Definição 8.5 ***Distribuição gama***

Uma variável aleatória contínua X tem distribuição gama com parâmetros $\alpha > 0$ e $\lambda > 0$ se sua função densidade é dada por

$$f_X(x) = \begin{cases} \dfrac{\lambda^\alpha}{\Gamma(\alpha)} x^{\alpha-1} e^{-\lambda x} & , \text{ se } x > 0 \\ \\ 0 & , \text{ caso contrário.} \end{cases}$$

Note que, quando $\alpha = 1$, resulta a densidade exponencial com parâmetro λ, ou seja, a densidade exponencial é um caso particular da densidade gama.

Os parâmetros da distribuição gama são α e λ. O espaço paramétrico para tais parâmetros é definido por $\alpha > 0$ e $\lambda > 0$. Usaremos a notação $X \sim Gama(\alpha; \lambda)$ para indicar que a variável aleatória X tem distribuição gama com parâmetros α, λ.

Para verificar-se que a função apresentada na Definição 8.5 realmente define uma função densidade, deve-se notar inicialmente que $f(x) \geq 0$. Além disso, fazendo uso da Propriedade (G_1), apresentada na Proposição 8.1, temos

$$\int_{-\infty}^{\infty} f_X(x)\mathrm{d}x = \int_0^{\infty} \frac{1}{\Gamma(\alpha)} x^{\alpha-1} \lambda^\alpha e^{-\lambda x} \mathrm{d}x = \frac{\lambda^\alpha}{\Gamma(\alpha)} \underbrace{\int_0^{\infty} x^{\alpha-1} e^{-\lambda x}\, \mathrm{d}x}_{\frac{\Gamma(\alpha)}{\lambda^\alpha}} = 1.$$

Logo, as duas condições para uma função densidade são satisfeitas.

Exemplo 8.7

Seja $X \sim Gama(4, 2)$. Encontre o valor de $\mathrm{P}(1 < X < 3)$.

Solução:

Para encontrarmos o valor de $\mathrm{P}(1 < X < 3) = F_X(3) - F_X(1)$, precisamos integrar a função densidade da gama, o que será uma tarefa trabalhosa.

$$f_X(x) = \frac{2^4}{\Gamma(4)} x^{4-1} e^{-\lambda x} = \frac{8}{3} x^3 e^{-2x},\ x > 0$$

Então, se $x > 0$,

$$F_X(x) = \int_0^x \frac{1}{6} t^3 e^{-2t} \mathrm{d}t = \frac{8}{3} \int_0^x t^3 e^{-2t} \mathrm{d}t.$$

Vamos resolver essa integral com o uso de integração por partes, em três etapas. Primeiro, faça $u = t^3$ e $\mathrm{d}v = e^{-2t}\mathrm{d}t \Rightarrow \mathrm{d}u = 3t^2 \mathrm{d}t$ e $v = \dfrac{-1}{2} e^{-2t}$,

$$F_X(x) = \frac{8}{3} \left(-\frac{t^3 e^{-2t}}{2} + \frac{3}{2} \int t^2 e^{-2t} \mathrm{d}t \right) \Bigg|_0^x .$$

Agora, faça $u = t^2$ e $\mathrm{d}v = e^{-2t}\mathrm{d}t \Rightarrow \mathrm{d}u = 2t\mathrm{d}t$ e $v = \frac{-1}{2}e^{-2t}$,

$$F_X(x) = \frac{8}{3}\left(-\frac{t^3e^{-2t}}{2} + \frac{3}{2}\left(-\frac{t^2e^{-2t}}{2} + \int te^{-2t}\mathrm{d}t\right)\right)\Bigg|_0^x.$$

Por último, faça $u = t$ e $\mathrm{d}v = e^{-2t}\mathrm{d}t \Rightarrow \mathrm{d}u = \mathrm{d}t$ e $v = \frac{-1}{2}e^{-2t}$,

$$\begin{aligned}
F_X(x) &= \frac{8}{3}\left(-\frac{t^3e^{-2t}}{2} + \frac{3}{2}\left(-\frac{t^2e^{-2t}}{2} - \frac{te^{-2t}}{2} + \frac{1}{2}\int e^{-2t}\mathrm{d}t\right)\right)\Bigg|_0^x \\
&= \frac{8}{3}\left(-\frac{t^3e^{-2t}}{2} + \frac{3}{2}\left(-\frac{t^2e^{-2t}}{2} - \frac{te^{-2t}}{2} - \frac{1}{4}e^{-2t}\right)\right)\Bigg|_0^x \\
&= \frac{8}{3}\left(-\frac{t^3e^{-2t}}{2} - \frac{3t^2e^{-2t}}{4} - \frac{3te^{-2t}}{4} - \frac{3e^{-2t}}{8}\right)\Bigg|_0^x \\
&= \frac{8}{3}\left(\frac{3}{8} - \frac{x^3e^{-2x}}{2} - \frac{3x^2e^{-2x}}{4} - \frac{3xe^{-2x}}{4} - \frac{3e^{-2x}}{8}\right) \\
&= 1 - \frac{4x^3}{3}e^{-2x} - 2x^2e^{-2x} - 2xe^{-2x} - e^{-2x}.
\end{aligned}$$

Chegamos, então, ao valor da probabilidade procurada como

$$\mathrm{P}(1 < X < 3) = F_X(3) - F_X(1) = 0,8488 - 0,1429 = 0,7059.$$

♦♦

O Exemplo 8.7 nos mostra quão trabalhoso é calcular probabilidades envolvendo uma variável aleatória com distribuição gama. A boa notícia é que, quando o parâmetro α é um número natural, conseguimos expressar a função de distribuição em função dos parâmetros. Veja esse resultado na Proposição 8.2 a seguir.

Proposição 8.2

Sejam $X \sim Gama(n, \lambda)$, com $n \in \mathbb{N}$, e F_X a sua função distribuição. Então,

$$F_X(x) = 1 - \sum_{k=0}^{n-1} \frac{\lambda^k}{k!}x^k e^{-\lambda x}, \; x > 0.$$

Demonstração:

A demonstração será feita por indução no parâmetro n.

Primeiro, veja que expressão é verdadeira para $n = 1$, pois, nesse caso, $X \sim Exp(\lambda)$ e

$$\begin{aligned}
F_X(x) &= 1 - \sum_{k=0}^{0} \frac{\lambda^k}{k!}x^k e^{-\lambda x}, \; x > 0 \\
&= 1 - e^{-\lambda x}, \; x > 0.
\end{aligned}$$

A hipótese de indução (HI) é que a expressão é válida para $\alpha = n - 1$, isto é, se $Y \sim Gama(n - 1, \lambda)$, então

$$F_Y(y) = \int_0^y \frac{\lambda^{n-1}}{\Gamma(n-1)} t^{n-2} e^{-\lambda t} \mathrm{d}t = 1 - \sum_{k=0}^{n-2} \frac{\lambda^k}{k!} x^k e^{-\lambda x}, \ x > 0,$$

. Partindo da premissa de que essa hipótese é verdadeira, vamos encontrar a expressão para a função de distribuição F_X quando $\alpha = n$.

Podemos escrever,

$$F_X(x) = \int_0^x \frac{\lambda^n}{\Gamma(n)} t^{n-1} e^{-\lambda t} \mathrm{d}t.$$

Vamos realizar uma vez a integração por partes. Para isso, faça $u = \dfrac{\lambda^n}{\Gamma(n)} t^{n-1}$ e $\mathrm{d}v = e^{-\lambda t}\mathrm{d}t \Rightarrow \mathrm{d}u = \dfrac{\lambda^n}{\Gamma(n)}(n-1)t^{n-2}\mathrm{d}t = \dfrac{\lambda^n}{\Gamma(n-1)} t^{n-2}\mathrm{d}t$ e $v = -\dfrac{1}{\lambda} e^{-\lambda t}$. Seguindo,

$$\begin{aligned}
F_X(x) &= \left(-\frac{\lambda^n}{\lambda\Gamma(n)} t^{n-1} e^{-\lambda t}\right)\Bigg|_0^x + \int_0^x \frac{\lambda^n}{\lambda\Gamma(n-1)} t^{n-2} e^{-\lambda t}\mathrm{d}t \\
&= \underbrace{\left(-\frac{\lambda^{n-1}}{\Gamma(n)} t^{n-1} e^{-\lambda t}\right)\Bigg|_0^x}_{-\frac{\lambda^{n-1}}{\Gamma(n)} x^{n-1} e^{-\lambda x}} + \underbrace{\int_0^x \frac{\lambda^{n-1}}{\Gamma(n-1)} t^{n-2} e^{-\lambda t}\mathrm{d}t}_{1-\sum_{k=0}^{n-2} \frac{\lambda^k}{k!} x^k e^{-\lambda x}\text{, pela HI}} \\
&= -\frac{\lambda^{n-1}}{\Gamma(n)} x^{n-1} e^{-\lambda x} + 1 - \sum_{k=0}^{n-2} \frac{\lambda^k}{k!} x^k e^{-\lambda x} \\
&= 1 - \sum_{k=0}^{n} \frac{\lambda^k}{k!} x^k e^{-\lambda x}.
\end{aligned}$$

□

Exemplo 8.8

Seja $X \sim Gama(4, 2)$. Encontre a função de distribuição de X a partir do expressão apresentada na Proposição 8.2 e compare-a com aquela encontrada no Exemplo 8.7.

Solução:

Com $n = 4$ e $\lambda = 2$, a expressão de $F_X(x)$, para $x > 0$, se torna

$$\begin{aligned}
F_X(x) &= 1 - \sum_{k=0}^{3} \frac{2^k}{k!} x^k e^{-2x}, \\
&= 1 - e^{-2x} - 2xe^{-2x} - 2x^2 e^{-2x} - \frac{4}{3} x^3 e^{-2x}.
\end{aligned}$$

mesmo resultado obtido no Exemplo 8.7.

♦♦

Esperança e variância

Seja $X \sim Gama(\alpha, \lambda)$. Fazendo uso das Propriedades (G_1) e (G_2) apresentadas na Proposição 8.1, temos que

$$\begin{aligned} E(X) &= \int_{-\infty}^{\infty} x f_X(x) dx = \int_0^{\infty} x \frac{1}{\Gamma(\alpha)} x^{\alpha-1} \lambda^{\alpha} e^{-\lambda x} dx = \frac{\lambda^{\alpha}}{\Gamma(\alpha)} \int_0^{\infty} x^{\alpha} e^{-\lambda x} dx \\ &= \frac{\lambda^{\alpha}}{\Gamma(\alpha)} \frac{\Gamma(\alpha+1)}{\lambda^{\alpha+1}} = \frac{\lambda^{\alpha}}{\Gamma(\alpha)} \frac{\alpha\Gamma(\alpha)}{\lambda^{\alpha+1}} = \frac{\alpha}{\lambda}. \end{aligned}$$

Portanto,

$$X \sim Gama(\alpha, \lambda) \quad \Rightarrow \quad E(X) = \frac{\alpha}{\lambda}. \tag{8.7}$$

De modo análogo, vamos calcular $E(X^2)$.

$$\begin{aligned} E(X^2) &= \int_{-\infty}^{\infty} x^2 f_X(x) dx = \int_0^{\infty} x^2 \frac{1}{\Gamma(\alpha)} x^{\alpha-1} \lambda^{\alpha} e^{-\lambda x} dx = \frac{\lambda^{\alpha}}{\Gamma(\alpha)} \int_0^{\infty} x^{\alpha+1} e^{-\lambda x} dx \\ &= \frac{\lambda^{\alpha}}{\Gamma(\alpha)} \frac{\Gamma(\alpha+2)}{\lambda^{\alpha+2}} = \frac{\lambda^{\alpha}}{\Gamma(\alpha)} \frac{\alpha(\alpha+1)\Gamma(\alpha)}{\lambda^{\alpha+2}} = \frac{\alpha(\alpha+1)}{\lambda^2}. \end{aligned}$$

Logo,

$$\mathrm{Var}(X) = E(X^2) - E(X)^2 = \frac{\alpha(\alpha+1)}{\lambda^2} - \frac{\alpha^2}{\lambda^2} = \frac{\alpha(\alpha+1)-\alpha^2}{\lambda^2} = \frac{\alpha}{\lambda^2}.$$

Portanto,

$$X \sim Gama(\alpha, \lambda) \quad \Rightarrow \quad \mathrm{Var}(X) = \frac{\alpha}{\lambda^2}. \tag{8.8}$$

Função geradora de momentos

Vamos encontrar a função geradora de momentos da distribuição gama.

$$M_X(t) = E(e^{tX}) = \frac{\lambda^{\alpha}}{\Gamma(\alpha)} \int_0^{\infty} e^{tx} x^{\alpha-1} e^{-\lambda x} dx = \frac{\lambda^{\alpha}}{\Gamma(\alpha)} \underbrace{\int_0^{\infty} x^{\alpha-1} e^{-(\lambda-t)x} dx}_{\frac{\Gamma(\alpha)}{(\lambda-t)^{\alpha}}, \text{ se } \lambda-t>0}.$$

Veja que a última integral é a função gama modificada apresentada na Propriedade (G_1) da Proposição 8.1, que só converge se a constante $\lambda - t > 0$, ou seja, se $t < \lambda$. Sob essa condição, aplicando a Propriedade (G_1),

$$M_X(t) = \frac{\lambda^{\alpha}}{\Gamma(\alpha)} \frac{\Gamma(\alpha)}{(\lambda-t)^{\alpha}} = \frac{\lambda^{\alpha}}{(\lambda-t)^{\alpha}}.$$

Logo,

$$X \sim Gama(\alpha, \lambda) \quad \Rightarrow \quad M_X(t) = \left(\frac{\lambda}{\lambda-t}\right)^{\alpha}, \quad t < \lambda. \tag{8.9}$$

o que garante que $M_X(t)$ está bem definida numa vizinhança de $t = 0$. Veja que $M_X(0) = 1$. Veja também que, quando $\alpha = 1$, o resultado da Equação 8.9 coincide com a Equação 8.6 que apresenta a função geradora de momentos da exponencial.

Coeficiente de Assimetria

Vamos calcular as três primeiras derivadas de M_X para, então, encontrarmos os momentos.

$$
\begin{aligned}
M_X'(t) &= \alpha\left(\frac{\lambda}{\lambda - t}\right)^{\alpha-1}\cdot\frac{\lambda}{(\lambda-t)^2} = \frac{\alpha}{(\lambda-t)}M_X(t)\\
M_X''(t) &= \frac{\alpha}{(\lambda-t)}M_X'(t) + \frac{\alpha}{(\lambda-t)^2}M_X(t) = \frac{\alpha^2+\alpha}{(\lambda-t)^2}M_X(t)\\
M_X'''(t) &= \frac{\alpha^2+\alpha}{(\lambda-t)^2}M_X'(t) + \frac{(\alpha^2+\alpha)2(\lambda-t)}{(\lambda-t)^4}M_X(t)\\
&= \frac{\alpha^3+\alpha^2}{(\lambda-t)^3}M_X(t) + \frac{2\alpha^2+2\alpha}{(\lambda-t)^3}M_X(t) = \frac{\alpha^3+3\alpha^2+2\alpha}{(\lambda-t)^3}M_X(t)
\end{aligned}
$$

Logo,

$$
\mathrm{E}(X) = M_X'(0) = \frac{\alpha}{\lambda}, \quad \mathrm{E}(X^2) = M_X''(0) = \frac{\alpha^2+\alpha}{\lambda^2} \quad \text{e} \quad \mathrm{E}(X^3) = M_X'''(0) = \frac{\alpha^3+3\alpha^2+2\alpha}{\lambda^3}.
$$

Com isso, $\mathrm{Var}(X) = \frac{\alpha}{\lambda^2}$ e o coeficiente de assimetria é

$$
\alpha_3 = \frac{\dfrac{\alpha^3+3\alpha^2+2\alpha}{\lambda^3} - 3\dfrac{\alpha^2+\alpha}{\lambda^2}\cdot\dfrac{\alpha}{\lambda} + 2\dfrac{\alpha^3}{\lambda^3}}{\dfrac{\alpha}{\lambda^2}\dfrac{\sqrt{\alpha}}{\lambda}} = \frac{2}{\sqrt{\alpha}}. \tag{8.10}
$$

Veja que a densidade gama é sempre assimétrica à direita; no entanto, à medida que $\alpha \to \infty$, $\alpha_3 \to 0$ e a distribuição se torna mais simétrica.

Exemplo 8.9

Seja $X \sim Gama(\alpha, \lambda)$. Se $Y = cx$, com $c > 0$, encontre a função geradora de momentos de Y e identifique sua distribuição.

Solução:

A função geradora de momentos de X é

$$
M_X(t) = \frac{\lambda^\alpha}{(\lambda - t)^\alpha}, \quad t < \lambda.
$$

Pela Proposição 6.1,

$$
M_Y(t) = M_X(tc) = \frac{\lambda^\alpha}{(\lambda - tc)^\alpha}, \quad tc < \lambda,
$$

ou seja,

$$
M_Y(t) = \frac{\left(\frac{\lambda}{c}\right)^\alpha}{\left(\frac{\lambda}{c} - t\right)^\alpha}, \text{ se } t < \lambda/c.
$$

Mas essa é a função geradora de momentos de uma variável aleatória com distribuição $Gama\left(\alpha, \frac{\lambda}{c}\right)$. Logo, pelo Teorema 6.2, concluímos que $Y \sim Gama\left(\alpha, \frac{\lambda}{c}\right)$.

Como a distribuição exponencial com parâmetro λ é uma $Gama(1, \lambda)$, segue que, se $X \sim Exp(\lambda)$ e $Y = cX$, com $c > 0$, então $Y \sim Exp\left(\frac{\lambda}{c}\right)$.

♦♦

Parametrização alternativa

Assim como no caso da distribuição exponencial, a distribuição gama também tem uma parametrização alternativa, onde se usa o parâmetro $\beta = \frac{1}{\lambda} > 0$, em vez do parâmetro λ. Neste caso, a função densidade passa a ser

$$f_X(x) = \begin{cases} \dfrac{1}{\Gamma(\alpha)\beta^\alpha} x^{\alpha-1} e^{-x/\beta} & \text{, se } x > 0 \\ 0 & \text{, caso contrário.} \end{cases}$$

Nessa nova parametrização, a função geradora de momentos é

$$\begin{aligned} M_X(t) &= \left(\frac{\lambda}{\lambda - t}\right)^\alpha, \quad t < \lambda \\ &= \left(\frac{1}{1 - t/\lambda}\right)^\alpha, \quad t < \lambda \\ &= \left(\frac{1}{1 - \beta t}\right)^\alpha, \quad t < 1/\beta. \end{aligned}$$

e, a partir dela, podemos encontrar a média, a variância e o coeficiente de assimetria como

$$\mathrm{E}(X) = \alpha\beta\,, \quad \mathrm{Var}(X) = \alpha\beta^2 \quad \text{e} \quad \alpha_3 = \frac{2}{\sqrt{\alpha}}.$$

Formas da densidade gama

Vamos estudar, agora, as possíveis formas do gráfico da função densidade gama, definida, para $x > 0$, por $f_X(x) = \dfrac{\lambda^\alpha}{\Gamma(\alpha)} x^{\alpha-1} e^{-\lambda x}$, com $\lambda > 0$ e $\alpha > 0$. Para isso, iremos analisar assíntotas, pontos de máximo ou mínimo, regiões de crescimento ou decrescimento, concavidade. Nessa análise, vamos ignorar a constante $\dfrac{\lambda^\alpha}{\Gamma(\alpha)}$, uma vez que ela é positiva e não altera o sinal da função ou de suas derivadas.

Assíntotas

Qualquer que seja $\lambda > 0$, $\lim_{x\to\infty} f_X(x) = 0$. O limite de f_X quando $x \to 0$ depende do valor de α.

$$\begin{aligned} \alpha < 1 &\Rightarrow \lim_{x\to 0} f(x) = \infty; \\ \alpha = 1 &\Rightarrow \lim_{x\to 0} f(x) = \lambda; \\ \alpha > 1 &\Rightarrow \lim_{x\to 0} f(x) = 0. \end{aligned}$$

Derivada primeira

$$f'(x) \propto (\alpha - 1)x^{\alpha-2}e^{-\lambda x} - \lambda x^{\alpha-1}e^{-\lambda x} = (x^{\alpha-2}e^{-\lambda x})(\alpha - 1 - \lambda x) \tag{8.11}$$

O sinal da derivada primeira depende apenas do sinal de $g(x) = \alpha - 1 - \lambda x$, uma vez que $x^{\alpha-2}e^{-\lambda x} > 0$ se $x > 0$. Vamos, então, analisar a derivada primeira, estudando o comportamento de g.

- $\alpha \leq 1$

  Como $x > 0$, resulta que $f'(x) < 0$, ou seja, se $\alpha \leq 1$, a densidade gama é uma função estritamente decrescente.

- $\alpha > 1$

$$\begin{aligned}
&f'(x) = 0 \Leftrightarrow x = \frac{\alpha - 1}{\lambda} \\
&f'(x) > 0 \Leftrightarrow x < \frac{\alpha - 1}{\lambda} \qquad (f \text{ crescente}) \\
&f'(x) < 0 \Leftrightarrow x > \frac{\alpha - 1}{\lambda} \qquad (f \text{ decrescente})
\end{aligned}$$

  Logo,

$$x_0 = \frac{\alpha - 1}{\lambda} \text{ é um ponto de máximo.}$$

Derivada segunda

$$\begin{aligned}
f''(x) &\propto \left[(\alpha - 2)x^{\alpha-3}e^{-\lambda x} - \lambda x^{\alpha-2}e^{-\lambda x}\right](\alpha - 1 - \lambda x) + x^{\alpha-2}e^{-\lambda x}(-\lambda) \\
&= (\alpha - 1)(\alpha - 2)x^{\alpha-3}e^{-\lambda x} - \lambda(\alpha - 1)x^{\alpha-2}e^{-\lambda x} - \lambda(\alpha - 2)x^{\alpha-2}e^{-\lambda x} \\
&+ \lambda^2 x^{\alpha-1}e^{-\lambda x} - \lambda x^{\alpha-2}e^{-\lambda x} \\
&= x^{\alpha-3}e^{-\lambda x}\left[(\alpha - 1)(\alpha - 2) - \lambda(\alpha - 1)x - \lambda x(\alpha - 2) + \lambda^2 x^2 - \lambda x\right] \\
&= x^{\alpha-3}e^{-\lambda x}\left[\lambda^2 x^2 - \lambda x(\alpha - 1 + \alpha - 2 + 1) + (\alpha - 1)(\alpha - 2)\right] \\
&= x^{\alpha-3}e^{-\lambda x}\left[\lambda^2 x^2 - 2\lambda x(\alpha - 1) + (\alpha - 1)(\alpha - 2)\right] \\
&= \frac{x^{\alpha-3}e^{-\lambda x}}{\lambda^2}\left[x^2 - 2\frac{\alpha - 1}{\lambda}x + \frac{(\alpha - 1)(\alpha - 2)}{\lambda^2}\right]
\end{aligned}$$

O sinal da derivada segunda depende do sinal de

$$h(x) = x^2 - 2\frac{\alpha - 1}{\lambda}x + \frac{(\alpha - 1)(\alpha - 2)}{\lambda^2}.$$

que, por sua vez, depende do sinal do discriminante da equação de segundo grau que define $h(x)$.

$$\Delta = 4\frac{(\alpha - 1)^2}{\lambda^2} - 4\frac{(\alpha - 2)(\alpha - 1)}{\lambda^2} = 4\frac{(\alpha - 1)}{\lambda^2}(\alpha - 1 - \alpha + 2) = 4\frac{\alpha - 1}{\lambda^2}$$

- $\alpha < 1$

  Nesse caso, o discriminante é negativo e a equação não tem raízes reais e terá sempre o sinal do coeficiente do termo quadrático, que é 1. Assim, neste caso, a concavidade é para cima. Resumindo, se $\alpha < 1$, a densidade gama é estritamente decrescente, com concavidade para cima.

$$\alpha < 1$$

$$f'(x) < 0 \text{ - decrescente}$$

$$\Delta < 0$$

$$f''(x) > 0 \text{ - concavidade para cima}$$

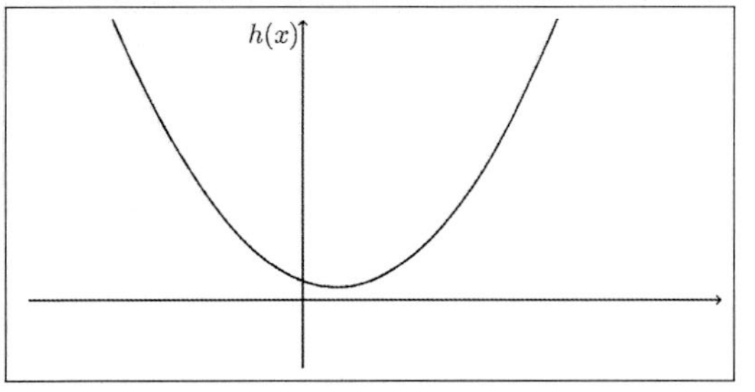

Sinal da derivada segunda para $\alpha < 1$

- $\alpha = 1$

Nesse caso, o discriminante é nulo e $h(x) = x^2 > 0$ se $x > 0$; logo, a concavidade é para cima, ou seja, se $\alpha = 1$, a densidade gama é estritamente decrescente, com concavidade para cima.

$$\alpha = 1$$

$$f'(x) < 0 \text{ - decrescente}$$

$$\Delta = 0$$

$$f''(x) > 0 \text{ - concavidade para cima}$$

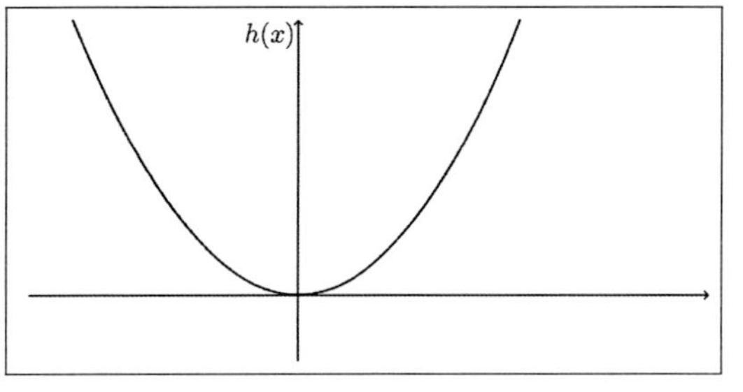

Sinal da derivada segunda para $\alpha = 1$

- $\alpha > 1$

Neste caso, o discriminante é sempre positivo, ou seja, temos duas raízes reais distintas, calculadas como

$$x = \frac{2\frac{\alpha-1}{\lambda} \pm \sqrt{\Delta}}{2} = \frac{2\frac{\alpha-1}{\lambda} \pm \sqrt{4\frac{\alpha-1}{\lambda^2}}}{2} = \frac{\alpha-1}{\lambda} \pm \frac{\sqrt{\alpha-1}}{\lambda},$$

o que fornece as raízes

$$r_1 = \frac{\sqrt{\alpha-1}}{\lambda}\left(\sqrt{\alpha-1}-1\right),$$
$$r_2 = \frac{\sqrt{\alpha-1}}{\lambda}\left(\sqrt{\alpha-1}+1\right)$$

Como o coeficiente do termo quadrático de $h(x)$ é positivo, resulta que $h(x)$ é negativa (sinal oposto ao de a) para valores de x entre as raízes, e positiva (mesmo sinal de a) fora das raízes:

$$h(x) < 0 \text{ se } r_1 < x < r_2$$
$$h(x) > 0 \text{ se } x < r_1 \text{ ou } x > r_2$$

A raiz r_2 é sempre positiva. Já a raiz r_1 só será positiva se $\sqrt{\alpha-1}-1 > 0$, ou seja, se $\alpha > 2$ e será nula ou negativa se $\alpha \leq 2$. Vamos analisar essas duas situações separadamente.

⋆ $\alpha > 2$

$h(x)$ tem duas raízes positivas. Temos, assim, dois pontos de inflexão na $Im(X)$: r_1 er_2.

$\alpha > 2$

$f(x)$ tem um ponto de máximo

$\Delta > 0$

$x < r_1$ ou $x > r_2$

$f''(x) > 0$ - concavidade para cima

$r_1 < x < r_2$

$f''(x) < 0$ - concavidade para baixo

$f(x)$ tem 2 pontos de inflexão

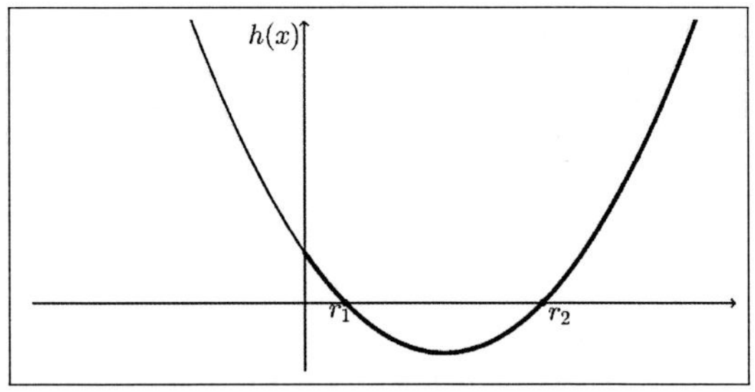

Sinal da derivada segunda para $\alpha > 2$

⋆ $1 < \alpha \leq 2$

Se $\alpha = 2$, $r_1 = 0$ e se $1 < \alpha < 2$, $r_1 < 0$. Logo, se $1 < \alpha \leq 2$, temos apenas um ponto de inflexão na $Im(x)$: r_2, pois, para $x > 0$, $h(x) < 0$ se $0 < x < r_2$ e $h(x) > 0$ se $x > r_2$.

$1 < \alpha \leq 2$

$f(x)$ tem um ponto de máximo

$\Delta > 0$

$x > r_2$

$f''(x) > 0$ - concavidade para cima

$0 < x < r_2$

$f''(x) < 0$ - concavidade para baixo

$f(x)$ tem 1 ponto de inflexão

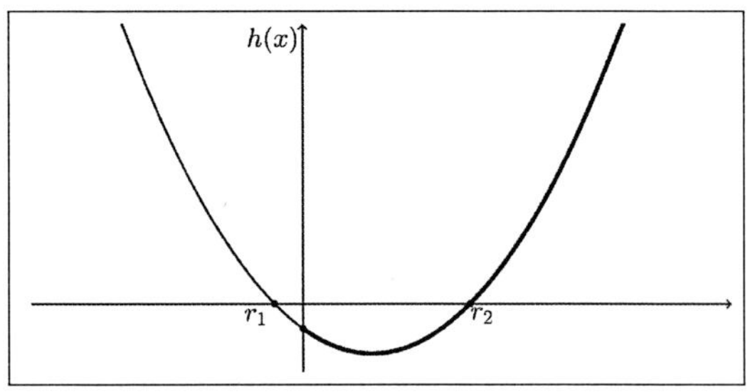

Sinal da derivada segunda para $1 < \alpha \leq 2$

A Tabela 8.1 apresenta um resumo do comportamento da densidade gama em função do parâmetro α.

Nas Figuras 8.4e 8.5 são apresentados os gráficos da densidade gama para alguns valores dos parâmetros α e λ. Nesses gráficos, estão marcados, também, os pontos de máximo e de inflexão, caso existam. Em cada uma das Figuras 8.4a e 8.4b, o parâmetro λ está fixo e temos o gráfico da função densidade para $\alpha = 1, 2, 4$. Nas Figuras 8.5a e 8.5b, fixamos o parâmetro α e variamos λ. Analisando esses gráficos, podemos ver que α tem grande influência sobre a forma da distribuição, enquanto λ afeta mais fortemente a dispersão. Por essas razões, α é chamado *parâmetro de forma* da densidade gama e λ é o *parâmetro de escala*.

Casos particulares da distribuição gama

Veremos, a seguir, três casos particulares da distribuição gama, entre eles a distribuição exponencial, como já comentado anteriormente.

Tabela 8.1 – Características do gráfico da densidade gama em função do parâmetro α

<table>
<tr><td>$0 < \alpha \leq 1$</td><td>Estritamente decrescente</td><td>Côncava para cima</td></tr>
<tr><td>$1 < \alpha \leq 2$</td><td rowspan="2">Ponto de máximo:
• $x_0 = \dfrac{\alpha - 1}{\lambda}$
Crescente
• $x < \dfrac{\alpha - 1}{\lambda}$
Decrescente
• $x > \dfrac{\alpha - 1}{\lambda}$</td><td>Ponto de inflexão:
• $r_2 = \dfrac{\sqrt{\alpha - 1}}{\lambda}\left(\sqrt{\alpha - 1} + 1\right)$
Concavidade:
• para cima se $x > r_2$
• para baixo se $x < r_2$</td></tr>
<tr><td>$\alpha > 2$</td><td>Pontos de inflexão:
• $r_1 = \dfrac{\sqrt{\alpha - 1}}{\lambda}\left(\sqrt{\alpha - 1} - 1\right)$
• $r_2 = \dfrac{\sqrt{\alpha - 1}}{\lambda}\left(\sqrt{\alpha - 1} + 1\right)$
Concavidade:
• para cima se $x < r_1$ ou $x > r_2$
• para baixo se $r_1 < x < r_2$</td></tr>
</table>

Distribuição Exponencial

Quando, na distribuição gama, o parâmetro $\alpha = 1$, temos a distribuição exponencial com parâmetro λ. Nesse caso, para $x > 0$, sua função densidade é definida por

$$f_X(x) = \frac{1}{\Gamma(1)} x^{1-1} \lambda^1 e^{-\lambda x} = \lambda e^{-\lambda x}.$$

Além disso,

$$\mathrm{E}(X) = \frac{1}{\lambda} \quad \text{e} \quad \mathrm{Var}(X) = \frac{1}{\lambda^2},$$

que são os mesmos resultados encontrados na seção 8.2.

Distribuição de Erlang

Quando o parâmetro α da distribuição gama é um inteiro positivo, $\alpha = k$, a distribuição gama é conhecida como **distribuição de Erlang** de ordem k e sua função densidade é definida por:

$$f_X(x) = \frac{1}{\Gamma(k)} x^{k-1} \lambda^k e^{-\lambda x} = \frac{1}{(k-1)!} x^{k-1} \lambda^k e^{-\lambda x}, x > 0.$$

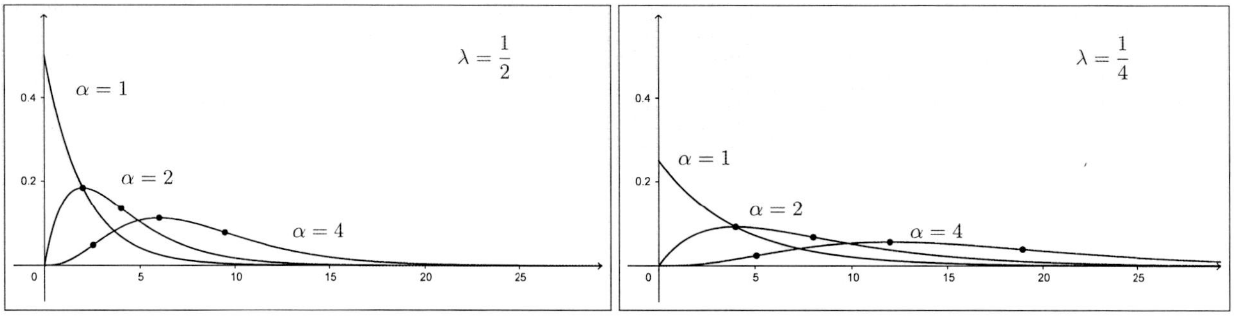

(a) $\lambda = \frac{1}{2}$ (b) $\lambda = \frac{1}{4}$

Figura 8.4 – Efeito do parâmetro α na forma da densidade gama - $\alpha = 1, 2, 4$

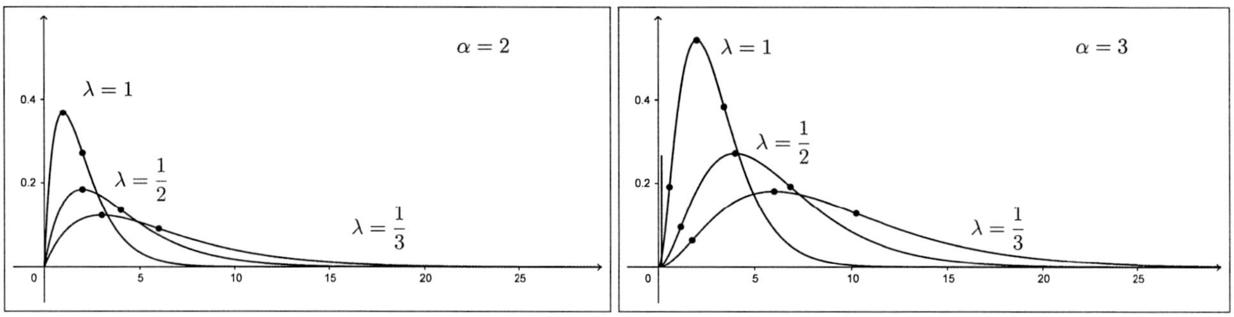

(a) $\alpha = 2$ (b) $\alpha = 3$

Figura 8.5 – Efeito do parâmetro λ na forma da densidade gama - $\lambda = 1, \frac{1}{2}, \frac{1}{3}$

Ou seja, se X tem distribuição de Erlang de ordem $k \in \mathbb{N}$ e parâmetro $\lambda > 0$ (notação: $X \sim Erl_k(\lambda)$), a sua função densidade é

$$f_X(x) = \begin{cases} \dfrac{1}{(k-1)!} x^{k-1} \lambda^k e^{-\lambda x} & \text{, se } x > 0 \\ 0 & \text{, caso contrário.} \end{cases} \tag{8.12}$$

Além disso,

$$\mathrm{E}(X) = \frac{k}{\lambda} \quad \text{e} \quad \mathrm{Var}(X) = \frac{k}{\lambda^2}.$$

Distribuição Qui-Quadrado

Quando, na distribuição gama, o parâmetro de forma α é igual a $\frac{n}{2}$, com n inteiro positivo, e o parâmetro λ é $\frac{1}{2}$, a distribuição é chamada **distribuição qui-quadrado** com n graus de liberdade, e a sua função densidade é dada por

$$f_X(x) = \frac{1}{\Gamma(n/2)} x^{(n/2)-1} \left(\frac{1}{2}\right)^{n/2} e^{-(1/2)x} = \frac{1}{\Gamma(n/2) 2^{n/2}} x^{(n/2)-1} e^{-x/2}.$$

Ou seja, se X tem distribuição qui-quadrado com $n \in \ltimes$ graus de liberdade (notação: $X \sim \chi^2_n$), a sua função densidade é

$$f_X(x) = \begin{cases} \dfrac{1}{\Gamma(n/2) 2^{n/2}} x^{(n/2)-1} e^{-x/2} & \text{, se } x > 0 \\ 0 & \text{, caso contrário.} \end{cases} \tag{8.13}$$

Além disso,

$$\mathrm{E}(X) = \frac{n/2}{1/2} = n \quad \text{e} \quad \mathrm{Var}(X) = \frac{n/2}{(1/2)^2} = 2n.$$

Lista de exercícios da Seção 8.3

1. Encontre os valores numéricos das integrais a seguir, sem resolver as integrais, usando apenas as propriedades da função gama. Use o seguinte resultado: $\Gamma(1/2) = \sqrt{\pi}$, cuja demonstração será dada no Capítulo 9.
(a) $\int_0^\infty x^2 e^{-3x} \mathrm{d}x$ (b) $\int_0^\infty x^4 e^{-x/5} \mathrm{d}x$ (c) $\int_0^\infty \sqrt{x} e^{-2x/3} \mathrm{d}x$.

2. Seja $X \sim Gama(3, \frac{1}{2})$.

   (a) Usando o resultado da Proposição 8.2, encontre a função de distribuição de X.

   (b) Verifique se a derivada da função de distribuição encontrada no item (a) é a função densidade de X.

3. Segundo o protocolo do departamento de TI de uma empresa, um de seus sistemas passa por manutenção quando apresentar a 4ª falha, contada a partir da última manutenção. Considere que o tempo (em dias) entre duas manutenções consecutivas desse sistema seja uma variável aleatória com distribuição Gama, com média de 48 dias e desvio-padrão de 24 dias.

   (a) Para um sistema que acabou de sair da manutenção, qual é a probabilidade de ele funcionar pelos próximos 60 dias sem precisar de manutenção?

   (b) Dado que o sistema está funcionando há 40 dias desde a última manutenção, qual é a probabilidade de ele funcionar por mais 20 dias?

   (c) Se 3 sistemas idênticos e independentes voltam a funcionar simultaneamente depois de uma manutenção, qual é a probabilidade de pelo menos 2 não passarem por manutenção nos próximos 60 dias?

   Dica: use o resultado do Exercício 2 para encontrar a função de distribuição da variável em questão.

4. A seguir, são apresentadas algumas funções densidade de variáveis aleatórias com distribuição gama de parâmetros α e λ. Para cada uma delas, determine os valores dos parâmetros.
(a) $f_X(x) = \frac{8}{3} x^3 e^{-2x}$, $x > 0$ (b) $f_X(x) = \frac{1}{4} x e^{-x/2}$, $x > 0$ (c) $f_X(x) = \sqrt{\frac{3}{\pi x}} e^{-3x}$, $x > 0$.

5. A seguir, são apresentadas algumas funções geradoras de momentos de variáveis aleatórias com distribuição gama de parâmetros α e λ. Para cada uma delas, determine os valores dos parâmetros.
(a) $M_X(t) = \left(\frac{3}{3-t}\right)^4$, $t < 3$ (b) $M_X(t) = \sqrt{\frac{2}{2-t}}$, $t < 2$ (c) $M_X(t) = \left(\frac{1}{1-3t}\right)^2$, $t < 1/3$

6. Mostre que, se $X \sim \chi^2(n)$, então $\mathrm{E}(X) = n$ e $\mathrm{Var}(X) = 2n$.

7. Sejam $X \sim Gama(\alpha, \lambda)$ e $Y = cX$, para $c > 0$.

(a) Mostre, a partir do método da transformada inversa, que $Y \sim Gama(\alpha, \lambda/c)$.

(b) Mostre, a partir da função geradora de momentos, que $Y \sim Gama(\alpha, \lambda/c)$.

(c) Aplicando o resultado dos itens anteriores, determine a distribuição de $Y = X/5$, se $X \sim Gama(3, 2)$.

8.4 Distribuição beta

Assim como no caso da distribuição Gama, a distribuição Beta depende de uma nova função, a função beta, apresentada a seguir. Além da definição dessa nova função, veremos também algumas de suas propriedades.

Definição 8.6 ***Função beta***

Chama-se ***função beta*** *a função B de duas variáveis definida por:*

$$B(\alpha, \beta) = \int_0^1 x^{\alpha-1}(1-x)^{\beta-1}\mathrm{d}x \qquad , \alpha > 0 \text{ e } \beta > 0.$$

Pode-se provar que a função beta está perfeitamente definida, ou seja, a integral que a define é um número real sempre que $\alpha > 0, \beta > 0$. Além disso, essa é uma função estritamente positiva, ou seja, $B(\alpha, \beta) > 0$ para todos os valores de $\alpha > 0$ e $\beta > 0$. A demonstração desses resultados segue da Propriedade (B_1) apresentado na Proposição 8.3 e não será apresentada nesse texto.

Outras propriedades interessantes e úteis da função beta são dadas a seguir.

Proposição 8.3 ***Propriedades da função beta***

São válidas as seguintes propriedades da função beta:

(B_1) $B(\alpha, \beta) = \dfrac{\Gamma(\alpha)\Gamma(\beta)}{\Gamma(\alpha+\beta)}$

(B_2) $B(\alpha, \beta) = B(\beta, \alpha)$

(B_3) $B(\alpha+1, \beta) = B(\alpha, \beta) \cdot \dfrac{\alpha}{\alpha+\beta}$

(B_4) $B(\alpha, \beta+1) = B(\alpha, \beta) \cdot \dfrac{\beta}{\alpha+\beta}$

(B_5) $B(\alpha, \beta) = B(\alpha+1, \beta) + B(\alpha, \beta+1)$

Demonstração:

(B_1) A demonstração dessa propriedade não será apresentada aqui, uma vez que nela são usados conceitos sobre transformação de vetores aleatórios, que não são abordados nesse primeiro curso de probabilidade. Mas, para os curiosos, essa demonstração pode ser encontrada no livro de DeGroot e Schervish (2012).

Como dito anteriormente, essa relação nos permite ver que a função beta está bem definida e é estritamente positiva.

(B_2) Por definição, temos que

$$B(\beta,\alpha)=\int_0^1 x^{\beta-1}(1-x)^{\alpha-1}\mathrm{d}x.$$

A mudança de variável $1-x=t$ resulta em

$$B(\beta,\alpha)=\int_1^0 (1-t)^{\beta-1}t^{\alpha-1}(-\mathrm{d}t)=-\int_1^0 t^{\alpha-1}(1-t)^{\beta-1}\mathrm{d}t=\int_0^1 t^{\alpha-1}(1-t)^{\beta-1}\mathrm{d}t=B(\alpha,\beta).$$

Podemos, também, usar a Propriedade (B_1):

$$B(\alpha,\beta)=\frac{\Gamma(\alpha)\Gamma(\beta)}{\Gamma(\alpha+\beta)} \quad \text{e} \quad B(\beta,\alpha)=\frac{\Gamma(\beta)\Gamma(\alpha)}{\Gamma(\beta+\alpha)}.$$

Logo, $B(\alpha,\beta)=B(\beta,\alpha)$.

(B_3) Usando a Propriedade (B_1) e a Propriedade (G_2) da função Γ, temos

$$B(\alpha+1,\beta)=\frac{\Gamma(\alpha+1)\Gamma(\beta)}{\Gamma(\alpha+1+\beta)}=\frac{\alpha\Gamma(\alpha)\Gamma(\beta)}{(\alpha+\beta)\Gamma(\alpha+\beta)}=B(\alpha,\beta)\cdot\frac{\alpha}{\alpha+\beta}.$$

(B_4) Pelas propriedades anteriores,

$$B(\alpha,\beta+1)=B(\beta+1,\alpha)=B(\beta,\alpha)\cdot\frac{\beta}{\alpha+\beta}=B(\alpha,\beta)\cdot\frac{\beta}{\alpha+\beta}.$$

(B_5) Primeiro, veja a demonstração usando-se a definição da função beta.

$$\begin{aligned}
B(\alpha+1,\beta)+B(\alpha,\beta+1)&=\int_0^1 x^{\alpha+1-1}(1-x)^{\beta-1}\mathrm{d}x+\int_0^1 x^{\alpha-1}(1-x)^{\beta+1-1}\\
&=\int_0^1\left[x^{\alpha}(1-x)^{\beta-1}+x^{\alpha-1}(1-x)^{\beta}\right]\mathrm{d}x\\
&=\int_0^1 x^{\alpha-1}(1-x)^{\beta-1}\left[x+1-x\right]\mathrm{d}x\\
&=B(\alpha,\beta).
\end{aligned}$$

Agora, veja a versão dessa demonstração usando-se as Propriedades (B_3) e (B_4).

$$\begin{aligned}
B(\alpha+1,\beta)+B(\alpha,\beta+1)&=B(\alpha,\beta)\frac{\alpha}{\alpha+\beta}+B(\alpha,\beta)\frac{\beta}{\alpha+\beta}\\
&=B(\alpha,\beta)\left(\frac{\alpha}{\alpha+\beta}+\frac{\beta}{\alpha+\beta}\right)\\
&=B(\alpha,\beta).
\end{aligned}$$

□

Função densidade

Agora que já conhecemos a função beta, podemos definir a distribuição beta.

> **Definição 8.7** ***Distribuição beta***
> *Uma variável aleatória contínua X tem distribuição beta com parâmetros $\alpha > 0$ e $\beta > 0$ se sua função densidade é dada por*
>
> $$f_X(x) = \begin{cases} \dfrac{1}{B(\alpha,\beta)} x^{\alpha-1}(1-x)^{\beta-1} & \text{, } se\ 0 < x < 1 \\ 0 & \text{, } caso\ contrário. \end{cases}$$

Os parâmetros da distribuição Beta são α e β, e o espaço paramétrico é definido por: $\alpha > 0$ e $\beta > 0$. Usaremos a notação $X \sim Beta(\alpha, \beta)$ para indicar que uma variável aleatória X segue a distribuição Beta com parâmetros α e β .

Note que, se $X \sim Beta(\alpha, \beta)$, então $Im(X) = (0, 1)$. Além disso, se $X \sim Beta(1, 1)$, então $X \sim \mathcal{U}(0, 1)$.

A função f_X apresentada na Definição 8.7 é, de fato, função densidade, uma vez que $f_X(x) \geq 0\ \forall\ x \in \mathbb{R}$ e

$$\int_{-\infty}^{\infty} f_X(x)\mathrm{d}x = \int_0^1 \frac{1}{B(\alpha,\beta)} x^{\alpha-1}(1-x)^{\beta-1}\mathrm{d}x = \frac{1}{B(\alpha,\beta)} \int_0^1 x^{\alpha-1}(1-x)^{\beta-1}\mathrm{d}x = \frac{1}{B(\alpha,\beta)} B(\alpha,\beta) = 1.$$

Usando a relação entre as funções gama e beta (Propriedade (B_1)), podemos reescrever a função densidade da distribuição beta como:

$$f_X(x) = \begin{cases} \dfrac{\Gamma(\alpha+\beta)}{\Gamma(\alpha)\Gamma(\beta)} x^{\alpha-1}(1-x)^{\beta-1} & \text{, se } 0 < x < 1 \\ 0 & \text{, caso contrário.} \end{cases} \tag{8.14}$$

Na Figura 8.6a temos exemplos das diversas formas que a densidade beta pode assumir. Note que, quando $\alpha = \beta = 1$, a densidade beta é a densidade uniforme no intervalo $(0, 1)$. Na Figura 8.6b, ilustra-se a propriedade reflexiva: note o efeito da inversão dos valores de α e β. Na Figura 8.6c, ilustra-se o fato de a densidade beta ser simétrica quando $\alpha = \beta$.

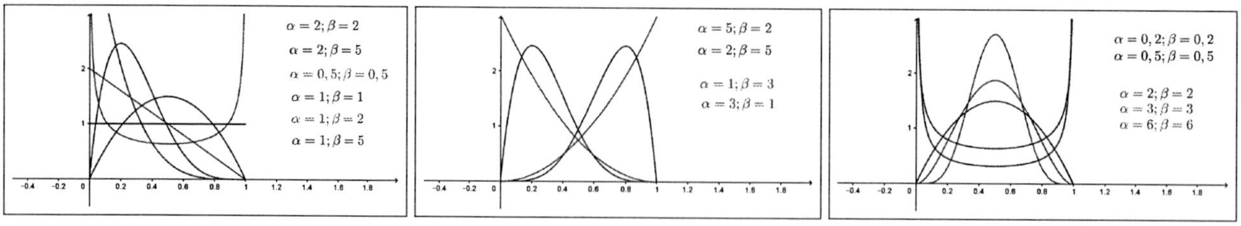

(a) Exemplos diversos **(b)** Propriedade reflexiva **(c)** Simetria se $\alpha = \beta$

Figura 8.6 – Gráficos da densidade beta

Momentos

Este livro não apresenta a função geradora de momentos para a distribuição Beta, pois trata-se de uma função complexa e com pouca aplicação prática. Mas, podemos, de forma simples, encontrar uma expressão geral para $\mathrm{E}(X^k)$ e, assim, encontrar o momento de qualquer ordem k de $X \sim Beta(\alpha, \beta)$.

Para os cálculos a seguir, vamos usar a Propriedade (B_1), apresentada na Proposição 8.3, além de algumas propriedades da função gama, vistas na Proposição 8.1.

$$\begin{aligned}
\mathrm{E}(X^k) &= \int_{-\infty}^{\infty} x^k f_X(x)\mathrm{d}x = \int_0^1 x^k \frac{1}{B(\alpha,\beta)} x^{\alpha-1}(1-x)^{\beta-1}\mathrm{d}x \\
&= \frac{1}{B(\alpha,\beta)} \int_0^1 x^{\alpha+k-1}(1-x)^{\beta-1}\mathrm{d}x = \frac{B(\alpha+k,\beta)}{B(\alpha,\beta)}.
\end{aligned}$$

O cálculo da razão entre momentos consecutivos e as propriedades da função beta, Proposição 8.3, nos levam a uma fórmula recursiva para o cálculo dos momentos da distribuição beta, que não depende da função beta.

$$\frac{\mathrm{E}(X^{k+1})}{\mathrm{E}(X^k)} = \frac{\dfrac{B(\alpha+k+1,\beta)}{B(\alpha,\beta)}}{\dfrac{B(\alpha+k,\beta)}{B(\alpha,\beta)}} = \frac{B(\alpha+k+1,\beta)}{B(\alpha+k,\beta)} = \frac{B(\alpha+k,\beta)}{B(\alpha+k,\beta)} \frac{\alpha+k}{\alpha+k+\beta} = \frac{\alpha+k}{\alpha+k+\beta}.$$

Logo,

$$\mathrm{E}(X^{k+1}) = \mathrm{E}(X^k)\frac{\alpha+k}{\alpha+\beta+k}. \tag{8.15}$$

Esperança e Variância

Usando a Equação 8.15 e fazendo $k = 0$, obtemos a esperança de uma variável aleatória beta.

$$X \sim Beta(\alpha,\beta) \quad \Rightarrow \quad \mathrm{E}(X) = \frac{\alpha}{\alpha+\beta}. \tag{8.16}$$

Ainda na mesma equação, fazendo agora $k = 1$ obtemos o segundo momento de uma variável aleatória beta.

$$\mathrm{E}(X^2) = \frac{\alpha+1}{\alpha+\beta+1}\mathrm{E}(X) = \frac{\alpha+1}{\alpha+\beta+1}\frac{\alpha}{\alpha+\beta} = \frac{(\alpha+1)\alpha}{(\alpha+\beta+1)(\alpha+\beta)}$$

e, portanto,

$$\begin{aligned}
\mathrm{Var}(X) = \mathrm{E}(X^2) - [\mathrm{E}(X)]^2 &= \frac{(\alpha+1)\alpha}{(\alpha+\beta+1)(\alpha+\beta)} - \frac{\alpha^2}{(\alpha+\beta)^2} = \frac{(\alpha+1)\alpha(\alpha+\beta) - \alpha^2(\alpha+\beta+1)}{(\alpha+\beta+1)(\alpha+\beta)^2} \\
&= \frac{\alpha\left(\alpha^2+\alpha\beta+\alpha+\beta-\alpha^2-\alpha\beta-\alpha\right)}{(\alpha+\beta+1)(\alpha+\beta)^2} = \frac{\alpha\beta}{(\alpha+\beta+1)(\alpha+\beta)^2},
\end{aligned}$$

ou seja,

$$X \sim Beta(\alpha,\beta) \quad \Rightarrow \quad \mathrm{Var}(X) = \frac{\alpha\beta}{(\alpha+\beta+1)(\alpha+\beta)^2}. \tag{8.17}$$

Coeficiente de Assimetria

Para calcular o coeficiente de assimetria, precisamos do terceiro momento. Faremos, então, $k = 2$ na Equação 8.15, para obtermos

$$\mathrm{E}(X^3) = \frac{\alpha+2}{\alpha+\beta+2}\,\mathrm{E}(X^2) = \frac{(\alpha+2)(\alpha+1)\alpha}{(\alpha+\beta+2)(\alpha+\beta+1)(\alpha+\beta)}.$$

Com isso, é possível calcular o momento centrado de ordem 3,

$$\begin{aligned}
\mathrm{E}(X-\mu)^3 &= \mathrm{E}(X^3) - 3\,\mathrm{E}(X^2)\,\mathrm{E}(X) + 2[\mathrm{E}(X)]^3 \\
&= \frac{(\alpha+2)(\alpha+1)\alpha}{(\alpha+\beta+2)(\alpha+\beta+1)(\alpha+\beta)} - 3\frac{(\alpha+1)\alpha}{(\alpha+\beta+1)(\alpha+\beta)}\cdot\frac{\alpha}{\alpha+\beta} + 2\left(\frac{\alpha}{\alpha+\beta}\right)^3 \\
&= \frac{\alpha^3+3\alpha^2+2\alpha}{(\alpha+\beta)(\alpha+\beta+1)(\alpha+\beta+2)} - \frac{3\alpha^3+3\alpha^2}{(\alpha+\beta)^2(\alpha+\beta+1)} + \frac{2\alpha^3}{(\alpha+\beta)^3} \\
&= \frac{(\alpha^3+3\alpha^2+2\alpha)(\alpha+\beta)^2 - (3\alpha^3+3\alpha^2)(\alpha+\beta)(\alpha+\beta+2) + 2\alpha^3(\alpha+\beta+1)(\alpha+\beta+2)}{(\alpha+\beta)^3(\alpha+\beta+1)(\alpha+\beta+2)} \\
&= \frac{\alpha^5+2\alpha^4\beta+\alpha^3\beta^2+3\alpha^4+6\alpha^3\beta+3\alpha^2\beta^2+2\alpha^3+4\alpha^2\beta+2\alpha\beta^2}{(\alpha+\beta)^3(\alpha+\beta+1)(\alpha+\beta+2)} \\
&\quad - \frac{3\alpha^5+6\alpha^4\beta+3\alpha^3\beta^2+6\alpha^4+6\alpha^3\beta+3\alpha^4+6\alpha^3\beta+3\alpha^2\beta^2+6\alpha^3+6\alpha^2\beta}{(\alpha+\beta)^3(\alpha+\beta+1)(\alpha+\beta+2)} \\
&\quad + \frac{2\alpha^5+2\alpha^4\beta+4\alpha^4+2\alpha^4\beta+2\alpha^3\beta^2+4\alpha^3\beta+2\alpha^4+2\alpha^3\beta+4\alpha^3}{(\alpha+\beta)^3(\alpha+\beta+1)(\alpha+\beta+2)} \\
&= \frac{-2\alpha^2\beta+2\alpha\beta^2}{(\alpha+\beta)^3(\alpha+\beta+1)(\alpha+\beta+2)} = \frac{2\alpha\beta(\beta-\alpha)}{(\alpha+\beta)^3(\alpha+\beta+1)(\alpha+\beta+2)}.
\end{aligned}$$

Logo,

$$\alpha_3 = \frac{\dfrac{2\alpha\beta(\beta-\alpha)}{(\alpha+\beta)^3(\alpha+\beta+1)(\alpha+\beta+2)}}{\dfrac{\alpha\beta}{(\alpha+\beta+1)(\alpha+\beta)^2}\cdot\dfrac{\sqrt{\alpha\beta}}{(\alpha+\beta)\sqrt{\alpha+\beta+1}}},$$

ou seja, o coeficiente de assimetria da distribuição beta é

$$\alpha_3 = \frac{2(\beta-\alpha)\sqrt{\alpha+\beta+1}}{(\alpha+\beta+2)\sqrt{\alpha\beta}}. \tag{8.18}$$

Podemos ver que a distribuição é simétrica quando $\alpha = \beta$, conforme ilustrado na Figura 8.6c.

Exemplo 8.10

A porcentagem de impurezas por lote, em determinado produto químico, é uma variável aleatória com distribuição beta de parâmetros $\alpha = 3$ e $\beta = 2$. Um lote com mais de 40% de impurezas não pode ser vendido.

(a) Qual é a probabilidade de que um lote, selecionado ao acaso, não possa ser vendido por causa do excesso de impurezas?

(b) Quantos lotes, em média, são selecionados, ao acaso, até que se encontre um que não pode ser vendido por causa do excesso de impurezas?

(c) Qual é a porcentagem média de impurezas nos lotes desse produto químico?

Solução:

(a) Seja Y = porcentagem de impurezas em um lote. Queremos encontrar $\mathrm{P}(Y > 0,4)$.

Pelo enunciado, temos que $Y \sim Beta(3,2)$. Então, a função densidade de Y, para $0 < y < 1$, é definida por:

$$\begin{aligned} f_Y(y) &= \frac{1}{B(3,2)} y^{3-1}(1-y)^{2-1} = \frac{\Gamma(3+2)}{\Gamma(3)\Gamma(2)} y^2(1-y) \\ &= \frac{4!}{2! \times 1!} y^2(1-y) = 12y^2(1-y), \quad 0 < y < 1. \end{aligned}$$

Então,

$$\begin{aligned} \mathrm{P}(Y > 0,4) &= \int_{0,4}^{\infty} f_Y(y)\mathrm{d}y = \int_{0,4}^{1} 12y^2(1-y)\mathrm{d}y = 12 \int_{0,4}^{1} y^2 - y^3 \mathrm{d}y \\ &= 12 \left(\frac{y^3}{3} - \frac{y^4}{4} \right)\Bigg|_{4/10}^{1} = 12 \left[\left(\frac{1}{3} - \frac{1}{4} \right) \right] - \left[\left(\frac{1}{3}\frac{64}{100} - \frac{1}{4}\frac{256}{10000} \right) \right] \\ &= 12 \left[\frac{1}{12} - \left(\frac{2560 - 768}{120000} \right) \right] = 1 - \frac{1792}{10000} = 0,8208. \end{aligned}$$

(b) Seja W = números de lotes, selecionados ao acaso, até que se encontre um que não pode ser vendido por excesso de impureza. Queremos $\mathrm{E}(W)$. Veja que $W \sim Geo^*(0,8208)$. Então, $\mathrm{E}(W) = \frac{1}{p} = 1,218$.

(c) Nesse item, queremos $\mathrm{E}(Y)$. Como $Y \sim Beta(3,2)$, sabemos que $\mathrm{E}(Y) = \frac{3}{5} = 0,6$, ou seja, a porcentagem média de impurezas nos lotes desse produto químico é de 60%.

♦♦

Lista de exercícios da Seção 8.4

1. Encontre os valores numéricos para as expressões a seguir, onde B é a função Beta. Use novamente o seguinte resultado: $\Gamma(1/2) = \sqrt{\pi}$, que será demonstrado no Capítulo 9.
(a) $\mathrm{B}(2,3)$ (b) $\mathrm{B}(3,1)$ (c) $\mathrm{B}(\frac{1}{2},4)$ (c) $\mathrm{B}(\frac{3}{2},\frac{1}{2})$ (OBS: lembre-se: $\Gamma(1/2) = \sqrt{\pi}$).

2. Seja $X \sim Beta(2,3)$.

   (a) Apresente a função densidade de X e esboce seu gráfico.

   (b) Apresente a função de distribuição de X e esboce seu gráfico.

   (c) Determine $\mathrm{E}(X)$ e marque o seu valor na abscissa do item (a).

(d) Determine $\text{Var}(X)$.

(e) Calcule $\text{P}(X > \text{E}(X))$ e $\text{P}(X > \text{E}(X) \mid X < \text{E}(X) + \text{DP}(X))$.

3. Uma fábrica produz misturas industrializadas para bolos. Sabe-se que a proporção de farinha de trigo para os demais ingredientes secos nessa mistura é uma variável aleatória com distribuição Beta de parâmetros $\alpha = 3/2$ e $\beta = 3$. Após alguns testes, concluiu-se que, se a proporção de farinha de trigo for maior que 50%, o bolo fica muito seco, e se essa proporção for menor que 10%, o bolo sola. Nesses dois casos, o bolo não segue os padrões de qualidades estipulados pela fábrica.

(a) Em média, qual é a proporção de farinha de trigo para os demais ingredientes secos em uma mistura para bolo feita nessa fábrica?

(b) Qual é a probabilidade de uma mistura para bolo produzida nessa fábrica não seguir os padrões de qualidade estipulados pela própria fábrica?

(c) Sabendo que certa unidade de mistura não segue os padrões de qualidade estipulados pela fábrica, qual é a probabilidade de a proporção de farinha nesta unidade estar abaixo da média?

(d) Em um experimento, unidades dessa mistura para bolo são testadas até que se encontre 3 que não seguem os padrões de qualidade. Em média, nesse experimento, quantas unidades dentro do padrão de qualidade são testadas?

4. A seguir, são apresentadas algumas funções densidade de variáveis aleatórias com distribuição beta de parâmetros α e β. Para cada uma delas, determine os valores dos parâmetros.

(a) $f_X(x) = 105x^2(1-x)^4, \; 0 < x < 1$.

(b) $f_X(x) = 20(x^3 - x^4), \; 0 < x < 1$.

(c) $f_X(x) = \dfrac{1}{2\sqrt{x}}, \; 0 < x < 1$.

5. Sejam $X \sim Beta(\alpha, \beta)$ e $Y = 1 - X$. Mostre que $Y \sim Beta(\beta, \alpha)$.

8.5 Distribuição de Weibull

A distribuição de Weibull é mais uma distribuição cuja variável aleatória assume valores em $\mathbb{R}^+$. Como veremos a seguir, comparando com a distribuição gama, a sua vantagem é a facilidade nos cálculos de probabilidade, uma vez que temos uma expressão para a sua função de distribuição. A desvantagem é que os momentos dependem da função gama, o que pode dificultar a obtenção de valores numéricos para eles.

Função Densidade

Assim como no caso das distribuições anteriores, a definição de uma variável aleatória com distribuição de Weibull será feita a partir da definição da sua função densidade.

Definição 8.8 ***Distribuição de Weibull***

Uma variável aleatória X tem distribuição de Weibull com parâmetros $\alpha > 0$ e $\beta > 0$ se sua função densidade de probabilidade é dada por

$$f(x) = \frac{\alpha}{\beta^\alpha} x^{\alpha-1} e^{-\left(\frac{x}{\beta}\right)^\alpha} \quad , \; x > 0.$$

Logo, de acordo com a Definição 8.8, a distribuição de Weibull tem dois parâmetros, α e β, e o espaço paramétrico é $\alpha > 0$ e $\beta > 0$. Além disso, se X tem distribuição de Weibull com parâmetros α e β, $X \sim Weib(\alpha, \beta)$, então $Im(X) = (0, \infty)$.

Alguns autores (Rohatgi (2008), por exemplo) usam um novo parâmetro η em vez de β^α ou λ em vez de $1/\beta^\alpha$ (Magalhães (2011), por exemplo). Também é comum encontrar a distribuição parametrizada por três parâmetros, sendo o terceiro, não considerado nesse texto, um parâmetro de deslocamento.

Para mostrar que a função f apresentada na Definição 8.8 define uma densidade, basta mostrar que a sua integral é igual a 1, uma vez que $f(x) \geq 0$. Para tal, note que podemos reescrever essa função como

$$f(x) = \frac{\alpha}{\beta} \left(\frac{x}{\beta}\right)^{\alpha-1} e^{-\left(\frac{x}{\beta}\right)^\alpha} \quad , \; x > 0.$$

Fazendo a mudança de variável $u = \left(\frac{x}{\beta}\right)^\alpha$, que resulta em $\mathrm{d}u = \frac{\alpha}{\beta}\left(\frac{x}{\beta}\right)^{\alpha-1} \mathrm{d}x$, obtemos

$$\int_0^\infty \frac{\alpha}{\beta} \left(\frac{x}{\beta}\right)^{\alpha-1} e^{-\left(\frac{x}{\beta}\right)^\alpha} \mathrm{d}x = \int_0^\infty e^{-u} \mathrm{d}u = 1.$$

Função de Distribuição

Uma das vantagens da distribuição de Weibull é a possibilidade de encontrar a sua função de distribuição parametrizada por α e β. Dessa forma fica fácil fazer cálculos de probabilidades.

Por definição, $F(x) = \mathrm{P}(X \leq x)$. Para $x \leq 0$ claramente $F(x) = \mathrm{P}(X \leq x) = 0$. para $x > 0$,

$$F(x) = \int_0^x \frac{\alpha}{\beta} \left(\frac{t}{\beta}\right)^{\alpha-1} e^{-\left(\frac{t}{\beta}\right)^\alpha} \mathrm{d}t.$$

Fazendo a mesma mudança de variável de antes, $u = \left(\frac{t}{\beta}\right)^\alpha$, temos

$$F(x) = \int_0^x \frac{\alpha}{\beta} \left(\frac{t}{\beta}\right)^{\alpha-1} e^{-\left(\frac{t}{\beta}\right)^\alpha} \mathrm{d}t = \int_0^{\left(\frac{x}{\beta}\right)^\alpha} e^{-u} \mathrm{d}u = -e^{-u}\Big|_0^{\left(\frac{x}{\beta}\right)^\alpha} = 1 - e^{-\left(\frac{x}{\beta}\right)^\alpha}.$$

Portanto,

$$X \sim Weibull(\alpha, \beta) \quad \Rightarrow \quad F_X(x) = \begin{cases} 0 & , \; x \leq 0 \\ 1 - e^{-(x/\beta)^\alpha} & , \; x > 0 \end{cases} \tag{8.19}$$

Momentos

Assim como para a distribuição Beta, a função geradora de momentos de uma variável aleatória com distribuição de Weibull é uma função complexa e com pouca aplicação prática. Por esse motivo, ela não será apresentada aqui. Mas podemos encontrar uma expressão geral para $\mathrm{E}(X^k)$, para qualquer k inteiro positivo.

Seja $k \in \mathbb{N}$,

$$\mathrm{E}(X^k) = \int_0^\infty x^k \frac{\alpha}{\beta}\left(\frac{x}{\beta}\right)^{\alpha-1} e^{-\left(\frac{x}{\beta}\right)^\alpha} \mathrm{d}x.$$

Fazendo novamente $u = \left(\frac{x}{\beta}\right)^\alpha$,

$$\mathrm{E}(X^k) = \int_0^\infty \beta^k u^{\frac{k}{\alpha}} e^{-u} \mathrm{d}u = \beta^k \int_0^\infty u^{\frac{k}{\alpha}+1-1} e^{-u} \mathrm{d}u = \beta^k \int_0^\infty u^{\frac{\alpha+k}{\alpha}-1} e^{-u} \mathrm{d}u = \beta^k \Gamma\left(\frac{\alpha+k}{\alpha}\right).$$

Ou seja,

$$X \sim Weibull(\alpha,\beta) \quad \Rightarrow \quad \mathrm{E}(X^k) = \beta^k \Gamma\left(\frac{\alpha+k}{\alpha}\right). \tag{8.20}$$

Esperança e Variância

Fazendo $k = 1$ na Equação 8.20 obtemos $\mathrm{E}(X)$:

$$X \sim Weibull(\alpha,\beta) \quad \Rightarrow \quad \mathrm{E}(X) = \beta \Gamma\left(\frac{\alpha+1}{\alpha}\right). \tag{8.21}$$

Fazendo $k = 2$ obtemos $\mathrm{E}(X^2)$:

$$\mathrm{E}(X^2) = \beta^2 \Gamma\left(\frac{\alpha+2}{\alpha}\right),$$

e, portanto,

$$X \sim Weibull(\alpha,\beta) \quad \Rightarrow \quad \mathrm{Var}(X) = \beta^2 \left[\Gamma\left(\frac{\alpha+2}{\alpha}\right) - \left(\Gamma\left(\frac{\alpha+1}{\alpha}\right)\right)^2\right]. \tag{8.22}$$

Formas da distribuição de Weibull

Assíntotas

$$\begin{aligned}
0<\alpha<1 &\implies \lim_{x\to 0^+} x^{\alpha-1} e^{-\left(\frac{x}{\beta}\right)^\alpha} = \lim_{x\to 0^+} \frac{e^{-\left(\frac{x}{\beta}\right)^\alpha}}{x^{1-\alpha}} = \infty \Rightarrow \lim_{x\to 0^+} f_X(x) = \infty \\
\alpha = 1 &\implies \lim_{x\to 0^+} f_X(x) = \beta^{-1} \quad \forall \beta \\
\alpha > 1 &\implies \lim_{x\to 0^+} f(x) = 0 \\
\forall\, \alpha,\, \beta &\implies \lim_{x\to\infty} f(x) = 0.
\end{aligned}$$

Derivada primeira

$$
\begin{aligned}
f'_X(x) &= \frac{\alpha}{\beta^\alpha}(\alpha-1)x^{\alpha-2}e^{-\left(\frac{x}{\beta}\right)^\alpha} - \frac{\alpha}{\beta^\alpha}x^{\alpha-1}e^{-\left(\frac{x}{\beta}\right)^\alpha}\alpha\left(\frac{x}{\beta}\right)^{\alpha-1}\frac{1}{\beta} \\
&= \frac{\alpha}{\beta^\alpha}x^{\alpha-2}e^{-\left(\frac{x}{\beta}\right)^\alpha}\left[\alpha-1-\frac{\alpha}{\beta^\alpha}x^\alpha\right]
\end{aligned}
$$

Vemos, assim, que se $\alpha \leq 1$, então $f'_X(x) \leq 0$, o que significa que $f_X(x)$ é sempre decrescente. Note que, quando $\alpha = 1$, a distribuição de Weibull coincide com a distribuição exponencial.

Consideremos, agora, o caso em que $\alpha > 1$.

$$
f'_X(x) = 0 \Leftrightarrow x^\alpha = \frac{\alpha-1}{\frac{\alpha}{\beta^\alpha}} \Leftrightarrow x^\alpha = \frac{\alpha-1}{\alpha}\beta^\alpha \Leftrightarrow x = \beta\left(\frac{\alpha-1}{\alpha}\right)^{\frac{1}{\alpha}}
$$

$$
f'_X(x) < 0 \Leftrightarrow x > \beta\left(\frac{\alpha-1}{\alpha}\right)^{\frac{1}{\alpha}}
$$

$$
f'_X(x) > 0 \Leftrightarrow x < \beta\left(\frac{\alpha-1}{\alpha}\right)^{\frac{1}{\alpha}}
$$

Vemos, assim, que se $\alpha > 1$, então $f_X(x)$ tem um ponto de máximo em $x_0 = \beta\left(\frac{\alpha-1}{\alpha}\right)^{\frac{1}{\alpha}}$.

Na Figura 8.7 ilustram-se as diferentes formas da distribuição de Weibull, bem como a influência dos parâmetros α e β, chamados parâmetros de forma e escala, respectivamente.

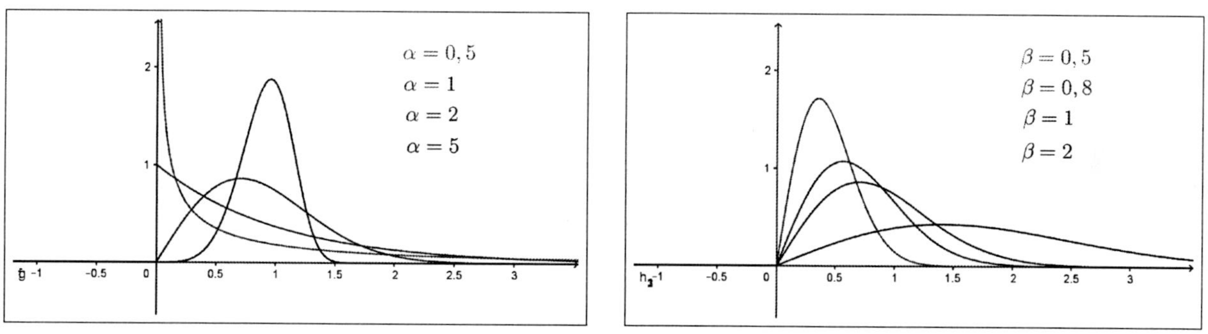

(a) $X \sim Weib(\alpha, 1)$ **(b)** $X \sim Weib(2, \beta)$

Figura 8.7 – Gráficos da densidade de Weibull

Exemplo 8.11

Uma empresa realiza treinamentos periódicos com seus funcionários. Em cada grupo de treinamento é passado uma tarefa desafio individual e os funcionários do grupo podem fazê-la durante o tempo que precisarem. O tempo que dura a tarefa desafio, em horas, pode ser considerado uma variável aleatória de Weibull com $\alpha = 0,4$ e $\beta = 2$.

(a) Em média, quanto tempo dura a tarefa desafio em um treinamento?

(b) Qual a probabilidade da tarefa desafio durar menos de 8 horas?

(c) A tarefa desafio já está sendo realizada há 2 horas. Qual a probabilidade dela acabar nas próximas 2 horas?

(d) Qual o menor tempo t, em horas, para o qual podemos dizer que 95% das tarefas desafios duram menos que t?

Solução:

Veja que X = tempo de duração da tarefa desafio, em horas e $X \sim Weib(\alpha = 0,4, \beta = 2)$.

(a) Pela Equação 8.21,

$$\mathrm{E}(X) = 2\Gamma\left(\frac{0,4+1}{0,4}\right) = 2\Gamma(3,5) = 2\times 2,5\times 1,5\times 0,5\times\Gamma(0,5) = 2\times 2,5\times 1,5\times 0,5\times\sqrt{\pi} = 6,646702.$$

Ou seja, em média a tarefa desafio dura 6 horas 38 minutos e alguns segundos.

(b) Pela Equação 8.19 podemos encontrar a função de distribuição de X:

$$F_X(x) = \begin{cases} 0 & , x \leq 0 \\ 1 - e^{-(x/2)^{2/5}} & , x > 0 \end{cases}$$

O que queremos nesse item é $\mathrm{P}(X < 8) = F(8) = 1 - e^{-4^{2/5}} = 0,8246728.$

Isso significa que a probabilidade de a tarefa desafio durar menos de 8 horas é de $82,47\%$.

(c) Vamos usar novamente a função distribuição de X. Queremos encontrar

$$\mathrm{P}(X < 4 | X > 2) = \frac{\mathrm{P}(2 < X < 4)}{\mathrm{P}(X > 2)} = \frac{F(4) - F(2)}{1 - F(2)} = \frac{e^{-1^{2/5}} - e^{-2^{2/5}}}{e^{-1^{2/5}}} = 0,2734935.$$

A probabilidade que ela acabe nas próximas 2 horas é de aproximadamente $0,2735$.

(d) Queremos descobrir o valor de t tal que $\mathrm{P}(X < t) = 0,95$. Ou seja, queremos t tal que

$$\begin{aligned}
1 - e^{-(t/2)^{2/5}} &= 0,95 \\
1 - 0,95 &= e^{-(t/2)^{2/5}} \\
0,05 &= e^{-(t/2)^{2/5}} \\
\ln(0,05) &= -(t/2)^{2/5} \\
-\ln(0,05) &= (t/2)^{2/5} \\
(-\ln(0,05))^{5/2} &= t/2 \\
2(-\ln(0,05))^{5/2} &= t
\end{aligned}$$

Chegamos em $t = 2(-\ln(0,05))^{5/2} = 31,06615$, o que significa que 95% das tarefas desafio terminam em menos de 31 horas e alguns minutos.

♦♦

Lista de exercícios da Seção 8.5

1. Seja $X \sim Weib(2, 2)$.

   (a) Apresente a função densidade de X e esboce seu gráfico.

   (b) Apresente a função de distribuição de X e esboce seu gráfico.

   (c) Determine $\mathrm{E}(X)$ e marque o seu valor na abscissa do item (a).

   (d) Determine $\mathrm{Var}(X)$.

   (e) Calcule $\mathrm{P}(X > 1)$ e $\mathrm{P}(X > 1 \mid X < 2)$.

2. Uma fábrica opera com 5 máquinas e a manutenção só é chamada quando 4 das 5 máquinas quebram. Suponha que o tempo em dias entre duas manutenções seja considerado uma variável aleatória com distribuição de Weibull de parâmetros $\alpha = 0,5$ e $\beta = 4$.

   (a) Qual o tempo médio entre duas manutenções seguidas?

   (b) Qual o desvio-padrão do tempo entre duas manutenções seguidas?

   (c) Qual a probabilidade da manutenção ficar mais de 10 dias sem aparecer na fábrica?

   (d) Sabendo que hoje completa 5 dias desde a última manutenção, qual a probabilidade da próxima manutenção não ocorrer nos próximos 3 dias?

   (e) Qual o menor tempo t, em dias, para o qual podemos dizer que 90% das vezes a manutenção ocorre antes de t?

3. A seguir são apresentadas algumas funções de densidade de variáveis aleatórias com distribuição de Weibull de parâmetros α e β. Para cada uma delas determine os valores dos parâmetros.

   (a) $f_X(x) = \frac{3}{8}x^2 e^{-x^3/8}, \ x > 0.$

   (b) $f_X(x) = \frac{1}{4\sqrt{x}} e^{-\sqrt{x}/2}, \ x > 0.$

   (c) $f_X(x) = 18xe^{-9x^2}, \ x > 0.$

4. (a) Seja $X \sim Weib(\alpha, \beta)$ e $Y = X^\alpha$. Mostre que $Y \sim Exp(\lambda = 1/\beta^\alpha)$.

   (b) Seja $X \sim Weib(2, 1/3)$ e $Y = X^2$. Usando o resultado do item (a), calcule $\mathrm{E}(Y)$.

   (c) Seja $X \sim Weib(\alpha, \beta)$ e $Y = \frac{X^\alpha}{\beta^\alpha}$. Usando o resultado do item (a) e também o resultado do Exercício 7 da Seção 8.3, encontre a distribuição de Y.

8.6 Distribuição de Pareto

A distribuição de Pareto é um exemplo de distribuição cuja variável aleatória assume valores maiores que uma certa constante b, onde b é um de seus parâmetros. Além disso, é um exemplo de variável aleatória que não tem todos os momentos bem definidos.

Função Densidade

Mais uma vez a variável aleatória será definida a partir da sua função densidade.

Definição 8.9 ***Densidade de Pareto***
Uma variável aleatória X tem distribuição de Pareto com parâmetros $\alpha > 0$ e $b > 0$ se sua função densidade de probabilidade é dada por

$$f(x) = \begin{cases} \frac{\alpha}{b}\left(\frac{b}{x}\right)^{\alpha+1} & \text{, se } x \geq b \\ 0 & \text{, se } x < b. \end{cases}$$

Logo, de acordo com a Definição 8.9, a distribuição de Pareto tem dois parâmetros, α e b, e o espaço paramétrico é $\alpha > 0$ e $b > 0$. Além disso, se X tem distribuição de Pareto com parâmetros α e b, $X \sim Pareto(\alpha, b)$, os valores que X pode assumir estão no intervalo (b, ∞), isto é, $Im(X) = (b, \infty)$.

Para mostrar que $f(x)$ realmente define uma função densidade de probabilidade resta provar que a integral é 1, uma vez que $f(x) \geq 0$.

$$\int_b^\infty \frac{\alpha}{b}\left(\frac{b}{x}\right)^{\alpha+1} \mathrm{d}x = \alpha b^\alpha \int_b^\infty x^{-\alpha-1}\mathrm{d}x = \alpha b^\alpha \left.\frac{x^{-\alpha}}{-\alpha}\right|_b^\infty$$

Essa integral converge apenas se $-\alpha < 0$ ou equivalentemente, $\alpha > 0$, pois nesse caso $\lim_{x\to\infty} x^{-\alpha} = \lim_{x\to\infty} \frac{1}{x^\alpha} = 0$. Satisfeita esta condição, temos que

$$\alpha b^\alpha \left.\frac{x^{-\alpha}}{-\alpha}\right|_b^\infty = 0 - \alpha b^\alpha \frac{b^{-\alpha}}{-\alpha} = 1.$$

Função de Distribuição

No caso da distribuição de Pareto, também é possível encontrar a sua função de distribuição parametrizada por α e β, o que facilita as contas de probabilidade.

Por definição, $F(x) = \mathrm{P}(X \leq x)$. Se $x < b$ temos $F(x) = 0$, pois X não assume valores menores que b. Se $x \geq b$,

$$F(x) = \int_b^x \frac{\alpha}{b}\left(\frac{b}{t}\right)^{\alpha+1} \mathrm{d}t = \alpha b^\alpha \int_b^x t^{-\alpha-1}\mathrm{d}t = \alpha b^\alpha \left.\frac{t^{-\alpha}}{-\alpha}\right|_b^x = -b^\alpha\left(x^{-\alpha} - b^{-\alpha}\right) = 1 - \left(\frac{b}{x}\right)^\alpha.$$

Portanto,

$$X \sim Pareto(\alpha, b) \quad \Rightarrow \quad F_X(x) = \begin{cases} 0 & \text{, se } x < b \\ 1 - \left(\frac{b}{x}\right)^\alpha & \text{, se } x \geq b \end{cases} \tag{8.23}$$

Na Figura 8.8 ilustra-se a função densidade e a função de distribuição de Pareto com parâmetros $\alpha = 3$ e $b = 2$.

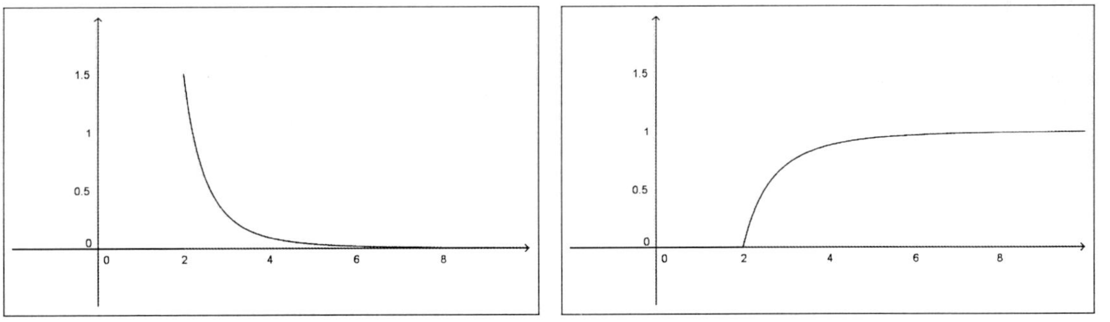

(**a**) Função Densidade (**b**) Função de Distribuição

Figura 8.8 – Distribuição de Pareto com parâmetros $\alpha = 3$ e $b = 2$.

Momentos

A distribuição de Pareto não apresenta função geradora de momentos bem definida para $t > 0$. Ou seja, $\mathrm{E}(e^{tX})$ não converge se $t > 0$. Por esse motivo, e também pela sua complexidade, ela não será apresentada aqui. Mas podemos encontrar $\mathrm{E}(X^k)$.

$$\mathrm{E}(X^k) = \int_b^\infty x^k \frac{\alpha}{b}\left(\frac{b}{x}\right)^{\alpha+1} \mathrm{d}x = \alpha b^\alpha \int_b^\infty x^{k-\alpha-1}\mathrm{d}x.$$

Veja que se $k = \alpha$,

$$\mathrm{E}(X^k) = \alpha b^\alpha \int_b^\infty x^{-1}\mathrm{d}x = \alpha b^\alpha \ln(x)|_b^\infty \to \infty.$$

Caso contrário,

$$\mathrm{E}(X^k) = \alpha b^\alpha \int_b^\infty x^{k-\alpha-1}\mathrm{d}x = \alpha b^\alpha \left.\frac{x^{k-\alpha}}{k-\alpha}\right|_b^\infty = \alpha b^\alpha \left(\lim_{x\to\infty} \frac{x^{k-\alpha}}{k-\alpha} - \frac{b^{k-\alpha}}{k-\alpha}\right)$$

e o limite acima só converge se $k - \alpha < 0$, ou seja, se $k < \alpha$. Nesse caso,

$$\mathrm{E}(X^k) = 0 - \alpha b^\alpha \frac{b^{k-\alpha}}{k-\alpha} = \frac{\alpha b^k}{\alpha - k}.$$

Ou seja,

$$X \sim pareto(\alpha, b) \quad \Rightarrow \quad \mathrm{E}(X^k) = \frac{\alpha}{\alpha - k} b^k, \quad \text{se } k < \alpha. \tag{8.24}$$

A Equação 8.24 acima nos mostra não só como encontrar os momentos de uma variável aleatória com distribuição de Pareto como também mostra que tal variável aleatória não tem todos os momentos. Só existem os momentos de ordem menor que α.

Por exemplo, se $X \sim Pareto(\alpha, b)$ com $0 < \alpha \leq 1$, X não tem nenhum momento. Já se $X \sim pareto(\alpha, b)$ com $1 < \alpha \leq 2$, existe $\mathrm{E}(X)$ mas não existe $\mathrm{E}(X^2)$, logo X não tem variância.

Esperança e Variância

Seja $X \sim Pareto(\alpha, b)$. Como já comentado, X só terá esperança se $\alpha > 1$, caso contrário, a esperança não existe. Para encontrar a esperança de X vamos fazer $k = 1$ na Equação 8.24.

Portanto,

$$X \sim Pareto(\alpha, b) \quad \Rightarrow \quad \mathrm{E}(X) = \begin{cases} \dfrac{\alpha}{\alpha - 1} b & \text{, se } \alpha > 1 \\ \text{não existe} & \text{, se } \alpha \leq 1. \end{cases} \tag{8.25}$$

Como já comentado, X só terá variância se $\alpha > 2$, caso contrário, a variância não existe. Para encontrar a variância de X primeiro faremos $k = 2$ na Equação 8.24.

$$\mathrm{E}(X^2) = \frac{\alpha}{\alpha - 2} b^2, \quad \text{se } 2 < \alpha.$$

Logo, se $\alpha > 2$,

$$\begin{aligned} \mathrm{Var}(X) &= \frac{\alpha}{\alpha - 2} b^2 - \left(\frac{\alpha}{\alpha - 1} b\right)^2 = \frac{\alpha b^2 (\alpha - 1)^2 - \alpha^2 b^2 (\alpha - 2)}{(\alpha - 1)^2 (\alpha - 2)} \\ &= \frac{\alpha b^2 \left[\alpha^2 - 2\alpha + 1 - \alpha(\alpha - 2)\right]}{(\alpha - 1)^2 (\alpha - 2)} = \frac{\alpha b^2 \left[\alpha^2 - 2\alpha + 1 - \alpha^2 + 2\alpha\right]}{(\alpha - 1)^2 (\alpha - 2)} \\ &= \frac{\alpha b^2}{(\alpha - 1)^2 (\alpha - 2)}. \end{aligned}$$

Portanto,

$$X \sim Pareto(\alpha, b) \quad \Rightarrow \quad \mathrm{Var}(X) = \begin{cases} \dfrac{\alpha b^2}{(\alpha - 1)^2 (\alpha - 2)} & \text{, se } \alpha > 2 \\ \text{não existe} & \text{, se } \alpha \leq 2. \end{cases} \tag{8.26}$$

Exemplo 8.12

Suponha que o salário, em reais, dos funcionários de uma fábrica seja uma variável aleatória com distribuição de Pareto de parâmetros $\alpha = 2$ e $b = 1.000$.

(a) Qual o salário médio de um funcionário dessa fábrica?

(b) Qual o desvio-padrão do salário dos funcionários dessa fábrica?

(c) Qual a proporção dos funcionários que ganham abaixo do salário médio?

(d) Qual a mediana do salário dos funcionários dessa fábrica e o que ela representa?

(e) Qual o valor do salário para o qual somente 10% dos funcionários ganham acima desse valor?

Solução:

Pense no experimento de sortear um funcionário dessa fábrica e observar o seu salário. Seja X = valor do salário do funcionário sorteado. Segundo o enunciado, $X \sim Pareto(2, 1.000)$.

(a) Nesse primeiro item queremos encontrar $\mathrm{E}(X)$ e segundo a Equação 8.25, $\mathrm{E}(X)$ existe, pois $\alpha > 1$ e

$$\mathrm{E}(X) = \frac{\alpha}{\alpha - 1} b = \frac{2}{2-1} 1.000 = 2.000.$$

Ou seja, em média um funcionário dessa fábrica ganha R$ 2.000,00.

(b) Como $\alpha = 2$, pela Equação 8.26, não existe a variância de X. Logo, não existe o desvio-padrão.

(c) Veja que a proporção dos funcionários que ganham abaixo de R$2.000,00 equivale à $\mathrm{P}(X < 2.000)$. Vamos calcular essa probabilidade a partir da função de distribuição de X, Equação 8.23.

$$\mathrm{P}(X < 2.000) = \mathrm{P}(X \leq 2.000) = F_X(2.000) = 1 - \left(\frac{1.000}{2.000}\right)^2 = 1 - \frac{1}{4} = \frac{3}{4} = 0,75.$$

Então, 75% dos funcionários dessa fábrica ganha menos de R$ 2.000,00.

(d) A mediana de uma variável aleatória é o valor m para o qual $\mathrm{P}(X \leq m) = \mathrm{P}(X \geq m) = \frac{1}{2}$. Vamos usar novamente a função de distribuição, agora para encontrar o valor de m.

$$\begin{aligned}
\mathrm{P}(X \leq m) = \frac{1}{2} \quad &\Rightarrow \quad F_X(m) = \frac{1}{2} \\
&\Rightarrow \quad 1 - \left(\frac{1.000}{m}\right)^2 = \frac{1}{2} \\
&\Rightarrow \quad \left(\frac{1.000}{m}\right)^2 = \frac{1}{2} \\
&\Rightarrow \quad m^2 = 2 \times 1.000^2 \\
&\Rightarrow \quad m = 1.000\sqrt{2} = 1.414,21.
\end{aligned}$$

Isso significa que metade dos funcionários dessa fábrica ganha R$ 1.414,21 ou menos. Como sabemos também que os salários nunca são menores que R$ 1.000,00, podemos dizer que metade dos funcionários da fábrica ganha entre R$ 1.000,00 e R$ 1.414,21.

(e) Nesse último item queremos encontrar o valor de s para o qual $\mathrm{P}(X > s) = 0,1$. Mais uma vez faremos o uso da função de distribuição.

$$\mathrm{P}(X > s) = 1 - \mathrm{P}(X \leq s) = 1 - F_X(s) = \left(\frac{1.000}{s}\right)^2.$$

Então, se queremos o valor de s para o qual $\mathrm{P}(X > s) = 0,1$, precisamos resolver

$$\left(\frac{1.000}{s}\right)^2 = \frac{1}{10} \Rightarrow s^2 = 10 \times 1.000^2 \Rightarrow s = \sqrt{10} \times 1.000 = 3.162,27.$$

O que nos mostra que apenas 10% dos funcionários dessa fábrica ganham mais que R$3.162,27.

♦♦

Lists de exercícios da Seção 8.6

1. Seja $X \sim Pareto(3/2, 1)$.

   (a) Apresente a função densidade de X e esboce seu gráfico.

   (b) Apresente a função de distribuição de X e esboce seu gráfico.

   (c) Determine $\mathrm{E}(X)$ e marque o seu valor na abscissa do item (a), caso ela exista.

   (d) Determine $\mathrm{Var}(X)$, caso ela exista.

   (e) Encontre a mediana de X, isto é, o valor de m tal que $\mathrm{P}(X < m) = \mathrm{P}(X > m) = \frac{1}{2}$.

   (f) Calcule $\mathrm{P}(X > 3)$ e $\mathrm{P}(X > 3 \mid X < 5)$.

2. Estudiosos consideram que o diâmetro, em centímetros, de um certo tipo de meteorito pode ser considerado uma variável aleatória com distribuição de Pareto com parâmetro $b = 1$. Depois de alguns estudos constatou-se que esse tipo de meteorito tem o diâmetro médio de 10 cm.

   (a) Qual a proporção dos meteorito desse tipo com diâmetro maior que 10 cm?

   (b) Se foram encontrados 15 meteoritos desse tipo, quantos, em média, têm diâmetro maior que 10 cm?

   (c) Qual o valor do diâmetro d para o qual podemos dizer que 80% dos meteoritos desse tipo tem diâmetro menor que d?

   (d) Foi encontrado um meteorito desse tipo e a única informação que temos é que o seu diâmetro é menor que 10 cm. Qual a probabilidade do diâmetro dele ser menor que 5 cm?

3. A seguir são apresentadas algumas funções de densidade de variáveis aleatórias com distribuição de Pareto de parâmetros α e b. Para cada uma delas determine os valores dos parâmetros.
   (a) $f_X(x) = \frac{24}{x^4},\ x \geq 2$ (b) $f_X(x) = \frac{1}{2x^2},\ x \geq \frac{1}{2}$ (c) $f_X(x) = \left(\frac{1}{8x^3}\right)^1 2,\ x \geq \frac{1}{2}$.

4. Seja $X \sim Pareto(\alpha, b)$. Mostre que se $Y = \ln(X/b)$ então $Y \sim Exp(\alpha)$.

Exercícios do Capítulo 8

1. Na estação das barcas de Niterói, durante o período de 6:30h às 10:00h, as embarcações saem da Praça Arariboia com destino à Praça XV a cada 10 minutos, pontualmente. Suponha que o horário que um passageiro chega na estação das barcas de Niterói seja uma variável aleatória uniformemente distribuída entre 6:58h e 7:28h. Esse passageiro chega na estação e pega a primeira barca disponível para a Praça XV. Desconsidere o tempo gasto com compra de passagem, por exemplo.

   (a) Qual a probabilidade de esse passageiro embarcar às 7:10 ou antes disso?

   (b) Qual a probabilidade de esse passageiro esperar 7 minutos ou mais para embarcar?

   (c) Se já são 7:05 e o passageiro ainda não chegou na estação, qual a probabilidade de ele embarcar na barca de 7:10?

(d) Se já são 7:05 e o passageiro ainda não chegou na estação, qual a probabilidade de ele esperar mais de 7 minutos para embarcar?

(e) Suponha que as barcas se alternem em ora uma barca moderna e ora uma barca antiga, começando às 6:30h com uma embarcação moderna. Qual a probabilidade de o passageiro viajar em uma embarcação moderna?

2. Seja $a > 0$ e $X \sim U(a, 4a)$. Determine o valor do parâmetro a de modo que:
(a) $\mathrm{P}(2 < X < 3) = 2/3$ (b) $\mathrm{P}(X > 7) = \mathrm{P}(X < 3)$ (c) $\mathrm{P}(X > 5 \mid X < 10) = \frac{5}{6}$.

3. Testes em laboratório analisaram o tempo de vida útil (em anos) da bateria de um celular exposto a um determinado padrão de consumo. Pôde-se constatar que o tempo de vida útil das baterias expostas a esse padrão segue uma variável aleatória exponencial com valor médio de 1 ano e meio.

   (a) Qual a probabilidade da bateria de um celular, exposto a esse padrão de consumo, ultrapassar 2 anos?

   (b) Sabendo essa bateria já funciona há 1 ano seguindo esse mesmo padrão de consumo, qual a probabilidade dela funcionar por mais 1 ano?

   (c) Encontre o tempo para o qual podemos afirmar com 90% de certeza que a vida útil de uma bateria que segue esse padrão de consumo vai ultrapassar.

   (d) Se 5 baterias são expostas a esse padrão de consumo, qual a probabilidade de que pelo menos 1 ultrapasse 2 anos de funcionamento?

4. O número de anos que uma caixa de som funciona pode ser considerado uma variável aleatória exponencial com média de 5 anos. Se Pedro comprou uma caixa de som usada, qual a probabilidade dela funcionar pelos próximos 5 anos? E se a distribuição não fosse exponencial, ainda é possível de fazer as contas? Por quê? Comente a resposta baseado na propriedade de "falta de memória" da distribuição exponencial.

5. Considere que o número de ligações que chegam em uma central telefônica segue um modelo de Poisson com média de 50 ligações por hora. Faça os itens a seguir usando primeiro a distribuição de Poisson e depois usando uma distribuição contínua.

   (a) Qual a probabilidade da 1ª ligação do dia demorar mais de 5 minutos para chegar?

   (b) Qual a probabilidade da 1ª ligação do dia chegar nos primeiros dois minutos de funcionamento?

6. Suponha que o tempo (em horas) até a ocorrência de um problema na n-ésima bomba de combustível de um certo tipo de aeronave seja uma variável aleatória contínua com distribuição Gama$(\alpha = n, \lambda = 1/100)$. Se ocorre problema em uma bomba, esta é desligada e outra bomba é automaticamente acionada.

   Em uma dessas aeronaves foram instaladas duas bombas de combustível. Quando ocorre um problema na primeira bomba, a segunda bomba é automaticamente acionada. Se ocorrer um problema na segunda bomba durante um voo não há mais bombas para serem acionadas e por isso é necessário realizar um pouso de emergência.

Considerando que essa aeronave irá realizar um voo com duração de 50 horas, responda:

(a) Qual a probabilidade do voo terminar sem que a segunda bomba tenha sido acionada?

(b) Qual a probabilidade de ser necessário realizar um pouso de emergência devido a problemas com a bomba de combustível?

(c) Qual o tempo médio de voo dessa aeronave (com duas bombas) desde a sua decolagem até a realização de um pouso de emergência?

(d) Quantas bombas deveriam ter a aeronave para que a probabilidade de realizar um pouso de emergência devido a problemas com a bomba de combustível seja menor que 1%?

7. Expresse os itens a seguir em termos da função Gama. Quando possível encontre a resposta numérica. Quando isso não for possível, reduza ao máximo o argumento da função Gama.

(a) $\displaystyle\int_0^\infty x^3 e^{-2x} dx$ (b) $\displaystyle\int_0^\infty x^{-\frac{1}{3}} e^{-\frac{x}{4}} dx$ (c) $\displaystyle\int_0^\infty x^{\frac{9}{2}} e^{-\frac{1}{2}x} dx$

(d) $\Gamma\left(\dfrac{5}{2}\right) \mathrm{B}\left(\dfrac{3}{2}, 1\right)$ (e) $\dfrac{\mathrm{B}\left(\frac{7}{2}, \frac{7}{2}\right)}{\mathrm{B}\left(\frac{5}{2}, \frac{11}{2}\right)}$ (f) $\displaystyle\int_0^1 x^{\frac{1}{2}}(1-x)^{\frac{3}{2}} dx$

8. A umidade relativa, quando medida um determinado local, pode ser considerada uma variável aleatória com função densidade dada por

$$f(y) = \begin{cases} ky^3(1-y)^2 & \text{, se } 0 \leq y \leq 1 \\ 0 & \text{, caso contrário.} \end{cases}$$

(a) Encontre o valor de k para que f seja realmente função de probabilidade.

(b) Qual o modelo probabilístico adotado para a variável umidade relativa? Porque esse modelo é adequado para esse tipo de variável?

(c) Sabe-se que se a umidade relativa ficar abaixo de 30%, a localidade entra em estado de atenção. Calcule a probabilidade da localidade entrar em estado de atenção, segundo o modelo proposto.

9. O custo de reparação semanal, para uma determinada máquina, em centenas de reais, é uma variável aleatória com distribuição beta de parâmetros $\alpha = 1$ e $\beta = 3$. Qual a quantia que deve ser reservada para os custos de reparação, por semana, de forma a garantir que em apenas 10% das semanas o custo de reparação semanal exceda o montante reservado?

10. Seja $X \sim Beta(\alpha, \alpha)$.

(a) Mostre que a função de densidade de X é simétrica em torno de $1/2$.

(b) Sem fazer contas, encontre $\mathrm{E}(X)$.

(c) Esboce o gráfico da função de densidade de f_X para: $\alpha < 1$, $\alpha = 1$ e $\alpha > 1$. Antes de esboçar o gráfico determine, para cada caso: $\lim_{x \to 0} f_X(x)$, $\lim_{x \to 1} f_X(x)$ e o sinal de $\frac{d}{dx} f_X(x)$, para $0 < x < 1$.

11. A mediana de uma variável aleatória contínua X é o valor m tal que $\mathrm{P}(X < m) = \mathrm{P}(X > m) = 1/2$. Encontre a mediana de X para:
(a) $X \sim U(a, b)$ (b) $X \sim Exp(\lambda)$ (c) $X \sim Pareto(\alpha, b)$.

12. Cada item a seguir apresenta uma função de densidade. Identifique o modelo probabilístico da variável aleatória com essa distribuição, assim como os valores dos parâmetros.

(a) $f_X(x) = 1/2, \; -1 < x < 1.$

(b) $f_X(x) = \dfrac{e^{-x/3}}{3}, \; x > 0.$

(c) $f_X(x) = 4x^2 e^{-2x}, \; x > 0.$

(d) $f_X(x) = \dfrac{4}{9}\dfrac{(1-x)}{\sqrt[3]{x^2}}, \; 0 < x < 1.$

(e) $f_X(x) = \dfrac{32}{x^3}, \; x \geq 4.$

(f) $f_X(x) = \dfrac{e^{-x}}{\sqrt{\pi x}}, \; x > 0.$

(g) $f_X(x) = \dfrac{1}{2} x e^{-x^2/4}, \; x > 0.$

13. Em cada item a seguir identifique o modelo probabilístico da variável aleatória X cuja função geradora de momento é M_X.
(a) $M_X(t) = \dfrac{3}{3 - 4t}, \; t < \frac{3}{4}$ (b) $M_X(t) = \sqrt[3]{\dfrac{25}{(5-t)^2}}, t < 5$ (c) $M_X(t) = \dfrac{e^t - 1}{t}, t \neq 0.$

Capítulo 9

A Distribuição Normal

Neste capítulo, iremos estudar a distribuição normal, uma das principais distribuições contínuas, que tem várias aplicações na estatística. Começaremos o estudo com um caso particular, a distribuição normal padrão.

9.1 Distribuição normal padrão

Função densidade e função de distribuição

Com o uso de coordenadas polares e integrais duplas, pode-se provar que

$$\int_0^{\infty} e^{-t^2/2} dt = \sqrt{\frac{\pi}{2}}. \tag{9.1}$$

Como a função $e^{-t^2/2}$ é par,

$$\int_{-\infty}^{\infty} e^{-t^2/2} \mathrm{d}t = \sqrt{2\pi} \quad \Rightarrow \quad \int_{-\infty}^{\infty} \frac{1}{\sqrt{2\pi}} e^{-t^2/2} = 1.$$

Isso nos leva a concluir que $\frac{1}{\sqrt{2\pi}} e^{-t^2/2}$ é uma função densidade e nos motiva à seguinte definição.

Definição 9.1 ***Densidade Normal Padrão***

Diz-se que uma variável aleatória X tem ***densidade normal padrão*** *se sua função densidade é dada por*

$$\varphi(x) = \frac{1}{\sqrt{2\pi}} e^{-x^2/2} \quad , \qquad -\infty < x < \infty$$

Vamos denotar por $N(0;1)$ a densidade normal padrão e, se uma variável aleatória tem tal distribuição, é comum representá-la pela letra Z, de modo que estabelecemos a notação $Z \sim N(0;1)$.

A função de distribuição de uma variável aleatória normal padrão é dada pela integral

$$\Phi(z) = \int_{-\infty}^{z} \frac{1}{\sqrt{2\pi}} e^{-t^2/2} \mathrm{d}t, \tag{9.2}$$

para a qual não existe uma antiderivada em forma de função elementar. Assim, não temos uma expressão para a função de distribuição e os cálculos de probabilidade só podem ser feitos a partir de integração numérica. Todos os pacotes estatísticos possuem rotinas especiais para esse cálculo.

Analisando a expressão de $\varphi(z)$, podemos ver que ela é simétrica em torno de 0, ou seja, ela é uma função par: $\varphi(z) = \varphi(-z)$. Sendo assim, a média e a mediana da distribuição normal são iguais a 0 e, portanto, $\Phi(0) = \mathrm{P}(Z \leq 0) = 0,5$. Na Figura 9.1 temos o gráfico das funções densidade e de distribuição normal padrão.

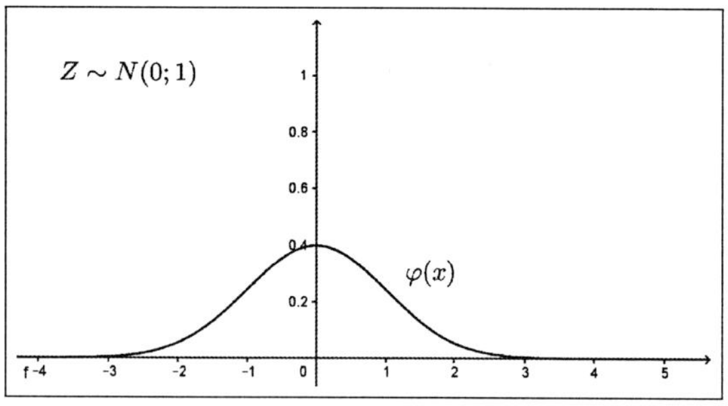

(a) Função densidade

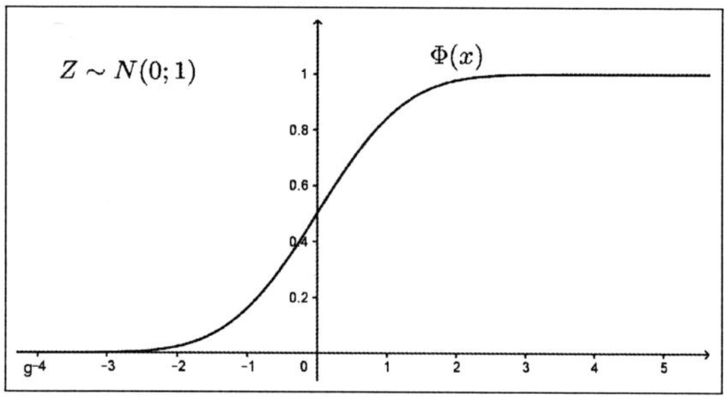

(b) Função de distribuição

Figura 9.1 – Distribuição normal padrão

Esperança e variância

Seja $Z \sim N(0,1)$. Como $\varphi(z)$ é simétrica em torno do ponto $x = 0$, sabemos, pela Proposição 6.2, que $\mathrm{E}(Z) = 0$.

Como $\mathrm{E}(Z) = 0$,

$$\mathrm{Var}(Z) = \mathrm{E}(Z^2) = \int_{-\infty}^{+\infty} z^2 \frac{1}{\sqrt{2\pi}} e^{-z^2/2} \mathrm{d}z = \frac{2}{\sqrt{2\pi}} \int_{0}^{+\infty} z^2 e^{-z^2/2} \mathrm{d}z,$$

uma vez que a função a ser integrada é par. Esta integral é calculada usando o método de integração por partes. Faça $u = z$ e $\mathrm{d}v = ze^{-z^2/2}\mathrm{d}z$, então $\mathrm{d}u = \mathrm{d}z$ e $v = -e^{-z^2/2}$. Seguindo com as contas,

$$\mathrm{Var}(Z) = \frac{2}{\sqrt{2\pi}} \int_{0}^{+\infty} z^2 e^{-z^2/2} \mathrm{d}z = \frac{2}{\sqrt{2\pi}} \left(\underbrace{-ze^{-z^2/2} \Big|_0^{+\infty}}_{0} + \underbrace{\int_0^{+\infty} e^{-z^2/2} \mathrm{d}z}_{\sqrt{\pi/2}} \right) = \frac{2}{\sqrt{2\pi}} \sqrt{\frac{\pi}{2}} = 1.$$

Resumindo,

$$Z \sim N(0;1) \quad \Rightarrow \quad \mathrm{E}(Z) = 0 \quad \text{e} \quad \mathrm{Var}(Z) = 1. \tag{9.3}$$

Função geradora de momentos

Seja $Z \sim N(0;1)$; então, sua função geradora de momentos é

$$\begin{aligned}
M_Z(t) &= \int_{-\infty}^{\infty} e^{tx}\frac{1}{\sqrt{2\pi}}e^{-x^2/2}\mathrm{d}x \\
&= \int_{-\infty}^{\infty} \frac{1}{\sqrt{2\pi}}\exp\left[-\left(\frac{x^2-2tx}{2}\right)\right]\mathrm{d}x \\
&= \int_{-\infty}^{\infty} \frac{1}{\sqrt{2\pi}}\exp\left[-\left(\frac{x^2-2tx+t^2-t^2}{2}\right)\right]\mathrm{d}x \\
&= \int_{-\infty}^{\infty} \frac{1}{\sqrt{2\pi}}\exp\left[-\left(\frac{x^2-2tx+t^2}{2}\right)+\left(\frac{t^2}{2}\right)\right]\mathrm{d}x \\
&= \int_{-\infty}^{\infty} \frac{1}{\sqrt{2\pi}}\exp\left[-\left(\frac{x^2-2tx+t^2}{2}\right)\right]\exp\left(\frac{t^2}{2}\right)\mathrm{d}x \\
&= \exp\left(\frac{t^2}{2}\right)\underbrace{\int_{-\infty}^{\infty} \frac{1}{\sqrt{2\pi}}\exp\left[-\frac{(x-t)^2}{2}\right]\mathrm{d}x}_{1} = e^{t^2/2}.
\end{aligned}$$

Para ver que a última integral resulta em 1 basta fazer a troca de variável $y = x - t$ e perceber que se chega na densidade de uma normal padrão.

Concluindo,

$$Z \sim N(0,1) \quad \Rightarrow \quad M_Z(t) = e^{t^2/2}. \tag{9.4}$$

As derivadas primeira, segunda e terceira de $M_Z(t)$ são:

$$\begin{aligned}
M_Z'(z) &= tM_Z(t) \\
M_Z''(z) &= M_Z(t) + tM_Z'(t) = (1+t^2)M_Z(t) \\
M_Z'''(z) &= 2tM_Z(t) + (1+t^2)M_Z'(t) = (3t+t^3)M_Z(t)
\end{aligned}$$

e daí obtemos os resultados já vistos: $\mathrm{E}(Z) = M_Z'(0) = 0$, $\mathrm{E}(Z^2) = 1 \Rightarrow \mathrm{Var}(Z) = 1$ e $\mathrm{E}(Z^3) = 0$. E então,

$$\alpha_3 = \frac{0 - 3\cdot 1\cdot 0 + 2.\cdot 0^3}{1} = 0,$$

o que confirma que a distribuição é simétrica.

Uma aplicação direta de que a densidade da normal padrão integra 1, ou do resultado da Equação 9.1, o que é equivalente, é a possibilidade de se calcular $\Gamma(1/2)$. Veja o Exemplo 9.1.

Exemplo 9.1

Mostre que $\Gamma(1/2) = \sqrt{\pi}$.

Solução:

Veja primeiro que

$$\Gamma\left(\frac{1}{2}\right) = \int_0^{\infty} x^{-1/2}e^{-x}\mathrm{d}x.$$

O primeiro passo para resolver essa integral é realizar a substituição $u = \sqrt{2x}$ e depois identificar a integral da densidade da normal padrão ou então a integral da Equação 9.1. Fazendo $u = \sqrt{2x}$ temos $x = u^2/2$ e $dx = udu$. Então,

$$\Gamma\left(\frac{1}{2}\right) = \int_0^{\infty} x^{-1/2} e^{-x} dx = \int_0^{\infty} \left(\frac{u^2}{2}\right)^{-1/2} e^{-u^2/2} u du = \sqrt{2} \int_0^{\infty} u^{-1} e^{-u^2/2} u du = \sqrt{2} \int_0^{\infty} e^{-u^2/2} du.$$

A última integral é justamente aquela apresentada na Equação 9.1, logo seu valor é $\sqrt{\frac{\pi}{2}}$, e com isso

$$\Gamma\left(\frac{1}{2}\right) = \sqrt{2} \int_0^{\infty} e^{-u^2/2} du = \sqrt{2}\sqrt{\frac{\pi}{2}} = \sqrt{\pi}.$$

♦♦

Lista de exercícios da Seção 9.1

1. Seja $Z \sim N(0; 1)$. Mostre que se $X = -Z$ então $X \sim N(0; 1)$.
2. Seja $Z \sim N(0; 1)$. Mostre que se $X = Z^2$ então $X \sim Gama\left(\frac{1}{2}, \frac{1}{2}\right)$. Obs: X assim definida tem distribuição qui-quadrado com 1 grau de liberdade.
3. Seja $Z \sim N(0; 1)$ e $X \sim Gama\left(\frac{1}{2}, 3\right)$. Apresente uma transformação de Z que seja identicamente distribuída a X. Dica: use o resultado do exercício anterior combinado com aquele que mostra que se $X \sim Gama(\alpha, \lambda)$ então $cX \sim (\alpha, \lambda/c)$.

9.2 Cálculo de probabilidades da normal padrão

Vimos anteriormente que o cálculo de probabilidades associadas a variáveis aleatórias contínuas envolve cálculo de integrais da função densidade:

$$P(a \leq X \leq b) = \int_a^b f_X(x) dx.$$

Isso, obviamente, continua valendo para as variáveis aleatórias com distribuição normal padrão. A diferença está no fato de que o cálculo de tais integrais para a densidade normal padrão requer métodos numéricos, uma vez que a densidade dessas variáveis aleatórias não tem antiderivada. Para facilitar esses cálculos podemos usar tabelas em que alguns valores já se encontram calculados (a partir de métodos numéricos). As tabelas básicas fornecem probabilidades associadas à densidade normal padrão.

Tabela B.1: $P(0 \leq Z \leq z)$

A Tabela B.1 do Apêndice B será usada para calcular probabilidades associadas a uma variável aleatória normal padrão. Assim, com essa tabela, poderemos calcular probabilidades relacionadas a uma variável aleatória $Z \sim N(0; 1)$, como por exemplo, $P(Z > 1)$, $P(Z \leq 3)$ ou $P(-1 \leq Z \leq 2)$.

Vamos analisar cuidadosamente esta tabela. A partir do cabeçalho podemos ver que as entradas no corpo da tabela fornecem probabilidades do tipo $P(0 \leq Z \leq z)$. Com relação à abscissa z, seus valores são apresentados na tabela ao longo da coluna lateral à esquerda em conjunto com a linha superior. Na coluna à esquerda, temos a casa inteira e a primeira casa decimal de z; já na linha superior, temos a segunda casa decimal. Por exemplo, ao longo da primeira linha da tabela, temos probabilidades associadas às abscissas $0,00, 0,01, 0,02, \ldots, 0,09$. Na segunda linha da tabela, temos probabilidades associadas às abscissas $0,10, 0,11, 0,12, \ldots, 0,19$. E na última linha da tabela, temos probabilidades associadas às abscissas $3,40, 3,41, 3,42, \ldots, 3,49$.

A entrada 0,0000 no canto superior esquerdo da tabela dá a seguinte probabilidade: $P(0 \leq Z \leq 0,00)$, ou seja, $P(Z = 0)$ e, como visto, essa probabilidade é nula, uma vez que, para qualquer variável aleatória contínua X, $P(X = x_0) = 0$. A segunda entrada na primeira linha, 0,0040, corresponde a $P(0 \leq Z \leq 0,01)$, que é a área sob a curva de densidade normal padronizada compreendida entre os valores 0 e 0,01, veja o primeiro gráfico no início do Apêndice B.

Note que esta tabela apresenta probabilidades correspondentes a abscissas positivas. Para calcular probabilidades associadas a abscissas negativas, teremos que usar o fato de a curva da densidade normal ser simétrica. Sempre faça um esboço do gráfico da função densidade, sombreando a área correspondente à probabilidade desejada; isso lhe ajudará no cálculo da probabilidade. Vamos terminar esta seção apresentando vários exemplos de cálculos de probabilidades para uma variável aleatória Z com distribuição normal padrão, ou seja, no que segue, $Z \sim N(0;1)$. Os exemplos apresentados cobrem todas as situações possíveis. Assim, é importante que você entenda bem a situação ilustrada em cada um dos exemplos, para poder aplicar o método de solução adequado.

Exemplo 9.2

A partir da Tabela B.1 do Apêndice B calcule $P(0 \leq Z \leq 1,22)$.

Solução:

Veja as Figuras 9.2a e 9.2b. Essa probabilidade é dada diretamente na Tabela B.1, utilizando a entrada correspondente à linha 1,2 e à coluna com o valor 2. O resultado é $P(0 \leq Z \leq 1,22) = 0,3888$.

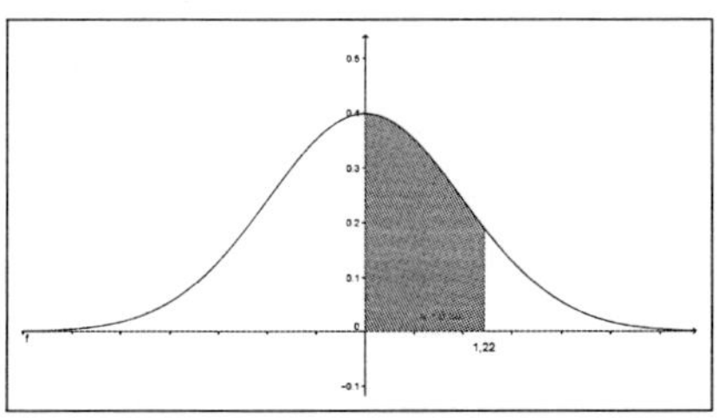

(a) Interpretação como área

Casa inteira e 1ªDecimal	2ª decimal 0	1	2	3	4
0,0	0,0000	0,0040	0,0080	0,0120	0,0160
0,1	0,0398	0,0438	0,0478	0,0517	0,0557
0,9	0,3159	0,3186	0,3212	0,3238	0,3264
1,0	0,3413	0,3438	0,3461	0,3485	0,3508
1,1	0,3643	0,3665	0,3686	0,3708	0,3729
1,2	0,3849	0,3869	0,3888	0,3907	0,3925
1,3	0,4032	0,4049	0,4066	0,4082	0,4099

(b) Uso da tabela

Figura 9.2 – Cálculo de $P(0 \leq Z \leq 1,22)$ a partir da Tabela B.1

♦♦

Exemplo 9.3

A partir da Tabela B.1 do Apêndice B calcule $P(1 \leq Z \leq 2)$.

Solução:

A Figura 9.3 ilustra a probabilidade desejada como a área sombreada.

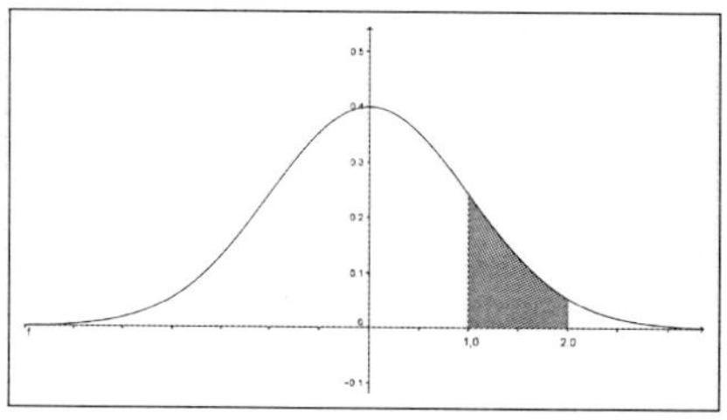

Figura 9.3 – $\mathrm{P}(1 \leq Z \leq 2)$

Note que este exemplo trata da probabilidade entre duas abscissas positivas e que essa probabilidade pode ser obtida pela diferença entre as áreas das Figuras 9.4a e 9.4c, cujos valores são encontrados diretamente na Tabela B.1, conforme as Figuras 9.4b e 9.4d.

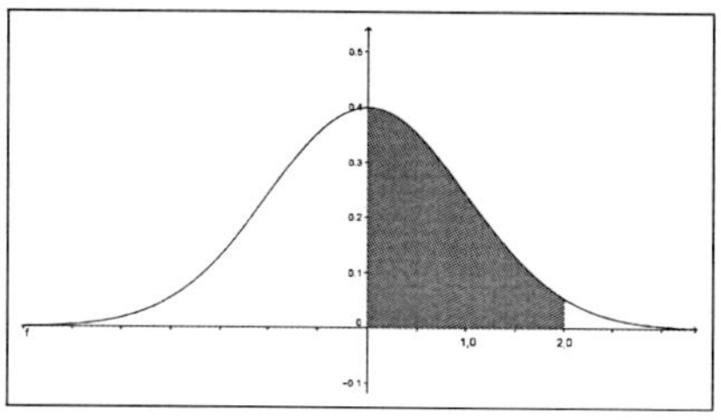

(a) $\mathrm{P}(0 \leq Z \leq 2)$

Casa inteira e 1ªDecimal	2ª decimal 0	1	2	3	4
0,0	0,0000	0,0040	0,0080	0,0120	0,0160
0,1	0,0398	0,0438	0,0478	0,0517	0,0557
0,2	0,0793	0,0832	0,0871	0,0910	0,0948
1,8	0,4641	0,4649	0,4656	0,4664	0,4671
1,9	0,4713	0,4719	0,4726	0,4732	0,4738
2,0	0,4772	0,4778	0,4783	0,4788	0,4793
2,1	0,4821	0,4826	0,4830	0,4834	0,4838

(b) Uso da tabela

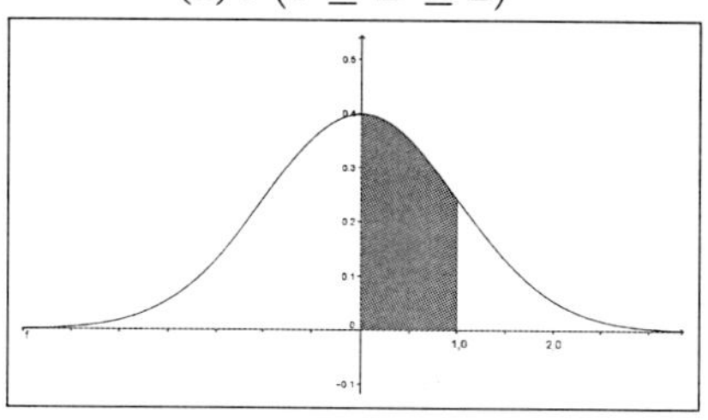

(c) $\mathrm{P}(0 \leq Z \leq 1)$

Casa inteira e 1ªDecimal	2ª decimal 0	1	2	3	4
0,0	0,0000	0,0040	0,0080	0,0120	0,0160
0,1	0,0398	0,0438	0,0478	0,0517	0,0557
0,2	0,0793	0,0832	0,0871	0,0910	0,0948
0,8	0,2881	0,2910	0,2939	0,2967	0,2995
0,9	0,3159	0,3186	0,3212	0,3238	0,3264
1,0	0,3413	0,3438	0,3461	0,3485	0,3508
1,1	0,3643	0,3665	0,3686	0,3708	0,3729

(d) Uso da tabela

Figura 9.4 – Cálculo de $\mathrm{P}(1 \leq Z \leq 2)$ a partir da Tabela B.1

Concluímos, então, que

$$\mathrm{P}(1 \leq Z \leq 2) = \mathrm{P}(0 \leq Z \leq 2) - \mathrm{P}(0 \leq Z \leq 1) = 0,4772 - 0,3413 = 0,1359.$$

Exemplo 9.4 ♦♦

A partir da Tabela B.1 do Apêndice B calcule $\mathrm{P}(Z \geq 1)$.

Solução:

Note que este exemplo trata da probabilidade de Z ser maior que uma abscissa positiva. Na Figura 9.5a ilustra-se essa probabilidade como a área sombreada, que pode ser obtida pela diferença entre as áreas das Figuras 9.5b e 9.5c. A primeira área corresponde à probabilidade $\mathrm{P}(Z \geq 0)$ e é igual a 0,5, pois a média $\mu = 0$ é o eixo de simetria e a área total é 1. Logo, $\mathrm{P}(Z \geq 0) = \mathrm{P}(Z \leq 0) = 0,5$. A segunda área vem direto da Tabela B.1.

Concluímos, então, que

$$\mathrm{P}(Z \geq 1) = 0,5 - \mathrm{P}(0 \leq Z \leq 1) = 0,5 - 0,3413 = 0,1587.$$

♦♦

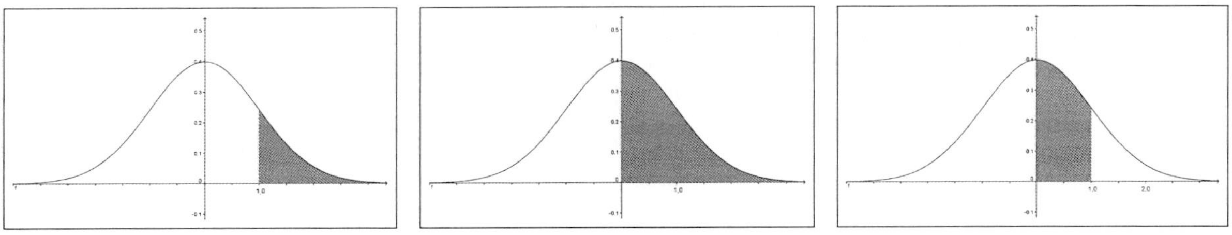

(a) $\mathrm{P}(Z \geq 1)$ (b) $\mathrm{P}(Z \geq 0)$ (c) $\mathrm{P}(0 \leq Z \leq 1)$

Figura 9.5 – Cálculo de $\mathrm{P}(Z \geq 1)$ a partir da Tabela B.1

Exemplo 9.5

A partir da Tabela B.1 do Apêndice B calcule $\mathrm{P}(Z \leq 1)$.

Solução:

Note que este exemplo trata da probabilidade de Z ser menor que uma abscissa positiva. Na Figura 9.6a ilustra-se a probabilidade desejada como a área sombreada, que pode ser obtida pela soma das áreas das Figuras 9.6b e 9.6c. A primeira área corresponde à probabilidade $\mathrm{P}(Z \leq 0)$ e é igual a 0,5, conforme visto no exemplo anterior.

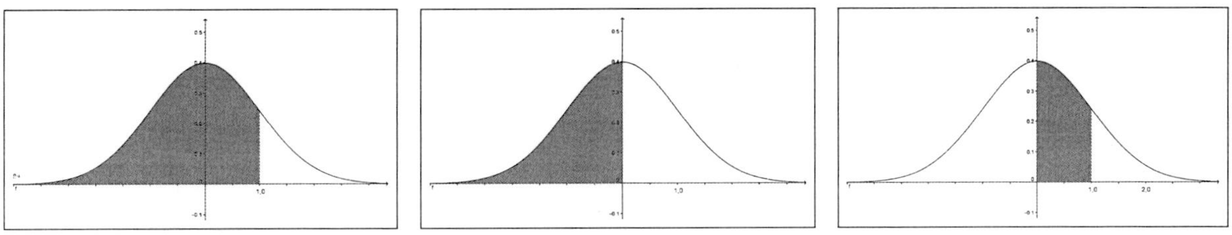

(a) $\mathrm{P}(Z \leq 1)$ (b) $\mathrm{P}(Z \leq 0)$ (c) $\mathrm{P}(0 \leq Z \leq 1)$

Figura 9.6 – Cálculo de $\mathrm{P}(Z \leq 1)$ a partir da Tabela B.1

Concluímos, então, que

$$\mathrm{P}(Z \leq 1) = \mathrm{P}(Z \leq 0) + \mathrm{P}(0 \leq Z \leq 1) = 0,5 + 0,3413 = 0,8413.$$

♦♦

Exemplo 9.6

A partir da Tabela B.1 do Apêndice B calcule $\mathrm{P}(Z \leq -0,5)$.

Solução:

Note que este exemplo trata da probabilidade de Z ser menor que uma abscissa negativa e, agora, começamos a trabalhar com abscissas negativas. Na Figura 9.7a ilustra-se a probabilidade desejada como a área sombreada. Pela simetria da curva de densidade normal, essa área é igual à área sombreada na Figura 9.7b, que corresponde a $\mathrm{P}(Z \geq 0,5)$.

Concluímos, então, que

$$\mathrm{P}(Z \leq -0,5) = \mathrm{P}(Z \geq 0,5) = 0,5 - \mathrm{P}(0 \leq Z < 0,5) = 0,5 - 0,1915 = 0,3085.$$

♦♦

Exemplo 9.7

A partir da Tabela B.1 do Apêndice B calcule $\mathrm{P}(Z \geq -0,5)$.

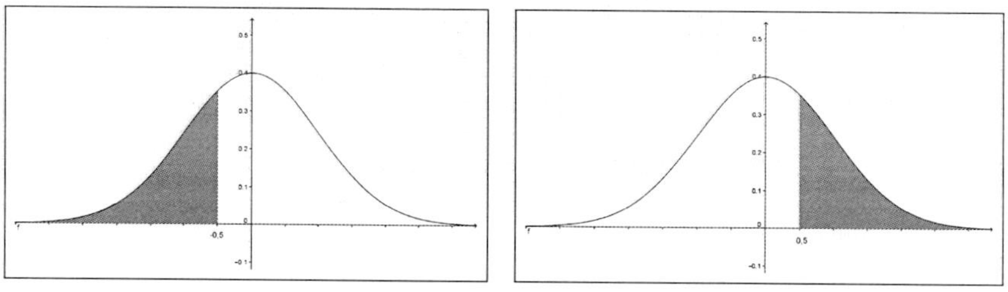

(a) $P(Z \leq -0,5)$ **(b)** Simetria: $P(Z \geq 0,5)$

Figura 9.7 – Cálculo de $P(Z \leq -0,5)$ a partir da Tabela B.1

Solução:

Note que este exemplo trata da probabilidade de Z ser maior que uma abscissa negativa. Na Figura 9.8a ilustra-se essa probabilidade como a área sombreada, que é a soma das áreas sombreadas nas Figuras 9.8b e 9.8c. Essa última área, por sua vez, é igual à área representada na Figura 9.8d, pela simetria da curva de densidade.

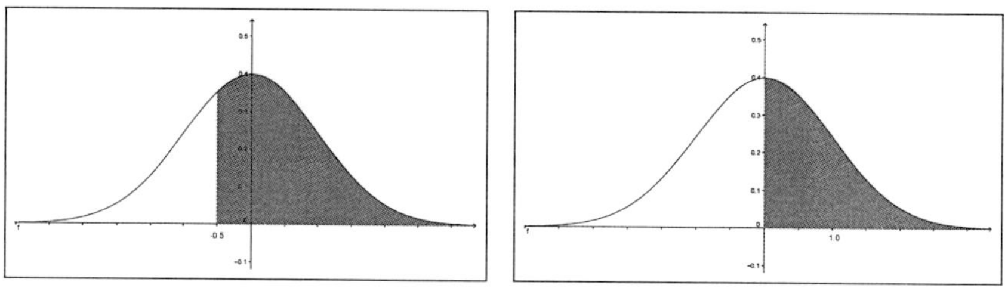

(a) $P(Z \geq -0,5)$ **(b)** $P(Z \geq 0)$

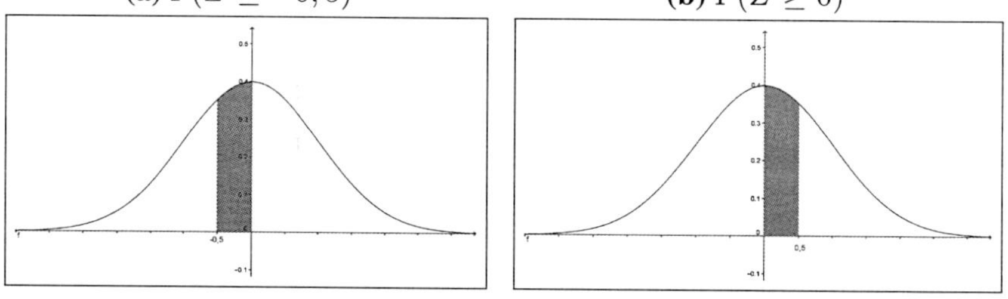

(c) $P(-0,5 \leq Z \leq 0)$ **(d)** Simetria: $P(Z \leq Z \leq 0,5)$

Figura 9.8 – Cálculo de $P(Z \geq -0,5)$ a partir da Tabela B.1

Concluímos, então, que

$$P(Z \geq -0,5) = P(-0,5 \leq Z \leq 0) + P(Z \geq 0) = P(0 \leq Z < 0,5) + 0,5 = 0,1915 + 0,5 = 0,6915.$$

♦♦

Exemplo 9.8

A partir da Tabela B.1 do Apêndice B calcule $P(-2,1 \leq Z \leq -1,4)$.

Solução:

A probabilidade pedida está ilustrada na Figura 9.9a como a área sombreada.

Note que este exemplo trata da probabilidade de Z estar entre duas abscissas negativas. Por simetria, essa área é igual à área ilustrada na Figura 9.9b, já analisada no Exemplo 9.3.

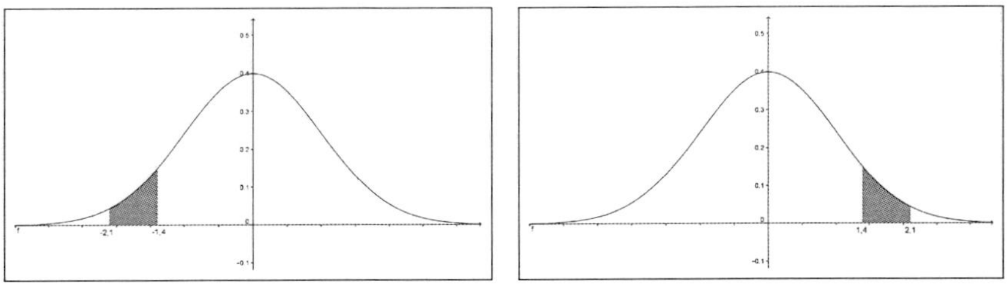

(a) $P(-2,1 \leq Z \leq -1,4)$ (b) Simetria: $P(1,4 \leq Z \leq 2,1)$

Figura 9.9 – Cálculo de $P(-2,1 \leq Z \leq -1,4)$ a partir da Tabela B.1

Concluímos, então, que

$$\begin{aligned} P(-2,1 \leq Z \leq -1,4) &= P(1,4 \leq Z \leq 2,1) = P(0 \leq Z \leq 2,1) - P(0 \leq Z \leq 1,4) \\ &= 0,4821 - 0,4192 = 0,0629. \end{aligned}$$

♦♦

Exemplo 9.9

A partir da Tabela B.1 do Apêndice B calcule $P(-2,1 \leq Z \leq 1,4)$.

Solução:

Note que este exemplo trata da probabilidade de Z estar entre duas abscissas, uma negativa e outra positiva. Na Figura 9.10a ilustra-se a probabilidade como a área sombreada, que é a soma das áreas representadas nas Figuras 9.10b e 9.10c. Por simetria, essa última área é igual à área sombreada na Figura 9.10d, o que nos leva à conclusão de que

$$\begin{aligned} P(-2,1 \leq Z \leq 1,4) &= P(0 \leq Z \leq 1,4) + P(-2,1 \leq Z \leq 0) = P(0 \leq Z \leq 1,4) + P(0 \leq Z \leq 2,1) \\ &= 0,4821 + 0,4192 = 0,9013. \end{aligned}$$

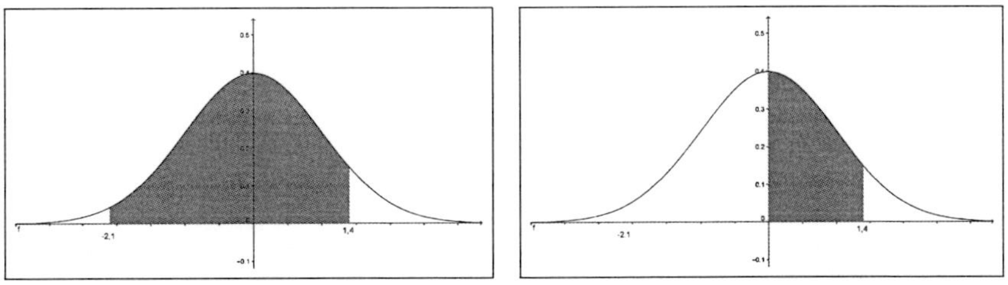

(a) $P(-2,1 \leq Z \leq 1,4)$ (b) $P(0 \leq Z \leq 1,4)$

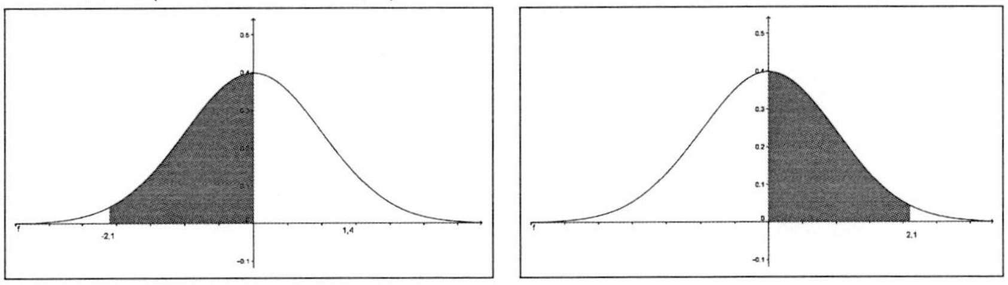

(c) $P(-2,1 \leq Z \leq 0)$ (d) Simetria: Simetria: $P(0 \leq Z \leq 2,1)$

Figura 9.10 – Cálculo de $P(-2,1 \leq Z \leq 1,4)$ a partir da Tabela B.1

♦♦

Tabela B.2: $\Phi(z) = \mathrm{P}(Z \leq z)$

Muitos livros usam outra tabela no lugar da Tabela B.1, apresentada nos exemplos anteriores. Essa outra tabela é a Tabela B.2 do Apêndice B e apresenta os valores da função de distribuição da normal padrão Φ, para $z \geq 0$, definida por:

$$\Phi(z) = \mathrm{P}(Z \leq z).$$

Assim como a Tabela B.1, a Tabela B.2 nos permite fazer qualquer conta de probabilidade relacionada à uma variável aleatória $Z \sim N(0;1)$. Essas duas tabelas são equivalentes, veja que os valores da primeira equivalem aos valores da segunda somados de $0,5$, que é $\mathrm{P}(Z \leq 0)$.

Vamos usar essa nova tabela para refazer os exemplos vistos anteriormente, que serão apresentados em uma ordem diferente, mais didaticamente apropriada para o novo contexto.

Exemplo 9.10

A partir da Tabela B.2 do Apêndice B calcule $\mathrm{P}(Z \leq 1)$.

Solução:

Essa probabilidade resulta diretamente da definição de distribuição acumulada:

$$\mathrm{P}(Z \leq 1) = \Phi(1,0) = 0,8413.$$

Esse valor pode ser encontrado na linha $1,0$ e na coluna $0,0$ da Tabela B.2.

♦♦

Exemplo 9.11

A partir da Tabela B.2 do Apêndice B calcule $\mathrm{P}(Z \geq 1)$.

Solução:

Pela lei do complementar, temos que

$$\mathrm{P}(Z \geq 1) = 1 - \mathrm{P}(Z < 1).$$

Mas, como Z é uma variável aleatória contínua, sabemos que $\mathrm{P}(Z = z) = 0$. Logo,

$$\mathrm{P}(Z < z) = \mathrm{P}(Z \leq z).$$

Assim,

$$\mathrm{P}(Z \geq 1) = 1 - \mathrm{P}(Z < 1) = 1 - \mathrm{P}(Z \leq 1) = 1 - \Phi(1,0) = 1 - 0,8413 = 0,1587.$$

♦♦

Exemplo 9.12

A partir da Tabela B.2 do Apêndice B calcule $\mathrm{P}(Z \leq -0,5)$.

Solução:

Vimos, no Exemplo 9.6, que

$$P(Z \leq -0,5) = P(Z \geq 0,5).$$

Logo,

$$P(Z \leq -0,5) = P(Z \geq 0,5) = 1 - P(Z < 0,5) = 1 - P(Z \leq 0,5) = 1 - \Phi(0,5) = 1 - 0,6915 = 0,3085.$$

♦♦

Exemplo 9.13

A partir da Tabela B.2 do Apêndice B calcule $P(Z \geq -0,5)$.

Solução:

Veja as Figuras 9.11a e 9.11b.

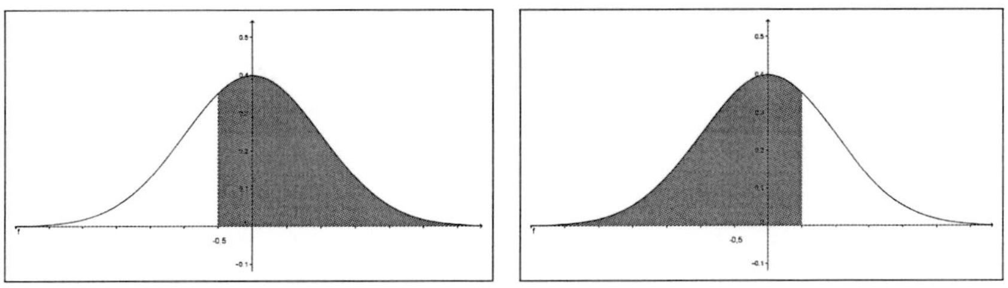

(a) $P(Z \geq -0,5)$ **(b)** Simetria: $P(Z \leq 0,5)$

Figura 9.11 – Cálculo de $P(Z \geq -0,5)$ a partir da Tabela B.2

$$P(Z \geq -0,5) = 1 - P(Z < -0,5) = 1 - P(Z > 0,5) = P(Z \leq 0,5) = \Phi(0,5) = 0,6915.$$

♦♦

Exemplo 9.14

A partir da Tabela B.2 do Apêndice B calcule $P(0 \leq Z \leq 1,22)$.

Solução:

Veja as Figuras 9.12a, 9.12b e 9.12c.

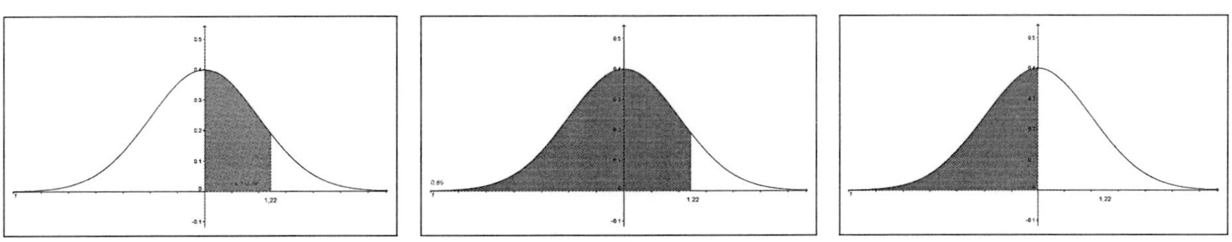

(a) $P(0 \leq Z \leq 1,22)$ **(b)** $P(Z \leq 1,22)$ **(c)** Simetria: $P(Z \leq 0)$

Figura 9.12 – Cálculo de $P(Z \leq 1,22)$ a partir da Tabela B.2

$$P(0 \leq Z \leq 1,22) = P(Z \leq 1,22) - P(Z \leq 0) = \Phi(1,22) - 0,5 = 0,8888 - 0,5 = 0,3888.$$

♦♦

Exemplo 9.15

A partir da Tabela B.2 do Apêndice B calcule $P(1 \leq Z \leq 2)$.

Solução:

Veja as Figuras 9.13a, 9.13b e 9.13c.

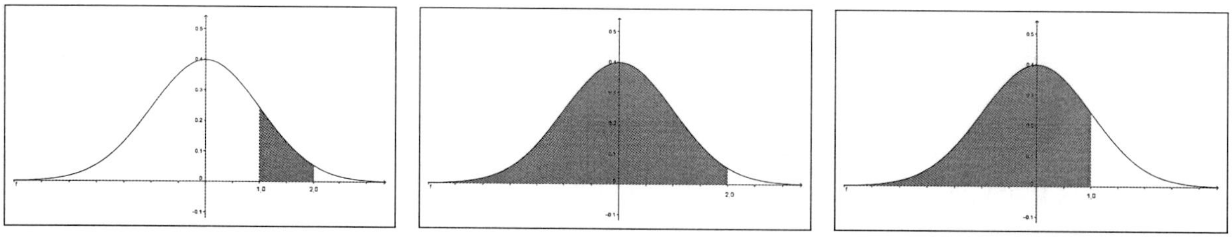

(a) $P(1,0 \leq Z \leq 2,0)$ **(b)** $P(Z \leq 2,0)$ **(c)** Simetria: $P(Z \leq 1,0)$

Figura 9.13 – Cálculo de $P(1 \leq Z \leq 2)$ a partir da Tabela B.2

$$\begin{aligned} P(1 \leq Z \leq 2) &= P(Z \leq 2) - P(Z < 1) = P(Z \leq 2) - P(Z \leq 1) = \Phi(2,0) - \Phi(1,0) \\ &= 0,9772 - 0,8413 = 0,1359. \end{aligned}$$

♦♦

Exemplo 9.16

A partir da Tabela B.2 do Apêndice B calcule $P(-2,1 \leq Z \leq -1,4)$.

Solução:

Usando os resultados do Exemplo 9.15, temos que

$$P(-2,1 \leq Z \leq -1,4) = P(1,4 \leq Z \leq 2,1) = \Phi(2,1) - \Phi(1,4) = 0,9821 - 0,9192 = 0,0629.$$

♦♦

Exemplo 9.17

A partir da Tabela B.2 do Apêndice B calcule $P(-2,1 \leq Z \leq 1,4)$.

Solução:

Usando os resultados do Exemplo 9.12, temos que

$$\begin{aligned} P(-2,1 \leq Z \leq 1,4) &= \Phi(1,4) - P(Z < -2,1) = \Phi(1,4) - \Phi(-2,1) \\ &= \Phi(1,4) - [1 - \Phi(2,1)] = 0,9192 - (1 - 0,9821) = 0,9013. \end{aligned}$$

♦♦

Lista de exercícios da Seção 9.2

1. Seja $Z \sim N(0;1)$. A partir das Tabelas B.1 e B.2 encontre os valores numéricos das probabilidades pedidas a seguir. Faça o cálculo duas vezes, uma para cada tabela.

(a) $P(Z > 2,43)$	(b) $P(Z > -1,81)$	(c) $P(Z < 2,76)$
(d) $P(Z < -0,68)$	(e) $P(0 < Z < 1,31)$	(f) $P(-0,45 < Z < 0)$
(g) $P(-1,4 < Z < 2,3)$	(h) $P(1,21 < Z < 1,96)$	(i) $P(-2,02 < Z < -0,06)$

2. Vimos no Exercício 2 que se $X \sim Gama\left(\frac{1}{2}, \frac{1}{2}\right)$ então $X \stackrel{d}{=} Z^2$. Usando essa relação e as tabelas da distribuição normal padrão, calcule $P(X < 1)$.

3. Seja $X \sim Gama\left(\frac{1}{2}, 3\right)$. A partir da tabela normal, encontre $P\left(\frac{1}{2} < X < 1\right)$. Dica: use o resultado do Exercício 3 da Seção 9.1.

9.3 A distribuição normal

Seja $Z \sim N(0; 1)$. Vamos definir uma nova variável aleatória X como transformação linear de Z:

$$X = \mu + \sigma Z,$$

em que $\mu \in \mathbb{R}$ e $\sigma > 0$. Vamos encontrar a função densidade de X.

$$F_X(x) = P(X \leq x) = P(\mu + \sigma Z \leq x) = P\left(Z \leq \frac{x-\mu}{\sigma}\right) = \Phi\left(\frac{x-\mu}{\sigma}\right).$$

Logo,

$$f_X(x) = \frac{dF_X}{dx}(x) = \frac{1}{\sigma}\varphi\left(\frac{x-\mu}{\sigma}\right) = \frac{1}{\sqrt{2\pi\sigma^2}} e^{-\frac{1}{2}\left(\frac{x-\mu}{\sigma}\right)^2}$$

e uma variável aleatória com essa função densidade é denominada Normal, como definido abaixo.

Definição 9.2 ***Distribuição Normal***

*Diz-se que, uma variável aleatória contínua X, definida para todos os valores em $\mathbb{R}$, tem **distribuição normal** com parâmetros μ e σ^2, onde $-\infty < \mu < \infty$ e $0 < \sigma^2 < \infty$, se sua função densidade de probabilidade é dada por*

$$f(x) = \frac{1}{\sqrt{2\pi\sigma^2}} e^{-\frac{(x-\mu)^2}{2\sigma^2}}, \qquad -\infty < x < \infty.$$

Usaremos a notação $X \sim N(\mu, \sigma^2)$ para indicar que X tem distribuição normal com parâmetros μ e σ^2. Vaja que o parâmetro μ pode assumir qualquer valor real, já o parâmetro σ^2 tem que ser um real positivo. Se $\mu = 0$ e $\sigma^2 = 1$ chegamos na densidade de uma normal padrão, ou seja, a normal padrão é um caso particular da distribuição normal.

Características da função densidade normal

Vamos analisar com mais detalhes como é o gráfico da função densidade de uma variável aleatória normalmente distribuída. Seguem listados pontos importantes para essa análise.

1. Simetria: a função densidade normal é simétrica em torno de μ, note que $f(\mu - x) = f(\mu + x)$.

2. Assíntotas: $\lim_{x\to-\infty} f(x) = \lim_{x\to\infty} f(x) = 0$. Esse resultado segue diretamente do fato de que $\lim_{x\to\infty} e^{-x} = \lim_{x\to\infty} \frac{1}{e^x} = 0$.

3. Ponto de máximo: para encontrar o ponto onde a curva de f assume seu valor máximo vamos buscar os pontos críticos, que são as raízes da derivada de f.

$$f'(x) = \frac{1}{\sqrt{2\pi\sigma^2}} \exp\left[-\frac{(x-\mu)^2}{2\sigma^2}\right]\left[-\frac{1}{2\sigma^2}2(x-\mu)\right] = -f(x)\left(\frac{x-\mu}{\sigma^2}\right)$$

$$f'(x) = 0 \Leftrightarrow x = \mu$$

e assim, $x = \mu$ é um ponto crítico. Como $f'(x) > 0$ para $x < \mu$ e $f'(x) < 0$ para $x > \mu$, então f é crescente à esquerda de μ e decrescente à direita de μ. Segue, então, que $x = \mu$ é um ponto de máximo e nesse ponto

$$f(\mu) = \frac{1}{\sqrt{2\pi\sigma^2}}.$$

4. Pontos de inflexão: para encontrar os pontos de inflexão vamos procurar as raízes da segunda derivada.

$$\begin{aligned} f''(x) &= -f'(x)\left(\frac{x-\mu}{\sigma^2}\right) - f(x)\frac{1}{\sigma^2} = -\left[-f(x)\left(\frac{x-\mu}{\sigma^2}\right)\right]\left[\frac{x-\mu}{\sigma^2}\right] - f(x)\frac{1}{\sigma^2} = \\ &= f(x)\left[\frac{(x-\mu)^2}{\sigma^4}\right] - f(x)\frac{1}{\sigma^2} = f(x)\left[\frac{(x-\mu)^2-\sigma^2}{\sigma^4}\right] \end{aligned}$$

Analisando a segunda derivada, tem-se que:

$$f''(x) = 0 \Leftrightarrow (x-\mu)^2 = \sigma^2 \Leftrightarrow |x-\mu| = \sigma \Leftrightarrow x = \mu + \sigma \text{ ou } x = \mu - \sigma$$

Então os pontos de inflexão da curva da densidade normal são $x = \mu + \sigma$ e $x = \mu - \sigma$.

5. Concavidade: para estudar a concavidade precisamos analisar o sinal da segunda derivada.

$$\begin{aligned} f''(x) > 0 &\Leftrightarrow (x-\mu)^2 > \sigma^2 \Leftrightarrow |x-\mu| > \sigma \Leftrightarrow x > \mu + \sigma \text{ ou } x < \mu - \sigma \\ f''(x) < 0 &\Leftrightarrow (x-\mu)^2 < \sigma^2 \Leftrightarrow |x-\mu| < \sigma \Leftrightarrow \mu - \sigma < x < \mu + \sigma \end{aligned}$$

Logo, $f(x)$ é côncava para cima se $x > \mu + \sigma$ ou $x < \mu - \sigma$ e é côncava para baixo quando $\mu - \sigma < x < \mu + \sigma$.

Na Figura 9.14 é apresentado o gráfico da densidade normal. Nela estão representados o eixo de simetria, em $x = \mu$, os pontos de inflexão, em $x = \mu - \sigma$ e $x = \mu + \sigma$ e o valor máximo da função, que é $\frac{1}{\sqrt{2\pi\sigma^2}}$ e ocorre em $x = \mu$.

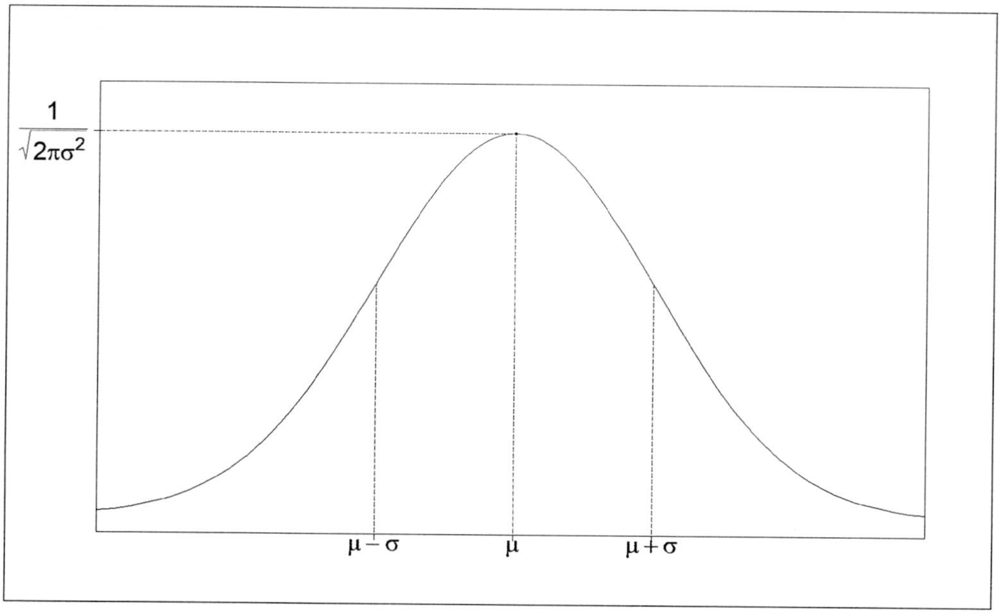

Figura 9.14 – Densidade normal com média μ e variância σ^2

Esperança e Variância

Já vimos que se $X \sim N\left(\mu; \sigma^2\right)$, então $X = \mu + \sigma Z$, com $Z \sim N(0; 1)$. Veremos que essa relação será muito usada para realizar cálculos da distribuição normal. Para começar, vamos encontrar a esperança e variância de X.

$$\begin{aligned} \mathrm{E}(X) &= \mathrm{E}(\mu + \sigma Z) = \mu + \sigma\,\mathrm{E}(Z) = \mu + 0 \Rightarrow \mathrm{E}\,(X) = \mu \\ \mathrm{Var}\,(X) &= \mathrm{Var}(\mu + \sigma Z) = \sigma^2\,\mathrm{Var}(Z) = \sigma^2 \times 1 \Rightarrow \mathrm{Var}(X) = \sigma^2. \end{aligned}$$

Resumindo:

$$X \sim N\left(\mu; \sigma^2\right) \quad \Rightarrow \quad \mathrm{E}(X) = \mu \quad \text{e} \quad \mathrm{Var}(X) = \sigma^2 \tag{9.5}$$

Os parâmetros da densidade normal são, então, a média e a variância, que são medidas de posição e dispersão, respectivamente. Valores diferentes de μ deslocam o eixo de simetria da curva e valores diferentes de σ^2 mudam a dispersão da curva. Quanto maior σ^2, mais "espalhada" e mais "achatada" é a curva, veja o gráfico da Figura 9.14.

O importante a observar é que a forma é sempre a de um "sino". Na Figura 9.15a temos exemplos de densidades normais com a mesma variância, mas com médias diferentes. O efeito é o "deslocamento" do eixo de simetria da densidade. Já na Figura 9.15b, temos duas densidades com a mesma média, mas variâncias diferentes. O efeito é que a densidade com maior variância é mais dispersa e achatada.

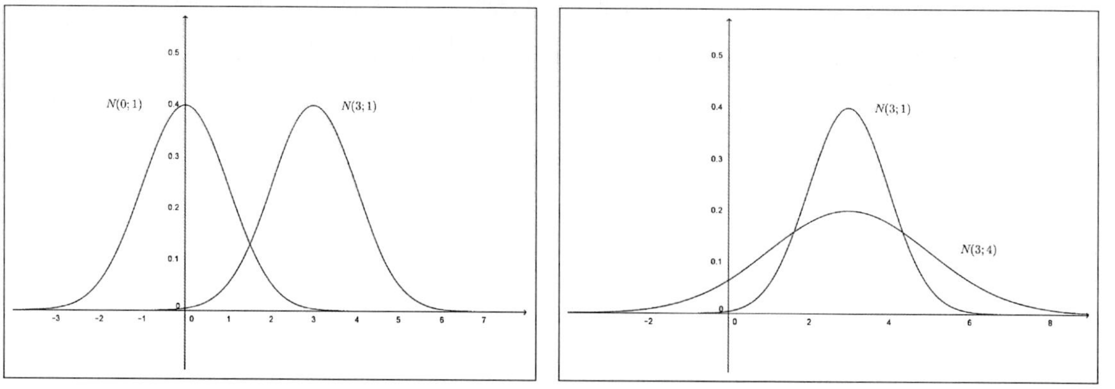

(a) Variâncias iguais, médias diferentes (b) Médias iguais, variâncias diferentes

Figura 9.15 – Efeito dos parâmetros sobre a forma da densidade normal

Função de distribuição

A função de distribuição da densidade normal é dada pela integral

$$F(x) = \int_{-\infty}^{x} \frac{1}{\sqrt{2\pi\sigma^2}} \exp\left[-\frac{1}{2}\left(\frac{t-\mu}{\sigma}\right)^2\right] \mathrm{d}t, \tag{9.6}$$

para a qual não existe uma expressão parametrizada por μ e σ^2, uma vez que a densidade normal não tem antiderivada.

Na Figura 9.16 apresentamos a função de distribuição associada às densidades $N(0;1)$, $N(3;1)$ e $N(3;4)$. Note que, pela simetria da densidade em torno da média μ, sempre teremos $F(\mu) = 0,5$, pois a mediana também é μ. Esse fato é ilustrado com as linhas pontilhadas na figura.

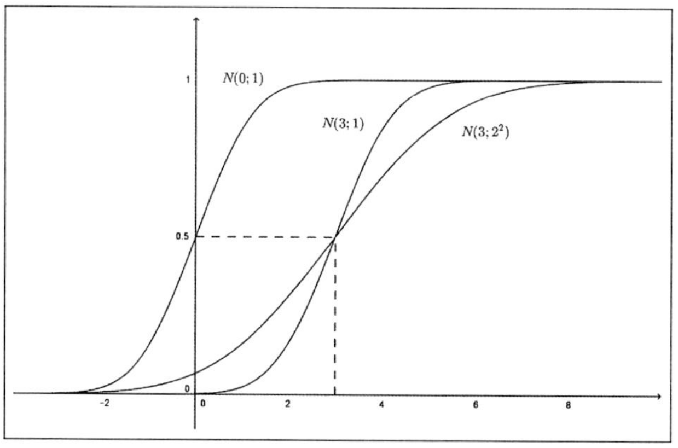

Figura 9.16 – Função de distribuição da $N(0;1)$, $N(3;1)$ e $N(3;4)$

Função geradora de momentos

Como X é uma transformação linear de Z resulta, da Proposição 6.1, que a função geradora de momentos de X é dada por

$$M_X(t) = e^{\mu t} M_Z(\sigma t) = e^{\mu t} e^{\sigma^2 t^2/2}.$$

Logo,

$$X \sim N(\mu, \sigma^2) \qquad \Rightarrow \qquad M_X(t) = e^{\mu t} e^{\sigma^2 t^2/2}. \tag{9.7}$$

Veja que $M_X(0) = 1$. Vamos calcular as três primeiras derivadas e os respectivos momentos.

$$\begin{aligned}
M'_X(t) &= M_X(t)\left(\mu + t\sigma^2\right) \\
M''_X(t) &= M'_X(t)\left(\mu + t\sigma^2\right) + \sigma^2 M_X(t) = M_X(t)(\mu + t\sigma^2)^2 + \sigma^2 M_X(t) = M_X(t)\left[(\mu + t\sigma^2)^2 + \sigma^2\right] \\
M'''_X(t) &= M'_X(t)\left[(\mu + t\sigma^2)^2 + \sigma^2\right] + M_X(t) 2\sigma^2(\mu + t\sigma^2) \\
&= M_X(t)\left(\mu + t\sigma^2\right)\left[(\mu + t\sigma^2)^2 + \sigma^2\right] + M_X(t) 2\sigma^2(\mu + t\sigma^2) \\
&= M_X(t)(\mu + t\sigma^2)\left[(\mu + t\sigma^2)^2 + 3\sigma^2\right] \\
&= M_X(t)\left[(\mu + t\sigma^2)^3 + 3\sigma^2(\mu + t\sigma^2)\right]
\end{aligned}$$

e, portanto,

$$\begin{aligned}
\mathrm{E}(X) &= M'_X(0) = \mu \\
\mathrm{E}(X^2) &= M''_X(0) = \mu^2 + \sigma^2 \ \mathrm{Var}(X) = \mu^2 + \sigma^2 - \mu^2 = \sigma^2 \\
\mathrm{E}(X^3) &= M'''_X(0) = \mu^3 + 3\mu\sigma^2 \Rightarrow \alpha_3 = \frac{\mu^3 + 3\mu\sigma^2 - 3\mu(\mu^2 + \sigma^2) + 3\mu^2\mu - \mu^3}{\sigma^3} = 0.
\end{aligned}$$

Esse resultado já era esperado, uma vez que a densidade normal é simétrica em torno de μ.

Vejamos agora, na Proposição 9.1, um resultado importante e com várias aplicações práticas. Com ele podemos concluir que a qualquer transformação linear de uma variável aleatória normal resulta numa variável aleatória também com distribuição normal.

Proposição 9.1 ***Transformação Linear de*** $N(\mu; \sigma^2)$
Seja $X \sim N(\mu, \sigma^2)$. *Se* $Y = aX + b$, *com* $a, b \in \mathbb{R}$, *então* $Y \sim N(a\mu + b, a^2\sigma^2)$.

Demonstração:
A demonstração desse resultado será feita a partir da função geradora de momentos. Como $X \sim N(\mu; \sigma^2)$ sabemos, pela Equação 9.7, que

$$M_X(t) = e^{\mu t} e^{\sigma^2 t^2/2}.$$

Usando o resultado da Proposição 6.1, temos

$$M_Y(t) = e^{tb} M_X(ta) = e^{tb} e^{\mu t a} e^{\sigma^2 (ta)^2/2} = e^{tb + \mu t a} e^{\sigma^2 a^2 t^2/2} = e^{t(b+\mu a)} e^{\sigma^2 a^2 t^2/2}$$

Mas essa é a função geradora de momentos de uma variável aleatória normal de média $b + a\mu$ e variância $a^2\sigma^2$. Logo, $Y \sim N(b + a\mu, a^2\sigma^2)$. □

Coeficiente de curtose

A distribuição normal tem várias aplicações na estatística. Sendo assim, muitas vezes, é importante identificar se uma distribuição se "parece" com a distribuição normal. Uma das medidas utilizadas para isso é o coeficiente de curtose.

Definição 9.3 ***Coeficiente de Curtose***
Seja X variável aleatória com $\mathrm{E}(X) = \mu$ e $\mathrm{Var}(X) = \sigma^2$. O coeficiente de curtose de X, denotado por α_4, é definido por

$$\alpha_4 = \frac{\mathrm{E}\left((X-\mu)^4\right)}{\sigma^4} - 3$$

supondo a existência dos momentos envolvidos.

O coeficiente de curtose mede afastamentos em relação à distribuição normal, tanto em termos de pico, quanto em termos da espessura das caudas da distribuição. A subtração de 3 no coeficiente tem a ver com o fato de o momento centrado de ordem 4 da distribuição normal ser 3, conforme mostraremos em seguida; assim, um coeficiente 0 indica total semelhança com a distribuição normal.

Coeficientes positivos indicam distribuições leptocúrticas, que têm picos mais acentuados que a normal e coeficientes negativos indicam uma distribuição platicúrtica, que é mais "achatada" que a normal. Na Figura 9.17 ilustram-se algumas dessas distribuições. [1]

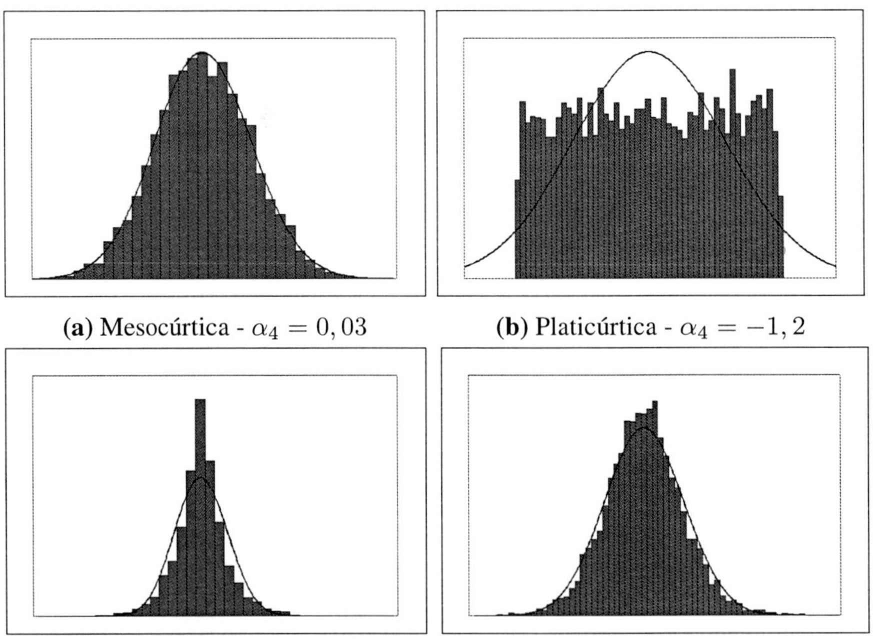

(a) Mesocúrtica - $\alpha_4 = 0,03$ (b) Platicúrtica - $\alpha_4 = -1,2$

(c) Leptocúrtica - $\alpha_4 = 3,15$ (d) Leptocúrtica - $\alpha_4 = 0,98$

Figura 9.17 – Distribuições com diferentes coeficientes de curtose

Para facilitar as contas do coeficiente de curtose, vamos escrevê-lo em termos dos momentos de ordem k,

[1] Os histogramas foram gerados a partir de 5000 observações simuladas das seguintes distribuições: $t(200)$, $Uni(0,1)$, Laplace e logística, ambas com parâmetro de escala igual a 1 e parâmetro de localização 0.

sendo $k = 1, 2, 3, 4$.

$$\begin{aligned}
\alpha_4 &= \frac{\mathrm{E}\left((X-\mu)^4\right)}{\sigma^4} - 3 = \frac{1}{\sigma^4}\,\mathrm{E}\left(X^4 - 4X^3\mu + 6X^2\mu^2 - 4X\mu^3 + \mu^4\right) - 3 \\
&= \frac{1}{\sigma^4}\left[\mathrm{E}(X^4) - 4\mu\,\mathrm{E}(X^3) + 6\mu^2\,\mathrm{E}(X^2) - 4\mu^3\,\mathrm{E}(X) + \mu^4\right] - 3 \\
&= \frac{1}{\sigma^4}\left[\mathrm{E}(X^4) - 4\mu\,\mathrm{E}(X^3) + 6\mu^2\,\mathrm{E}(X^2) - 3\mu^4\right] - 3 \qquad (9.8)
\end{aligned}$$

ou, substituindo μ por $\mathrm{E}(X)$ e σ^2 por $\mathrm{Var}(X)$,

$$\alpha_4 = \frac{1}{\mathrm{Var}^2(X)}\left[\mathrm{E}(X^4) - 4\,\mathrm{E}(X)\,\mathrm{E}(X^3) + 6\,\mathrm{E}^2(X)\,\mathrm{E}(X^2) - 3\,\mathrm{E}^4(X)\right] - 3. \qquad (9.9)$$

Exemplo 9.18 ***Coeficiente de curtose da distribuição normal***

Calcule o coeficiente de curtose de $X \sim N(\mu; \sigma^2)$.

Solução:

O coeficiente de curtose envolve o momento de ordem quatro; sendo assim, vamos calcular a derivada de ordem quatro da função geradora de momentos de X.

$$\begin{aligned}
M_X^{(iv)}(t) &= M_x'(t)\left[(\mu + t\sigma^2)^3 + 3\sigma^2(\mu + t\sigma)^2\right] + M_X(t)\left[3\sigma^2(\mu + t\sigma^2)^2 + 3\sigma^4\right] \\
&= M_x(t)(\mu + t\sigma^2)\left[(\mu + t\sigma^2)^3 + 3\sigma^2(\mu + t\sigma)^2\right] + M_X(t)\left[3\sigma^2(\mu + t\sigma^2)^2 + 3\sigma^4\right] \\
&= M_X(t)\left[(\mu + t\sigma^2)^4 + 6\sigma^2(\mu + t\sigma^2)^2 + 3\sigma^4\right].
\end{aligned}$$

Logo,

$$\mathrm{E}(X^4) = M_X^{(iv)}(0) = \mu^4 + 6\mu^2\sigma^2 + 3\sigma^4$$

e, portanto, de acordo com a Equação 9.8, lembrando que $\mathrm{E}(X) = \mu$, $\mathrm{E}(X^2) = \mu^2 + \sigma^2$ e $\mathrm{E}(X^3) = \mu^3 + 3\mu\sigma^2$, o coeficiente de curtose é

$$\begin{aligned}
\alpha_4 &= \frac{1}{\sigma^4}\left[\mathrm{E}(X^4) - 4\mu\,\mathrm{E}(X^3) + 6\mu^2\,\mathrm{E}(X^2) - 3\mu^4\right] - 3 \\
&= \frac{1}{\sigma^4}\left[\mu^4 + 6\mu^2\sigma^2 + 3\sigma^4 - 4\mu(\mu^3 + 3\mu\sigma^2) + 6\mu^2(\mu^2 + \sigma^2) - 3\mu^4\right] - 3 \\
&= \frac{1}{\sigma^4}\left[\mu^4 + 6\mu^2\sigma^2 + 3\sigma^4 - 4\mu^4 - 12\mu^2\sigma^2 + 6\mu^4 + 6\mu^2\sigma^2 - 3\mu^4\right] - 3 \\
&= \frac{3\sigma^4}{\sigma^4} - 3 = 0,
\end{aligned}$$

o que confirma o resultado já comentado anteriormente. ♦♦

Exemplo 9.19 ***Coeficiente de curtose da distribuição gama***

Calcule o coeficiente de curtose de $X \sim Gama(\alpha; \lambda)$.

Solução:

Para isso vamos precisar dos quatro primeiros momentos de X.

Na Seção 8.3 já encontramos os três primeiros momentos da distribuição gama e a sua variância:

$$\mathrm{E}(X) = \frac{\alpha}{\lambda}, \quad \mathrm{E}(X^2) = \frac{\alpha^2+\alpha}{\lambda^2}, \quad \mathrm{Var}(X) = \frac{\alpha}{\lambda^2} \quad \text{e} \quad \mathrm{E}(X^3) = \frac{\alpha^3+3\alpha^2+2\alpha}{\lambda^3}.$$

Para calcular o quarto momento de X vamos avaliar a derivada de ordem quatro da função geradora de momentos da gama em $t = 0$:

$$M_X^{(iv)}(t) = \frac{3(\lambda-t)^2(\alpha^3+3\alpha^2+2\alpha)}{(\lambda-t)^6} M_X(t) + M_X'(t)\frac{\alpha^3+3\alpha^2+2\alpha}{(\lambda-t)^3}$$

e então, lembrando que $M_X(0) = 1$ e $M_X'(0) = \mathrm{E}(X)$,

$$\begin{aligned}
\mathrm{E}(X^4) = M_X^{(iv)}(0) &= \frac{3\lambda^2(\alpha^3+3\alpha^2+2\alpha)}{\lambda^6} M_X(0) + M_X'(0)\frac{\alpha^3+3\alpha^2+2\alpha}{\lambda^3} \\
&= \frac{3(\alpha^3+3\alpha^2+2\alpha)}{\lambda^4} + \frac{\alpha}{\lambda}\frac{\alpha^3+3\alpha^2+2\alpha}{\lambda^3} \\
&= \frac{3(\alpha^3+3\alpha^2+2\alpha)}{\lambda^4} + \frac{\alpha(\alpha^3+3\alpha^2+2\alpha)}{\lambda^4} \\
&= \frac{(\alpha^3+3\alpha^2+2\alpha)(3+\alpha)}{\lambda^4}.
\end{aligned}$$

Substituindo agora os momentos encontrados na Equação 9.9,

$$\begin{aligned}
\alpha_4 &= \frac{1}{\mathrm{Var}^2(X)}\left[\mathrm{E}(X^4) - 4\,\mathrm{E}(X)\,\mathrm{E}(X^3) + 6\,\mathrm{E}^2(X)\,\mathrm{E}(X^2) - 3\,\mathrm{E}(X)^4\right] - 3. \\
&= \frac{\lambda^4}{\alpha^2}\left[\frac{(\alpha^3+3\alpha^2+2\alpha)(3+\alpha)}{\lambda^4} - 4\frac{\alpha}{\lambda}\frac{\alpha^3+3\alpha^2+2\alpha}{\lambda^3} + 6\frac{\alpha^2}{\lambda^2}\frac{\alpha^2+\alpha}{\lambda^2} - 3\frac{\alpha^4}{\lambda^4}\right] - 3. \\
&= \frac{1}{\alpha^2}\left[(\alpha^3+3\alpha^2+2\alpha)(3+\alpha) - 4\alpha(\alpha^3+3\alpha^2+2\alpha) + 6\alpha^2(\alpha^2+\alpha) - 3\alpha^4\right] - 3. \\
&= \frac{1}{\alpha^2}\left[3\alpha^3+9\alpha^2+6\alpha+\alpha^4+3\alpha^3+2\alpha^2-4\alpha^4-12\alpha^3-8\alpha^2+6\alpha^4+6\alpha^3-3\alpha^4\right] - 3. \\
&= \frac{3\alpha^2+6\alpha}{\alpha^2} - 3 = \frac{3\alpha^2}{\alpha^2} + \frac{6\alpha}{\alpha^2} - 3 = \frac{6}{\alpha}.
\end{aligned}$$

Veja que, quanto maior for o valor de α, menor é o coeficiente de curtose de uma gama. Isso mostra que, quanto maior for o valor de α, mais parecida com a normal será a distribuição gama, o que pode ser verificado na Figura 9.18, em que se comparam os gráficos da densidade de duas variáveis aleatórias com distribuição gama, $X_1 \sim Gama(2,1)$ e $X_2 \sim Gama(10,1)$. Qual dos dois gráficos se parece mais com o gráfico da densidade de uma normal? O segundo, o da densidade de $X_2 \sim Gama(10,1)$, justamente a variável aleatória com menor coeficiente de curtose entre essas duas.

♦♦

Lista de exercícios da Seção 9.3

1. A seguir são apresentadas algumas funções de densidade de variáveis aleatórias com distribuição Normal de parâmetros μ e σ^2. Para cada uma delas determine os valores dos parâmetros.

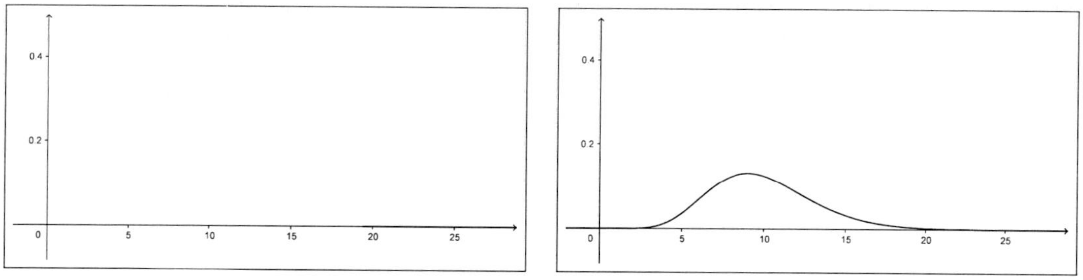

(a) Função densidade de $X_1 \sim Gama(2,1)$ (b) Função densidade de $X_2 \sim Gama(10,1)$

Figura 9.18 – Comparação da densidade de duas gamas

(a) $f(x) = \dfrac{1}{\sqrt{4\pi}} e^{-\dfrac{(x-1)^2}{4}}, \quad -\infty < x < \infty$

(b) $f(x) = \dfrac{1}{\sqrt{6\pi}} e^{-\dfrac{x^2}{6}}, \quad -\infty < x < \infty$

(c) $f(x) = \dfrac{1}{\sqrt{2\pi}} e^{-\dfrac{(x+1)^2}{2}}, \quad -\infty < x < \infty$

2. A seguir são apresentadas algumas funções geradoras de momentos de variáveis aleatórias com distribuição normal de parâmetros μ e σ^2. Para cada uma delas determine os valores dos parâmetros.
(a) $M_X(t) = e^{-2t}e^{t^2/2}$ (b) $M_X(t) = e^{3t(1+t)}$ (c) $M_X(t) = e^{t^2}$

3. Sejam $X \sim N(1;2)$ e $Y = aX + b$. Para cada Y apresentada a seguir encontre a distribuição de Y.
(a) $Y = 2X + 2$ (b) $Y = -X + 5$ (c) $Y = -2X - 3$ (b) $Y = \dfrac{X-2}{2}$

4. Sejam Xuma variável aleatória e $Z = aX + b$, de forma que $Z \sim N(0;1)$. Para cada Z apresentada a seguir encontre a distribuição de X.
(a) $Z = X - 1$ (b) $Z = -2X - 6$ (c) $Z = \dfrac{X}{3} + 2$ (b) $Z = 4 - X$

5. Seja $X \sim N(\mu;\sigma^2)$ e $Z = aX + b$. Para cada par μ e σ^2 definido abaixo, encontre os valores de a e b de forma que $Z \sim N(0;1)$.

   (a) $\mu = 2$ e $\sigma^2 = 4$

   (b) $\mu = -3$ e $\sigma^2 = \dfrac{1}{9}$

   (c) $\mu = 1/5$ e $\sigma^2 = 2$

   (d) $\mu = -2/3$ e $\sigma^2 = 1$

6. Seja $X \sim Poi(\lambda)$.

   (a) Mostre que o coeficiente de curtose de X é $\alpha_4 = \dfrac{1}{\lambda}$.

   (b) Calcule α_4 para $X_1 \sim Poi(1)$ e $X_2 \sim Poi(10)$.

   (c) Compare e interprete os resultados obtidos no item (b). No computador, veja o gráfico da função de probabilidade de X_1 e de X_2 e compare com os resultados do item (b)

9.4 Cálculo de probabilidades da normal

Já foi visto que, se $X \sim N(\mu, \sigma^2)$, então $X \stackrel{d}{=} \mu + \sigma Z$, onde $Z \sim N(0,1)$. Isso significa que $X \sim N(\mu, \sigma^2)$ tem a mesma distribuição que $\mu + \sigma Z$, sendo $Z \sim N(0,1)$. Veremos agora como utilizar esse resultado para calcular probabilidades envolvendo uma variável aleatória $X \sim N(\mu, \sigma^2)$. Veja que

$$\mathrm{P}(X \leq x) = \mathrm{P}(\mu + \sigma Z \leq x) = \mathrm{P}\left(Z \leq \frac{x-\mu}{\sigma}\right) = \Phi\left(\frac{x-\mu}{\sigma}\right). \tag{9.10}$$

Nas Figuras 9.19a e 9.19b ilustra-se esse fato, utilizando as densidades $Z \sim N(0;1)$ e $X \sim N(3;4)$. No gráfico à esquerda, a área sombreada representa $\mathrm{P}(X \leq 5)$ e no gráfico à direita, a área sombreada representa a probabilidade equivalente:

$$\mathrm{P}(X \leq 5) = \mathrm{P}\left(\frac{X-3}{2} \leq \frac{5-3}{2}\right) = \mathrm{P}(Z \leq 1)$$

O que o resultado diz é que essas probabilidades (áreas) são iguais.

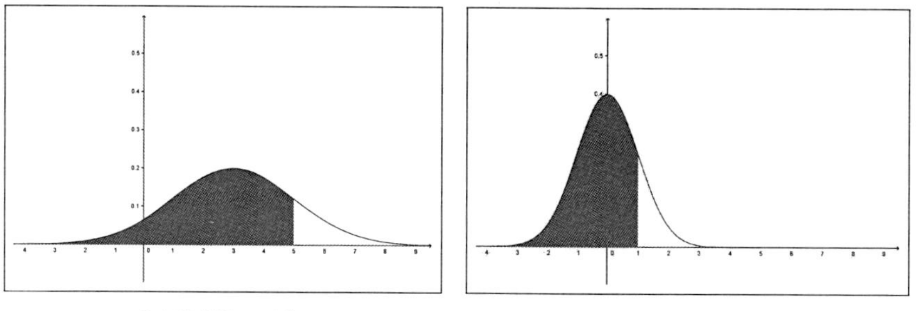

(a) $\mathrm{P}(X \leq 5)$ **(b)** $\mathrm{P}(Z \leq 1)$

Figura 9.19 – $X \sim N(3; 2^2) \Rightarrow \mathrm{P}(X \leq 5) = \mathrm{P}(Z \leq 1)$.

Isso significa que probabilidades para $X \sim N(\mu; \sigma^2)$ podem ser calculadas a partir da operação de padronização

$$\frac{X-\mu}{\sigma} \sim N(0;1). \tag{9.11}$$

É interessante lembrar que a transformação dada na Equação (9.11) corresponde ao cálculo do escore padronizado associado à abscissa x. Assim, cálculos de probabilidades de variáveis aleatórias normais sempre envolverão o cálculo do escore padronizado da(s) abscissa(s) de interesse.

Exemplo 9.20

Se $X \sim N(3;9)$, calcule $\mathrm{P}(-1 \leq X \leq 4)$

Solução:

$$
\begin{aligned}
P(-1 \leq X \leq 4) &= P\left(\frac{-1-3}{\sqrt{9}} \leq \frac{X-3}{\sqrt{9}} \leq \frac{4-3}{\sqrt{9}}\right) \\
&= P\left(-1,33 \leq Z \leq 0,33\right) \\
&= \Phi(0,33) - \Phi(-1,33) = \Phi(0,33) - (1 - \Phi(1,33)) = 0,6293 - (1 - 0,9082) \\
&= P(0 \leq Z \leq 0,33) + P(0 \leq Z \leq 1,33) = 0,12930 + 0,40824 \\
&= 0,53754
\end{aligned}
$$

♦♦

Exemplo 9.21

Se $X \sim N(2;5)$, calcule $P(1 \leq X \leq 7)$

Solução:

$$
\begin{aligned}
P(1 \leq X \leq 7) &= P\left(\frac{1-2}{\sqrt{5}} \leq \frac{X-2}{\sqrt{5}} \leq \frac{7-2}{\sqrt{5}}\right) \\
&= P\left(-0,45 \leq Z \leq 2,24\right) \\
&= \Phi(2,24) - \Phi(-0,45) = \Phi(2,24) - [1 - \Phi(0,45)] = 0,9875 - [1 - 0,6700] \\
&= P(0 \leq Z \leq 2,24) + P(0 \leq Z \leq 0,45) = 0,4875 + 0,1700 \\
&= 0,6575
\end{aligned}
$$

♦♦

Exemplo 9.22

Se $X \sim N(5,1)$, calcule $P(X > 7)$

Solução:

$$
\begin{aligned}
P(X > 7) &= P\left(\frac{X-5}{1} > \frac{7-5}{1}\right) \\
&= P(Z > 2) \\
&= 1,0 - \Phi(2,0) = 1,0 - 0,97725 \\
&= 0,5 - P(0 \leq Z \leq 2,0) = 0,5 - 0,47725 \\
&= 0,02275
\end{aligned}
$$

♦♦

Exemplo 9.23 ***A regra 68-95-99,7***

Seja $X \sim N(\mu;\sigma^2)$. Calcule $P(\mu - k\sigma < X < \mu + k\sigma)$, para $k = 1,2,3$.

Solução:

Note que essa probabilidade corresponde à probabilidade de X estar a uma distância de k desvios-padrão da média.

$$
P(\mu - k\sigma \leq X \leq \mu + k\sigma) = P\left(\frac{\mu - k\sigma - \mu}{\sigma} \leq \frac{X-\mu}{\sigma} \leq \frac{\mu + k\sigma - \mu}{\sigma}\right) = P(-k \leq Z \leq k)
$$

É importante observar que chegamos a uma probabilidade que não depende de μ ou σ, ou seja, esse resultado vale qualquer que seja a distribuição normal.

- $k = 1$

$$P(\mu - \sigma \leq X \leq \mu + \sigma) = P(-1 \leq Z \leq 1) = 2 \times tab(1,0) = 2 \times 0,3414 = 0,6828$$

- $k = 2$

$$P(\mu - 2\sigma \leq X \leq \mu + 2\sigma) = P(-2 \leq Z \leq 2) = 2 \times tab(2,0) = 2 \times 0,4772 = 0,9544$$

- $k = 3$

$$P(\mu - 3\sigma \leq X \leq \mu + 3\sigma) = P(-3 \leq Z \leq 3) = 2 \times tab(3,0) = 2 \times 0,4987 = 0,9974$$

Essas probabilidades nos dizem que, para *qualquer* distribuição normal, 68,28% dos valores estão a um desvio-padrão da média, 95,44% estão a dois desvios-padrão e 99,73% dos valores estão a três desvios-padrão da média. Veja a Figura 9.20 para uma ilustração desses resultados.

No Exemplo 6.10 vimos que, para qualquer distribuição com média e variância finitas, as porcentagens de valores a uma distância de 2 e 3 desvios-padrão da média eram pelo menos 75% e 88,89%, respectivamente. Saber que a distribuição é normal permite refinar essas probabilidades.

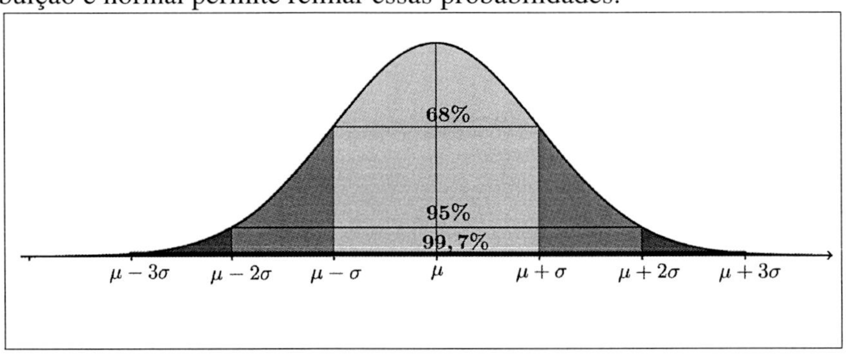

Figura 9.20 – Ilustração da regra 68-95-99,7

♦♦

Lista de exercícios da Seção 9.4

1. Seja $X \sim N(2;4)$. A partir das Tabelas B.1 e B.2 encontre os valores numéricos das probabilidades pedidas a seguir. Faça o cálculo duas vezes, uma para cada tabela.

   (a) $P(X > 4,43)$ (b) $P(X > 1,12)$ (c) $P(X < 0,68)$

   (d) $P(-1 < X < 2)$ (e) $P(1,03 < X < 2,30)$ (f) $P(0 < X < 1)$

2. Seja $X \sim N(-1;9)$. A partir das Tabelas B.1 e B.2 encontre os valores numéricos das probabilidades pedidas a seguir. Faça o cálculo duas vezes, uma para cada tabela.

   (a) $P(X > -2,36)$ (b) $P(X < 1,24)$ (c) $P(X < -4,35)$

   (d) $P(-1 < X < 0)$ (e) $P(-2 < X < 1)$ (f) $P(-0,25 < X < 3,21)$

3. Seja $X \sim N(10, 4)$. Qual a probabilidade dessa variável aleatória se afastar da sua média mais de 5 unidades?

9.5 Cálculo de quantis da distribuição normal

Nos exemplos vistos até o momento, consideramos situações em que tínhamos uma abscissa de uma distribuição normal e queríamos alguma probabilidade associada a essa abscissa. Agora, vamos lidar com a situação inversa: dada uma probabilidade, qual é a abscissa correspondente? Eis algumas situações que envolvem esse tipo de problema:

- Em uma turma de Estatística, os 10% melhores alunos receberão um livro de presente. Qual a menor nota que dá direito a um livro de presente?
- Em uma comunidade, as famílias com as 15% piores rendas irão receber um auxílio da prefeitura. Qual a renda familiar máxima que garante o auxílio da prefeitura?

Como antes, vamos apresentar vários exemplos que ilustram essa situação.

Exemplo 9.24
Se $Z \sim N(0; 1)$, determine o valor de k tal que $\mathrm{P}(Z \leq k) = 0,90$.

Solução:
Vamos "traduzir" esse problema em termos probabilísticos: queremos encontrar a abscissa k da normal padrão tal que a probabilidade à esquerda dela seja 0,90. Como 0,90 é a área à esquerda de k, resulta que k tem que ser maior que zero, isto é, temos que ter $k > 0$. Veja a Figura 9.21: à esquerda de k temos área (probabilidade) 0,90 e à esquerda de 0 temos área (probabilidade) 0,5. Logo, entre 0 e k temos que ter área (probabilidade) 0,40.

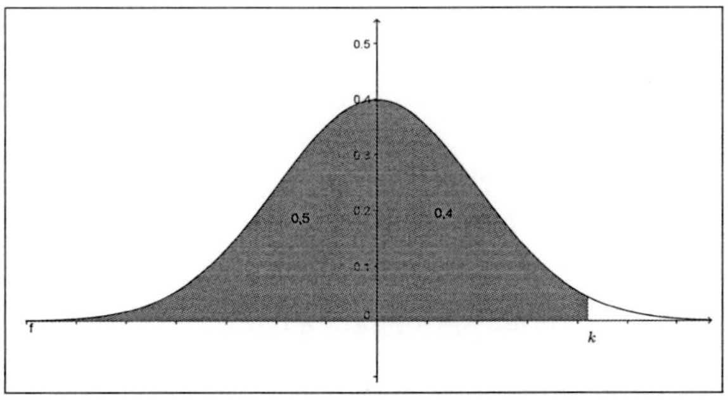

Figura 9.21 – $k \mid \mathrm{P}(Z \leq k) = 0,90$

Escrevendo essas observações em termos de probabilidades, temos:

$$\begin{aligned}
&\mathrm{P}(Z \leq k) = 0,90 \Leftrightarrow \\
&\mathrm{P}(Z \leq 0) + \mathrm{P}(0 < Z \leq k) = 0,90 \Leftrightarrow \\
&0,5 + \mathrm{P}(0 < Z \leq k) = 0,90 \Leftrightarrow \\
&\mathrm{P}(0 < Z \leq k) = 0,40
\end{aligned}$$

Esta última igualdade nos diz que k é a abscissa correspondente ao valor 0,40 na Tabela 1. Para identificar k, temos que buscar, no corpo dessa tabela, o valor mais próximo de 0,40. Na linha correspondente ao valor 1,2 encontramos as entradas 0,39973 e 0,40147. Como a primeira está mais próxima de 0,40, olhamos qual é a abscissa correspondente: a linha é 1,2 e a coluna é 8, o que nos dá a abscissa de 1,28, ou seja, $k = 1,28$ e $\mathrm{P}(Z \leq 1,28) = 0,90$, completando a solução. ♦♦

Agora vamos olhar o mesmo exemplo, mas para uma distribuição normal qualquer.

Exemplo 9.25

Se $X \sim N(3;4)$, determine o valor de k tal que $\mathrm{P}(X \leq k) = 0,90$.

Solução:

Como a probabilidade à esquerda de k é maior que 0,5, resulta que k tem que ser maior que a média. O primeiro passo na solução é escrever a probabilidade dada em termos da normal padrão.

$$\begin{aligned}
&\mathrm{P}(X \leq k) = 0,90 \Leftrightarrow \\
&\mathrm{P}\left(\frac{X-3}{2} \leq \frac{k-3}{2}\right) = 0,90 \Leftrightarrow \\
&\mathrm{P}\left(Z \leq \frac{k-3}{2}\right) = 0,90 \Leftrightarrow \\
&\mathrm{P}(Z \leq 0) + \mathrm{P}\left(0 \leq Z \leq \frac{k-3}{2}\right) = 0,90 \Leftrightarrow \\
&0,5 + \mathrm{P}\left(0 \leq Z \leq \frac{k-3}{2}\right) = 0,90 \Leftrightarrow \\
&\mathrm{P}\left(0 \leq Z \leq \frac{k-3}{2}\right) = 0,40 \Leftrightarrow \\
&\frac{k-3}{2} = 1,28 \Leftrightarrow k = 5,56
\end{aligned}$$

♦♦

Exemplo 9.26

Se $X \sim N(3;4)$, determine o valor de k tal que $\mathrm{P}(X \leq k) = 0,05$.

Solução:

À esquerda de k temos 5% da área total; logo, k tem que ser menor que a média, ou seja, temos que ter $k < 3$ e a abscissa padronizada correspondente tem que ser negativa (menor que a média 0).

$$\begin{aligned}
&\mathrm{P}(X \leq k) = 0,05 \Leftrightarrow \\
&\mathrm{P}\left(\frac{X-3}{2} \leq \frac{k-3}{2}\right) = 0,05 \Leftrightarrow \\
&\mathrm{P}\left(Z \leq \frac{k-3}{2}\right) = 0,05
\end{aligned}$$

Como a área (probabilidade) à esquerda de $\frac{k-3}{2}$ é menor que $0,5$, isso significa que $\frac{k-3}{2}$ tem que ser negativo. Veja a Figura 9.22a. Para nos adequarmos às tabelas disponíveis, temos que trabalhar com abscissas positivas, ou seja, temos que usar a simetria da curva. Veja a Figura 9.22b e note que a abscissa simétrica a $\frac{k-3}{2}$ é $-\frac{k-3}{2} = \frac{3-k}{2}$.

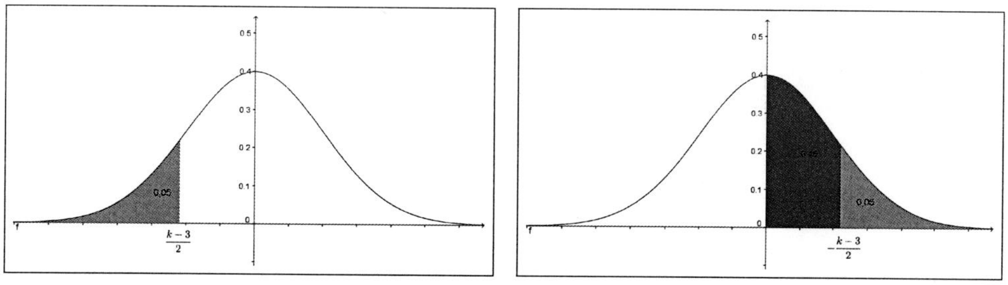

(a) $\mathrm{P}\left(Z \leq \frac{k-3}{2}\right) = 0,05$ **(b)** Simetria: $\mathrm{P}\left(Z \geq -\frac{k-3}{2}\right) = 0,05$

Figura 9.22 – $k \mid \mathrm{P}(X \leq k) = 0,05$

Temos, então, a seguinte equivalência de probabilidades:

$$\mathrm{P}\left(Z \leq \frac{k-3}{2}\right) = 0,05 \Leftrightarrow$$
$$\mathrm{P}\left(Z \geq -\frac{k-3}{2}\right) = 0,05 \Leftrightarrow$$
$$\mathrm{P}\left(0 \leq Z \leq -\frac{k-3}{2}\right) = 0,45$$

O menor valor mais próximo de 0,45 no corpo da Tabela B.1 é 0,4495, que corresponde à abscissa 1,64, e isso nos dá que

$$-\frac{k-3}{2} = 1,64 \Rightarrow k = -0,28$$

♦♦

Exemplo 9.27

Se $X \sim N(3;4)$, determine o valor de k tal que $\mathrm{P}(|X-3| \leq k) = 0,95$.

Solução:

Pelas propriedades da função módulo, sabemos que

$$\mathrm{P}(|X-3| \leq k) = 0,95 \Leftrightarrow$$
$$\mathrm{P}(-k \leq X-3 \leq k) = 0,95 \Leftrightarrow$$
$$\mathrm{P}(3-k \leq X \leq k+3) = 0,95 \Leftrightarrow$$
$$\mathrm{P}\left(\frac{3-k-3}{2} \leq \frac{X-3}{2} \leq \frac{k+3-3}{2}\right) = 0,95 \Leftrightarrow$$
$$\mathrm{P}\left(-\frac{k}{2} \leq Z \leq \frac{k}{2}\right) = 0,95$$

Veja a Figura 9.23 para entender que

$$
\begin{aligned}
&\mathrm{P}\left(-\frac{k}{2} \leq Z \leq \frac{k}{2}\right) = 0,95 \Leftrightarrow \\
&\mathrm{P}\left(-\frac{k}{2} \leq Z \leq 0\right) + \mathrm{P}\left(0 \leq Z \leq \frac{k}{2}\right) = 0,95 \Leftrightarrow \\
&2 \times \mathrm{P}\left(0 \leq Z \leq \frac{k}{2}\right) = 0,95 \Leftrightarrow \\
&\mathrm{P}\left(0 \leq Z \leq \frac{k}{2}\right) = 0,475 \Leftrightarrow \\
&\frac{k}{2} = 1,96 \Leftrightarrow k = 3,92
\end{aligned}
$$

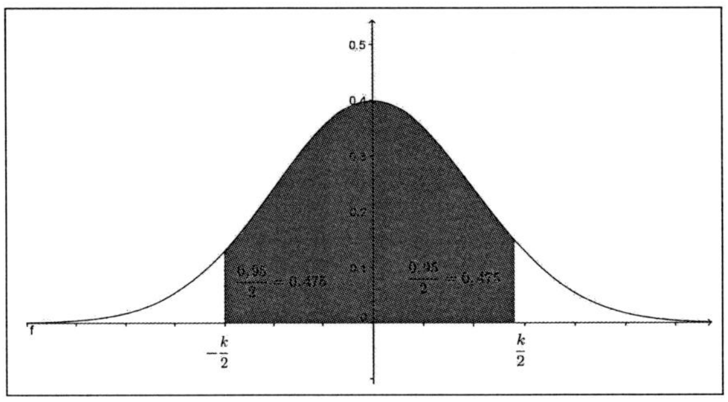

Figura 9.23 – $k \mid \mathrm{P}\left(|Z| \leq \frac{k}{2}\right) = 0,95$

Note que, de forma mais direta,

$$
\begin{aligned}
&\mathrm{P}(\mid X - 3 \mid \leq k) = 0,95 \Leftrightarrow \\
&\mathrm{P}\left(\frac{\mid X - 3 \mid}{2} \leq \frac{k}{2}\right) = 0,95 \Leftrightarrow \\
&\mathrm{P}\left(|Z| \leq \frac{k}{2}\right) = 0,95 \Leftrightarrow \\
&\mathrm{P}\left(-\frac{k}{2} \leq Z \leq \frac{k}{2}\right) = 0,95 \Leftrightarrow \\
&\mathrm{P}\left(0 \leq Z \leq \frac{k}{2}\right) = 0,475 \Leftrightarrow \\
&\frac{k}{2} = 1,96 \Leftrightarrow k = 3,92
\end{aligned}
$$

Na desigualdade inicial $\mid X - 3 \mid \leq k$, a média $\mu = 3$ já está subtraída; assim, só falta dividir pelo desvio-padrão para completar a operação de padronização.

♦♦

Lista de Exercícios da Seção 9.5

1. Seja $X \sim N(10; 9)$. Encontre o valor de c tal que

   (a) $\mathrm{P}(X > c) = 0,25$ (b) $\mathrm{P}(X < c) = 0,10$ (c) $\mathrm{P}(X > c) = 0,92$ (d) $\mathrm{P}(X > c) = 0,85$

2. Seja $X \sim N(1, 1)$. Determine o valor de k tal que a probabilidade dessa variável aleatória não se afastar da sua média por mais de k unidades seja de 0,80.

9.6 Exemplos de aplicação da distribuição normal

A distribuição normal é um modelo probabilístico que se aplica a diversas situações práticas. Assim, vamos finalizar este capítulo com alguns exemplos práticos.

Exemplo 9.28 ***Saldo bancário***

O saldo médio dos clientes de um banco é uma variável aleatória com distribuição normal com média R\$ 2.000, 00 e desvio-padrão R\$ 250,00. Os clientes com os 10% maiores saldos médios recebem tratamento VIP, enquanto aqueles com os 5% menores saldos médios receberão propaganda extra para estimular maior movimentação da conta.

(a) Quanto você precisa de saldo médio para se tornar um cliente VIP?

(b) Abaixo de qual saldo médio o cliente receberá a propaganda extra?

Solução:

Seja X = "saldo médio"; é dado que $X \sim N(2000; 250^2)$.

(a) Temos que determinar o valor de k tal que $\mathrm{P}(X \geq k) = 0,10$. Note que isso equivale a calcular o 90º percentil da distribuição. A área à esquerda de k tem que ser 0,90; logo, k tem que ser maior que a média.

$$
\begin{aligned}
&\mathrm{P}(X \geq k) = 0,10 \Leftrightarrow \mathrm{P}\left(\frac{X-2000}{250} \geq \frac{k-2000}{250}\right) = 0,10 \Leftrightarrow \mathrm{P}\left(Z \geq \frac{k-2000}{250}\right) = 0,10 \Leftrightarrow \\
&\mathrm{P}\left(Z \leq \frac{k-2000}{250}\right) = 0,90 \Leftrightarrow \mathrm{P}(Z \leq 0) + \mathrm{P}\left(0 \leq Z \leq \frac{k-2000}{250}\right) = 0,90 \Leftrightarrow \\
&\mathrm{P}\left(0 \leq Z \leq \frac{k-2000}{250}\right) = 0,90 - 0,50 = 0,40 \Leftrightarrow \frac{k-2000}{250} = 1,28 \Leftrightarrow k = 2320
\end{aligned}
$$

Os clientes com saldo médio maior ou igual a R\$ $2.320,00$ terão tratamento VIP.

(b) Temos que determinar o valor de k tal que $\mathrm{P}(X \leq k) = 0,05$. Note que isso equivale a calcular o 5º percentil da distribuição. A área à esquerda de k tem que ser 0,05; logo, k tem que ser menor que a média. Na solução, teremos que usar a simetria da distribuição, invertendo o sinal da abscissa, para lidarmos com abscissas positivas da distribuição normal padrão.

$$\mathrm{P}(X \leq k) = 0,05 \Leftrightarrow \mathrm{P}\left(\frac{X-2000}{250} \leq \frac{k-2000}{250}\right) = 0,05 \Leftrightarrow$$
$$\mathrm{P}\left(Z \geq -\frac{k-2000}{250}\right) = 0,05 \Leftrightarrow \mathrm{P}\left(Z \geq \frac{2000-k}{250}\right) = 0,05 \Leftrightarrow$$
$$\mathrm{P}\left(0 \leq Z \leq \frac{2000-k}{250}\right) = 0,45 \Leftrightarrow \frac{2000-k}{250} = 1,64 \Leftrightarrow k = 1590$$

Os clientes com saldo médio inferior a R$ 1.590,00 receberão a propaganda extra.

Na Figura 9.24 ilustra-se a solução do exercício.

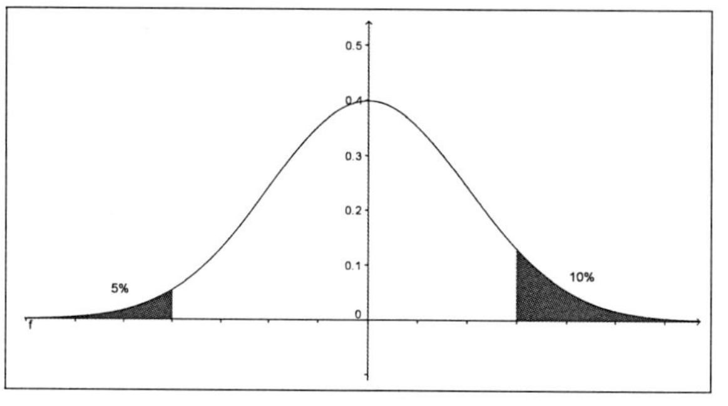

Figura 9.24 – Solução do Exemplo 9.28

♦♦

Exemplo 9.29 ***Regulagem de máquinas***
Uma máquina de empacotar determinado produto oferece variações de peso que se distribuem segundo uma distribuição normal com desvio-padrão de 20 gramas. Em quanto deve ser regulado o peso médio desses pacotes para que apenas 10% deles tenham menos que 500 gramas?

Solução:
Esse é um exemplo clássico de aplicação da distribuição normal. Seja X o peso dos pacotes em gramas. Então, $X \sim N(\mu; 400)$. Temos que ter $\mathrm{P}(X \leq 500) = 0,10$. Note que o peso médio tem que ser superior a 500 g. Veja, na solução, a inversão do sinal da abscissa!

$$\mathrm{P}(X \leq 500) = 0,10 \Leftrightarrow \mathrm{P}\left(\frac{X-\mu}{20} \leq \frac{500-\mu}{20}\right) = 0,10 \Leftrightarrow$$
$$\mathrm{P}\left(Z \leq \frac{500-\mu}{20}\right) = 0,10 \Leftrightarrow \mathrm{P}\left(Z \geq -\frac{500-\mu}{20}\right) = 0,10 \Leftrightarrow$$
$$\mathrm{P}\left(Z \geq \frac{\mu-500}{20}\right) = 0,10 \Leftrightarrow \mathrm{P}\left(0 \leq Z \leq \frac{\mu-500}{20}\right) = 0,40 \Leftrightarrow$$
$$\frac{\mu-500}{20} = 1,28 \Leftrightarrow \mu = 525,6$$

A máquina tem que ser regulada com um peso médio de 525,6g para que apenas 10% dos pacotes tenham peso inferior a 500g. Veja a Figura 9.25.

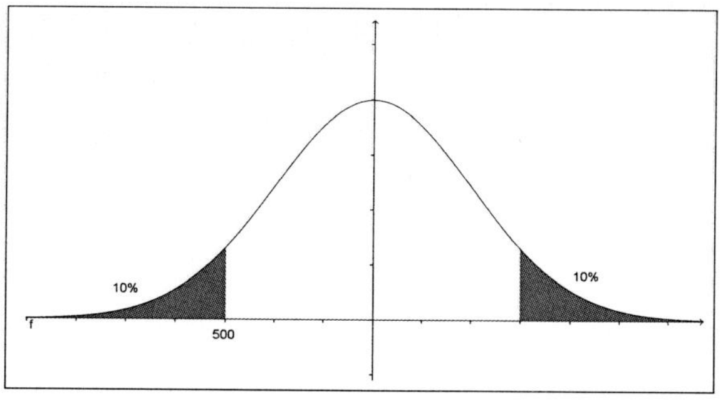

Figura 9.25 – Solução do Exemplo 9.29

♦♦

Exemplo 9.30 ***Mais sobre regulagem de máquinas***

Uma máquina fabrica tubos metálicos cujos diâmetros podem ser considerados uma variável aleatória normal com média 200mm e desvio-padrão 2mm. Verifica-se que 15% dos tubos estão sendo rejeitados como grandes e 10% como pequenos.

(a) Quais são as especificações de tolerância para esse diâmetro?

(b) Mantidas essas especificações, qual deverá ser a regulagem média da máquina para que a rejeição por diâmetro grande seja praticamente nula? Nesse caso, qual será a porcentagem de rejeição por diâmetro pequeno?

Solução:

Seja $D =$ diâmetro dos tubos. Então $D \sim N(200, 2^2)$.

(a) Sejam k_I e k_S as especificações inferior e superior, respectivamente. Isso significa que tubos com diâmetro menor que k_I são rejeitados como pequenos e tubos com diâmetro maior que k_S são rejeitados como grandes.

$$\mathrm{P}(D < k_I) = 0,10 \Rightarrow \mathrm{P}\left(\frac{D-200}{2} < \frac{k_I - 200}{2}\right) = 0,10 \Rightarrow \mathrm{P}\left(Z < \frac{k_I - 200}{2}\right) = 0,10 \Rightarrow$$
$$\mathrm{P}\left(Z > -\frac{k_I - 200}{2}\right) = 0,10 \Rightarrow \mathrm{P}\left(Z > \frac{200 - k_I}{2}\right) = 0,10 \Rightarrow \mathrm{P}\left(0 \leq Z < \frac{200 - k_I}{2}\right) = 0,40 \Rightarrow$$
$$\frac{200 - k_I}{2} = 1,28 \Rightarrow k_I = 197,44$$

$$\mathrm{P}(D > k_S) = 0,15 \Rightarrow \mathrm{P}\left(\frac{D-200}{2} > \frac{k_S - 200}{2}\right) = 0,15 \Rightarrow$$
$$\mathrm{P}\left(0 \leq Z < \frac{k_S - 200}{2}\right) = 0,35 \Rightarrow \frac{k_S - 200}{2} = 1,03 \Rightarrow k_S = 202,06$$

Logo, tubos com diâmetro menor que 197,44 cm são rejeitados como pequenos e tubos com diâmetros maiores que 202,06 cm são rejeitados como grandes.

(b) Com a nova regulagem, temos que $D \sim N(\mu; 2^2)$ e μ deve ser tal que

$$
\begin{aligned}
&\mathrm{P}(D > 202,06) = 0 \Rightarrow \mathrm{P}\left(\frac{D-\mu}{2} > \frac{202,06-\mu}{2}\right) = 0 \Rightarrow \\
&\mathrm{P}\left(Z > \frac{202,06-\mu}{2}\right) = 0 \Rightarrow \mathrm{P}\left(0 \leq Z \leq \frac{202,06-\mu}{2}\right) = 0,5 \Rightarrow \\
&\frac{202,06-\mu}{2} \simeq 4,5 \Rightarrow \mu \simeq 193,06
\end{aligned}
$$

Com essa média, a porcentagem de rejeição por diâmetro pequeno é

$$
\begin{aligned}
\mathrm{P}(D < 197,44) &= \mathrm{P}\left(\frac{D-193,06}{2} < \frac{197,44-193,06}{2}\right) \\
&= \mathrm{P}(Z < 2,19) = \mathrm{P}(Z \leq 0) + \mathrm{P}(0 < Z < 2,19) = 0,9857
\end{aligned}
$$

Com essa nova regulagem, a rejeição por diâmetro grande é nula, mas a rejeição por diâmetro pequeno é muito alta! Veja as Figuras 9.26a e 9.26b, nas quais ficam claros os resultados obtidos.

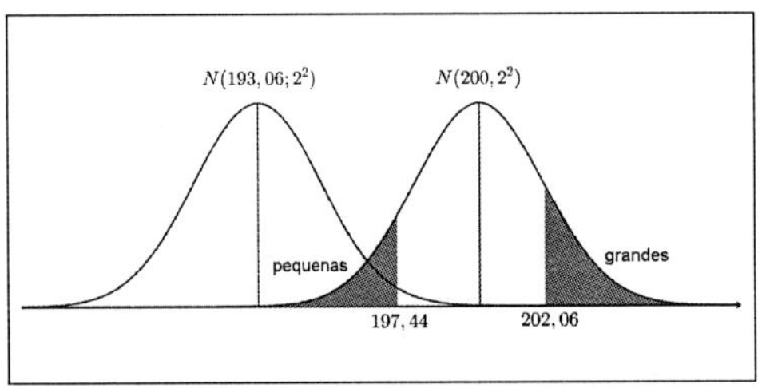

(a) regulagem original

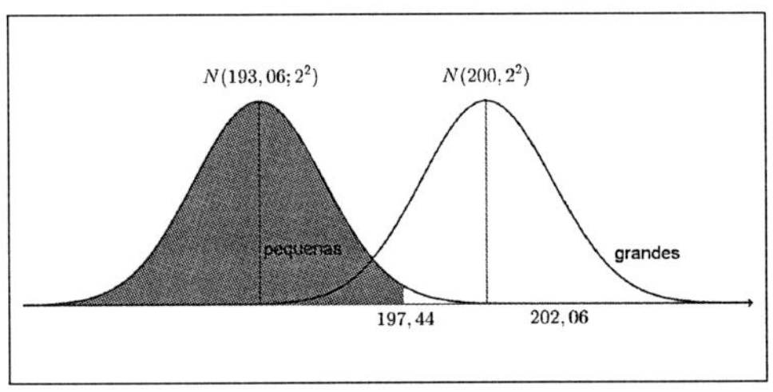

(b) regulagem com 0% de tubos grandes

Figura 9.26 – Exemplo 9.30 - regulagem de máquinas

♦♦

Exemplo 9.31 ***Troca de lâmpadas***

Em um grande complexo industrial, o departamento de manutenção tem instruções para substituir as lâmpadas antes que se queimem. Os registros indicam que a duração das lâmpadas, em horas, tem distribuição normal, com média de 900 horas e desvio-padrão de 75 horas. Quando devem ser trocadas as lâmpadas, de modo que no máximo 5% delas queimem antes de serem trocadas?

Solução:

Seja T = "tempo de duração (em horas) das lâmpadas"; então, $T \sim N(900; 75^2)$. Temos que determinar t tal que $\mathrm{P}(T \leq t) = 0,05$.

$$\mathrm{P}(T \leq t) = 0,05 \Leftrightarrow \mathrm{P}\left(\frac{T-900}{75} \leq \frac{t-900}{75}\right) = 0,05 \Leftrightarrow$$
$$\mathrm{P}\left(Z \geq -\frac{t-900}{75}\right) = 0,05 \Leftrightarrow \mathrm{P}\left(Z \geq \frac{900-t}{75}\right) = 0,05 \Leftrightarrow$$
$$\mathrm{P}\left(0 \leq Z \leq \frac{900-t}{75}\right) = 0,45 \Leftrightarrow \frac{900-t}{75} = 1,64 \Leftrightarrow t = 777$$

As lâmpadas devem ser trocadas com 777 horas de uso para que apenas 5% se queimem antes da troca.

♦♦

Aqui cabe a seguinte observação: em geral, não é apropriado utilizar-se a distribuição normal para modelar o tempo de sobrevivência de lâmpadas ou equipamentos em geral. Modelos tipo exponencial ou gama são mais adequados, pois atribuem probabilidade alta de sobrevivência no início da vida do equipamento e probabilidade decrescente à medida que o equipamento envelhece.

Exemplo 9.32 ***Regulagem de máquinas – controle da variabilidade***

Uma enchedora automática enche garrafas de acordo com uma distribuição normal de média 100 ml. Deseja-se que no máximo uma garrafa em cada 100 saia com menos de 90ml. Qual deve ser o maior desvio-padrão tolerável?

Solução:

Se $X =$ "conteúdo da garrafa (em ml)", então $X \sim N(100; \sigma^2)$ e queremos que $\mathrm{P}(X < 90) \leq 0,01$.

Seja σ_0 o valor do desvio-padrão de X tal que $\mathrm{P}(X < 90) = 0,01$. Então, qualquer valor de σ tal que $\sigma < \sigma_0$ resulta em $\mathrm{P}(X < 90) < 0,01$. Veja a Figura 9.32.

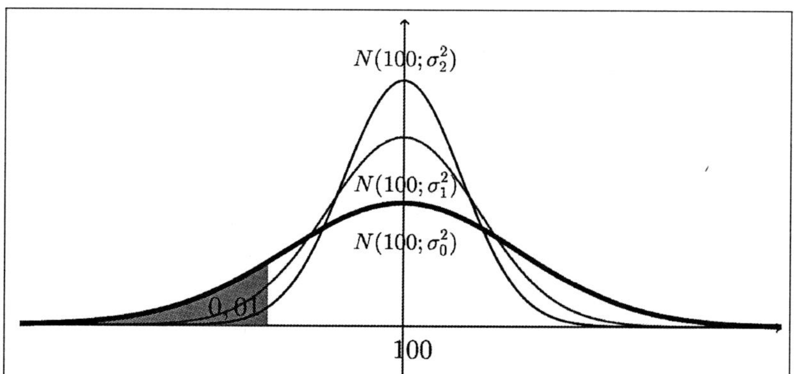

Figura 9.27 – Solução do Exemplo 9.32

A área sombreada corresponde a $\mathrm{P}(X < 90) = 0,01$ quando $X \sim N(100; \sigma_0^2)$ (curva de densidade mais espessa). As duas outras densidades correspondem a distribuições normais com desvios-padrão menores. Note que para essas distribuições, $\mathrm{P}(X < 90) < 0,01$. Assim, o desvio-padrão máximo tolerável é tal que:

$$\mathrm{P}(X < 90) \leq 0,01 \Leftrightarrow \mathrm{P}\left(Z < \frac{90-100}{\sigma}\right) \leq 0,01 \Leftrightarrow \mathrm{P}\left(Z > -\frac{90-100}{\sigma}\right) \leq 0,01 \Leftrightarrow$$
$$\mathrm{P}\left(Z > \frac{10}{\sigma}\right) \leq 0,01 \Leftrightarrow 0,5 - \mathrm{P}\left(0 \leq Z \leq \frac{10}{\sigma}\right) \leq 0,01 \Leftrightarrow \mathrm{P}\left(0 \leq Z \leq \frac{10}{\sigma}\right) \geq 0,49 \Leftrightarrow$$
$$\frac{10}{\sigma} \geq 2,33 \Leftrightarrow \sigma \leq \frac{10}{2,33} = 4,2918$$

♦♦

9.7 A distribuição log-normal

Vamos definir, agora, uma nova variável aleatória através de uma transformação de $X \sim N(\mu; \sigma^2)$.

Definição

Definição 9.4 ***Distribuição log-normal***
Seja $X \sim N(\mu, \sigma^2)$. Se $Y = e^X$ então a variável aleatória Y tem distribuição log-normal com parâmetros μ e σ^2. Reciprocamente, se Y tem distribuição log-normal, então $X = \ln Y$ tem distribuição $N(\mu, \sigma^2)$.

Vamos calcular a função densidade de probabilidade de uma variável aleatória log-normal a partir de sua função de distribuição acumulada. Note que Y só pode assumir valores positivos. Temos que:

$$\begin{aligned} F_Y(y) &= \mathrm{P}(Y \leq y) = \mathrm{P}\left(e^X \leq y\right) = \mathrm{P}(X \leq \ln y) = \\ &= \mathrm{P}\left(\frac{X-\mu}{\sigma} \leq \frac{\ln y - \mu}{\sigma}\right) = \mathrm{P}\left(Z \leq \frac{\ln y - \mu}{\sigma}\right) \\ &= \Phi\left(\frac{\ln y - \mu}{\sigma}\right) \qquad y > 0 \end{aligned}$$

Sabemos que $f_Y(y) = F'(y)$ e, também, no caso da normal padrão, $\Phi'(z) = \varphi(z)$. Logo, pela regra da cadeia,

$$\begin{aligned} f_Y(y) &= \Phi'\left(\frac{\ln y - \mu}{\sigma}\right) \times \frac{1}{\sigma y} = \varphi\left(\frac{\ln y - \mu}{\sigma}\right) \times \frac{1}{\sigma y} = \\ &= \frac{1}{\sqrt{2\pi}} \exp\left[-\frac{1}{2}\left(\frac{\ln y - \mu}{\sigma}\right)^2\right] \times \frac{1}{\sigma y} \end{aligned}$$

ou ainda:

$$f_Y(y) = \frac{1}{y\sqrt{2\pi\sigma^2}} \exp\left[-\frac{1}{2}\left(\frac{\ln y - \mu}{\sigma}\right)^2\right] \qquad y > 0 \tag{9.12}$$

Esperança e variância

Já vimos que se $X \sim N(\mu; \sigma^2)$ então $Y = e^X$ tem distribuição log-normal de parâmetros μ e σ. A esperança e a variância de Y podem ser facilmente encontradas a partir da função geradora de momentos de X. Veja como:

$$\mathrm{E}(Y) = \mathrm{E}(e^X) = M_X(1) = e^{\left(\mu + \frac{\sigma^2}{2}\right)}.$$

Analogamente,

$$\mathrm{E}(Y^2) = \mathrm{E}(e^{2X}) = M_X(2) = e^{\left(2\mu + 2\sigma^2\right)},$$

e, portanto

$$\begin{aligned}
\mathrm{Var}(Y) &= \exp\left(2\mu + 2\sigma^2\right) - \left[\exp\left(\mu + \frac{\sigma^2}{2}\right)\right]^2 = \\
&= \exp\left(2\mu + 2\sigma^2\right) - \exp\left[2\left(\mu + \frac{\sigma^2}{2}\right)\right] = \\
&= \exp\left(2\mu + 2\sigma^2\right) - \exp\left(2\mu + \sigma^2\right) \\
&= \exp\left(2\mu + \sigma^2\right)\left[\frac{\exp\left(2\mu + 2\sigma^2\right)}{\exp\left(2\mu + \sigma^2\right)} - 1\right] = \\
&= \exp\left(2\mu + \sigma^2\right)\left[\exp\left(2\mu + 2\sigma^2 - 2\mu - \sigma^2\right) - 1\right] = \\
&= \exp\left(2\mu + \sigma^2\right)\left[\exp(\sigma^2) - 1\right]
\end{aligned}$$

Definindo $m = \mathrm{E}(Y) = \exp\left(\mu + \frac{\sigma^2}{2}\right)$, temos que $m^2 = \exp\left(2\mu + \sigma^2\right)$. Logo,

$$\mathrm{Var}(Y) = m^2\left[e^{\sigma^2} - 1\right]$$

Em resumo, se Y tem distribuição log-normal com parâmetros μ e σ^2, então

$$\mathrm{E}(Y) = m = \exp\left(\mu + \frac{\sigma^2}{2}\right) \tag{9.13}$$

$$\mathrm{Var}(Y) = m^2\left[e^{\sigma^2} - 1\right] \tag{9.14}$$

Exercícios do Capítulo 9

1. Suponha que X seja uma variável aleatória normal com média 5. Se $\mathrm{P}(X > 9) = 0.2$, aproximadamente quanto vale $\mathrm{Var}(X)$?

2. Seja X variável aleatória normal de média 12 e variância 4. Encontre o valor de c tal que $\mathrm{P}(X > c) = 0.10$.

3. A largura da fenda de uma peça forjada de duralumínio é (em polegadas) normalmente distribuída com $\mu = 0,900$ e $\sigma = 0,003$. Os limites de especificação dessa fenda foram dados como $0,900 \pm 0,005$ polegadas.

(a) Qual porcentagem das peças forjadas são defeituosas, isto é, estão fora da especificação?

(b) Qual o valor máximo permitido para σ que garante não mais que 1 peça defeituosa em cada 100 observadas quando a largura da fenda for normalmente distribuída com $\mu = 0,900$ e σ?

4. Se um indivíduo é selecionado de forma aleatória para fazer um teste de QI, a sua nota pode ser considerada uma variável aleatória normal com média 100 e desvio-padrão 15. Qual a probabilidade da nota dessa pessoa ficar

   (a) abaixo de 125?

   (b) entre 90 e 110?

5. Suponha que o tempo gasto no trajeto da sua casa até a universidade seja uma variável aleatória normal com média de 40 minutos e desvio-padrão de 7 minutos. Suponha também que todos os dias da semana sua aula começa às 9:00h.

   (a) Se você sair de casa às 08:10h, qual a probabilidade de se atrasar?

   (b) Se durante um mês você sair de casa todos os dias às 08:10h, qual a probabilidade de se atrasar mais de duas vezes? (considere um mês com 20 dias úteis)

   (c) Se você quer ter 95% de certeza que não vai se atrasar, qual o horário mais tarde que você pode sair de casa?

6. A vida de um certo tipo de pneus automotivos é normalmente distribuída com média de 34.000 milhas e desvio-padrão 4.000 milhas.

   (a) Qual a probabilidade desse pneu durar mais de 40.000 milhas?

   (b) Qual a probabilidade desse pneu durar entre 30.000 e 35.000 milhas?

   (c) Dado que um certo pneu já rodou 30.000 milhas, qual a probabilidade condicional dele rodar por mais 10.000 milhas?

7. A quantidade de chuva anual em uma certa cidade é aproximadamente normal com média 40,2 polegadas e desvio-padrão de 8,4 polegadas.

   (a) Qual a probabilidade de no próximo ano chover mais de 44 polegadas?

   (b) Qual a probabilidade de em exatos 3 dos próximos 7 anos chover mais de 44 polegadas?

8. Numa distribuição normal, 31% dos elementos são menores que 45 e 8% são maiores que 64. Calcular os parâmetros que definem a distribuição.

9. A distribuição dos pesos de coelhos criados em uma granja pode ser representada por uma distribuição normal com média de 5 kg e desvio-padrão de 0,8 kg. Um abatedouro comprará 5.000 coelhos e pretende classificá-los de acordo com o peso da seguinte forma: 20% dos leves como pequenos, os 55% seguintes como médios, os 15% seguintes como grandes e os 10% mais pesados como extras. Quais os limites de peso para cada classificação?

10. Sendo $X \sim N(\mu, \sigma^2)$, $\mu > 0$, avalie as probabilidades abaixo em função de $\Phi(z)$ ou numericamente, se possível:

    (a) $P(|X| < \mu)$ (b) $P(|X - \mu| > 0)$ (c) $P(X - \mu < -\sigma)$ (d) $P(\sigma < |X - \mu| < 2\sigma)$

11. Suponha que o volume, em litros, de uma garrafa de refrigerante seja Normal com parâmetros $\mu = 1$ e $\sigma^2 = 10^{-4}$. Se três garrafas forem sorteadas ao acaso, pergunta-se:

    (a) A probabilidade de todas as três terem pelo menos 980ml?

    (b) A probabilidade de não mais de uma ficar com volume inferior a 980ml?

12. Seja $X \sim N(\mu, \sigma^2)$ o desempenho de um certo equipamento. Ele será considerado *fora de controle* quando afastar de μ por mais de 2σ unidades. Todo dia, o equipamento é avaliado e, caso esteja fora de controle, será desligado e enviado para manutenção. Admita independência entre as avaliações diárias. Determine a probabilidade de

    (a) o equipamento ser desligado no primeiro dia.

    (b) a primeira manutenção ser no décimo dia.

    (c) Você reconhece a variável que conta os dias até a manutenção?

Apêndice A

Resumo das distribuições

Discretas

Uniforme Discreta

Notação:	$X \sim Unif(n)$
Parâmetro(s):	$n \in \mathbb{N}^*$
Função de probabilidade:	$p_X(x) = \frac{1}{n}, \quad x \in Im(X)$
Função de distribuição:	–
Função geradora de momentos:	$M_X(t) = \frac{e^{at}}{n}\frac{1-e^{tn}}{1-e^t}$, se $Im(X) = \{a, a+1, \ldots, a+n-1\}$
Esperança:	$\frac{1}{n}\sum_{i=1}^n x_i = \bar{x}$
Variância:	$\frac{1}{n}\sum_{i=1}^n (x_i - \bar{x})^2$

Bernoulli

Notação:	$X \sim Ber(p)$
Parâmetro(s):	$0 \leq p \leq 1$
Função de probabilidade:	$p_X(x) = p^x(1-p)^{1-x}, \quad x \in \{0, 1\}$
Função de distribuição:	$F_X(x) = \begin{cases} 0 & \text{, se } x < 0 \\ 1-p & \text{, se } 0 \leq x < 1 \\ 1 & \text{, se } x \geq 1 \end{cases}$
Função geradora de momentos:	$M_X(t) = 1 - p + e^t p$
Esperança:	p
Variância:	$p(1-p)$

Binomial

Notação:	$X \sim Bin(n, p)$
Parâmetro(s):	$n \in \mathbb{N}^*$ e $p \in [0, 1]$
Função de probabilidade:	$p_X(x) = \binom{n}{x} p^x (1-p)^{n-x}, \quad x = 0, 1, \ldots, n$
Função de distribuição:	$-$
Função geradora de momentos:	$M_X(t) = (pe^t + 1 - p)^n$
Esperança:	np
Variância:	$np(1-p)$

Geométrica

Notação:	$X \sim Gep(p)$
Parâmetro(s):	$p \in [0, 1]$
Função de probabilidade:	$p_X(x) = (1-p)^x p, \quad x \in \mathbb{N}$
Função de distribuição:	$F(x) = \begin{cases} 0 & \text{, se } x < 0 \\ 1 - (1-p)^{\lfloor x \rfloor + 1} & \text{, se } x \geq 0 \end{cases}$
Função geradora de momentos:	$M_X(t) = \frac{p}{1 - e^t(1-p)}, \ t < -\ln(1-p)$
Esperança:	$\frac{1-p}{p}$
Variância:	$\frac{1-p}{p^2}$

Geométrica Deslocada

Notação:	$X \sim Gep^*(p)$
Parâmetro(s):	$p \in [0, 1]$
Função de probabilidade:	$p_X(x) = (1-p)^{x-1} p, \quad x \in \mathbb{N}^*$
Função de distribuição:	$F(x) = \begin{cases} 0 & \text{, se } x < 1 \\ 1 - (1-p)^{\lfloor x \rfloor} & \text{, se } x \geq 1 \end{cases}$
Função geradora de momentos:	$M_X(t) = \frac{pe^t}{1 - e^t(1-p)}, \ t < -\ln(1-p)$
Esperança:	$\frac{1}{p}$
Variância:	$\frac{1-p}{p^2}$

Binomial Negativa

Notação:	$X \sim BinNeg(r,p)$
Parâmetro(s):	$r \in \mathbb{N}^*$ e $p \in [0,1]$
Função de probabilidade:	$p_X(x) = \binom{x+r-1}{x} p^r (1-p)^x, \quad x \in \mathbb{N}$
Função de distribuição:	–
Função geradora de momentos:	$M_X(t) = \left(\frac{p}{1-e^t(1-p)}\right)^r, \ t < -\ln(1-p)$
Esperança:	$\frac{r(1-p)}{p}$
Variância:	$\frac{r(1-p)}{p^2}$

Binomial Negativa Deslocada

Notação:	$X \sim BinNeg^*(r,p)$
Parâmetro(s):	$r \in \mathbb{N}^*$ e $p \in [0,1]$
Função de probabilidade:	$p_X(x) = \binom{x-1}{r-1} p^r (1-p)^{x-r}, \quad x = r, r+1, r+2, \ldots$
Função de distribuição:	–
Função geradora de momentos:	$M_X(t) = \left(\frac{pe^t}{1-e^t(1-p)}\right)^r, \ t < -\ln(1-p)$
Esperança:	$\frac{r}{p}$
Variância:	$\frac{r(1-p)}{p^2}$

Hipergeométrica

Notação:	$X \sim HGeo(N,r,n)$
Parâmetro(s):	$N, r, n \in \mathbb{N}^*$
Função de probabilidade:	$p_X(x) = \frac{\binom{r}{x}\binom{N-r}{n-x}}{\binom{N}{n}}, x = 0, 1, \ldots, n$
Função de distribuição:	–
Função geradora de momentos:	–
Esperança:	$\frac{nr}{N}$
Variância:	$n\frac{r}{N}\frac{N-r}{N}\frac{N-n}{N-1}$

Poisson

Notação:	$X \sim Poi(\lambda)$
Parâmetro(s):	$\lambda \in \mathbb{R}^+$
Função de probabilidade:	$p_X(x) = \dfrac{\lambda^x}{x!}e^{-\lambda}, \quad x \in \mathbb{N}$
Função de distribuição:	–
Função geradora de momentos:	$M_X(t) = e^{\lambda(e^t-1)}$
Esperança:	λ
Variância:	λ

Contínuas

Uniforme

Notação:	$X \sim \mathcal{U}(a,b)$
Parâmetro(s):	$a, b \in \mathbb{R}, a < b$
Função densidade:	$f_X(x) = \dfrac{1}{b-a}, \quad a < x < b$
Função de distribuição:	$F(x) = \begin{cases} 0 & \text{, se } x < a \\ \dfrac{x-a}{b-a} & \text{, se } a \leq x < b \\ 1 & \text{, se } x \geq b \end{cases}$
Função geradora de momentos:	$M_X(t) = \begin{cases} \dfrac{e^{bt}-e^{at}}{t(b-a)} & , t \neq 0 \\ 1 & , t = 0 \end{cases}$
Esperança:	$(a+b)/2$
Variância:	$(b-a)^2/12$

Exponencial

Notação:	$X \sim Exp(\lambda)$
Parâmetro(s):	$\lambda > 0$
Função densidade:	$\lambda e^{-\lambda x}, x > 0$
Função de distribuição:	$F(x) = \begin{cases} 0 & \text{, se } x < 0 \\ 1 - e^{-\lambda x} & \text{, se } x \geq 0 \end{cases}$
Função geradora de momentos:	$M_X(t) = \dfrac{\lambda}{\lambda - t}, t < \lambda$
Esperança:	$1/\lambda$
Variância:	$1/\lambda^2$

Gama

Notação:	$X \sim Gama(\alpha, \lambda)$
Parâmetro(s):	$\alpha > 0$ e $\lambda > 0$
Função densidade:	$f_X(x) = \dfrac{\lambda^\alpha}{\Gamma(\alpha)} x^{\alpha-1} e^{-\lambda x}, x > 0$
Função de distribuição:	$-$
Função geradora de momentos:	$M_X(t) = \left(\dfrac{\lambda}{\lambda - t}\right)^\alpha, t < \lambda$
Esperança:	α/λ
Variância:	α/λ^2

Beta

Notação:	$X \sim Beta(\alpha, \beta)$
Parâmetro(s):	$\alpha > 0$ e $\beta > 0$
Função densidade:	$f_X(x) = \dfrac{1}{B(\alpha, \beta)} x^{\alpha-1}(1-x)^{\beta-1}, 0 < x < 1$
Função de distribuição:	$-$
Função geradora de momentos:	$-$
Esperança:	$\dfrac{\alpha}{\alpha+\beta}$
Variância:	$\dfrac{\alpha\beta}{(\alpha+\beta+1)(\alpha+\beta)^2}$

Weibull

Notação:	$X \sim Weibull(\alpha, \beta)$
Parâmetro(s):	$\alpha > 0$ e $\beta > 0$
Função densidade:	$f_X(x) = \dfrac{\alpha}{\beta^\alpha} x^{\alpha-1} e^{-\left(\frac{x}{\beta}\right)^\alpha}, x > 0$
Função de distribuição:	$F(x) = \begin{cases} 0 & , \text{se } x < 0 \\ 1 - e^{-(x/\beta)^\alpha} & , \text{se } x \geq 0 \end{cases}$
Função geradora de momentos:	$-$
Esperança:	$\beta\Gamma\left(\dfrac{\alpha+1}{\alpha}\right)$
Variância:	$\beta^2\left(\Gamma\left(\dfrac{\alpha+2}{\alpha}\right) - \left(\Gamma\left(\dfrac{\alpha+1}{\alpha}\right)\right)^2\right)$

Pareto

Notação: $X \sim Pareto(\alpha, b)$

Parâmetro(s): $\alpha > 0$ e $b > 0$

Função densidade: $f_X(x) = \frac{\alpha}{b}\left(\frac{b}{x}\right)^{\alpha+1}, x \geq b$

Função de distribuição: $F(x) = \begin{cases} 0 & , \text{ se } x < b \\ 1 - \left(\frac{b}{x}\right)^{\alpha} & , \text{ se } x \geq b \end{cases}$

Função geradora de momentos: –

Esperança: $\frac{\alpha b}{\alpha - 1}$, se $\alpha > 1$

Variância: $\frac{\alpha b^2}{(\alpha-1)^2(\alpha-2)}$, se $\alpha > 2$

Normal

Notação: $X \sim N(\mu, \sigma^2)$

Parâmetro(s): $\mu \in \mathbb{R}$ e $\sigma^2 > 0$

Função densidade: $f_X(x) = \frac{1}{\sqrt{2\pi\sigma^2}} e^{-\frac{(x-\mu)^2}{2\sigma^2}}$

Função de distribuição: –

Função geradora de momentos: $M_X(t) = e^{\mu t} e^{\frac{1}{2}t^2\sigma^2}$

Esperança: μ

Variância: σ^2

Log-Normal

Notação: $X \sim LogN(\mu, \sigma^2)$

Parâmetro(s): $\mu \in \mathbb{R}$ e $\sigma^2 > 0$

Função densidade: $f_X(x) = \frac{1}{x\sqrt{2\pi\sigma^2}} e^{-\frac{(\ln(x)-\mu)^2}{2\sigma^2}}$

Função de distribuição: –

Função geradora de momentos: –

Esperança: $e^{\mu + \frac{\sigma^2}{2}}$

Variância: $e^{2\mu+\sigma^2}\left(e^{\sigma^2} - 1\right)$

Apêndice B

Tabelas da distribuição Normal Padrão

Nesse apêndice serão apresentadas duas tabelas da distribuição Normal Padrão.

A primeira, Tabela B.1, apresenta os valores de $\mathrm{P}(0 \leq Z \leq z)$ para $0 \leq z \leq 3,49$.

$$\mathrm{P}(0 \leq Z \leq z) = \int_0^z \frac{1}{\sqrt{2\pi}} e^{-\frac{x^2}{2}} \, \mathrm{d}x = p \Rightarrow$$

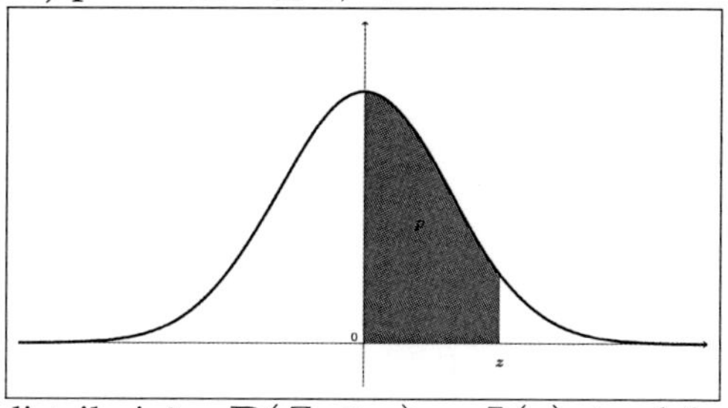

A segunda, Tabela B.2, apresenta os valores da função de distribuição, $\mathbf{P}(Z \leq z) = \Phi(z)$, também para $0 \leq z \leq 3,49$.

$$\mathbf{P}(Z \leq z) = \Phi(z) = \int_{-\infty}^z \frac{1}{\sqrt{2\pi}} e^{-\frac{x^2}{2}} \, \mathrm{d}x = p \Rightarrow$$

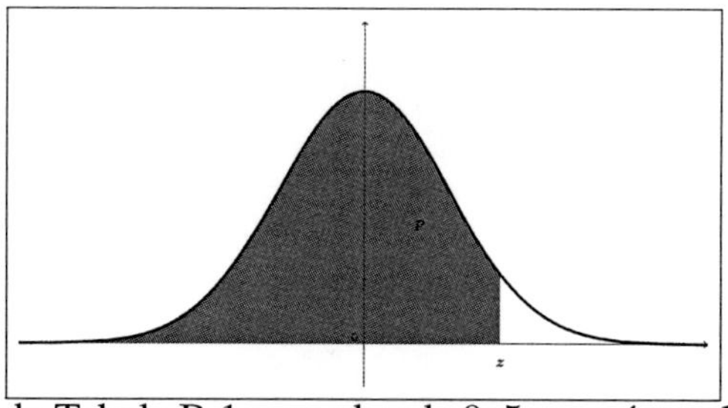

Repare que os valores da Tabela B.2 equivalem aos valores da Tabela B.1 somados de $0,5$, que é o valor de $\mathrm{P}(Z < 0)$.

Tabela B.1 – Distribuição normal padrão: $\mathrm{P}(0 \leq Z \leq z) = \int_0^z \frac{1}{\sqrt{2\pi}} e^{-\frac{x^2}{2}} \, \mathrm{d}x.$

z	,00	,01	,02	,03	,04	,05	,06	,07	,08	,09
0,0	0.0000	0.0040	0.0080	0.0120	0.0160	0.0199	0.0239	0.0279	0.0319	0.0359
0,1	0.0398	0.0438	0.0478	0.0517	0.0557	0.0596	0.0636	0.0675	0.0714	0.0753
0,2	0.0793	0.0832	0.0871	0.0910	0.0948	0.0987	0.1026	0.1064	0.1103	0.1141
0,3	0.1179	0.1217	0.1255	0.1293	0.1331	0.1368	0.1406	0.1443	0.1480	0.1517
0,4	0.1554	0.1591	0.1628	0.1664	0.1700	0.1736	0.1772	0.1808	0.1844	0.1879
0,5	0.1915	0.1950	0.1985	0.2019	0.2054	0.2088	0.2123	0.2157	0.2190	0.2224
0,6	0.2257	0.2291	0.2324	0.2357	0.2389	0.2422	0.2454	0.2486	0.2517	0.2549
0,7	0.2580	0.2611	0.2642	0.2673	0.2704	0.2734	0.2764	0.2794	0.2823	0.2852
0,8	0.2881	0.2910	0.2939	0.2967	0.2995	0.3023	0.3051	0.3078	0.3106	0.3133
0,9	0.3159	0.3186	0.3212	0.3238	0.3264	0.3289	0.3315	0.3340	0.3365	0.3389
1,0	0.3413	0.3438	0.3461	0.3485	0.3508	0.3531	0.3554	0.3577	0.3599	0.3621
1,1	0.3643	0.3665	0.3686	0.3708	0.3729	0.3749	0.3770	0.3790	0.3810	0.3830
1,2	0.3849	0.3869	0.3888	0.3907	0.3925	0.3944	0.3962	0.3980	0.3997	0.4015
1,3	0.4032	0.4049	0.4066	0.4082	0.4099	0.4115	0.4131	0.4147	0.4162	0.4177
1,4	0.4192	0.4207	0.4222	0.4236	0.4251	0.4265	0.4279	0.4292	0.4306	0.4319
1,5	0.4332	0.4345	0.4357	0.4370	0.4382	0.4394	0.4406	0.4418	0.4429	0.4441
1,6	0.4452	0.4463	0.4474	0.4484	0.4495	0.4505	0.4515	0.4525	0.4535	0.4545
1,7	0.4554	0.4564	0.4573	0.4582	0.4591	0.4599	0.4608	0.4616	0.4625	0.4633
1,8	0.4641	0.4649	0.4656	0.4664	0.4671	0.4678	0.4686	0.4693	0.4699	0.4706
1,9	0.4713	0.4719	0.4726	0.4732	0.4738	0.4744	0.4750	0.4756	0.4761	0.4767
2,0	0.4772	0.4778	0.4783	0.4788	0.4793	0.4798	0.4803	0.4808	0.4812	0.4817
2,1	0.4821	0.4826	0.4830	0.4834	0.4838	0.4842	0.4846	0.4850	0.4854	0.4857
2,2	0.4861	0.4864	0.4868	0.4871	0.4875	0.4878	0.4881	0.4884	0.4887	0.4890
2,3	0.4893	0.4896	0.4898	0.4901	0.4904	0.4906	0.4909	0.4911	0.4913	0.4916
2,4	0.4918	0.4920	0.4922	0.4925	0.4927	0.4929	0.4931	0.4932	0.4934	0.4936
2,5	0.4938	0.4940	0.4941	0.4943	0.4945	0.4946	0.4948	0.4949	0.4951	0.4952
2,6	0.4953	0.4955	0.4956	0.4957	0.4959	0.4960	0.4961	0.4962	0.4963	0.4964
2,7	0.4965	0.4966	0.4967	0.4968	0.4969	0.4970	0.4971	0.4972	0.4973	0.4974
2,8	0.4974	0.4975	0.4976	0.4977	0.4977	0.4978	0.4979	0.4979	0.4980	0.4981
2,9	0.4981	0.4982	0.4982	0.4983	0.4984	0.4984	0.4985	0.4985	0.4986	0.4986
3,0	0.4987	0.4987	0.4987	0.4988	0.4988	0.4989	0.4989	0.4989	0.4990	0.4990
3,1	0.4990	0.4991	0.4991	0.4991	0.4992	0.4992	0.4992	0.4992	0.4993	0.4993
3,2	0.4993	0.4993	0.4994	0.4994	0.4994	0.4994	0.4994	0.4995	0.4995	0.4995
3,3	0.4995	0.4995	0.4995	0.4996	0.4996	0.4996	0.4996	0.4996	0.4996	0.4997
3,4	0.4997	0.4997	0.4997	0.4997	0.4997	0.4997	0.4997	0.4997	0.4997	0.4998

Tabela B.2 – Distribuição normal padrão: $\mathrm{P}(Z \leq z) = \Phi(z) = \int_{-\infty}^{z} \frac{1}{\sqrt{2\pi}} e^{-\frac{x^2}{2}} \mathrm{d}x.$

z	,00	,01	,02	,03	,04	,05	,06	,07	,08	,09
0,0	0.5000	0.5040	0.5080	0.5120	0.5160	0.5199	0.5239	0.5279	0.5319	0.5359
0,1	0.5398	0.5438	0.5478	0.5517	0.5557	0.5596	0.5636	0.5675	0.5714	0.5753
0,2	0.5793	0.5832	0.5871	0.5910	0.5948	0.5987	0.6026	0.6064	0.6103	0.6141
0,3	0.6179	0.6217	0.6255	0.6293	0.6331	0.6368	0.6406	0.6443	0.6480	0.6517
0,4	0.6554	0.6591	0.6628	0.6664	0.6700	0.6736	0.6772	0.6808	0.6844	0.6879
0,5	0.6915	0.6950	0.6985	0.7019	0.7054	0.7088	0.7123	0.7157	0.7190	0.7224
0,6	0.7257	0.7291	0.7324	0.7357	0.7389	0.7422	0.7454	0.7486	0.7517	0.7549
0,7	0.7580	0.7611	0.7642	0.7673	0.7704	0.7734	0.7764	0.7794	0.7823	0.7852
0,8	0.7881	0.7910	0.7939	0.7967	0.7995	0.8023	0.8051	0.8078	0.8106	0.8133
0,9	0.8159	0.8186	0.8212	0.8238	0.8264	0.8289	0.8315	0.8340	0.8365	0.8389
1,0	0.8413	0.8438	0.8461	0.8485	0.8508	0.8531	0.8554	0.8577	0.8599	0.8621
1,1	0.8643	0.8665	0.8686	0.8708	0.8729	0.8749	0.8770	0.8790	0.8810	0.8830
1,2	0.8849	0.8869	0.8888	0.8907	0.8925	0.8944	0.8962	0.8980	0.8997	0.9015
1,3	0.9032	0.9049	0.9066	0.9082	0.9099	0.9115	0.9131	0.9147	0.9162	0.9177
1,4	0.9192	0.9207	0.9222	0.9236	0.9251	0.9265	0.9279	0.9292	0.9306	0.9319
1,5	0.9332	0.9345	0.9357	0.9370	0.9382	0.9394	0.9406	0.9418	0.9429	0.9441
1,6	0.9452	0.9463	0.9474	0.9484	0.9495	0.9505	0.9515	0.9525	0.9535	0.9545
1,7	0.9554	0.9564	0.9573	0.9582	0.9591	0.9599	0.9608	0.9616	0.9625	0.9633
1,8	0.9641	0.9649	0.9656	0.9664	0.9671	0.9678	0.9686	0.9693	0.9699	0.9706
1,9	0.9713	0.9719	0.9726	0.9732	0.9738	0.9744	0.9750	0.9756	0.9761	0.9767
2,0	0.9772	0.9778	0.9783	0.9788	0.9793	0.9798	0.9803	0.9808	0.9812	0.9817
2,1	0.9821	0.9826	0.9830	0.9834	0.9838	0.9842	0.9846	0.9850	0.9854	0.9857
2,2	0.9861	0.9864	0.9868	0.9871	0.9875	0.9878	0.9881	0.9884	0.9887	0.9890
2,3	0.9893	0.9896	0.9898	0.9901	0.9904	0.9906	0.9909	0.9911	0.9913	0.9916
2,4	0.9918	0.9920	0.9922	0.9925	0.9927	0.9929	0.9931	0.9932	0.9934	0.9936
2,5	0.9938	0.9940	0.9941	0.9943	0.9945	0.9946	0.9948	0.9949	0.9951	0.9952
2,6	0.9953	0.9955	0.9956	0.9957	0.9959	0.9960	0.9961	0.9962	0.9963	0.9964
2,7	0.9965	0.9966	0.9967	0.9968	0.9969	0.9970	0.9971	0.9972	0.9973	0.9974
2,8	0.9974	0.9975	0.9976	0.9977	0.9977	0.9978	0.9979	0.9979	0.9980	0.9981
2,9	0.9981	0.9982	0.9982	0.9983	0.9984	0.9984	0.9985	0.9985	0.9986	0.9986
3,0	0.9987	0.9987	0.9987	0.9988	0.9988	0.9989	0.9989	0.9989	0.9990	0.9990
3,1	0.9990	0.9991	0.9991	0.9991	0.9992	0.9992	0.9992	0.9992	0.9993	0.9993
3,2	0.9993	0.9993	0.9994	0.9994	0.9994	0.9994	0.9994	0.9995	0.9995	0.9995
3,3	0.9995	0.9995	0.9995	0.9996	0.9996	0.9996	0.9996	0.9996	0.9996	0.9997
3,4	0.9997	0.9997	0.9997	0.9997	0.9997	0.9997	0.9997	0.9997	0.9997	0.9998

Apêndice C

Respostas dos Exercícios

Capítulo 1

Seção 1.1, Exercício: 1. $\Omega = \{(K,K,K), (K,K,C), (K,C,K), (K,C,C), (C,K,K), (C,K,C), (C,C,K), (C,C,C)\}$, $A = \{(K,K,K), (C,C,C)\}$, $B = \{(K,K,K), (K,K,C), (K,C,K), (K,C,C)\}$ e $C = \{(K,C,C), (C,C,C)\}$. **2.** Figura C.1. **3.** (a) $\Omega = \{(i,j,k,l,m)|i,\ j,\ k,\ l,\ m\ = 1,2,3,4,5,6\}$

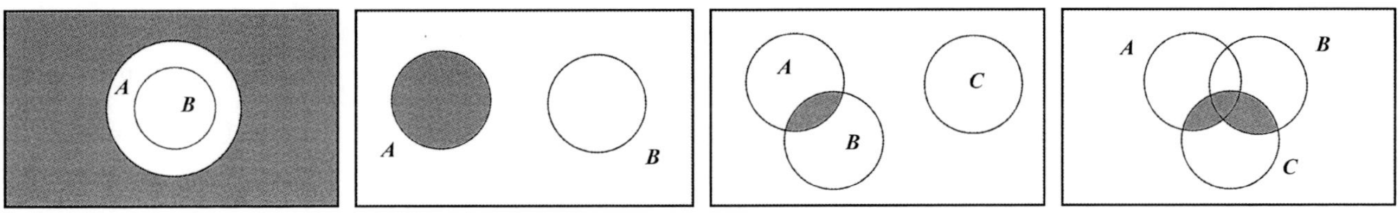

(a) $A^c \cap B^c$ **(b)** $A - B$ **(c)** $(A \cup C) \cap B$ **(d)** $(A \cup B) \cap C$

Figura C.1 – Resposta do Exercício 2 da Seção 1.1.

(b) $\Omega = \{(i,j,k,l,m),\ \ i,j,k,l,m = 1,2,3,4,5,6; i \leq j; j \leq k; k \leq l; l \leq m\}$ (c) $\Omega = \{1,2,3,4,5,6\}$ (d) $\Omega = \{0,1,2,\ldots\}$ (e) Vamos denotar por M o evento "bebê é do sexo masculino" e por F o evento "bebê é do sexo feminino": $\Omega = \{M,\ F,\ MM,\ MF,\ FM,\ FF,\ MMM,\ MMF,\ MFM,\ FMM,\ FFM,\ FMF,\ MFF,\ FFF,\ FFFF,\ FFFM,\ FFMF,\ FMFF,\ MFFF,\ MMFF,\ MFMF,\ MFFM,\ FFMM,\ FMFM,\ FMMF,\ MMMF,\ MMFM,\ MFMM,\ FMMM,\ MMMM\}$ (f) $\Omega = (0,\infty)$ (g) $\Omega = \{3,4,5,6,7,8,9,10\}$ (h) $\Omega = \{1,2,3,\ldots\}$ (i) $\Omega = \{AA,\ AB,\ AC,\ AD,\ AE,\ BA,\ BB,\ BC,\ BD,\ BE,\ CA,\ CB,\ CC,\ CD,\ CE,\ DA,\ DB,\ DC,\ DD,\ DE,\ EA,\ EB,\ EC,\ ED,\ EE\}$ (j) $\Omega = \{AB,\ AC,\ AD,\ AE,\ BA,\ BC,\ BD,\ BE,\ CA,\ CB,\ CD,\ CE,\ DA,\ DB,\ DC,\ DE,\ EA,\ EB,\ EC,\ ED\}$; **4..** (a) $\{1,3,5,7,9\}$ (b) $\{0,2,4,6,8,9\}$ (c) $\{0,1,2,3,4,5,6,7,8\}$ (d) $\emptyset$ (e) $\{1,3,5,7\}$ (f) $B - A = \{0,2,4,6,8\}$ (g) $\{0,1,2,3,4,5,6,7,8\}$ (h) $\emptyset$; **5.** $\Omega = \{(v,v),(v,b),(v,a),(b,v),(b,b),(b,a),(a,v),(a,b),(a,a)\}$ $\Omega = \{(v,b),(v,a),(a,v),(a,b),(b,v),(b,a)\}$. **Seção 1.2, Exercício: 1.** 0,3; **2.** (a) 0,75 (b) 0,25. **Seção 1.3, Exercício: 2.** (a) 0,2 (b) 0,69; **4.** 0,9507; **5.** (a) 4/65 (b) 3/91; **6.** 22/36. **Seção 1.4**, Exercício: **1.** (a) (b) . **Capítulo 1, Exercício: 1.** (a) $A \cap B^c \cap C^c$ (b) $(A \cap B^c \cap C^c) \cup (A^c \cap B \cap C^c) \cup (A^c \cap B^c \cap C)$ (c) $A \cap B \cap C$ (d) $A^c \cap B^c \cap C^c = (A \cup B \cup C)^c$ (e) $A \cup B \cup C$ (f) $(A \cap B \cap C^c) \cup (A \cap B^c \cap C) \cup (A^c \cap B \cap C)$ (g) $(A \cap B \cap C^c) \cup (A \cap B^c \cap C) \cup (A^c \cap B \cap C) \cup (A \cap B \cap C)$; (h) $(A \cap B \cap C)^c$. **2.** $A \cap B = \{(4,6),(5,5),(6,4),$

$(6,6)\}$ $A \cup B = \{(1,1), (1,3), (1,5), (2,2), (2,4), (2,6), (3,1), (3,3), (3,5), (4,2), (4,4), (4,6), (5,1), (5,3), (5,5), (6,2), (6,4), (6,6), (3,6), (4,5), (5,4), (5,6), (6,3), (6,5)\}$ $A - B = \{(1,1), (1,3), (1,5), (2,2), (2,4), (2,6), (3,1), (3,3), (3,5), (4,2), (4,4), (5,1), (5,3), (6,2)\}$ $B - A = \{(3,6), (4,5), (5,4), (5,6), (6,3), (6,5)\}$ $B \cap C = \{(3,6), (4,6), (5,6), (6,3), (6,4), (6,5), (6,6)\}$ $B - C = \{(4,5), (5,4), (5,5)\}$; **3.** (a) 16 (b) $A = \{(0,0,1,1), (0,1,0,1), (0,1,1,0), (1,1,0,0), (1,0,1,0), (1,0,0,1), (1,1,1,0), (1,1,0,1), (1,0,1,1), (0,1,1,1), (1,1,1,1)\}$ (c) 4 (d) $A \cap B = \{(1,1,0,0)\}$; **4.** (a) $\Omega = \{(C_0, I_0), (C_0, I_1), (C_0, I_2), (C_1, I_0), (C_1, I_1), (C_1, I_2)\}$ (b) $A = \{(C_0, I_2), (C_1, I_2)\}$ (c) $B = \{(C_0, I_0), (C_0, I_1), (C_0, I_2)\}$ (d) $B^c \cup A = \{(C_0, I_2), (C_1, I_0), (C_1, I_1), (C_1, I_2)\}$; **5.** $\mathrm{P}(A_3) = 1/4 + 2p$, onde $p = \mathrm{P}(A_1 \cup A_2)$ e $0 \leq p \leq 1/4$; **7.** (a) 0,19 (b) 0,49 (c) 0,32; **8.** (a) 0,07 (b) 0,92 (c) 0,26; **9.** (a) 5/8 (b) 7/8 (c) 3/4; **10.** (a) $\approx 0,3106$ (b) $\approx 0,9517$ (c) $\approx 0,9999$; **11.** (a) 1/420 (b) 41/42 (c) 7/15; **12.** (a) 5/6 (b) 1/30; **13.** (a) 53/65; (b) 34/455; (c) 24/91; **14.** (a) 0,784 (b) 0,12 (c) 0,213.

Capítulo 2

Seção 2.1, Exercício: 1. (a) 0,4 (b) 0,68 (c) 0,4; **2.** (a) 11/36 (b) 1/3 (c) 1/6 (d) $i = 1, \cdots, 6 : 0$; $i = 7 : 2/6$; $i = 8 : 2/5$; $i = 9 : 2/4$; $i = 10 : 2/3$; $i = 11, 12 : 1$; **3.** (a) 1/5 (b) 2/3 (c) 1/4 (d) 2/3 (e) 0,1 e 1; **4.** (a) 0,59 (b) 0,64 (c) 0,976. **Seção 2.2, Exercício: 1.** (a) 1/14 (b) 8/105; **2.** (a) 11/850 (b) 1/4 (c) 1/17 (d) 1/4 (e) 0,22. **Seção 2.3, Exercício: 1.** (a) 17/48 (b) 23/48 (c) 8/48 (d) 5/17; **2.** (a) 0,487 (b) 0,236 (c) 0,174; **3.** (a) 0,069 (b) 0,182; **4.** (a) 0,5 (b) 1/29; **5.** (a) 0,504; (b) 0,484. **6.** (b) 12/25 (c) 72/500 (d) 2/3. **Seção 2.4, Exercício: 1.** (a) 0,3 (b) 0,5; **2.** (a) Falso (b) Verdadeiro (c) Verdadeiro (d) Falso (e) Falso; **3.** (a) Não são independentes (b) São independentes; **4.** 0,4; **5.** (a) 0,06 (b) 0,94 (c) 0,1489; **6.** (a) Não (b) Sim. **Capítulo 2, Exercício: 1.** (a) 3/8 (b) 7/24 (c) 1/3; **2.** (a) 0,361 (b) 0,344 (c) 0,221 (d) 0,189; **3.** 0,7; **4.** 0,5; **5.** 0,5; **6.** 0,04081; **7.** (a) 0,0456 (b) 0,2734; **8.** (a) 0,255 (b) 0,4706; **9.** (b) 44/125 (c) 25/44; **10.** (a) 0,475 (b) 0,3684; **11.** (a) 0,5233 (b) 0,3715 (c) São eventos dependentes; **12.** (a) 7/12 (b) 6/7 (c) Não; **13.** 0,0034; **14.** (a) Não (b) Sim; **15.** (b) $\mathrm{P}(M_1) = \mathrm{P}(M_2) = 5/8$ (c) Não são independentes; **16.** (a) 13/25 (b) Hipótese de independência; **17.** (a) 2/15 (b) 11/60 (c) 9/23; **18.** (a) 9/40 (b) 47/80 (c) 1/3 (d) 15/43 (e) Não, os eventos são dependentes; **19.** (a) Falsa (b) Falsa.

Capítulo 3

Seção 3.1, Exercício: 1. (a) $Im(X) = \{1, 2, 3, \ldots\}$, conjunto infinito e enumerável (b) $Im(Y) = \{0, 1, 2, 3, \ldots\}$, conjunto infinito e enumerável (c) $Im(Z) = (0, 1)$, conjunto infinito e não-enumerável (d) $Im(W) = \{0, 1\}$, conjunto finito. **Seção 3.2, Exercício: 1.** (a) $Im(X) = \{0, 1, 2\}$ (b) $F_X(x) = 0$, se $x < 0$; $25/36$, se $0 \leq x < 1$; $35/36$, se $1 \leq x < 2$; 1, se $x \geq 2$ (c) $Im(Y) = \{2, 3, 4, ..., 12\}$ (d) $F_Y(y) = 0$, se $y < 2$; $1/36$, se $2 \leq y < 3$; $3/36$, se $3 \leq y < 4$; $6/36$, se $4 \leq y < 5$; $10/36$, se $5 \leq y < 6$; $15/36$, se $6 \leq y < 7$; $21/36$, se $7 \leq y < 8$; $26/36$, se $8 \leq y < 9$; $30/36$, se $9 \leq y < 10$; $33/36$, se $10 \leq y < 11$; $35/36$, se $11 \leq y < 12$; 1, se $y \geq 12$; **2.** (c) $\mathrm{P}(W > 2) = 0,1$, $\mathrm{P}(W = 2) = 0,4$, $\mathrm{P}(W < 2) = 0,5$, $\mathrm{P}(W = 1) = 0$, $\mathrm{P}(W < 2 | W > 1) = 0$; **3.** (c) $\mathrm{P}(X < 0) = 3/4$, $\mathrm{P}(-1/2 < X < 1/2) = 1/2$, $\mathrm{P}(X = 0) = 0$ e $\mathrm{P}(X > 1/2 \mid X > 0) = 1/4$; **4.** (c) $\mathrm{P}(Y = 0) = 1/4$, $\mathrm{P}(Y < 1/2) = 1/2$, $\mathrm{P}(Y \geq 1) = 1/2$, $\mathrm{P}(2 < Y < 3) = 3/70$ e $\mathrm{P}(Y > 2 \mid X < 3) = 1/21$. **Seção 3.3, Exercício: 1.** (a)

$Im(W) = \{-2, 0, 2, 3\}$, $Im(X) = [-1, 1]$ e $Im(Y) = (-\infty, 0] \cup [1, \infty)$ (b) W é discreta, X é contínua e Y não é nem discreta e nem contínua. **Capítulo 3, Exercício: 1.** $F_X(x) = \{0,\ \text{se } x < 10; 0,5,\ \text{se } 10 \leq x < 15; 0,9,\ \text{se } 15 \leq x < 18; 1,\ \text{se } x \geq 18;$ **2.** (a) $\Omega = \{(w_1, w_2, w_3) \mid w_i = K$ ou C , $i = 1, 2, 3\}$ (b) 1/8 (c) $Im(X) = \{-3, -1, 1, 3\}$, X é discreta (d) $F_X(x) = \{0,\ \text{se } x < -3; 1/8,\ \text{se } -3 \leq x < -1; 4/8,\ \text{se } -1 \leq x < 1; 7/8,\ \text{se } 1 leq < 3; 1\ \text{se } x \geq 3.$; **3.** (a) $Im(X) = \{-3, -2, 1\}$, X é discreta e X não é contínua (b) $Im(X) = (0, 1)$, X não é discreta e X é contínua (c) $Im(X) = (0, 2)$, X não é discreta e X não é contínua (d) $Im(X) = \{0, 1/3, 2/3, 1\}$, X é discreta e X não é contínua; **4.** (b) X é contínua (c) $Im(X) = (0, 1)$ (d) $P(X > 0,3) = 0,91$, $P(X = 0,3) = 0$, $P(0,3 \leq X \leq 0,8) = 0,55$; **5.** (b) X é discreta (c) $Im(X) = \{1/2, 1, 3/2\}$ (d) $P(X > 1) = 1/3$, $P(X \geq 1) = 2/3$, $P(X = 1) = 1/3$, $P(X = 2) = 0$, $P(1 \leq X \leq 2) = 2/3$; **6.** $a = 1/2$ e $b = 1$; **7.** (b) $Im(Y) = (1, 2)$ (c) $P(Y > 0,5) = 7/8$, $P(Y < 1,5) = 3/4$, $P(0 < Y < 1,5) = 3/4$, $P(0 < Y < 1,5 \mid Y > 0,5) = 5/7$; **8.** (b) X é discreta (c) $P(X \geq 0) = 0,6$ e $P(X > 0) = 0,6$ (d) $P(X \geq 1/2) = 0,6$ e $P(X > 1/2) = 1 - F(1/2) = 0,4$; **9.** (a) $c = 1$ (b) X é contínua (c) $P(X < -\frac{1}{2} \mid X < 1/2) = 0,435$; **9.** (a) Falsa (b) Verdadeira.

Capítulo 4

Seção 4.1, Exemplo: 1. (a) $Im(X) = \{-2, -1, 1, 2\}$ (b) $p_X(x) = 1/8$, se $x = -2$; $3/8$, se $x = -1$; $1/4$, se $x = 1$ ou 2; 0, caso contrário (c) $P(X > 0 \mid X < 2) = 1/3$; **2.** (a) $Im(X) = \{1, 2, 3, 4\}$ (b) $F_X(x) = 0$, se $x < 1$; $7/10$, se $1 \leq x < 2$; $9/10$, se $2 \leq x < 3$; 1, se $x \geq 5$ (c) $P(X \geq 3 \mid X > 1) = 1/2$; **3.** (a) $Im(X) = \{-3, -2, -1, 0, 1, 2, 3\}$ (b) $p_X(x) = 0,027$, se $x = -3$; $0,135$, se $x = -2$; $0,279$, se $x = -1$; $0,305$, se $x = -0$; $0,186$, se $x = 1$; $0,060$, se $x = 2$; $0,008$, se $x = 3$; 0, caso contrário (c) $F_X(x) = 0$, se $x < -3$; $0,027$, se $-3 \leq x < -2$; $0,162$, se $-2 \leq x < -1$; $0,441$, se $-1 \leq x < 0$; $0,746$, se $0 \leq x < 1$; $0,932$, se $1 \leq x < 2$; $0,998$, se $2 \leq x < 3$; 1, se $x \geq 3$ (d) $P(X \geq 0) = 0,559$; **4.** (a) $Im(X) = \{-3, -2, -1, 0, 1, 2\}$ (b) $p_X(x) = 6/720$, se $x = -3$; $90/720$, se $x = -2$; $216/720$, se $x = -1$; $240/720$, se $x = 0$; $138/720$, se $x = 1$; $30/720$, se $x = 2$; 0, caso contrário (c) $F_X(x) = 0$, se $x < -3$; $6/720$, se $-3 \leq x < -2$; $96/720$, se $-2 \leq x < -1$; $312/720$, se $-1 \leq x < 0$; $552/720$, se $0 \leq x < 1$; $690/720$, se $1 \leq x < 2$; 1, se $x \geq 2$ (d) $P(X \geq 0) = 0,5667$; **5.** (a) $Im(X) = Im(Y) = \{2, 4, 8\}$ (b) $p_X(x) = 1/3$, se $x = 2$; $1/3$, se $x = 4$; $1/3$, se $x = 8$; 0, caso contrário (c) $p_Y(y) = 2/14$, se $y = 2$; $4/14$, se $y = 4$; $8/14$, se $y = 8$; 0, caso contrário (d) $F_X(x) = 0$, se $x < 2$; $1/3$, se $2 \leq x < 4$; $2/3$, se $4 \leq x < 8$; 1, se $x \geq 8$ (e) $F_Y(y) = 0$, se $y < 2$; $2/14$, se $2 \leq y < 4$; $5/14$, se $4 \leq y < 8$; 1, se $y \geq 8$ (f) $P(X > 2) = 2/3$ e $P(Y > 2) = 6/7$; **6.** (b) 4/9. **Seção 4.2, Exemplo: 1.** (a) $Im(Y) = \{1, 4\}$ (b) $p_Y(y) = 5/8$, se $y = 1$; $3/8$, se $y = 4$; 0, caso contrário (c) $F_Y(y) = 0$, se $y < 1$; $5/8$, se $1 \leq y < 4$; 1, se $y \geq 4$ (d) $P(Y \neq 1) = 3/8$; **2.** (a) $Im(Y) = \{-2, -1, 0, 1\}$ (b) $p_Y(y) = 1/10$, se $y = -2$; $2/10$, se $y = -1$; $3/10$, se $y = 0$; $4/10$, se $y = 1$; 0, caso contrário (c) $F_Y(y) = 0$, se $y < -2$; $1/10$, se $-2 \leq y < -1$; $3/10$, se $-1 \leq y < 0$; $6/10$, se $0 \leq y < 1$; 1, se $y \geq 1$ (d) $P(Y > 0 | Y \neq 2) = 4/10$; **3.** (a) $Im(Y) = \{-3, -2, -1, 0, 2, 4, 6\}$ (b) $p_Y(y) = 0,027$, se $y = -3$; $0,135$, se $y = -2$; $0,279$, se $y = -1$; $0,305$, se $y = 0$; $0,186$, se $y = 2$; $0,060$, se $y = 4$; $0,008$, se $y = 6$; 0, caso contrário (c) $F_Y(y) = 0$, se $y < -3$; $0,027$, se $-3 \leq y < -2$; $0,162$, se $-2 \leq y < -1$; $0,441$, se $-1 \leq y < 0$; $0,746$, se $0 \leq y < 2$; $0,932$ se $2 \leq y < 4$; $0,992$, se $4 \leq y < 6$; 1, se $y \geq 6$ (d) 0,162; **4.** (a) $Im(Y) = \{-3, -2, -1, 0, 2, 4\}$ (b) $p_Y(y) = 6/720$, se $y = -3$; $90/720$, se $y = -2$;

$216/720$, se $y = -1$; $240/720$, se $y = 0$; $138/720$, se $y = 2$; $30/720$, se $y = 4$; 0, caso contrário (c) $F_Y(y) = 0$, se $y < -3$; $6/720$, se $-3 \leq y < -2$; $96/720$, se $-2 \leq y < -1$; $312/720$, se $-1 \leq y < 0$; $552/720$, se $0 \leq y < 2$; $690/720$, se $2 \leq y < 4$; 1, se $y \geq 4$ (d) $\text{P}(Y < -1) = 0,133$; **5.** (a) $Im(W) = \{10, 12, 16\}$ (b) $p_W(w) = 1/3$, se $w = 10$; $1/3$, se $w = 12$; $1/3$, se $w = 16$; 0, caso contrário (c) $F_W(w) = 0$, se $y < 10$; $1/3$, se $10 \leq y < 12$; $2/3$, se $12 \leq y < 16$; 1, se $y \geq 16$ (d) $\text{P}(W > 10) = 2/3$; **6.** (a) $Im(Y) = \mathbb{N}^* = \{1, 2, 3, \ldots\}$ (b) $p_Y(y) = (1/3)(2/3)^{y-1}$, se $y = 1, 2, 3, \ldots$; 0, caso contrário. (c) $\text{P}(Y > 2|Y > 1) = 2/3$. **Seção 4.3, Exemplo: 1.** (a) $1/8$ (b) $17/8$ (c) $17/8$; **2.** (a) 2 (b) 0 (c) 0 (d) 0; **3.** (a) 0,3 (b) 0,03 (c) 0,03; **4.** $\text{E}(X) = -0,3$ e $\text{E}(Y) = -0,025$; **5.** (a) 4,667 (b) 6 (c) 12,667. **Seção 4.4, Exemplo: 1.** (a) $\text{Var}(X) = 135/64$ e $\text{DP}(X) = 3\sqrt{15}/8$ (b) $\text{Var}(Y) = 135/64$ e $\text{DP}(Y) = 3\sqrt{15}/8$; **2.** (a) $\text{Var}(X) = 1$ (b) $\text{Var}(Y) = 1$; **3.** (a) $\text{Var}(X) = 1,47$ e $\text{DP}(X) = 1,2124$ (b) $\text{Var}(Y) = 3,0531$ e $\text{DP}(Y) = 1,7473$; **4.** (a) $\text{Var}(X) = 1,1433$ e $\text{DP}(X) = 1,0693$ (b) $\text{Var}(Y) = 2,3077$ e $\text{DP}(Y) = 1,5191$. **5.** (a) $2,4944$ (b) $2,3905$ (c) $2,4943$; **Capítulo 4, Exemplo: 1.** $p_X(x) = 1/216$, se $x = 3$ ou $x = 18$; $3/216$, se $x = 4$ ou $x = 17$; $6/216$, se $x = 5$ ou $x = 16$; $10/216$, se $x = 6$ ou $x = 15$; $15/216$, se $x = 7$ ou $x = 14$; $21/216$, se $x = 8$ ou $x = 13$; $25/216$, se $x = 9$ ou $x = 12$; $27/216$, se $x = 10$ ou $x = 11$; 0, caso contrário; **2.** (a) $Im(X) = \{1, 2, 3, 4, 5, 6\}$ $p_X(x) = 1/36$, se $x = 1$; $3/36$, se $x = 2$; $5/36$, se $x = 3$; $7/36$, se $x = 4$; $9/36$, se $x = 5$; $11/36$, se $x = 6$; 0, caso contrário $F_X(x) = 0$, se $x < 1$; $1/36$, se $1 \leq x < 2$; $4/36$, se $2 \leq x < 3$; $9/36$, se $3 \leq x < 4$; $16/36$, se $4 \leq x < 5$; $25/36$, se $5 \leq x < 6$; 1, se $x \geq 6$ (b) $Im(Y) = \{1, 2, 3, 4, 5, 6, 7, 8, 9, 10, 11, 12\}$ $p_Y(y) = 1/36$, se $y = 2$ ou $y = 12$; $2/36$, se $y = 3$ ou $y = 11$; $3/36$, se $y = 4$ ou $y = 10$; $4/36$, se $y = 5$ ou $y = 9$; $5/36$, se $y = 6$ ou $y = 8$; $6/36$, se $y = 7$; 0, caso contrário $F_Y(x) = 0$, se $x < 2$; $1/36$, se $2 \leq x < 3$; $3/36$, se $3 \leq x < 4$; $6/36$, se $4 \leq x < 5$; $10/36$, se $5 \leq x < 6$; $15/36$, se $6 \leq x < 7$; $21/36$, se $7 \leq x < 8$; $26/36$, se $8 \leq x < 9$; $30/36$, se $9 \leq x < 10$; $33/36$, se $10 \leq x < 11$; $35/36$, se $11 \leq x < 12$; 1, se $x \geq 12$; **3.** $c = 3/4$; **4.** $F_G(g) = 0$, se $g < 2$; $0,3$, se $2 \leq g < 2,5$; $0,5$, se $2,5 \leq x < 3$; $0,8$, se $3 \leq x < 3,5$; $0,9$, se $3,5 \leq x < 4$; 1, se $x \geq 4$; **5.** (a) $p_X(x) = 1/81$, se $x = 0$; $8/81$, se $x = 1$; $24/81$, se $x = 2$; $32/81$, se $x = 3$; $16/81$, se $x = 4$; 0, caso contrário (b) $\text{E}(X) = 8/3$ (c) $Y = 4 - X$ e $\text{E}(Y) = 4/3$ (d) $p_Y(y) = 16/81$, se $y = 0$; $32/81$, se $y = 1$; $24/81$, se $y = 2$; $8/81$, se $y = 3$; $1/81$, se $y = 4$; 0, caso contrário (e) $\text{E}(Y) = 4/3$ (f) $\text{Var}(X) = \text{Var}(Y) = 8/9$; **6.** (a) $\text{E}(X) = 0$ (b) $\text{E}(X^2) = 3/8$ (d) $\text{Var}(X) = 3/8$; **7.** (a) $p_X(x) = 361/1369$, se $x = -10$; $342/1369$, se $x = 0$; $450/1369$, se $x = 2$; $216/1369$, se $x = 11$ (b) 0,4865 (c) 0,2637 (d) em média o jogador perde R$ 0,25; **8.** 4; **9.** (a) $\text{E}(X) = -2,5$ e $\text{DP}(X) = 111,7755$ (b) $\text{E}(X) = 20$ e $\text{DP}(X) = 352,6684$ (c) $\text{E}(X) = 245$ e $\text{DP}(X) = 1.089,7247$; **10.** $\text{E}(Y) = 13$ e $\text{Var}(W) = 9$; **11.** Falsa. Contraexemplo: Se X é tal que $\text{P}(X = 1) = 1/2$ e $\text{P}(X = 2) = 1/2 \Rightarrow \text{E}(X) = 3/2$ e $\text{E}(1/X) = 3/4 \neq 1/\text{E}(X) = 2/3$.

Capítulo 5

Seção 5.1, Exercícios: 1. (b) $F_X(x) = 0$, se $x < 0$; $1 - e^{-2x}$, se $x \geq 0$. (c) $Im(X) = (0, \infty)$ (d) $\text{P}(X > 1) = 0,1353$ e $\text{P}(X < 2 \mid X > 1) = 0,65$; **2.** (a) $K = 3/4$ (b) $F_X(x) = 0$, se $x < -1$; $(3x - x^3 + 2)/4$, se $-1 \leq x < 1$; 1, se $x \geq 1$ (c) $Im(X) = (-1, 1)$ (d) $\text{P}(X > -1/2) = 0,8437$ e $\text{P}(X < 1/2 \mid X > -1/2) = 0,8148$; **3.** (b) $f_X(x) = 1/2$, para $-1 < x < 1$ (c) $Im(X) = (-1, 1)$ (d) $\text{P}(-0,3 < X < 0,5) = 0,4$, $\text{P}(X > -0,1) = 0,55$ e $\text{P}(-0,3 < X < 0,5 \mid X < -0,1) = 0,22$ **4.** (b) $F_X(x) = 0$, se $x < 0$; $2x/3$, se $0 \leq x < 1$; $2/3$, se $1 \leq x < 2$; $(x + 2)/6$, se $2 \leq x < 4$; 1, se $x \geq 4$

(c) $Im(X) = (0,1) \cup (2,4)$ (d) $P(X > 3) = 1/6$ e $P(X > 3 \mid X > 0,5) = 1/4$; **5.** (a) $K = 2/3$ (b) $F_X(x) = 0$, se $x < 1$; $(x-1)^2/3$, se $1 \leq x < 2$; $1-(4-x)^2/6$, se $2 \leq x < 4$; 1, se $x \geq 4$. (c) $Im(X) = (1,4)$ (d) $P(X < 3) = 5/6$ e $P(1,5 < X < 2,5 \mid X < 3) = 13/24$ (e) $m = 2,268$. **Seção 5.2, Exercícios, 1.** (a) $Im(Y) = (2,\infty)$ (b) $F_Y(y) = 0$, se $y < 2$; $1 - e^{4/3}e^{-2y/3}$, se $y \geq 2$ e Y é variável aleatória contínua. (c) $f_Y(y) = (2/3)e^{4/3}e^{-2y/3}$, $y > 2$ (d) $P(Y < 4) = 0,7364$; **2.** (a) $Im(Y) = (0,1)$ (b) $F_Y(y) = 0$, se $y < 0$; $(3y-y^3)/2$, se $0 \leq y < 1$; 1, se $y \geq 1$ e Y é variável aleatória contínua. (c) $f_Y(y) = (3/2)(1-y^2)$, $0 < y < 1$ (d) $P(Y > 0,3 \mid Y < 0,8) = 0,5376$; **3.** (a) $Im(Y) = (0,\infty)$ (b) $F_Y(y) = 0$, se $y < 0$; $1 - e^{-y}$, se $y \geq 0$; e Y é variável aleatória contínua (c) $f_Y(y) = e^{-y}$, $y > 0$ (d) $P(Y > 1) = 0,3679$; **4.** (a) $Im(Y) = (0,\infty)$ (b) $F_Y(y) = 0$, se $y < 0$; $1/3$, se $0 \leq y < 1$; 1, se $y \geq 1$ e Y é variável aleatória discreta (c) $p_Y(y) = 1/3$, se $y = 0$; $2/3$, se $y = 1$; 0, caso contrário (d) $P(Y = 1) = 2/3$; **5.** (a) $Im(Y) = (0,4)$ (b) $F_Y(y) = 0$, se $y < 0$; $1 - (2-\sqrt{y})^2/6 - (1-\sqrt{y})^2/3)$, se $0 \leq y < 1$; $1 - (2-\sqrt{y})^2/6$, se $1 \leq y < 4$; 1, se $y \geq 4$ e Y é variável aleatória contínua (c) $f_Y(y) = (2-\sqrt{y})/3\sqrt{y}$, se $0 \leq y < 1$; $(2-\sqrt{y})/6\sqrt{y}$, se $1 \leq y < 4$ (d) $P(1 < Y < 2) = 0,1095$. **Seção 5.3, Exercícios: 1.** (a) $1/2$ (b) $7/2$ (c) $7/2$; **2.** (a) 0 (b) $3/8$ (c) Não; **3.** (a) 0 (b) $1/2$ (c) Não; **4.** (a) $4/3$ (b) $2/3$ (c) Não; **5.** (a) $7/3$ (b) $1/2$ (c) Não. **Seção 5.4, Exercícios, 1.** (a) $\text{Var}(X) = 1/4$ e $\text{DP}(X) = 1/2$ (b) $\text{Var}(Y) = 9/4$ e $\text{DP}(Y) = 3/2$ (c) $\text{Var}(Y) = 9/4$ e $\text{DP}(Y) = 3/2$; **2.** (a) $\text{Var}(X) = 1/5$ e $\text{DP}(X) = \sqrt{5}/5$ (b) $\text{Var}(Y) = 19/320$ e $\text{DP}(Y) = \sqrt{415}/80$ (c) Não; **3.** (a) $\text{Var}(X) = 1/3$ e $\text{DP}(X) = \sqrt{3}/3$ (b) $\text{Var}(Y) = 7/4$ e $\text{DP}(Y) = \sqrt{7}/2$ (c) Não; **4.** (a) $\text{Var}(X) = 14/9$ e $\text{DP}(X) = \sqrt{14}/3$ (b) $\text{Var}(Y) = 2/9$ e $\text{DP}(Y) = \sqrt{2}/3$ (c) Não; **5.** (a) $\text{Var}(X) = 7/18$ e $\text{DP}(X) = \sqrt{14}/6$ (b) $\text{Var}(Y) = 29/60$ e $\text{DP}(Y) = \sqrt{435}/30$ (c) Não. **Capítulo 5, Exercícios, 1.** (b) $Im(X) = (0,1)$ (c) $f_X(x) = 1/8$, se $0 \leq x < 1/2$; $4x^3$, se $1/2 \leq x < 1$; 0, caso contrário. (d) $P(1/3 < X < 2/3) = 101/648$ e $P(X > 1/3 \mid X < 2/3) = 101/128$. (e) $E(X) = 253/320$, $E(2X+1) = 413/160$ e $E(2/X)$ não existe. (f) $\text{Var}(X) = 0,0364$, $\text{Var}(1-3X) = 0,3273$ e $\text{Var}(X^2) = 0,0613$; **2.** (a) $0,5$ (b) 0 (c) $2/3$ (d) $E(X) = 3$ e $\text{Var}(X) = 1/3$ (e) $E(3X-2) = 7$ e $\text{Var}(3X-2) = 3$ (f) $E(X^3+1) = 31$ e $\text{Var}(X^3+1) = 1828/7$; **3.** (b) $F_X(x) = 0$, se $x < 1$; $(6x - x^2 - 5)/8$, se $1 \leq x < 3$; $(x^2 - 6x + 13)/8$, se $3 \leq x < 5$; 1, se $x \geq 5$ (c) $P(X > 1/2) = 1$ e $P(X < 2/3 \mid X > 1/2) = 0$. (d) $E(X) = 3$ e $\text{Var}(X) = 2$; **4.** $a = 1/2$ e $b = -3$ ou $a = -1/2$ e $b = 3$; **5.** (a) $f_Y(y) = 2/y^3$, $y > 1$ (b) $f_Y(y) = 1/\sqrt{y}$, $0 < y < 1/4$ (c) $f_Y(y) = 1$, se $0 < y \leq 1/4$ e $1/2 + 2y$, se $1/4 < y < 3/4$ (d) $f_Y(y) = 4/3$, $0 < y < 3/4$; **6.** $f_Y(y) = 1/4$, $-3 < y \leq -1$, $(y+1)/4$, $-1 < y < 1$; **7.** (a) $1/2$ (b) $5/8$ (c) $3/7$ (d) $23/8$ (e) $t = 4,6$, ou seja, 90% das pessoas respondem o questionário em menos de 4 minutos e 36 segundos; **8.** (a) $1/8$ (b) $8/9$ (c) $1,5$ milhões (d) R$ 1.894.536; **9.** (a) $3/8$ (b) $0,074$ (c) $9/16$ (d) $245,22$ Kg; **10.** (a) $1/2$ (b) $4/9$ (c) $3/8$ (d) $t = 5,56$ dias, ou seja, 10% dos dispositivos duram menos de 5 dias, 13 horas e alguns minutos.

Capítulo 6

Seção 6.1, Exercícios: 1. (a) $1/8; 17/8; 7/8$ (b) $17/8; 53/8; 197/8$; **2.** (a) $2,0; 5,0; 14,6$ (b) $0; 1,0; -0,6$; **3.** (a) 0, $1/5$ e 0 (b) $3/8$, $1/5$ e $1/8$. **Seção 6.2, Exercício: 1.** (a) $M_X(t) = (e^{-2t} + 3^e - t + 2e^t + 2e^{2t})/8$, $E(X) = 1/8$ e $\text{Var}(X) = 135/64$ (b) $M_Y(t) = (5e^t + 3e^{4t})/8$, $E(Y) = 17/8$ e $\text{Var}(Y) = 135/64$; **2.** (a) $M_X(t) = 0,4e^t + 0,3e^{2t} + 0,2e^{3t} + 0,1e^{4t}$, $E(X) = 2$ e $\text{Var}(X) = 1$ (b) $M_Y(t) = 0,1e^{-2t} + 0,2e - t + 0,3e^0 + 0,4e^t$, $E(Y) = 0$ e $\text{Var}(Y) = 1$; **3.** (a) $M_X(t) = 1/(3-2e^t)$ se $t < \ln(3/2)$ (b) $E(X) = 2$, $E(X^2) = 10$ e $E(X^3) = 74$; **4.** (a) $M_Y(t) = (e^t)/(3-2e^t)$ se $t < \ln(3/2)$ (b)

$E(Y) = 3$, $E(Y^2) = 15$ e $E(Y^3) = 111$; **5.** (a) $M_X(t) = 2/(2-t)$ se $t < 2$, $E(X) = 1/2$, $E(X^2) = 1/2$, $E(X^3) = 3/4$, e $Var(X) = 1/4$ (b) $M_Y(t) = (2e^{2t})/(2-3t)$ se $t < 2/3$, $E(Y) = 7/2$, $E(Y^2) = 29/2$, $E(Y^3) = 293/4$ e $Var(Y) = 9/4$. **Seção 6.3, Exercício: 1.** (a) $\alpha_3 \approx 0,02678$ - assimetria quase nula (b) $\alpha_3 \approx 0,5164$ - positiva; **2.** (a) $X : \alpha_3 = 0,6$ - assimetria positiva (b) $Y : \alpha_3 = -0,6$ - assimetria negativa; **3.** (a) $X : \alpha_3 = 0$ - assimetria nula (b) $Y : \alpha_3 = 0,377992$ - assimetria negativa; **4.** $\alpha_3 = 5/(\sqrt{6}) > 0$ - assimetria positiva; **5.** $\alpha_3 = 5/(\sqrt{6}) > 0$ - assimetria positiva; **6.** (a) $X : \alpha_3 = 2$ - assimetria positiva (b) $Y : \alpha_3 = 2$ - assimetria positiva. **Seção 6.4, Exercício: 1.** Aplicação da desigualdade básica de Chebyshev; **2.** Aplicação da desigualdade clássica de Chebyshev; **3.** (a) 1.000 Kg (b) 94,72 Kg (c) 500 Kg e 81,62 Kg. **Capítulo 6, Exercício: 1.** (a) $p_X(x) = 1/2$, se $x = 0$ ou $x = 1$; 0, caso contrário (b) $M_X(t) = (1+e^t)/2$ (c) $E(X) = 1/2$, $Var(X) = 1/4$ e $\alpha_3 = 0$; **2.** (b) $M_X(t) = 2e^t/(3-e^t)$, para $t < \ln(3)$ (c) $E(X) = 3/2$, $Var(X) = 3/4$ e $\alpha_3 = 4/sqrt3$; **3.** $\sqrt{10}/3$; **4.** $M_X(t) = 3e^t/(3-t), t < 3$ e $E(X) = 4/3$; **5.** (b) $F_X(x) = e^{2x}/2$ se $x < 0; F_X(x) = 1 - e^{-2x}/2$ se $x \geq 0$ (c) $M_X(t) = 4/(4-t^2)$ se $-2 < t < 2$. (d) $E(X) = 0e\, Var(X) = 1/2$ (e) $f_Y(y) = 2e^{-2y}$ se $y > 0; f_Y(y) = 0$ se $y \leq 0$; **6.** $DP(X) = 1/2$; **7.** (a) $M_X(t) = (e^t - e^{-t})/(2t)$ se $t \neq 0; 1$ se $t = 0$. Pela definição, $E(X) = 0$ e $Var(X) = 1/3$ (b) $M_Y(t) = 1/(1-t)$ se $t < 1$. $E(Y) = 1$ e $Var(Y) = 1$; **8.** (a) 0,597 (b) 0,478 (c) 219; **9.** 0,4375.

Capítulo 7

Seção 7.1. Exercícios: 1. (a) $p_X(x) = 1/4, x = 1,2,3,6$ (b) $F_X(x) = 0$ se $x < 1; 1/4$ se $1 \leq x < 2; 2/4$ se $2 \leq x < 3; 3/4$ se $3 \leq x < 6; 1$ se $x \geq 6$ (c) 3 (d) 3,5 (e) 0,687 (f) 3/4; **2.** (a) $X \sim Unif(10); Im(X) = \{1,2,\cdots,10\}$ (b) 5,5 (c) 2,8723 (d) 0,6 (e) 0,5; **4.** (a) $Im(X) = \{1,2,3,4,5\}$ e $n = 5$ (b) $Im(X) = \{-5,-4,-3,-2,-1,0,1,2,3,4,5\}$ e $n = 11$; **4.** (a) $Im(X) = \{1,2,\ldots,8\}$ e $n = 8$ (b) $Im(X) = \{5,6,7\}$ e $n = 3$ (c) $Im(X) = \{1,2,3,4,5\}$ e $n = 5$ (d) $Im(X) = \{-2,-1,0,1\}$ e $n = 4$. **Seção 7.2. Exercícios: 1.** (a) $p_X(x) = (3/4)^{1-x}(1/4)^x \quad x = 0,1$ (b) $F_X(x) = 0$ se $x < 0; 3/4$ se $0 \leq x < 1; 1$ se $x \geq 1$ (c) 1/4 (d) 3/16 (e) $M_X(t) = (3+e^t)/4$ (f) $2/\sqrt{3} > 0$; **2.** (a) $X \sim Bern(5/6)$ (b)$p_X(x) = (1/6)^{1-x}(5/6)^x \quad x = 0,1$ (c) $F_X(x) = 0$ se $x < 0; 1/6$ se $0 \leq x < 1; 1$ se $x \geq 1$ (d) 5/6 (e) 5/36 (f) $M_X(t) = (1+5e^t)/6$ (g) $-4/\sqrt{5}$; **3.** (a) $p = 1/3$ (b) $p = 4/5$ (c) $p = 3/4$. **Seção 7.3. Exercícios: 1.** (a) $p_X(0) = 1/81; p_X(1) = 8/81; p_X(2) = 24/81; p_X(3) = 32/81; p_X(4) = 16/81$ (b) $F_X(x) = 0, x < 0; 1/81, 0 \leq x < 1; 9/81, 1 \leq x < 2; 33/81, 2 \leq x < 3; 65/81, 3 \leq x < 4; 1, x \geq 4$ (c) 8/3 (d) 8/9 (e) $M_X(t) = (1+2e^t)^4/81$ (f) $-1/(2\sqrt{2}) < 0$; assimetria negativa; **2.** (a) $X \sim Bin\,(10; 5/6)$ (b) $25/3 \approx 8,33$ (c) $\sqrt{50/36} \approx 1,1785$ (d) 0,930272157 (e) 0,930272173; **3.** (a) $X \sim Bin(100; 0,02)$ (b) 2 dispositivos (c) 1,4 dispositivo (d) 0,050830 (e) $\approx 0,05083$; **4.** (a) $n = 10$ e $p = 3/5$ (b) $n = 8$ e $p = 1/2$ (c) $n = 4$ e $p = 3/10$. **Seção 7.4. Exercícios: 1.** (a) $p_X(x) = (3/5)^x(2/5),\ x = 0,1,2,\cdots$ (b) 0, se $x < 0$; $1 - (3/5)^{\lfloor x \rfloor + 1},\ x \geq 0$ (c) 1,5 (d) $15/4 = 3,75$ (e) $2/(5-3e^t)$, se $t < -\ln(3/5)$ (f) $8/\sqrt{15}$ (g) $9/25$; **2.** (a) $X \sim Geo\,(5/6)$ (b) 1/5 (c) $\sqrt{6}/5 \approx 0,4899$ (d) 1/216 (e) 1/6; **3.** (a) $X \sim Geo^*\,(1/6)$ (b) 6 (c) $\sqrt{30} \approx 5,477$ (d) $(5/6)^5$ (e) 25/36; **4.** (a) $X \sim Geo^*(p = 1/6)$ (b) $X \sim Geo(p = 2/3)$ (c) $X \sim Geo(p = 4/5)$ (d) $X \sim Geo^*(p = 1/2)$; **5.** (a) $X \sim Geo(1/3)$ (b) $X \sim Geo^*(3/4)$ (c) $X \sim Geo(1/2)$ (d) $X \sim Geo^*(2/5)$. **Seção 7.5. Exercícios: 1.** (a) $p_X(x) = \binom{x+2}{x}(1/4)^3(3/4)^x,\ x = 0,1,2,\cdots$ (b) 9 (c) 36 (d)$1/(4-3e^t)^3$, se $t < -\ln(3/4)$ (e) $243/256 \approx 0,949219$; **2.** (a) $X \sim BinNeg(10, 5/6)$ (b) 2 (c) $2\sqrt{15}/5$ (d) $(5/6)^{10}$ (e) $(5/6)^9$; **3.** (a) $p_X(x) = \binom{x-1}{2}(1/6)^3(5/6)^{x-3}, /, /, x = 3,4,5,\cdots$ (b) 18

(c) $\sqrt{90} \approx 9,49$ (d)$1275/1296 \approx 0,93838$ (e) $255/258 \approx 0,9884$; **4.** (a) $X \sim BinNeg\,(5,1/3)$ (b) $X \sim BinNeg\,(8,1/2)$ (c) $X \sim BinNeg^*\,(4,2/3)$ (d) $X \sim BinNeg^*\,(10,5/6)$; **5.** (a) $X \sim BinNeg\,(3,1/2)$ (b) $X \sim BinNeg^*\,(5,4/5)$ (c) $X \sim BinNeg\,(8,3/5)$ (d) $X \sim BinNeg^*\,(4,3/4)$. **Seção 7.6. Exercícios: 1.** (a) $p_X(0) = 0; p_X(1) = 9/495; p_x(2) = 108/495; p_X(3)252/495; p_X(4) = 126/495$ (b) 3 (c) 6/11 (d) 486/495; **2.** (a) $X \sim HGeo(54.300, 45.250, 100)$ (b) $83,33$ (c) $0,06788$; **3.** (a) $X \sim HGeo(60,6,6)$ (b) 0,6 (c) $1/\binom{60}{6} = 1/50.063.860$ (d) $1/24.236.695$ (e) Não (f) $X \sim HGeo(60,6,7)$, $\mathrm{E}(X) = 0,7$, $\left(\binom{6}{6}\binom{54}{1}\right)/\binom{60}{7} = 1/7.151.980$; $1/3.872.340$; **4.** (a) $X \sim HGeo(30,12,8)$ (b) $X \sim HGeo(100,4,10)$. **Seção 7.7. Exercícios: 1.** (a) $p_X(x) = ((2^x)/(x!))e^{-2}$, $x = 0,1,2,\cdots$ (b) 2 (c) 2 (d) e^{2e^t-2} (e) $1/\sqrt{2}$ (f) $1 - 3e^-2 \approx 0,593994$; **2.** (a) $X \sim Poi(1,5)$ (b) em média, 1,5 acidentes por dia (c) $\sqrt{1,5} \approx 1,22$ acidentes por dia (d) $1 - 2,5e^{-1,5} \approx 0,442175$ (e) $225/725 \approx 0,3103$; **3.** (a) $X \sim Bin\,(10.000; 65/100.000)$ (b) $X \approx Poi(6,5)$ (c) Exato = Aproximado = 6,5 (d) Exato: 2,548681 e Aproximado: 2,5495098 (e) Exato: 0,223581 e Aproximado: 0,223672 (f) Exato: 0,424657 e Aproximado: 0,424809; **4.** (a) $X \sim Poi(5)$ (b) $X \sim Poi(4/3)$ (c) $X \sim Poi(1/3)$; **4.** (a) $X \sim Poi(1)$ (b) $X \sim Poi(2)$ (c) $X \sim Poi(1/5)$. **Capítulo 7. Exercícios: 1.** (a) o modelo é $Bin(8;0,4)$ e a probabilidade é 0,684605 (b) o modelo é $HGeo(10;4;8)$ e a probabilidade é $1/3$ (c) o modelo é $BinNeg^*(3;0,4)$ e a probabilidade é $0,104509$ (d) o modelo é $Geo^*(0,4)$ e a probabilidade é $0,0167962$ (e) o modelo aproximado é $Poi(0,32)$ e a probabilidade aproximada é $\mathrm{P}(X = 3) \approx 0,003966$; **2.** (a) $X \sim Unif(6)$ e $Im(X) = \{5,10,15,20,25,30\}$ (b) $17,5\%$ em média de desconto (c) $0,539$ (d) $0,096$; **3.** (a) $0,045$ (b) $0,0052$ (c) $21,22$ (d) $0,041041$ (e) $0,001184$; **4.** (a) $1/3.268.760$ (b) $2/408.955$ (c) $1/24.035$ (d) $6/24.035$; **5.** (a) -0,979925 (b) -15,676802 (c) -133,269815 (d) -799,618889; **6.** (a) $Y \sim Bin(n, 1-p)$ (b) $Y \sim Geo^*(p)$; **7.** (a) $Bin\,(8;1/5)$ (b) 0,167772; **8.** (a) $1,2$ (b) $0,0223$ (c) ≈ 0; **9.** (a) $0,632121$ (b) $0,917915$ (c) $0,496982$; **10.** 0,4; **11.** (a) 0,53987 (b) 0,5223 (c) 38 e 32; **12.** (a) $1 - e^{-3} \approx 0,95$ (b) $1 - \left(e^{-3}\right)^8 \approx 1$ (c) $Bin(8, 1 - e^{-3})$; **13.** (a) $X \sim Poi(2)$ (b) $X \sim Geo^*(3/5)$ (c) $X \sim Bin(10;1/4)$ (d) $X \sim BinNeg(2;2/3)$; **14.** (a) $X \sim Geo^(2/3)$ (b) $X \sim Bin(3,1/2)$ (c) $X \sim Poi(1)$ (d) $X \sim BinNeg(3,1/4)$.

Capítulo 8

Seção 8.1. Exercício: 1. (c) $7,5$ (d) $25/12$ (e) $\mathrm{P}(X > 8) = 0,4$ e $\mathrm{P}(X < 8 \mid X > 6) = 1/2$; **2.** (a) $1/4$ (b) $1/3$ (c) $0,756$; **3.** (a) $a = 3$ e $b = 7$ (b) $a = 0$ e $b = 0,5$ (c) $a = -10$ e $b = -9$; **4.** (a) $a = 2$ e $b = 8$ (b) $a = -1$ e $b = 1$ (c) $a = 0$ e $b = 3$; **5.** (b) $a = 2$ e $b = -1$. **Seção 8.2. Exercício: 1.** (c) $1/2$ (d) $1/4$ (e) $\mathrm{P}(X > 3) = e^{-6} \approx 0,00248$ e $\mathrm{P}(X < 4 \mid X > 1) = (e^{-2} - e^{-8})/e^{-2} \approx 0,997$; **2.** (a) $0,221$ (b) $0,779$ (c) $1,28$; **3.** (a) $\lambda = 2$ (b) $\lambda = 1/2$ (c) $\lambda = 1$; **4.** (a) $\lambda = 3$ (b) $\lambda = 1$ (c) $\lambda = 1/4$; **6.** (b) $Y \sim Exp(\lambda = 1/3)$. **Seção 8.3. Exercício: 1.** (a) 2/27 (b) $24 \cdot 5^5$ (c) $(3/4)\sqrt{3\pi/2}$; **2.** (b) $F_X(x) = 1 - e^{-2x} - 2xe^{-2x} - 2x^2e^{-2x}$; **3.** (a) 0,265 (b) 0,462 (c) 0,173; **4.** (a) $\alpha = 4$ e $\lambda = 2$ (b) $\alpha = 2$ e $\lambda = 1/2$ (c)$\alpha = 1/2$ e $\lambda = 3$; **5.** (a) $\alpha = 4$ e $\lambda = 3$ (b) $\alpha = 1/2$ e $\lambda = 2$ (c) $\alpha = 2$ e $\lambda = 1/3$; **7.** (c) $Y \sim Gama(3,10)$. **Seção 8.4. Exercício: 1.** (a) $1/12$ (b) $1/3$ (c) $2^5/35$ (d) $\pi/2$; **2.** (a) $f_X(x) =,$ $0 < x < 1$ (b) $F_X(x) = 0$, se $x < 0$; $6x^2 - 8x^3 + 3x^4$, se $0 \le x < 1$; 1 , se $x \ge 1$ (c) $\mathrm{E}(X) = 2/5$ (d) $\mathrm{Var}(X) = 1/25$ (e) $\mathrm{P}(X > 2/5) = 0,4752$ e $\mathrm{P}(X > 2/5 \mid X < 3/5) = 0,361$; **3.** (a) $1/3$ (b) $0,338$ (c) $0,362$ (d) $8,876$; **4.** (a) $\alpha = 3$ e $\beta = 5$ (b) $\alpha = 4$ e $\beta = 2$ (c) $\alpha = 1/2$ e $\beta = 1$. **Seção 8.5. Exercício: 1.** (a) $f(x) = xe^{-x^2/4}/2,\ x > 0$ (b) $F(x) = 0$, se $x < 0$ e $F(x) = 1 - e^{-x^2/4}$ se $x > 0$ (c) $\mathrm{E}(X) = 1,772454$

(d) $\text{Var}(X) = 0,8584073$ (e) $P(X > 1) = 0,7788$ e $P(X > 1 \mid X < 2) = 0,650068$; **2.** (a) 8 dias (b) $17,88$ dias (c) $0,2057407$ (d) $0,7436539$ (e) $t = 21,20759$, ou seja, 90% das manutenções ocorrem em menos de 21 dias e algumas horas dias; **3.** (a) $\alpha = 3$ e $\beta = 2$ (b) $\alpha = 1/2$ e $\beta = 4$ (c) $\alpha = 2$ e $\beta = 1/3$; **4.** (b) $E(Y) = 1/9$ (c) $Y \sim Exp(1)$. **Seção 8.6. Exercício: 1.** (a) $f(x) = 0$, se $x < 1$ e $f(x) = 3/(2x^2\sqrt{x})$, se $x \leq 1$ (b) $F(x) = 0$, se $x < 1$ e $F(x) = 1 - 1/x\sqrt{x}$, se $x > 1$ (c) $E(X) = 3$ (d) não existe $\text{Var}(X)$ (e) $m = 5,657$ (f) $P(X > 3) = 0,1924$ e $P(X > 3 \mid X < 5) = 0,1131$. **2.** (a) $7,74\%$ (b) $1,16$ (c) $d = 4,26$ cm (d) $90,26\%$; **3.** (a) $\alpha = 3$ e $b = 2$ (b) $\alpha = 1$ e $\beta = 1/2$ (c) $\alpha = 1/2$ e $\beta = 1/2$; **Capítulo 8. Exercício: 1.** (a) $2/5$ (b) $23/30$ (c) $5/23$ (d) $4/23$ (e) $9/15$; **2.** (a) $a = 1/2$ (b) $a = 2$ (c) $a = 4$; **3.** (a) $0,264$ (b) $0,513$ (c) 57 dias (d) $0,783$; **4.** $0,368$; **5.** (a) $0,0155$ (b) $0,811$; **6.** (a) $0,6065$ (b) $0,0902$ (c) 200 horas (d) 4 bombas; **7.** (a) $3/8$ (b) $2\sqrt[3]{2}\Gamma(2/3)$ (c) $945\sqrt{2}\Gamma(1/2) = 945\sqrt{2\pi}$ (d) $1/2\Gamma(1/2) = \sqrt{\pi}/2$ (e) $10/9$ (f) $\Gamma^2(1/2)/16 = \pi/16$; **8.** (a) $k = 60$ (b) $X \sim Beta(4,3)$ (c) $0,07047$; **9.** 0,336; **10.** (b) $E(X) = 1/2$; **11.** (a) $m = (a+b)/2$ (b) $m = \ln(2)/\lambda$ (c) $m = b2^{1/a}$; **12.** (a) $X \sim U(-1,1)$ (b) $X \sim Exp(1/3$ (c) $X \sim Gama(3,2)$ (d) $X \sim Beta(1/3,2)$ (e) $X \sim Pareto(2,4)$ (f) $X \sim Gama(1/2,1)$ (g) $X \sim Weibull(2,2)$; **13.** (a) $X \sim Exp(3/4)$ (b) $X \sim Gama(2/3,5)$ (c) $X \sim U(0,1)$.

Capítulo 9

Seção 9.1. Exercício: 3. $Z^2/6 \sim Gama\,(1/2,3)$. **Seção 9.2. Exercício: 1.** (a) $0,0075$ (b) $0,9649$ (c) $0,9971$ (d) $0,2483$ (e) $0,4049$ (f) $0,1736$ (g) $0,9085$ (h) $0,0881$ (i) $0,4544$; **2.** 0,6826; **3.** 0,0694. **Seção 9.3. Exercício: 1.** (a) $\mu = 1$ e $\sigma^2 = 2$ (b) $\mu = 0$ e $\sigma^2 = 3$ (c) $\mu = -1$ e $\sigma^2 = 1$; **2.** (a) $\mu = -2$ e $\sigma^2 = 1$ (b) $\mu = 3$ e $\sigma^2 = 6$ (c) $\mu = 0$ e $\sigma^2 = 2$; **3.** (a) $Y \sim N(4;8)$ (b) $Y \sim N(4;2)$ (c) $Y \sim N(-5;8)$ (d) $Y \sim N(-1/2;1/2)$; **4.** (a) $X \sim N(1;1)$ (b) $X \sim N(-3;1/4)$ (c) $X \sim N(-6;9)$ (d) $X \sim N(4;1)$; **5.** (a) $(a,b) : (1/2,-1)$ ou $(-1/2,1)$ (b) $(a,b) : (3,9)$ ou $(-3,-9)$ (c) $(a,b) : (1/\sqrt{2}, -1/5\sqrt{2})$ ou $(-1/\sqrt{2}, 1/5\sqrt{2})$ (d) $(a,b) : (1,2/3)$ ou $(-1,-2/3)$; **6.** (b) $\alpha_4 = 1$; $X_2 : \alpha_4 = 0,1$. Podemos observar que, quanto maior o valor de λ, mais parecida com uma normal é a distribuição de Poisson. **Seção 9.4. Exercício: 1.** (a) 0,1112 (b) 0,67 (c) 0,2546 (d) 0,4332 (e) 0,2475 (f) 0,1498; **1.** (a) 0,6736 (b) 0,7734 (c) 0,1314 (d) 0,1293 (e) 0,3779 (f) 0,3205; **3.** 0,0124. **Seção 9.5. Exercício: 1.** (a) 12,01 (b) 6,16 (c) 5,77 (d) 6,88; **2.** 1,28. **Capítulo 9. Exercício: 1.** $\sigma^2 = 22,676$; **2.** $c = 14,56$; **3.** (a) $9,5\%$ (b) $\sigma \leq 0,0019$; **4.** (a) 0,9525 (b) 0,4972; **5.** (a) 0,0764 (b) 0,1932 (c) No máximo 8,52 minutos depois das 08:00h; **6.** (a) 0,0668 (b) 0,44 (c) 0,0794; **7.** (a) 0,3264 (b) 0,2506; **8.** $\mu = 49,97$ e $\sigma = 9,95$; **9.** 4,328; 5,536 e 6,024; **10.** (a) $\Phi(-2\mu/\sigma) - 0,5$ (b) 1 (c) 0,1587 (d) 0,2718; **11.** (a) 0,9331 (b) 0,9985; **12.** (a) 0,0456 (b) 0,02996 (c) $X \sim Geo^*(0,0456)$.

Referências Bibliográficas

DeGroot, M. H. e Schervish, M. J. (2012) *Probability and Statistics.* Pearson, 4a. ed.

James, B. R. (2004) *Probabilidade: Um curso em nível intermediário.* IMPA, 3a. ed.

Magalhães, M. N. (2011) *Probabilidade e Variáveis Aleatórias.* Edusp.

Rohatgi, V. K. (2008) *An Introduction To Probability And Statistics.* Wiley, 2a. ed.

Índice Remissivo

Impressão e acabamento
Gráfica da Editora Ciência Moderna Ltda.
Tel: (21) 2201-6662